"十二五"职业教育国家规划教材修订版　　高等职业教育新形态一体化教材

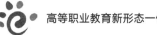

分析化学

（第六版）

高等职业教育化学教材编写组　编

500

400

300

200

U0275032

100

高等教育出版社·北京

内容提要

本书是"十二五"职业教育国家规划教材修订版,是根据分析化学学科发展和相关行业新知识、新技术的应用,为满足高等职业院校相关专业教学需要,在第五版教材的基础上修订而成的。

本书主要内容包括绪论、定量分析的误差和数据处理、滴定分析法概述、酸碱滴定法、配位滴定法、氧化还原滴定法、沉淀滴定法、重量分析法、吸光光度法、原子吸收分光光度法、电位分析法、色谱分析法、其他仪器分析方法简介和定量分析过程等。

本书配套建设有演示文稿、习题解答、教学动画、微视频等数字化教学资源,书中动画和视频资源等可通过扫描书中二维码观看。

本书适用于高等职业院校化工、制药、食品、环境、冶金等相关专业的分析化学课程教学,也可供相关检验人员参考。

图书在版编目(C I P)数据

分析化学/高等职业教育化学教材编写组编.－－6版.－－北京:高等教育出版社,2022.1

ISBN 978－7－04－057210－0

Ⅰ．①分… Ⅱ.①高… Ⅲ.①分析化学－高等职业教育－教材 Ⅳ.①O65

中国版本图书馆 CIP 数据核字(2021)第 215650 号

| 策划编辑 | 苗叶凡 | 责任编辑 | 陈鹏凯 | 封面设计 | 贺雅馨 | 版式设计 | 马 云 |
| 插图绘制 | 杨伟露 | 责任校对 | 吕红颖 | 责任印制 | 刁 毅 | | |

出版发行	高等教育出版社	网 址	http://www.hep.edu.cn
社 址	北京市西城区德外大街 4 号		http://www.hep.com.cn
邮政编码	100120	网上订购	http://www.hepmall.com.cn
印 刷	山东百润本色印刷有限公司		http://www.hepmall.com
开 本	787mm×1092mm 1/16		http://www.hepmall.cn
印 张	23.25	版 次	1993 年 6 月第 1 版
字 数	520 千字		2022 年 1 月第 6 版
购书热线	010－58581118	印 次	2022 年 1 月第 1 次印刷
咨询电话	400－810－0598	定 价	63.00 元

数字化资源总览
digital resources

动 画 资 源

视 频 资 源

Ⅲ

数字化资源总览

第六版前言

preface

　　本书自 1993 年第一版出版以来,进行过四次修订并先后被评为"十五""十一五""十二五"国家规划教材。本书作为高等职业教育化工、制药、食品、环境、冶金等相关专业的分析化学课程教材,一直受到各院校的欢迎。

　　随着职业教育改革的不断深入,作为专业基础课的分析化学在教学内容、教学方法上也应与时俱进,以适应新形势下的人才培养需求。为此,根据各校师生在使用本书过程中提出的意见和建议,结合编者的教学实践经验,我们对《分析化学》(第五版)进行了修订。

　　本次修订工作主要包括以下几个方面:

　　1. 精练语言,使文字叙述表达更加流畅,重点突出,便于阅读。

　　2. 化学分析部分补充了滴定度与浓度之间的换算和按等物质的量规则计算滴定分析结果等内容。

　　3. 对仪器分析内容进行了优化,尤其是对原子吸收光谱法和原子发射光谱法作了较大调整。

　　4. 修订了思考与练习题答案,通过扫描书内二维码即可获取,方便教师和学生使用。

　　5. 对第五版教材在使用过程中发现的错误和不当之处作了修正。

　　河北石油职业技术大学牛桂玲负责本次书稿修订的组织工作,并负责修订第一、二、四、六、九、十、十四章和第十三章的第一、二节;南京科技职业学院王建梅负责修订第十一、十二章和第十三章的第三节;济源职业技术学院周鸿燕负责修订第三章和第五章;顺德职业技术学院陈燕舞修订思考与练习内容,并编制了部分答案;山西职业技术学院马惠莉负责修订第七章和第八章,并参与了部分配套数字化资源建设;全书由牛桂玲负责整理并统稿。

　　本次修订过程中,高等教育出版社的苗叶凡编辑为本书的出版付出了辛勤的劳动,在此致以衷心的感谢。

　　限于编者水平,本次修订疏漏和不足之处在所难免,欢迎读者批评指正。

编者

2021 年 8 月

第一版前言
preface

　　为了进一步促进高等学校工程专科教育办出特色,提高教育质量,我们以国家教委1991年审定的高等学校工程专科分析化学课程的教学基本要求为依据,以高等学校工程专科的培养目标——应用型高级技术人才为准则,结合多年来从事工程专科教育的实际经验编写出这本"分析化学"教材。

　　分析化学是高等学校工程专科有关专业的基础课之一。为使学生能较好地掌握分析化学的基本原理、基本技能,培养学生分析问题和解决问题的能力,以及为学习后继课程乃至今后工作打下一定的基础,我们在编写过程中充分注意到精选理论内容,讲清基本概念,注意联系实际,突出生产应用。同时,考虑到高等学校工程专科的不同专业的不同要求,在化学分析法中增加了"沉淀滴定法和重量分析法",在仪器分析法中介绍了"发射光谱分析法""气相色谱法"等,供选用。

　　本书由陈玄杰(主编,盐城工业专科学校)编写第五、六、七、十章,谢能詠(江汉大学)编写第二、三、八、十二章,陆为林(盐城工业专科学校)编写第一、四、九、十一、十三章。全书由陈玄杰统稿。

　　本书适用于80～100学时范围(包括实验),其中分析化学实验学时不宜少于总学时的60%。

　　本书初稿于1991年在上海纺织高等专科学校召开的审稿会上审稿,由张济新(华东理工大学)担任主审,参加审稿的还有司徒佑(上海轻工业高等专科学校)、徐嘉凉(上海石油高等专科学校)、方忠报、谢秀娟(上海纺织高等专科学校)、林友銮(宁波高等专科学校)、刘莲芬(上海化工高等专科学校)。审稿会上与会代表提出了许多宝贵意见和建议,对此我们一并表示衷心感谢。

　　由于编者水平有限,书中难免有缺点和错误,竭诚欢迎读者批评指正。

编　者

1993 年 10 月

目 录
contents

Ⅵ

第一章 绪论

知识目标

- 了解分析化学的任务、作用和分类方法。
- 了解分析化学的发展趋势。
- 明确分析化学课程的任务和要求。

能力目标

- 能理解分析化学的学习方法。

知识结构框图

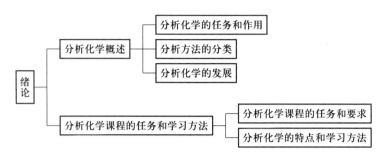

第一节　分析化学概述

一、分析化学的任务和作用

分析化学是人们获取物质的化学组成和结构信息的科学。它的任务是确定物质中含有哪些组分、各种组分的含量是多少，以及这些组分是以怎样的状态构成物质的。要解决这些问题，就要依据相关的理论，建立分析方法和实验技术，研制仪器设备，研究获取信息的最优方法和策略，在此基础上提供有效的、具有统计意义的信息。

分析化学是最早发展起来的化学学科，与物理学、生命科学、信息科学、材料科学、环境科学、能源科学、地球与空间科学等都有密切的联系，且相互交叉和渗透，因而又被称为**分析科学**。分析化学不仅对化学及相关学科的发展起着重要作用，它在国民经济的发展、国防力量的强大、科学技术的进步和自然资源的开发等各方面的作用也是举足轻重的。例如，在工业上，原料的选择、工艺流程条件的控制、成品的检测；在农业上，土壤的普查、化肥和农药的生产、农产品的质量检验；其他方面如资源勘探、环境监测、海洋调查、新型武器和新型材料的研制，以及医药、食品的质量检测和突发公共卫生事件的处理等，都要用到分析化学。分析化学不仅是科学技术的"眼睛"，用于发现问题，而且还直接参与实际问题的解决。

二、分析方法的分类

分析化学的内容很丰富，根据分析任务、分析对象、测定原理、试样用量、待测成分含量的多少和具体要求的不同，分析方法可分为许多种类。

1. 定性分析、定量分析和结构分析

定性分析的任务是确定物质由哪些成分(元素、离子、基团或化合物)组成；定量分析的任务是测定物质中有关成分的含量；结构分析的任务是确定物质的存在形态(氧化或还原态、配位态、结晶态等)和结构(化学结构、晶体结构、空间分布等)。

2. 无机分析和有机分析

无机分析的对象是无机化合物，有机分析的对象是有机化合物。在无机分析中，无机化合物所含的元素种类繁多，通常要求鉴定试样是由哪些元素、离子、基团或化合物所组成，各组分的含量是多少。在有机分析中，虽然组成有机化合物的元素种类不多，但由于有机化合物结构复杂，其种类已达千万种以上，故分析方法不仅有元素分析，还有官能团分析和结构分析。

3. 化学分析和仪器分析

以物质的化学反应为基础的分析方法称为化学分析法。化学分析法是分析化学的基础，主要包括滴定分析法和重量分析法。以物质的物理和物理化学性质为基础的分析方法称为物理和物理化学分析法。这类方法都需要特殊的仪器，通常称为仪器分析法。仪器分析法包括光学分析法、电化学分析法、色谱分析法、质谱分析法和放射化学分析法等，种类很多，而且新的分析方法还在不断出现。

4. 常量分析、半微量分析、微量分析和超微量分析

根据试样用量的多少,分析方法可分为常量分析、半微量分析、微量分析和超微量分析,如表1-1所示。

表1-1　根据试样用量的多少划分的分析方法

分析方法名称	常量分析	半微量分析	微量分析	超微量分析
固态试样质量/g	>0.1	0.1~>0.01	0.01~0.0001	<0.0001
液态试样体积/mL	>10	10~>1	1~0.01	<0.01

另外,根据待测成分含量高低的不同,分析方法又可分为常量组分分析(质量分数>1%)、微量组分分析(质量分数1%~>0.01%)、痕量组分分析(质量分数0.01%~0.0001%)和超痕量组分分析(质量分数<0.0001%)。

5. 例行分析、快速分析和仲裁分析

例行分析是指一般化验室对日常生产中的原材料和产品所进行的分析,又叫"常规分析"。

快速分析主要是为控制生产过程提供信息。例如炼钢厂的炉前分析,要求在尽量短的时间内报出分析结果,以便控制生产过程,这种分析要求速度快,准确度达到一定要求即可。

仲裁分析是当不同的单位对同一试样分析得出不同的测定结果,并由此发生争议时,要求权威机构用公认的标准方法进行的分析,以裁定原分析结果的准确性。

三、分析化学的发展

一般认为,分析化学的发展经历了三次巨大变革。第一次是在20世纪初,随着分析化学基础理论,特别是物理化学溶液理论的发展,分析化学从一种技术演变成为一门科学。第二次变革发生在20世纪中叶,由于物理学和电子学的发展,改变了经典分析化学以化学分析为主的局面,使仪器分析获得蓬勃发展。从20世纪70年代以来,由于生命科学、环境科学、新材料科学发展的需要,以及生物学、信息科学、计算机技术的引入,基础理论和测试手段的不断完善,促使分析化学进入第三次变革时期。现代分析化学的任务已不只限于测定物质的组成及含量,而是要对物质的形态、结构、微区、薄层及化学和生物活性等作出瞬时追踪、无损和在线监测等分析及过程控制。

今后,分析化学将在生命、环境、材料和能源等前沿领域,继续朝着高灵敏度、高选择性、准确、快速、简便、经济的方向发展,以解决更多、更深和更复杂的问题。

第二节　分析化学课程的任务和学习方法

一、分析化学课程的任务和要求

分析化学作为高等职业院校化工、轻工、制药、食品、生物工程、冶金、材料、环境等相关专业基础课程,其主要任务是学习定量分析方法。

通过本门课程的学习,要掌握常用定量分析方法的基本原理、计算方法和实验技术;具备正确判断和表达分析结果的能力;养成严谨求实的工作作风,树立准确的"量"的概念;了解分析化学新技术、新方法在相关专业领域中的应用;初步具备分析和解决相关问题的能力。

二、分析化学的特点和学习方法

(1) 分析化学课程前后内容关联紧密,各章节的理解具有可借鉴性,在学习过程中会有先难后易的规律。

(2) 把握好课前预习、课上听讲、课后复习、按时完成作业等环节,提高学习效率。

(3) 重视实验。分析化学是一门以实验为基础的科学,在学习过程中一定要理论联系实际,加强实验训练,通过具体实验步骤的操作、实验现象的观察、实验结果的计算与评价等,掌握分析方法的原理和实际应用。

(4) 查阅相关文献。结合生产、生活实际和社会热点问题,通过查阅相关国家标准、行业标准、专业期刊等文献,了解分析化学在提高产品质量、提高企业竞争力、建立食品安全保障体系、实施水环境和大气环境监测等方面的作用,了解分析化学学科的发展战略。

(5) 总结归纳。课后总结归纳是掌握知识和提升能力的重要环节。在学完一章之后,可以对照该章的知识目标和能力目标、思考与练习来检查自己是否掌握了该章的主要内容,并根据章首的知识结构框图对主要知识点进行梳理。

通过坚持不懈的努力,相信学生在完成分析化学课程任务的同时,学习能力也会得到相应提升,为学习后继课程及胜任未来的工作奠定良好的基础。

本章主要知识点

一、分析化学的任务

1. 分析化学的定义
获取物质的化学组成和结构信息的科学。

2. 分析化学的任务
(1) 定性分析　确定物质由哪些成分组成。
(2) 定量分析　测定物质中有关成分的含量。
(3) 结构分析　确定物质的存在形态和结构。

二、分析方法的分类

1. 按任务分类
(1) 定性分析
(2) 定量分析
(3) 结构分析

2. 按分析对象分类

（1）无机分析　鉴定试样由哪些元素、离子、基团或化合物组成，测定各组分的相对含量。

（2）有机分析　进行元素分析、基团分析及结构分析，测定各组分的相对含量。

3. 按测量原理分类

（1）化学分析　以物质的化学反应为基础，按照化学反应的计量关系进行定性、定量分析。

（2）仪器分析　以物质的物理或物理化学性质为基础，通过测量物质的物理或物理化学参数进行物质的定性、定量及结构分析。

4. 按试样用量分类

常量分析；半微量分析；微量分析；超微量分析

5. 按试样中被测组分含量分类

常量组分分析；微量组分分析；痕量组分分析；超痕量组分分析

6. 按照测定要求分类

例行分析；快速分析；仲裁分析

三、分析化学课程的任务和要求

1. 分析化学课程的主要任务

学习定量分析方法。

2. 分析化学课程的要求

（1）掌握常用定量分析方法的基本原理、计算方法和实验技术，具备正确判断和表达分析结果的能力。

（2）养成严谨求实的工作作风，树立准确的"量"的概念。

（3）了解分析化学新技术、新方法在相关专业领域中的应用，初步具备分析和解决相关问题的能力。

四、分析化学课程的学习方法

（1）把握好课前预习、课上听讲、课后复习、按时完成作业等环节，提高学习效率。

（2）重视实验，理论联系实际。

（3）查阅相关的文献，获取所需信息。

（4）善于总结归纳。

文本

第一章思考与练习参考答案

思考与练习

1. 分析化学的任务有哪些？

2. 按照测量原理分析方法可分为哪两类？

3. 分析化学课程的要求是什么？你认为怎样才能学好这门课程？

第二章　定量分析的误差和数据处理

学习目标

知识目标

- 掌握定量分析中准确度与误差、精密度与偏差的关系。
- 掌握各种误差与偏差的计算方法。
- 掌握系统误差、随机误差的特点、来源和消除方法。
- 了解随机误差的分布规律、分析结果可靠性检验的意义和方法。
- 理解平均值的置信区间的概念、可疑值的取舍方法。
- 掌握有效数字的概念和运算规则。

能力目标

- 能正确计算分析结果的误差、偏差。
- 能分析定量过程中产生误差的原因,提出减免方法。
- 能正确计算平均值的置信区间。
- 能正确判断并取舍测量数据中的可疑值。
- 能正确记录测量数据、正确计算和保留分析结果的有效数字、正确表达分析结果。

知识结构框图

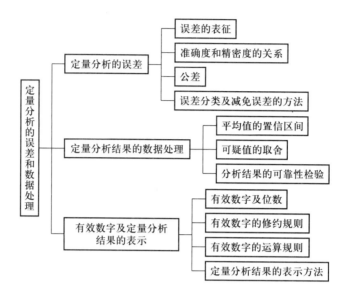

第一节　定量分析的误差

定量分析的任务是测定试样中有关组分的含量。在实际分析测试过程中,由于主、客观条件的限制,测定结果不可能和真实含量完全一致。即使是技术很熟练的人,用同一完善的分析方法和最精密的仪器,对同一试样仔细地进行多次分析,其结果也不会完全一样,而是在一定范围内波动。这就说明分析过程中客观上存在难以避免的误差。因此,在进行定量分析时,不仅要得到被测组分的含量,而且必须对分析结果进行评价,判断分析结果的可靠程度,检查产生误差的原因,以便采取相应措施减小误差,使分析结果达到一定的准确度,满足生产和科学研究的需要。

一、误差的表征——准确度与精密度

1. 准确度与误差

准确度是指分析结果与真值之间的接近程度。准确度的高低常以误差的大小来衡量。

测定值与真值之间的差值称为**误差**。误差越小,表示测定结果与真值越接近,准确度越高;反之,则测定结果的准确度越低。

误差有两种表达方式,即绝对误差 E 和相对误差 E_r。

绝对误差 E:测定值 x_i 与真值 x_T 之差。

$$E = x_i - x_T$$

相对误差 E_r:绝对误差在真值中所占百分数。

$$E_r = \frac{x_i - x_T}{x_T} \times 100\%$$

相关知识

真值:某一物理量本身具有的客观存在的真实数值。一般说来,真值是未知的,在分析化学中,常将以下的值当作真值来处理:

(1) 理论真值:如化合物的理论组成等。

(2) 计量学约定真值:如国际计量大会确定的长度、质量、物质的量单位等。

(3) 相对真值:认定准确度高一级的测定值作为低一级的测定值的真值。这种真值是相对比较而言的。例如,厂矿实验室中标准试样及管理试样中组分的含量等,可视为真值。

例1　用分析天平称量两物体的质量分别为 1.734 8 g 和 0.173 5 g,假定两者的真实质量分别为 1.734 9 g 和 0.173 6 g,计算两者称量的绝对误差和相对误差。

解：绝对误差分别为

$$E_1 = x_1 - x_{T1} = 1.7348 \text{ g} - 1.7349 \text{ g} = -0.0001 \text{ g}$$

$$E_2 = x_2 - x_{T2} = 0.1735 \text{ g} - 0.1736 \text{ g} = -0.0001 \text{ g}$$

相对误差分别为

$$E_{r1} = \frac{x_1 - x_{T1}}{x_{T1}} \times 100\% = \frac{-0.0001 \text{ g}}{1.7349 \text{ g}} \times 100\% = -0.006\%$$

$$E_{r2} = \frac{x_2 - x_{T2}}{x_{T2}} \times 100\% = \frac{-0.0001 \text{ g}}{0.1736 \text{ g}} \times 100\% = -0.06\%$$

由例 1 可见，绝对误差相等，相对误差不一定相同。当被测定的量较大时，相对误差比较小，测定的准确度就比较高。因此，用相对误差来表示或比较各种情况下测定结果的准确度更确切。需要注意的是，有时为了说明一些仪器测量的准确度，用绝对误差更清楚。例如，万分之一分析天平的称量误差是 ±0.0001 g，常量滴定管的读数误差是 ±0.01 mL，分光光度计的透射比读数误差为 ±0.5% 等，这些都是用绝对误差来说明的。

绝对误差和相对误差都有正负之分，正值表示分析结果偏高、负值表示偏低。

在实际工作中，通常会在相同的条件下对一个试样进行多次重复测定（称为**平行测定**），获得一组测定值 x_1、x_2、$\cdots$、x_n，该试样的测定结果一般用各次测定值的算术平均值 $\bar{x}$（简称平均值）来表示：

$$\bar{x} = \frac{x_1 + x_2 + \cdots + x_n}{n} = \frac{\sum\limits_{i=1}^{n} x_i}{n}$$

此时，测定结果的绝对误差和相对误差可分别按下式计算：

$$E = \bar{x} - x_T$$

$$E_r = \frac{\bar{x} - x_T}{x_T} \times 100\%$$

例 2 有一标准试样，组分的标准含量为 0.123%。经三次测定，结果分别为 0.118%、0.119% 和 0.125%，求分析结果的绝对误差和相对误差。

解：平均值 $\quad \bar{x} = \dfrac{0.118\% + 0.119\% + 0.125\%}{3} = 0.121\%$

绝对误差 $\quad E = \bar{x} - x_T = 0.121\% - 0.123\% = -0.002\%$

相对误差 $\quad E_r = \dfrac{\bar{x} - x_T}{x_T} \times 100\% = \dfrac{-0.002\%}{0.123\%} \times 100\% = -1.6\%$

2. 精密度与偏差

精密度是指一组平行测定数据相互接近的程度。平行测定的结果相互越接近，则测定的精密度越高。精密度通常用与平均值相关的各种偏差来表示。

（1）**偏差** 偏差是测定值与平均值的差值。与误差类似，偏差也有绝对偏差和相对偏差之分。

绝对偏差 d：单次测定值与平均值之差。

$$d = x_i - \overline{x}$$

相对偏差 d_r：绝对偏差在平均值中所占的百分数。

$$d_r = \frac{x_i - \overline{x}}{\overline{x}} \times 100\%$$

绝对偏差和相对偏差只能衡量单次测定值与平均值的偏离程度，其值有正有负。若将一组平行测定值的偏差相加，其代数和为零，因此不能用来表示一组测定值的精密度。

（2）**平均偏差** 平均偏差是各次测定偏差的绝对值的平均值，用 $\overline{d}$ 表示：

$$\overline{d} = \frac{\sum\limits_{i=1}^{n} |x_i - \overline{x}|}{n} = \frac{\sum\limits_{i=1}^{n} |d_i|}{n}$$

取绝对值后避免了正、负偏差相互抵消，可用来表示一组测定值的精密度。

相对平均偏差 $\overline{d}_r$：平均偏差在平均值中所占的百分数。

$$\overline{d}_r = \frac{\overline{d}}{\overline{x}} \times 100\%$$

（3）**标准偏差** 用统计学方法处理实验数据时，常使用标准偏差和相对标准偏差来表示一组平行测定值的精密度。标准偏差又称**均方根偏差**。

对于有限次数测定，标准偏差 s 的表达式为

$$s = \sqrt{\frac{\sum\limits_{i=1}^{n} (x_i - \overline{x})^2}{n-1}}$$

式中 $n-1$ 称为**自由度**，表示在 n 次平行测定中，只有 $n-1$ 个独立可变的偏差，因为 n 个测定值的绝对偏差之和等于零，所以只要知道 $n-1$ 个测定值的偏差，就可以确定第 n 个测定值的偏差。

相对标准偏差（RSD）：标准偏差在平均值中所占的百分数。

$$\text{RSD} = \frac{s}{\overline{x}} \times 100\%$$

相对标准偏差也称**变异系数**。

标准偏差通过平方运算，能将较大的偏差更显著地表现出来，因此标准偏差能更好地反映一组测定值的精密度。

例3 有两组测试数据：

| 甲组 | 2.9 | 2.9 | 3.0 | 3.1 | 3.1 |
| 乙组 | 2.8 | 3.0 | 3.0 | 3.0 | 3.2 |

试比较其精密度差异。

解：甲组平均值 $\overline{x}_{甲} = \dfrac{2.9+2.9+3.0+3.1+3.1}{5} = 3.0$

甲组平均偏差 $\overline{d}_{甲} = \dfrac{\sum\limits_{i=1}^{n} |x_i - \overline{x}_{甲}|}{n} = \dfrac{0.1+0.1+0+0.1+0.1}{5} = 0.08$

甲组标准偏差

$$s_{甲} = \sqrt{\dfrac{\sum\limits_{i=1}^{n}(x_i - \overline{x}_{甲})^2}{n-1}} = \sqrt{\dfrac{0.1^2 + 0.1^2 + 0^2 + 0.1^2 + 0.1^2}{5-1}} = 0.10$$

乙组平均值 $\overline{x}_{乙} = \dfrac{2.8+3.0+3.0+3.0+3.2}{5} = 3.0$

乙组平均偏差 $\overline{d}_{乙} = \dfrac{\sum\limits_{i=1}^{n} |x_i - \overline{x}_{乙}|}{n} = \dfrac{0.2+0+0+0+0.2}{5} = 0.08$

乙组标准偏差 $s_{乙} = \sqrt{\dfrac{\sum\limits_{i=1}^{n}(x_i - \overline{x}_{乙})^2}{n-1}} = \sqrt{\dfrac{0.2^2 + 0^2 + 0^2 + 0^2 + 0.2^2}{5-1}} = 0.14$

可见，甲、乙两组测定值的平均偏差相同，但两组数据的分散程度是不一样的，乙组的数据更为分散，说明用平均偏差有时不能客观地反映出精密度的高低，而用标准偏差来判断，乙组的标准偏差大些，即精密度差些，反映了真实情况。因此在一般情况下，对于平行测定数据应表示出其标准偏差或相对标准偏差。

（4）极差　一般分析工作中，平行测定次数不多，偏差也可以用极差（或称全距）R 来表示，它是一组平行测定数据中最大值与最小值之差，即

$$R = x_{max} - x_{min}$$

相对极差 R_r： $$R_r = \dfrac{R}{\overline{x}} \times 100\%$$

用极差表示偏差，简单直观，便于计算，不足之处是没有利用全部测定数据。

> **✎ 练一练**
>
> 用吸光光度法测定某试样中微量铜的含量，六次测定结果分别为 0.21％，0.23％，0.24％，0.25％，0.24％，0.25％。试计算测定结果的平均偏差、相对平均偏差、标准偏差、相对标准偏差、极差和相对极差。

在分析化学中，有时还用重现性和再现性表示不同情况下的精密度。前者指同一操作者、在相同条件下，获得一系列分析结果之间的一致程度；后者指不同操作者、在不同条件下，用相同方法获得分析结果之间的一致程度。

二、准确度和精密度的关系

评价一个分析结果要从准确度和精密度两方面考虑，二者之间的关系可以通过下面

的例子说明。图 2-1 是甲、乙、丙、丁四人分析同一水泥试样中氧化钙含量的结果示意图。图中 65.15% 处的虚线表示真值,短实线表示的分别是四人测定结果的平均值。由图 2-1 可见:甲所得结果准确度与精密度均好,结果可靠;乙的精密度虽高,但准确度较低;丙的精密度与准确度均很差;丁的平均值虽也接近于真值,但几个数据彼此相差甚远,仅是由于正、负误差相互抵消才凑巧使结果接近真值,因而其结果也是不可靠的。

动画

准确度和精密度的关系

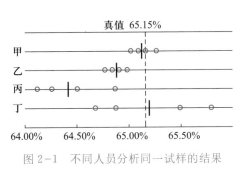

图 2-1　不同人员分析同一试样的结果

(○表示个别测定值,∣表示平均值)

综上所述:

(1) 精密度是保证准确度的先决条件;

(2) 精密度高,准确度不一定高(可能存在系统误差);

(3) 消除系统误差后,精密度高,准确度也高。

三、公差

由前面的讨论可以知道,误差与偏差具有不同的含义。前者以真值为标准,后者是以多次测定值的算术平均值为标准。严格地说,人们只能通过多次反复的测定,得到一个接近于真值的平均结果,用这个平均值代替真值来计算误差。显然,这样计算出来的误差还是偏差。因此,在生产部门并不强调误差与偏差的区别,而用"公差"范围来表示允许误差的大小。

公差是生产部门对分析结果允许误差的一种限量,又称为**允许误差**。若分析结果超出允许的公差范围,则称为"超差"。遇到这种情况,则该项分析应该重做。公差范围一般是根据生产需要和实际情况而制定的,所谓根据实际情况是指试样组成的复杂程度和所用分析方法的准确程度。对于每一项具体的分析工作,各主管部门都规定了具体的公差范围。例如,钢铁中碳含量的公差范围,国家标准中的规定如表 2-1 所示。

表 2-1　钢铁中碳含量的公差范围(用绝对误差表示)

碳含量范围/%	0.10~0.20	>0.20~0.50	>0.50~1.00	>1.00~2.00	>2.00~3.00	>3.00~4.00	>4.00
公差/%	±0.015	±0.020	±0.025	±0.035	±0.045	±0.050	±0.060

目前,国家标准中,对含量与公差之间的关系常用回归方程表示。

四、误差分类及减免误差的方法

想一想 1

图 2-1 的例子中为什么乙的分析结果精密度好而准确度差呢？为什么每人所做的四次平行测定结果都有或大或小的差别呢？

定量分析过程中,误差是客观存在的,为了将误差减小到允许的范围内,需要了解误差产生的原因和性质,以便找到减免误差的方法。

根据误差的来源和性质不同,误差可分为系统误差和随机误差两大类。

1. 系统误差

系统误差是由某些固定的原因造成的,具有重复性、单向性,即重复测定时,会重复出现,测定结果系统地偏高或偏低。理论上,系统误差的大小和正负是可以测定的,所以也称为**可测误差**。根据系统误差产生的原因,可以分为如下几类:

(1) 方法误差　由于分析方法本身不够完善造成的误差。如滴定分析中,由指示剂确定的滴定终点与化学计量点不完全符合及副反应的发生等,都将系统地使测定结果偏高或偏低。

(2) 仪器误差　主要是仪器本身不够准确或未经校准所引起的。例如,容量器皿的刻度不准确、分析天平砝码未经校准等。

(3) 试剂误差　由于试剂不纯或蒸馏水中含有微量杂质所引起的。

(4) 操作误差　是由于操作人员的主观原因造成的。例如,对终点颜色变化的判断,有人敏锐,有人迟钝;滴定管读数时个人习惯偏高或偏低等。

2. 随机误差

随机误差也称**偶然误差**,是由某些难以控制且无法避免的偶然因素造成的。例如,测定过程中,由于环境温度、湿度、电压、污染情况等变化引起试样质量、组成、仪器性能等微小变化;分析人员对各份试样处理时的微小差别等。由于随机误差是由一些不确定的偶然因素造成的,其大小和正负都不是固定的,因此无法测量,也不能加以校正,所以随机误差也称为**不可测误差**。随机误差的产生难以找到确切的原因,似乎没有规律性,但是当测定次数足够多时,从整体上看是服从统计分布规律的,因此可以用数理统计的方法来处理随机误差。

小贴士

除了系统误差和随机误差外,在分析过程中有时会出现由于疏忽或差错引起的所谓"过失",有人称之为过失误差或粗差,其实质是一种错误。例如,称样时试样洒落在容器之外;试样溶解不完全或转移时损失;溅失溶液;读错刻度;记录或计算错误;违反操作规程和加错试剂等,这些都属于不该发生的"过失",一旦发生,只能重做实验,这种结果决不能纳入平均值的计算中。实际上,只要工作认真、操作正确,"过失"是完全可以避免的。

3. 提高分析结果准确度的方法

为了提高分析结果的准确度,应根据分析过程中可能产生误差的原因,有针对性地采取措施,将误差减小到允许的范围内。

（1）选择合适的分析方法　各种分析方法具有不同的准确度和灵敏度,在实际工作中首先要根据具体情况来选择分析方法。化学分析法中的滴定分析法和重量分析法的相对误差小,准确度高,但灵敏度低,适合常量组分的分析;而仪器分析方法的相对误差较大,准确度低,但灵敏度高,适合微量组分的分析。例如,用 $K_2Cr_2O_7$ 滴定法测得某一试样中铁的质量分数为 40.20%,若方法的相对误差为 ±0.2%,则铁的质量分数范围是 40.12%～40.28%;这一试样如果直接用吸光光度法测定,由于方法的相对误差约为 ±2%,测得铁的质量分数范围将为 39.4%～41.0%,显然化学分析法测定结果相当准确,而仪器分析法的结果不能令人满意。反之,若对铁含量为 0.40% 的试样进行测定,因化学分析法灵敏度低,难以检测,若采用灵敏度高的吸光光度法测定,虽然相对误差较大,但因含量低,其绝对误差小,测得铁含量的范围将在 0.39%～0.41%,这样的结果是能满足要求的。因此选择分析方法时应考虑待测组分的含量及对准确度的要求。

（2）减小测量误差　测量时不可避免地会有误差存在,但是如果对测量对象的量进行合理选择,则会减小测量误差,提高分析结果的准确度。例如,万分之一分析天平的一次称量误差为 ±0.0001 g,无论直接称量还是减量称量,都要读两次平衡点,因此可能引入的最大误差为 ±0.0002 g,为了使称量的相对误差小于 ±0.1%,试样的质量就不能太小。从相对误差的定义可知:

$$称量相对误差 = \frac{称量绝对误差}{试样质量} \times 100\%$$

$$试样质量 = \frac{称量绝对误差}{称量相对误差} \times 100\% = \frac{0.0002\ g}{0.1\%} \times 100\% = 0.2\ g$$

可见试样质量必须在 0.2 g 以上才能保证称量相对误差在 0.1% 以内。

在滴定分析中,一般滴定管读数误差为 ±0.01 mL,在一次滴定中需要读数两次,因此可能造成的最大误差为 ±0.02 mL。所以,为了使滴定分析的相对误差小于 ±0.1%,消耗滴定剂的体积必须在 20 mL 以上,最好控制在 30 mL 左右,以减小测量误差。

> ## 小贴士
>
> 不同的分析方法准确度要求不同,应根据具体情况来控制各测量步骤的误差,使测量的准确度与分析方法的准确度相适应即可,不必要求像重量分析法和滴定分析法那样高。例如,用吸光光度法测定铁含量,设方法的相对误差为 ±2%,则在称取 0.5 g 试样时,试样的称量误差小于 ±2%×0.5 g = ±0.01 g 就可以了,没有必要称准至 ±0.0001 g。不过在实际工作中,为了使称量误差可以忽略不计,一般将称量的准确度提高约一个数量级,如在本例中,宜称准至 ±0.001 g。

（3）消除系统误差

① 系统误差的检验　为了检查测定过程或分析方法是否存在系统误差,做对照试验

是最有效的方法。对照试验有以下三种：

a. 标准品对照。用选定的方法对组成与待测试样相近的标准品进行测定,将所得结果与标准值进行对照,用 t 检验法(见下一节)确定是否存在系统误差。

b. 标准方法对照。用标准方法和所选方法测定同一试样,由测定结果作 F 检验和 t 检验(见下一节),判断是否存在系统误差。

c. 加标回收试验。取等量试样两份,向其中一份加入已知量的待测组分,对两份试样进行平行测定,根据两份试样测定结果,计算加入待测组分的回收率,以判断测定过程是否存在系统误差。这种方法在对试样组成情况不清楚时适用。

对照试验的结果同时也能说明系统误差的大小。

若对照试验或统计检验说明有系统误差存在,则应设法找出产生系统误差的原因,并加以消除,通常可采用以下方法：

② 空白试验 为了检查试验用水、试剂是否含有杂质,所用器皿是否被沾污等造成的系统误差,可以做空白试验。所谓空白试验就是在不加试样的情况下,按照与试样分析同样的步骤和条件进行的测定,试验得到的结果称为空白值。从试样分析结果中扣除空白值即可消除试剂、蒸馏水和试验器皿带进杂质所引起的误差,得到比较可靠的结果。空白值一般不应很大,否则应采取提纯试剂或改用适当器皿等措施来减小误差。

③ 校准仪器 校准仪器可以减小或消除由于仪器不准确引起的系统误差。例如,砝码、移液管、滴定管、容量瓶等,在要求精确的分析中,必须对这些计量仪器进行校准,并在计算结果时采用校正值。

④ 方法校正 由于方法不完善引入的系统误差可以用其他方法作校正。例如,沉淀重量法测定硅含量时会因为微量硅的溶解损失而引起负误差,这时可用吸光光度法测定滤液中的微量硅,然后加到沉淀重量法结果中去。

(4) 减小随机误差 在消除系统误差的前提下,平行测定次数越多,平均值越接近真值,因此增加平行测定次数可以减小随机误差(见下一节),但测定次数过多意义不大,在一般的分析工作中平行测定 3～5 次即可。

第二节 定量分析结果的数据处理

定量分析的目的是为了得到试样中待测组分的含量信息,然而由于受到分析方法、测量仪器、试剂等条件的限制及操作人员主观因素的影响,分析结果不可能和试样的真实含量完全一致,即分析结果存在一定的不确定性。为此有必要对测量数据进行统计处理,以便合理地表达分析结果,并对分析结果的可靠性和准确程度做出判断。

一、平均值的置信区间

定量分析一般是通过对一个总体中少量样本的测定来对总体做出评价,即通过几次平行测定的样本平均值 $\bar{x}$ 来估计总体平均值 μ 存在的范围,并给出这种估计的可靠性。为此需要引入总体平均值、总体标准偏差等概念。

1. 总体平均值和总体标准偏差

(1) **总体平均值** 前面的讨论中涉及平均值和偏差等概念都是针对少量样本而言

的,当测定次数 n 为无限多次时,所得的平均值称为总体平均值 μ,即

$$\mu = \lim_{n \to \infty} \frac{1}{n} \sum x_i$$

在消除了系统误差的情况下,μ 即为真值。

(2) **总体标准偏差** 各次测定值对总体平均值 μ 的偏离用总体标准偏差 σ 表示:

$$\sigma = \sqrt{\frac{\sum_{i=1}^{n} (x_i - \mu)^2}{n}}$$

 相关知识

总体:在统计学中,将所研究对象的某特征值的全体称为总体(或母体)。

样本:自总体中随机抽取的一组测定值,称为样本(或子样)。

样本容量:样本中所含测定值的数目,称为样本容量。

例如,对某批矿石中的铁含量进行分析,经取样、细碎、缩分后,得到一定数量(如 400 g)的试样供分析用。这就是分析试样,是供分析用的总体。如果从中称取 10 份试样平行分析,得到 10 个分析结果,则这一组分析结果就是该矿石分析试样总体中的一个随机样本,样本容量为 10。

---

2. 随机误差的正态分布

 **想一想 2**

随机误差真的是毫无规律的吗?为什么试样分析都要做几次平行测定,并用平均值表示分析结果?

由于随机误差的存在,同一试样的多次平行测定所得数据不完全一致,即具有分散性,如果测定次数很多,且消除了系统误差的情况下,这些数据一般服从正态分布规律:

$$y = F(x) = \frac{1}{\sigma \sqrt{2\pi}} e^{-\frac{(x-\mu)^2}{2\sigma^2}} \qquad (2-1)$$

式中 x 表示单次测定值,y 表示测定值 x 在总体中出现的概率密度。以 y 为纵坐标,x 为横坐标作图,得到测定值的正态分布图(图 2-2)。

式(2-1)中 μ 和 σ 是正态分布的两个重要参数,其中 μ 为总体平均值,它体现了无限个测定值的集中趋势;σ 是总体标准偏差,在正态分布图中,σ 是曲线拐点间距离的一半,它体现了测定值的分散程度,σ

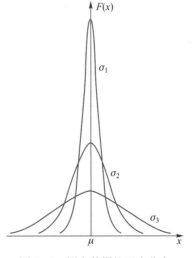

图 2-2 测定数据的正态分布

越小,数据越集中,正态分布曲线越瘦而高。图 2-2 中的三条不同形状的正态分布曲线,它们的 μ 相同,但 $\sigma_1 < \sigma_2 < \sigma_3$。

从图 2-2 可以发现大量测定数据的分布规律:

① 在总体平均值 μ 附近,测定值 x 所对应的 y 值都比较大,当 $x = \mu$ 时,y 值最大,这说明大部分的测定值集中在 μ 附近,即随机误差小的测定值出现的概率大。

② x 偏离 μ 越远,y 值就越小,说明大误差出现的概率很小。

③ 正态分布曲线以 $x = \mu$ 的直线为轴,呈对称分布,说明正误差和负误差出现的概率相等。

以测定值 x 为横坐标的正态分布曲线,由于 σ 值不同,曲线的形状也不同,若引入一个新的替换变量 u,u 定义为

$$u = \frac{x - \mu}{\sigma}$$

由于 $x - \mu$ 代表测定的随机误差,u 的意义就是以 σ 为单位的随机误差。代入式(2-1)得到

$$y = \phi(u) = \frac{1}{\sqrt{2\pi}} \mathrm{e}^{-\frac{u^2}{2}} \tag{2-2}$$

以 y 对 u 作图,则各种不同 σ 的正态分布曲线全部归结为一条相同的曲线,称为**标准正态分布曲线**,如图 2-3 所示。

在标准正态分布曲线上,曲线与横坐标轴之间在 $-\infty < u < +\infty$ 区域内所包围的面积表示全部数据出现概率的总和,其值应为 1,即概率 P 为

$$P = \int_{-\infty}^{+\infty} \phi(u)\mathrm{d}u = \frac{1}{\sqrt{2\pi}} \int_{-\infty}^{+\infty} \mathrm{e}^{-u^2/2}\mathrm{d}u = 1$$

随机误差在某区间内出现的概率 P,可取不同 u 值用上式积分得到,表 2-2 列出了部分误差范围与出现概率之间的关系。

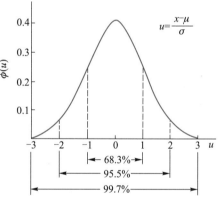

图 2-3　标准正态分布曲线图

表 2-2　误差在某些区间出现的概率

随机误差 u 出现的区间 (以 σ 为单位)	测定值 x 出现的区间	出现的概率 P
$(-1, +1)$	$(\mu - 1\sigma,\ \mu + 1\sigma)$	68.3%
$(-2, +2)$	$(\mu - 2\sigma,\ \mu + 2\sigma)$	95.5%
$(-3, +3)$	$(\mu - 3\sigma,\ \mu + 3\sigma)$	99.7%

可见,随机误差超过 3σ 的测定值出现的概率很小,仅有 0.3%,也就是说,在多次重复测定中,特别大的误差出现的概率是很小的,因此在实际工作中,如果多次重复测定中的个别数据的误差的绝对值大于 3σ,则这个极端值可以舍去(见本节"可疑值的取舍")。

根据上述规律,为了减小随机误差,定量分析时应该多做几次平行测定并取其平均值作为分析结果,这样正、负随机误差可以相互抵消。在消除了系统误差的情况下,平均值比任何一次测定值都更接近真值。

3. 随机误差的 t 分布

正态分布是无限多次测定数据的分布规律,而在实际分析工作中,测定次数是有限的,因此无法计算总体平均值 μ 和总体标准偏差 σ,只能用样本平均值 $\overline{x}$ 和样本标准偏差 s 来估计测定数据的集中趋势和分散程度。用 s 代替 σ 时必然引起误差。英国化学家、统计学家 W. S. Gosset 提出以统计变量 t(称为置信因子)代替 u,以补偿这一误差。t 定义为

$$t = \frac{\overline{x} - \mu}{s}\sqrt{n} \tag{2-3}$$

这时随机误差不是正态分布,而是 t 分布。t 分布曲线纵坐标仍为概率密度,但横坐标为统计量 t,如图 2-4 所示,图中 f 是自由度,$f = n-1$。

t 分布曲线的形状随自由度而变,当 f 趋于 ∞ 时,t 分布就是正态分布。与正态分布相同,t 分布曲线下面一定区间内的面积也表示随机误差在该区间出现的概率。不同的是对于正态分布曲线,只要 u 值一定,相应的概率也一定;但对于 t 分布曲线,当 t 值一定时,由于 f 值的不同,相应曲线所包围的面积也不同,即 t 分布中的区间概率不仅随 t 值而改变,还与 f 值有关。不同 f 值及概率所对应的 t 值已由统计学家计算出来。表 2-3 列出了最

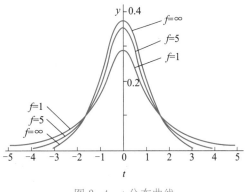

图 2-4　t 分布曲线

常用的部分 t 值。表中的 P 称为置信度,表示在某一 t 值时,测定值落在($\mu \pm ts$)范围内的概率。显然测定值落在此范围之外的概率为($1-P$),称为**显著性水平**,用 α 表示。

表 2-3　对于不同测定次数及不同置信度的 t 值

测定次数 n	t 值				
	$P = 50\%$	$P = 90\%$	$P = 95\%$	$P = 99\%$	$P = 99.5\%$
2	1.000	6.314	12.706	63.657	127.32
3	0.816	2.920	4.303	9.925	14.089
4	0.765	2.353	3.182	5.841	7.453
5	0.741	2.132	2.776	4.604	5.598
6	0.727	2.015	2.571	4.032	4.773
7	0.718	1.943	2.447	3.707	4.317
8	0.711	1.895	2.365	3.500	4.029
9	0.706	1.860	2.306	3.355	3.832
10	0.703	1.833	2.262	3.250	3.690

测定次数 n	t 值				
	$P=50\%$	$P=90\%$	$P=95\%$	$P=99\%$	$P=99.5\%$
11	0.700	1.812	2.228	3.169	3.581
21	0.687	1.725	2.086	2.845	3.153
∞	0.674	1.645	1.960	2.576	2.807

由表 2-3 可见,当测定次数大于 20 以后,t 值与 u 值就已经很接近了。

4. 平均值的置信区间

定量分析时,人们希望通过有限次数测量的样本平均值 $\overline{x}$ 来估计总体平均值 μ 可能存在的区间,为此,根据统计量 t 的定义式(2-3)可得

$$\mu = \overline{x} \pm t \cdot \frac{s}{\sqrt{n}} \tag{2-4}$$

式(2-4)表示在某一置信度下,以平均值 $\overline{x}$ 为中心,能够包含真值的范围,称为平均值的置信区间。

式(2-4)常作为分析结果的表达式,$\pm t \cdot \dfrac{s}{\sqrt{n}}$ 表示随机不确定度。当由一组少量数据求出 $\overline{x}$、s,再根据测定次数和选定的置信度,由表 2-3 查出 t 值,就可以计算出平均值的置信区间。

例 4 测定某一物料中 SiO_2 的质量分数,得到下列数据:28.62%,28.59%,28.51%,28.48%,28.52%,28.63%。求平均值、标准偏差和置信度分别为 90% 和 95% 时平均值的置信区间。

解:
$$\overline{x} = \frac{(28.62+28.59+28.51+28.48+28.52+28.63)\%}{6} = 28.56\%$$

$$s = \sqrt{\frac{(0.06\%)^2+(0.03\%)^2+(0.05\%)^2+(0.08\%)^2+(0.04\%)^2+(0.07\%)^2}{6-1}} = 0.06\%$$

查表 2-3,置信度为 90%,$n=6$ 时,$t=2.015$,则

$$\mu = 28.56\% \pm \frac{2.015 \times 0.06\%}{\sqrt{6}} = (28.56 \pm 0.05)\%$$

同理,对于置信度为 95%,$n=6$ 时,$t=2.571$,则

$$\mu = 28.56\% \pm \frac{2.571 \times 0.06\%}{\sqrt{6}} = (28.56 \pm 0.06)\%$$

上述计算说明,若平均值的置信区间取 $(28.56 \pm 0.05)\%$,则真值在其中出现的概率为 90%;而若使真值出现的概率提高为 95%,则平均值的置信区间将扩大为 $(28.56 \pm 0.06)\%$。

例 5 对某试样中 Cl^- 的含量进行分析测定,先测四次,测定结果为 47.52%,47.64%,47.60%,47.58%;再测两次,测定结果为 47.62%,47.56%。试分别按四次测定和六次测定的数据来计算平均值的置信区间(置信度为 95%)。

解：四次测定时

$$\bar{x} = \frac{47.52\% + 47.64\% + 47.60\% + 47.58\%}{4} = 47.58\%$$

$$s = \sqrt{\frac{(0.06\%)^2 + (0.06\%)^2 + (0.02\%)^2 + (0.00\%)^2}{4-1}} = 0.05\%$$

查表 2-3，置信度为 95%，$n = 4$ 时，$t = 3.182$，则

$$w_{Cl^-} = 47.58\% \pm \frac{3.182 \times 0.05\%}{\sqrt{4}} = (47.58 \pm 0.08)\%$$

六次测定时

$$\bar{x} = \frac{47.52\% + 47.64\% + 47.60\% + 47.58\% + 47.62\% + 47.56\%}{6} = 47.59\%$$

$$s = \sqrt{\frac{(0.07\%)^2 + (0.05\%)^2 + (0.01\%)^2 + (0.01\%)^2 + (0.03\%)^2 + (0.03\%)^2}{6-1}} = 0.04\%$$

查表 2-3，置信度为 95%，$n = 6$ 时，$t = 2.571$，则

$$w_{Cl^-} = 47.59\% \pm \frac{2.571 \times 0.04\%}{\sqrt{6}} = (47.59 \pm 0.04)\%$$

由例 5 可见，适当增加测定次数，可使置信区间显著缩小，即可使测定结果的平均值 $\bar{x}$ 与总体平均值 μ 接近。

综上所述，置信区间的大小与置信度 P、测定的精密度 s 及测定次数 n 有关。置信度越低，置信区间越小，即平均值越接近真值，平均值越可靠，但若置信度过低，则其判断的可靠性就不能保证了；置信度越高，置信区间越大，即所估计的区间包括真值的可能性也就越大。100% 的置信度意味着置信区间无穷大，肯定会包含真值，但这种区间是没有意义的。在分析化学中，通常把置信度选在 95% 或 90%。

5. 不确定度

如前所述，置信区间是在仅考虑随机误差的情况下对真值存在区间的估计，未考虑系统误差的影响，而在实际工作中，系统误差对分析结果的影响通常无法完全消除，因此用式(2-4)表达分析结果存在不合理性。为此，近年来提出了测定不确定度的概念及其评定方法，并在分析测试中广泛应用。

不确定度是与测定结果相关、用来定量表示测定结果不确定程度的参数。不确定度表示被测定值的分散性，它是一个区间，即被测定值可能分布的区间，它包含了系统误差和随机误差对分析结果的共同影响，可以用来估计某测定结果的可信程度，它是分析结果的一部分，因此分析结果的表达式应写作

$$\mu = \bar{x} \pm U$$

式中 U 即为测定不确定度，通常用标准偏差、标准偏差的倍数或说明了置信度的区间的半宽度来表示。

二、可疑值的取舍

在一组平行测定所得测定值中，有时会有个别测定值偏离其他测定值较远，该值称

为**可疑值或离群值**。如果离群值是由过失造成的,保留该数据会严重影响分析结果的准确度和精密度;如果离群值是由随机误差造成的,舍弃该数据会造成数据的浪费,同时也会影响分析结果的准确度和精密度。因此,当数据中出现离群值时,首先要仔细检查测定过程,查看是否有过失存在,若有过失则该可疑值必须剔除,否则该可疑值就不能随意舍弃,而需进行统计检验,以决定弃留。常用的统计检验方法有 Q 检验法、$4\bar{d}$ 检验法、Grubbs 法等,这里介绍前两者。

1. Q 检验法

当测定次数 $3 \leqslant n \leqslant 10$ 时,根据所要求的置信度,按照下列步骤,检验可疑数据是否应弃去。

(1)将测定值按递增顺序排列:$x_1, x_2, \cdots, x_n$,其中 x_1 或 x_n 为可疑值;

(2)计算测定值的极差 $x_n - x_1$;

(3)计算可疑值与其相邻值之差 $x_n - x_{n-1}$ 或 $x_2 - x_1$;

(4)计算 $Q_{计}$,$Q_{计} = \dfrac{x_2 - x_1}{x_n - x_1}$ 或 $Q_{计} = \dfrac{x_n - x_{n-1}}{x_n - x_1}$

(5)根据测定次数 n 和要求的置信度,查表 2-4,得 $Q_{表}$;

(6)将 $Q_{计}$ 与 $Q_{表}$ 相比,若 $Q_{计} > Q_{表}$,则舍弃可疑值,否则应予保留。

表 2-4 舍弃可疑数据的 Q 值(置信度 90% 和 95%)

测定次数	3	4	5	6	7	8	9	10
$Q_{0.90}$	0.94	0.76	0.64	0.56	0.51	0.47	0.44	0.41
$Q_{0.95}$	1.53	1.05	0.86	0.76	0.69	0.64	0.60	0.58

例 6 对轴承合金中锑含量进行了十次测定,得到下列结果:15.48%,15.51%,15.52%,15.53%,15.52%,15.56%,15.53%,15.54%,15.68%,15.56%,试用 Q 检验法判断有无可疑值需舍弃(置信度为 90%)。

解:(1)首先将测定值按递增顺序排列:15.48%,15.51%,15.52%,15.52%,15.53%,15.53%,15.54%,15.56%,15.56%,15.68%,显然,可疑值为 15.68%。

(2)计算测定值的极差:$x_{10} - x_1 = 15.68\% - 15.48\% = 0.20\%$。

(3)计算可疑值与其相邻值之差:$x_{10} - x_9 = 15.68\% - 15.56\% = 0.12\%$。

(4)计算 $Q_{计}$,$Q_{计} = \dfrac{x_{10} - x_9}{x_{10} - x_1} = \dfrac{0.12\%}{0.20\%} = 0.60$。

(5)查表 2-4,置信度为 90%,$n = 10$ 时,$Q_{表} = 0.41$,$Q_{计} > Q_{表}$,所以可疑值 15.68% 必须舍弃。同样,可在剩余的 9 个测定值中,检验是否还有可疑数据需弃。此时,可疑值为 15.48%:

$$Q_{计} = \frac{x_2 - x_1}{x_9 - x_1} = \frac{0.03\%}{0.08\%} = 0.38$$

查表 2-4,置信度为 90%,$n = 9$ 时 $Q_{表} = 0.44$,$Q_{计} < Q_{表}$,故可疑值 15.48% 应予保留。

2. $4\bar{d}$ 检验法

对于一些实验数据也可用 $4\bar{d}$ 检验法判断可疑值的取舍。首先求出可疑值除外的其余数据的平均值 $\bar{x}$ 和平均偏差 $\bar{d}$,然后将可疑值与平均值进行比较,如绝对差值大于 $4\bar{d}$,

则可疑值舍去,否则保留。

例 7　用 EDTA 标准溶液滴定某试液中的 Zn,进行四次平行测定,消耗 EDTA 标准溶液的体积(mL)分别为:26.32,26.40,26.44,26.42,试问 26.32 这个数据是否应保留?

解:首先不计可疑值 26.32,求得其余数据的平均值 $\overline{x}$ 和平均偏差 $\overline{d}$ 为

$$\overline{x}=26.42, \quad \overline{d}=0.01$$

可疑值与平均值的绝对差值为

$$|26.32-26.42|=0.10>4\overline{d}(0.04)$$

故 26.32 这一数据应舍弃。

用 $4\overline{d}$ 检验法处理可疑数据的取舍是存有较大误差的,但是,由于这种方法比较简单,不必查表,故至今仍为人们所采用。显然,这种方法只能用于处理一些要求不高的实验数据。

*三、分析结果的可靠性检验

不同分析人员、不同实验室或采用不同方法对同一试样进行分析,所得结果之间会存在一定差异,这时需要用统计方法来检验分析结果之间是否存在显著性差异,这一过程称为**显著性检验**。显著性检验的基本方法是首先计算一个统计量,然后将其与查表所得临界值进行比较。如果统计量的计算值小于临界值,表示两组分析结果的差异并不显著,这种差异仅来源于随机误差;反之,则表示两组结果间存在显著性差异,即除了随机误差外,应该还存在系统误差。分析化学中常用的显著性检验有 F 检验法和 t 检验法。

1. F 检验法

F 检验法用于检验两组数据的精密度是否存在显著性差异。

统计量 F 为两组数据标准方差的比值,一般规定大的方差作为分子,小的方差作为分母:

$$F_{\text{计}}=\frac{s^2_{\text{大}}}{s^2_{\text{小}}}$$

按照置信度和自由度查表 2-5,得到 $F_{\text{表}}$ 值,比较 $F_{\text{计}}$ 和 $F_{\text{表}}$,若 $F_{\text{计}}>F_{\text{表}}$,则认为两组数据的精密度存在显著性差异,否则不存在显著性差异。

表 2-5　置信度 95% 时 F 值(单侧)

$f_{\text{小}}$ \ $f_{\text{大}}$	2	3	4	5	6	7	8	9	10	∞
2	19.00	19.16	19.25	19.30	19.33	19.36	19.37	19.38	19.39	19.50
3	9.55	9.28	9.12	9.01	8.94	8.88	8.84	8.81	8.78	8.53
4	6.94	6.59	6.39	6.26	6.16	6.09	6.04	6.00	5.96	5.63
5	5.79	5.41	5.19	5.05	4.95	4.88	4.82	4.77	4.74	4.36
6	5.14	4.76	4.53	4.39	4.28	4.21	4.15	4.10	4.06	3.67

$f_{\text{大}}$ $f_{\text{小}}$	2	3	4	5	6	7	8	9	10	∞
7	4.74	4.35	4.12	3.97	3.87	3.79	3.73	3.68	3.63	3.23
8	4.46	4.07	3.84	3.69	3.58	3.50	3.44	3.39	3.34	2.93
9	4.26	3.86	3.63	3.48	3.37	3.29	3.23	3.18	3.13	2.71
10	4.10	3.71	3.48	3.33	3.22	3.14	3.07	3.02	2.97	2.54
∞	3.00	2.60	2.37	2.21	2.10	2.01	1.94	1.88	1.83	1.00

注：表中 $f_{\text{大}}$ 为标准方差较大的那组数据的自由度，$f_{\text{小}}$ 为标准方差较小的那组数据的自由度。

检验时要区分是单侧检验还是双侧检验，单侧检验是检验某组数据的精密度是否明显大于、等于(或小于、等于)另一组数据的精密度，双侧检验是判断两组数据精密度是否存在显著性差异，即一组数据的精密度可能优于、等于或劣于另一组的精密度。表 2-5 所列 F 值为单侧值，可直接用于单侧检验，当用于双侧检验时，显著性水平是单侧检验时的两倍，即 0.10，因而此时的置信度 $P=1-0.10=0.90$，即 90%。

> **例 8** 在吸光光度分析中，用一台旧仪器测定溶液的吸光度 6 次，得标准偏差 $s_1=0.055$；再用一台性能稍好的新仪器测定 4 次，得标准偏差 $s_2=0.022$。试问新仪器的精密度是否显著地优于旧仪器的精密度？
>
> **解：** 在本例中，已知新仪器的性能较好，它的精密度不会比旧仪器的差，因此，这属于单侧检验问题。
>
> 已知 $n_1=6$，$s_1=0.055$；$n_2=4$，$s_2=0.022$。
>
> $$F_{\text{计}}=\frac{s_{\text{大}}^2}{s_{\text{小}}^2}=\frac{0.055^2}{0.022^2}=6.25$$
>
> 查表 2-5，$f_{\text{大}}=6-1=5$，$f_{\text{小}}=4-1=3$ 时，$F_{\text{表}}=9.01$，$F_{\text{计}}<F_{\text{表}}$，故有 95% 的把握认为两种仪器的精密度之间不存在统计学上的显著性差异，即不能做出新仪器显著地优于旧仪器的结论。
>
> **例 9** 两个实验室对同一含铜试样分别平行测定 5 次，结果如下：
>
> 实验室 1　0.098，0.099，0.098，0.100，0.099
>
> 实验室 2　0.099，0.101，0.099，0.098，0.097
>
> 判断两个实验室所测数据的精密度是否存在显著性差异。
>
> **解：** 由于不知道哪组数据精密度更好，因此本题属于双侧检验。
>
> $$s_1=0.00084，\qquad s_2=0.00148$$
>
> $$F_{\text{计}}=\frac{s_{\text{大}}^2}{s_{\text{小}}^2}=\frac{0.00148^2}{0.00084^2}=3.10$$
>
> 查表 2-5，$f_{\text{大}}=f_{\text{小}}=4$ 时，$F_{\text{表}}=6.39$，$F_{\text{计}}<F_{\text{表}}$，故有 90% 的把握认为两个实验室所测数据的精密度不存在显著性差异。

2. t 检验法

t 检验法用于检验两个不同来源的数据是否存在显著性差异。

(1) 平均值与标准值比较　为了检验一种分析方法是否可靠，常用标准试样进行试

验,将测定结果的平均值 $\overline{x}$ 与标准值 μ 比较,按下式求出 t 值:

$$t_{计} = \frac{|\overline{x} - \mu|}{s}\sqrt{n}$$

式中 $\overline{x}$ 为标准试样测定的平均值;s 为测定的标准偏差;μ 为标准试样的标准值;n 为测定次数。再根据测定次数和所要求的置信度,从表 2-3 查出相应的 $t_{表}$,若 $t_{计} > t_{表}$,则平均值与标准值之间有显著性差异,即被检验的方法存在系统误差,若 $t_{计} \leqslant t_{表}$,则二者之间无显著性差异,被检验的方法可以采用。

例 10 用一种新方法测定某含铜量为 11.7 $mg \cdot kg^{-1}$ 的标准试样,平行测定 5 次,测定值 $(mg \cdot kg^{-1})$ 分别为 10.9,11.8,10.9,10.3,10.0,判断该方法是否可行(置信度 95%)?

解: 计算 5 次测定的 $\overline{x} = 10.8$ $mg \cdot kg^{-1}$,$s = 0.7$ $mg \cdot kg^{-1}$,则

$$t_{计} = \frac{|\overline{x} - \mu|}{s}\sqrt{n} = \frac{|10.8 - 11.7|}{0.7} \times \sqrt{5} = 2.87$$

查表 2-3,$t_{表} = 2.776$,因 $t_{计} > t_{表}$,说明测定结果 10.8 $mg \cdot kg^{-1}$ 比标准值 11.7 $mg \cdot kg^{-1}$ 小 0.9 $mg \cdot kg^{-1}$,不完全是由随机误差造成的,而是该方法也存在着系统误差。

(2) 两组数据平均值比较 需要比较两种方法、两个实验室或两个操作人员对相同试样的测定结果时,也可以用 t 检验法,但在比较之前应首先确认二者的精密度是否存在显著性差异,即首先进行 F 检验,确认无显著性差异后,再进行 t 检验。此时,先按下式计算两组实验数据的合并标准偏差 $s_{合}$:

$$s_{合} = \sqrt{\frac{(n_1 - 1)s_1^2 + (n_2 - 1)s_2^2}{n_1 + n_2 - 2}}$$

再计算 t 值:

$$t_{计} = \frac{|\overline{x}_1 - \overline{x}_2|}{s_{合}}\sqrt{\frac{n_1 n_2}{n_1 + n_2}}$$

查表 2-3(总自由度 $f = f_1 + f_2 = n_1 + n_2 - 2$)得 $t_{表}$,若 $t_{计} > t_{表}$,则两组平均值有显著性差异,否则不存在显著性差异。

需要说明的是,即使二者存在显著性差异,也不能说明其中一组数据是否存在系统误差。

例 11 用两种不同方法测定合金中钼的质量分数,所得结果如下:

方法 1   方法 2

$\overline{x}_1 = 1.24\%$ $\overline{x}_2 = 1.33\%$

$s_1 = 0.021\%$ $s_2 = 0.017\%$

$n_1 = 3$ $n_2 = 4$

试问两种方法之间是否有显著性差异(置信度 90%)?

解: 首先进行 F 检验,则

$$F_{计} = \frac{s_{大}^2}{s_{小}^2} = \frac{0.021^2}{0.017^2} = 1.53$$

查表 2-5，$f_大=2$，$f_小=3$ 时，$F_表=9.55$，$F_计<F_表$，说明两种方法测定数据的精密度没有显著性差异，可继续进行 t 检验。

$$s_合=\sqrt{\frac{(n_1-1)s_1^2+(n_2-1)s_2^2}{n_1+n_2-2}}=\sqrt{\frac{(3-1)\times(0.021\%)^2+(4-1)\times(0.017\%)^2}{3+4-2}}=0.019\%$$

$$t_计=\frac{|\overline{x}_1-\overline{x}_2|}{s}\sqrt{\frac{n_1n_2}{n_1+n_2}}=\frac{|1.24\%-1.33\%|}{0.019\%}\sqrt{\frac{3\times4}{3+4}}=6.20$$

查表 2-3，当 $P=90\%$，$f=n_1+n_2-2=5$ 时，$t_表=2.132$。$t_计>t_表$，故两种分析方法之间存在显著性差异。

第三节　有效数字及定量分析结果的表示

在定量分析中，为了获得准确的分析结果，不仅要准确地进行测量，而且还要正确地记录和计算。分析结果所表达的不仅是试样中待测组分的含量，同时反映了测量的准确度。因此在实验数据的记录和结果的计算中，保留几位数字不是任意的，要根据测量仪器、分析方法的准确度来决定，这就涉及有效数字的概念及其运算规则问题。

一、有效数字及位数

有效数字是指在测量工作中实际能测到的数字。有效数字由若干位数字组成，其中最后一位是仪器所示最小刻度以下的估计值(可疑数字)，其余各位都是确切的，因此有效数字的位数与测量仪器的准确度有关，它不仅表示数量的大小，还表示测量的准确度，不可随意增减。一般有效数字的最后一位数字有 ±1 个单位的误差。

例如，某试样用万分之一分析天平称得质量为 0.500 0 g，有四位有效数字，其中最后一位是估计值，有 ±0.000 1 g 误差，由于称量需要读两次平衡点，可能引入的最大误差为 ±0.000 2 g，因此称量的相对误差为

$$\frac{\pm0.000\ 2\ \text{g}}{0.500\ 0\ \text{g}}\times100\%=\pm0.04\%$$

若将该试样用十分之一天平称量，则只能称到 0.5 g，有一位有效数字，此时称量的相对误差为

$$\frac{\pm0.2\ \text{g}}{0.5\ \text{g}}\times100\%=\pm40\%$$

可见，若将用万分之一分析天平称得的结果记录为 0.5 g，则称量误差被人为扩大了1 000 倍，显然是不合理的。同样道理，用 50 mL 量筒量取溶液，可以量出 35.2 mL，有三位有效数字，但不能记录为 35.22 mL，因为 50 mL 量筒最小刻度为 1 mL，只能估计到 $0.x$ mL。然而用滴定管滴定时，可以读出滴定剂消耗的体积为 25.36 mL，有四位有效数字，因为 50 mL 滴定管的最小刻度为 0.1 mL，能估计到 $0.0x$ mL。

确定有效数字位数还应注意以下规则：

① 数据中的"0"是否是有效数字，应根据其在数据中的作用来确定。若只起定位作用，则不是有效数字；若作为普通数字使用，则是有效数字。例如，称量某物质质量为 0.051 8 g，"5"前面的两个"0"只起定位作用，因此 0.051 8 有三位有效数字；若称量值为 0.051 80 g，则"8"后面的"0"是称量数据，因此 0.051 80 有四位有效数字。

② 改变数据单位时，不能改变有效数字的位数。例如，某物质质量为 3.4 g，只有两位有效数字，若改用 mg 为单位，则应表示为 3.4×10^3 mg，而不能写成 3 400 mg，因为这样就容易被误解为四位有效数字。

③ 乘除法运算中，首位数为 ≥8 的数字，有效数字可多计一位，例如，95.8 在运算中，可按四位有效数字对待。

④ 对数的有效数字位数仅取决于尾数部分的位数，因其整数部分仅代表了该数的方次。例如，$\lg K = 9.32$，是两位有效数字；pH = 11.02，也是两位有效数字，若将其换算为氢离子浓度，则应为 $[H^+] = 9.6 \times 10^{-12}$ mol·L^{-1}。

⑤ 非测定值，如测定次数、倍数、分数、化学计量数、某些常数（π、e）等，有效数字位数可看作无限多位。

相关知识

定量分析中，滴定管、移液管、容量瓶都能准确测量溶液的体积。当用 50 mL 滴定管滴定时，若消耗标准溶液的体积大于 10 mL，则应记录为四位有效数字，如 25.86 mL；若消耗标准溶液体积小于 10 mL，则应记录为三位有效数字，如 8.24 mL。当用 25 mL 移液管移取溶液时，应记录为 25.00 mL；当用 5 mL 吸量管移取 4 mL 溶液时，应记录为 4.00 mL。当用 250 mL 容量瓶配制或稀释溶液时，应记录为 250.0 mL；当用 50 mL 容量瓶配制或稀释溶液时，应记录为 50.00 mL。

二、有效数字的修约规则

在根据测量数据进行结果计算时，往往会遇到有效数字位数不同的情况，此时需要按一定的规则，将多余的有效数字舍弃，这一过程称为**数字修约**。修约的原则是既不因保留位数过多而使计算复杂化，也不因舍弃必要的有效数字而使准确度受到损失。

数字的修约采用"四舍六入五成双"规则（GB/T 8170—2008），即：当多余尾数≤4 时舍弃；当尾数≥6 时进位；当尾数等于 5 时，若后面数字不为 0 则进位，5 后无数字或后面数字为 0 时，要看 5 前面的数字，若为奇数则进位，若为偶数则舍弃。根据这一规则，将下列数据修约为四位有效数字时，结果应为

0.526 64 ⟶ 0.526 6   0.362 66 ⟶ 0.362 7

10.235 0 ⟶ 10.24   250.650 ⟶ 250.6

18.085 1 ⟶ 18.09

> **小贴士**
>
> 　　修约数字时,只允许对原测定值一次修约到所要求的位数,不能分几次修约。例如,将 0.574 9 修约为两位有效数字,不能先修约为 0.575,再修约为 0.58,而应一次修约为 0.57。

三、有效数字的运算规则

不同位数的几个有效数字在进行运算时,所得结果应保留几位有效数字与运算类型有关。

1. 加减法

几个数据相加减时,结果的有效数字位数取决于绝对误差最大的那个数据,即以小数点后位数最少的数据为准,这样做的依据是不确定值与准确值相加减后仍为不确定值。例如:

$$50.1+1.45+0.581\ 2=?$$

原数	绝对误差	修约后
50.1	± 0.1	50.1
1.45	± 0.01	1.4
＋) 0.581 2	$\pm 0.000\ 1$	0.6
52.131 2	± 0.1	52.1

可见,三个数字中,以第一个数的绝对误差最大,它决定了结果的不确定性为 ± 0.1。按照"先修约后计算"的原则,可将其他的数据都修约到小数点后一位,然后再计算,结果为 52.1。

2. 乘除法

几个数据相乘除时,结果的有效数字位数取决于相对误差最大的那个数据,即以有效数字位数最少的那个数据为准。例如:

$$0.012\ 1\times 25.64\times 1.057\ 82=?$$

原数	相对误差	修约后
0.012 1	$\dfrac{\pm 0.000\ 1}{0.012\ 1}\times 100\%=\pm 0.8\%$	0.012 1
25.64	$\dfrac{\pm 0.01}{25.64}\times 100\%=\pm 0.04\%$	25.6
1.057 82	$\dfrac{\pm 0.000\ 01}{1.057\ 82}\times 100\%=\pm 0.000\ 9\%$	1.06

其中以第一个数字相对误差最大,应以它为准,其他数字都修约到三位有效数字,然

后相乘,即 $0.0121 \times 25.6 \times 1.06 = 0.328$。

现在由于普遍采用计算器运算,虽然在运算过程中不必对每一步的计算结果进行修约,但应注意需根据准确度的要求,正确保留最后计算结果的有效数字位数。

四、定量分析结果的表示方法

1. 定量分析结果的有效数字位数

在表示定量分析结果时,高含量(>10%)组分的测定,一般要求四位有效数字;含量在1%~10%的组分一般要求三位有效数字;含量小于1%的组分一般只要求两位有效数字。对于表达定量分析结果准确度、精密度的误差和偏差可保留1~2位有效数字,一般最多保留两位。

2. 待测组分的化学表示形式

定量分析结果通常以待测组分实际存在形式的含量表示。例如,测得试样中氮的含量以后,根据实际情况,以 NH_3、NO_3^-、NO_2^-、N_2O_3 或 N_2O_5 等形式的含量表示。

如果待测组分的实际存在形式不清楚,则分析结果最好以氧化物或元素形式的含量表示。例如,在矿石分析中,各种元素的含量常以其氧化物形式(如 K_2O、Na_2O、CaO、MgO、Fe_2O_3、SO_3、P_2O_5、SiO_2 等)的含量表示;在金属材料和有机分析中,常以元素形式(如 Fe、Cu、Mo、W 和 C、H、O、N、S 等)的含量表示。

电解质溶液的定量分析结果常以所存在离子(如 K^+、Na^+、Ca^{2+}、Mg^{2+}、Cl^-、SO_4^{2-} 等)的含量表示。

3. 待测组分含量的表示方法

不同状态的试样,其待测组分含量的表示方法有所不同。

(1) 固体试样　固体试样中待测组分的含量通常以质量分数 w_B 表示,即试样中待测组分 B 的质量 m_B 与试样质量 m 之比:

$$w_B = \frac{m_B}{m}$$

应注意的是 m_B 与 m 单位应当一致,实际工作中使用的百分比符号"%"是质量分数的一种表示方法,可以理解为 10^{-2}。例如,某铁矿石中铁的质量分数为 0.5643 时,可以表示为 56.43%。

当待测组分含量非常低时,可以采用 $\mu g \cdot g^{-1}$(或 10^{-6})、$ng \cdot g^{-1}$(或 10^{-9})和 $pg \cdot g^{-1}$(或 10^{-12})来表示。

(2) 液体试样　液体试样中待测组分含量可以用下列方式来表示。

① 物质的量浓度:表示待测组分的物质的量 n_B 除以试液的体积 V,用符号 c_B 表示,常用单位 $mol \cdot L^{-1}$。

② 质量浓度:表示待测组分的质量 m_B 除以试液的体积 V,用符号 ρ_B 表示,常用单位 $g \cdot L^{-1}$,$mg \cdot L^{-1}$,$\mu g \cdot L^{-1}$ 或 $\mu g \cdot mL^{-1}$,$ng \cdot mL^{-1}$,$pg \cdot mL^{-1}$ 等表示。

③ 质量分数:表示待测组分的质量 m_B 除以试液的质量 m,以符号 w_B 表示。

④ 体积分数:表示待测组分的体积 V_B 除以试液的体积 V,以符号 φ_B 表示。

(3) 气体试样　气体试样中常量或微量组分的含量常以体积分数 φ_B 表示。

本章主要知识点

一、定量分析的误差

（一）误差的表征——准确度与精密度

1. 准确度与误差

准确度是指分析结果与真值之间的接近程度。准确度的高低常以误差的大小来衡量。误差有绝对误差和相对误差两种表达方式。

2. 精密度与偏差

精密度是指一组平行测定数据相互接近的程度，平行测定的结果相互越接近，则测定的精密度越高。精密度通常用与平均值相关的各种偏差来表示，如单次测定偏差、平均偏差、标准偏差、极差等。

（二）准确度和精密度的关系

评价一个分析结果要从准确度和精密度两方面考虑。准确度高，要求精密度一定高；但精密度高，准确度不一定高；在消除系统误差后，精密度高，准确度也高。

（三）公差

公差是生产部门对分析结果允许误差的一种限量，又称允许误差，是生产实践中用以判断分析结果是否合格的依据。

（四）误差分类及减免误差的方法

1. 系统误差

系统误差是由某些固定的原因造成的，按照来源可分为方法误差、仪器误差、试剂误差和操作误差。

2. 随机误差

随机误差是由某些难以控制且无法避免的偶然因素造成的。

3. 提高分析结果准确度的方法

（1）选择合适的分析方法

（2）减小测量误差

（3）消除系统误差

（4）减小随机误差

二、定量分析结果的数据处理

1. 平均值的置信区间

在某一置信度下，可以用有限次数测量的样本平均值 $\overline{x}$ 来估计总体平均值 μ 可能存在的区间：

$$\mu = \overline{x} \pm t \cdot \frac{s}{\sqrt{n}}$$

当不存在系统误差时，该式常作为分析结果的表达式，其中 $\pm t \cdot \frac{s}{\sqrt{n}}$ 表示随机不确定度。

2. 可疑值的取舍

当一组平行测定数据中出现离群值(可疑值)时,首先要仔细检查测定过程,查看是否有过失存在,若有过失则该可疑值必须剔除,否则该可疑值就不能随意舍弃,而需进行统计检验。常用的统计检验方法有 Q 检验法、$4\bar{d}$ 检验法等。

*3. 分析结果的可靠性检验

不同分析人员、不同实验室或采用不同方法对同一试样进行分析时,所得结果之间会存在一定差异,为了判断这种差异是否显著,即是否存在系统误差,需要用统计方法对分析结果进行显著性检验。分析化学常用 F 检验法和 t 检验法。F 检验法用于检验两组数据的精密度是否存在显著性差异,t 检验法用于检验两个不同来源的数据是否存在显著性差异。

三、有效数字及定量分析结果的表示

1. 有效数字及位数

(1)定义　有效数字是指在测量工作中实际能测到的数字。

(2)记录原则　只允许最后一位数字是估计值(可疑数字),其余各位都是确切的。所记录数字的误差是末位数字的±1个单位。

2. 有效数字的修约规则

采用"四舍六入五成双"规则。

3. 有效数字的运算规则

(1)加减法　几个数据相加减时,和或差的小数位数应与各数据中小数位数最少的相同。

(2)乘除法　几个数据相乘除时,积或商的有效数字位数应与各数据中有效数字位数最少的相同。

4. 定量分析结果的表示方法

(1)分析结果的有效数字位数　根据被测组分含量和要求确定。

(2)待测组分的化学表示形式　根据情况,以实际存在形式、氧化物、元素或离子含量表示。

(3)待测组分含量的表示方法　根据试样状态不同可分别用 w_B, c_B, ρ_B 和 φ_B 等表示。

文本

第二章思考与练习参考答案

思考与练习

思考与练习

一、思考题

1. 下列情况哪些产生系统误差?哪些产生随机误差?哪些是过失?如果是系统误差应该如何减免?

(1)试剂中含有少量待测组分

(2)读滴定管读数时,最后一位估计不准

(3)天平砝码未校正

(4) 判断滴定终点颜色总是偏深

(5) 滴定终点和化学计量点不完全一致

(6) 滴定时有溶液从锥形瓶中溅失

(7) 试样称量时吸收了空气中的水分

(8) 移液管转移溶液后残留量稍有不同

2. 提高分析结果准确性的方法有哪些？这些方法分别能减小或消除哪类误差？

3. 微量分析天平可称准至 ± 0.001 mg，要使试样称量误差不大于 0.1%，至少应称取多少试样？普通分析天平可称准至 ± 0.1 mg，要使称量误差不大于 0.1%，又应至少称取多少试样？

4. 50 mL 滴定管的读数误差为 ± 0.01 mL，欲使放出溶液的体积读数误差小于 0.1%，至少应消耗滴定剂多少毫升？若以无水 Na_2CO_3 为基准物质标定浓度约为 0.1 mol·L^{-1} 的 HCl 溶液，至少应称取基准物质多少克？

5. 有人测定某药物中主成分的含量，称取此药物 $0.025\ 0$ g，报出测试结果主成分的含量为 96.24%，此结果是否合理？应如何表示？

二、单项选择题

1. 用 25 mL 移液管移出的溶液体积应记录为（　　　）。

A. 25 mL   B. 25.0 mL   C. 25.00 mL   D. 25.000 mL

2. 为使测量体积的相对误差小于 0.1%，滴定时消耗标准溶液的体积应控制在（　　　）。

A. 10 mL 以下   B. 15～20 mL   C. 20～30 mL   D. 40～50 mL

3. 为使称量的相对误差小于 0.1%，用万分之一分析天平称取试样时，试样质量应在（　　　）以上。

A. 0.1 g   B. 0.2 g   C. 0.3 g   D. 0.8 g

4. 以下情况产生的误差属于随机误差的是（　　　）。

A. 指示剂变色点与化学计量点不一致   B. 称量时砝码数值记错

C. 滴定管读数最后一位估计不准   D. 称量完成后发现砝码破损

5. 对某试样进行三次平行测定，得 CaO 平均含量为 30.6%，而真实含量为 30.3%，则 $30.6\% - 30.3\% = 0.3\%$ 为（　　　）。

A. 绝对误差   B. 绝对偏差   C. 相对误差   D. 相对偏差

6. 欲测某水泥熟料中的 SO_3 含量，由五人分别进行测定。试样称取量皆为 2.2 g，五人获得四份报告如下，其中合理的是（　　　）。

A. 2.085% B. 2.08% C. 2.09% D. 2.1%

7. 以下分析结果表达式中正确的是（　　　）。

A. $(25.48 \pm 0.1)\%$ B. $(25.48 \pm 0.13)\%$

C. $(25.48 \pm 0.133)\%$ D. $(25.48 \pm 0.133\ 2)\%$

8. 下列数据各包括两位有效数字的是（　　　），包括四位有效数字的是（　　　）。

A. pH $= 2.0$；8.7×10^{-6} B. 0.50%；pH $= 4.74$

C. 114.0；40.02% D. $0.003\ 00$；1.052

9. 在定量分析中，对误差的要求是（　　　）。

A. 越小越好   B. 在允许范围内

C. 等于零   D. 接近于零

10. 下列叙述正确的是（　　　）。

A. 精密度是指多次平行测定结果之间的一致程度

B. 准确度是指测定值和平均值接近的程度

C. 精密度高，准确度也一定高

D. 精密度高，系统误差一定小

11. 关于提高分析结果准确度的方法,以下描述正确的是( )。

A. 增加平行测定次数,可以减小系统误差

B. 做空白试验可以估计出试剂不纯等因素引入的误差

C. 回收实验可以判断分析过程是否存在计算误差

D. 通过仪器校准减免随机误差

12. 根据分析结果求得置信度为 95% 时,平均值的置信区间是 $(28.05 \pm 0.13)\%$,其意义是( )。

A. 在 $(28.05 \pm 0.13)\%$ 区间内包括总体平均值 μ 的把握有 95%

B. 有 95% 的把握,测定值 x 落入 $(28.05 \pm 0.13)\%$ 区间内

C. 测定的数据中,有 95% 落入 $(28.05 \pm 0.13)\%$ 区间内

D. 有 95% 的把握,平均值 $\bar{x}$ 落入 $(28.05 \pm 0.13)\%$ 区间内

13. 考察一种新的分析方法是否存在系统误差,可以采用的方法是( )。

A. 仪器校正   B. 对照试验   C. 空白试验   D. 增加实验次数

14. 从精密度高就可以判断准确度高的前提是( )。

A. 随机误差小   B. 系统误差小   C. 操作误差不存在   D. 相对偏差小

15. 有效数字是指( )。

A. 计算器计算的数字   B. 分析仪器能够实际测量到的数字

C. 小数点以前的位数   D. 小数点后的位数

16. 空白试验是在不加入试样的情况下,按所选用的方法,以同样的条件、同样的试剂进行试验,主要消除分析中引入的( )。

A. 随机误差   B. 试剂误差   C. 方法误差   D. A+B

三、多项选择题

1. 下列叙述正确的是( )。

A. 准确度的高低用误差来衡量

B. 误差表示测定结果与真值的差异,在实际分析工作中真值并不知道,一般是用多次平行测定值的算术平均值 $\bar{x}$ 表示分析结果

C. 各次测定值与平均值之差称为偏差,偏差越小,测定的准确度越高

D. 公差是生产部门对分析结果允许误差的一种限量

2. 下列叙述正确的是( )。

A. 误差是以真值为标准,偏差是以平均值为标准

B. 对随机误差来说,大小相近的正误差和负误差出现的概率均等

C. 某测定的精密度越高,则该测定的准确度越高

D. 定量分析要求测定结果的误差在允许范围之内

3. 分析测定中的随机误差,就统计规律来讲,正确的是( )。

A. 数值固定不变

B. 数值随机可变

C. 大误差出现的概率小,小误差出现的概率大

D. 正误差出现的概率大于负误差

4. 下列叙述错误的是( )。

A. 方法误差是指分析方法本身所造成的误差,如滴定分析指示剂确定的滴定终点与化学计量点不完全符合

B. 由于试剂不纯,蒸馏水含有杂质和容量器皿刻度不准造成的误差均属于试剂误差

C. 滴定分析时,操作人员对颜色判断不敏锐引起的误差属于操作误差

D. 试剂误差和操作误差都属于随机误差

5. 下列情况引起的误差属于系统误差的是(　　)。

A. 标定 NaOH 用的 $H_2C_2O_4 \cdot 2H_2O$ 部分风化

B. 试剂中含有微量待测组分

C. 读取滴定管读数时,最后一位数字几次读数不一致

D. 标定 HCl 溶液用的 NaOH 标准溶液吸收了 CO_2

6. 下列叙述正确的是(　　)。

A. Q 检验法可以检验测定数据的系统误差

B. 对某试样平行测定结果的精密度高,准确度不一定高

C. 分析天平称得的试样质量,不可避免地存在称量误差

D. 滴定管内壁因未洗净而挂有液滴,使体积测量产生随机误差

7. 下列有关随机误差的表述中正确的是(　　)。

A. 随机误差具有单向性

B. 随机误差是由一些不确定的偶然因素造成的

C. 随机误差在分析过程中是不可避免的

D. 绝对值相等的正、负随机误差出现的概率均等

8. 在下述方法中,可减免系统误差的是(　　)。

A. 进行对照试验　　　B. 增加测定次数　　　C. 做空白试验　　　D. 校准仪器

9. 在定量分析中,下列说法错误的是(　　)。

A. 用 50 mL 量筒,可以准确量取 15.00 mL 溶液

B. 从 50 mL 滴定管中,可以准确放出 15.00 mL 标准溶液

C. 测定数据的最后一位数字不是准确值

D. 用万分之一分析天平称的质量都是四位有效数字

10. 下列表述中正确的是(　　)。

A. 置信水平越高,测定的可靠性越高

B. 置信水平越高,置信区间越宽

C. 置信区间的大小与测定次数的平方根成反比

D. 置信区间的位置取决于平均值

11. 系统误差是由固定原因引起的,主要包括(　　)。

A. 仪器误差　　　B. 方法误差　　　C. 试剂误差　　　D. 操作误差

四、计算题

1. 判断下列数字各有几位有效数字。

(1) 0.003 5　　　(2) 100.200　　　(3) 25.44　　　(4) $pK_a = 4.74$

(5) 6.022×10^{23}　　　(6) 99　　　(7) 1/2　　　(8) 圆周率 π

2. 按有效数字运算规则,计算下列结果:

(1) $7.993\ 6 \div 0.996\ 7 - 5.02 = ?$

(2) $2.187 \times 0.584 + 9.6 \times 10^{-5} - 0.032\ 6 \times 0.008\ 14 = ?$

(3) $0.032\ 50 \times 5.703 \times 60.1 \div 126.4 = ?$

(4) $pH = 5.2$ 的 $[H^+] = ?$

3. 滴定管读数误差为 ± 0.01 mL,当消耗滴定剂体积分别为:(1) 2.00 mL;(2) 20.00 mL;(3) 40.00 mL时,试计算体积测量的相对误差各为多少。计算结果说明什么问题?

4. 有一铜矿试样,经两次测定,得知铜的质量分数为 24.87%,24.93%,而铜的实际质量分数为 24.95%,求分析结果的绝对误差和相对误差。

5. 用沉淀滴定法测定 NaCl 中氯的含量,得到以下结果:60.56%,60.46%,60.70%,60.65%,

60.69%。试计算:(1) 分析结果的平均值;(2) 平均值的绝对误差;(3) 相对误差;(4) 极差;(5) 相对极差;(6) 平均偏差;(7) 相对平均偏差。

6. 某铁矿石中含铁量为 39.19%,若甲分析结果是 39.12%,39.15%,39.18%;乙分析结果是:39.18%,39.23%,39.25%。试比较甲、乙两人分析结果的准确度和精密度。

7. 测定某一热水器水垢的 SiO_2 的含量(质量分数),五次测定的数据为 11.50%,11.51%,11.68%,11.63%,11.72%。计算该组数据的平均值、平均偏差、标准偏差和相对标准偏差。

8. 钢中铬含量五次测定结果是:1.12%,1.15%,1.11%,1.16%,1.12%。试计算标准偏差、相对标准偏差和分析结果的置信区间(置信度为 95%)。

9. 石灰石中铁含量四次测定结果为:1.61%,1.53%,1.54%,1.83%。试用 Q 检验法和 $4\bar{d}$ 检验法检验是否有应舍弃的可疑数据(置信度为 90%)。

*10. 某分析人员分别用新方法和标准方法对同一试样中铁含量进行测定,结果如下:

新方法所测铁含量/%	23.28	23.26	23.43	23.38	23.30
标准方法所测铁含量/%	23.44	23.41	23.39	23.35	

试问新方法与标准方法相比精密度是否存在显著性差异($P=95\%$)。

*11. 为了鉴定一种方法是否可靠,取含量为 100% 的基准物质做对照试验,平行测定 10 次,结果分别为:100.3%,99.2%,99.4%,100.0%,99.4%,99.9%,99.4%,100.1%,99.4% 和 99.6%,试判断该分析方法是否存在系统误差。

第三章 滴定分析法概述

 学习目标

知识目标

- 了解滴定分析方法的特点和分类。
- 理解滴定分析有关术语、滴定分析对化学反应的要求及滴定方式。
- 了解基准物质应具备的条件,掌握滴定分析常用基准物质的使用方法。
- 掌握标准溶液的配制方法和浓度的表示方法。
- 掌握滴定分析的相关计算。

能力目标

- 能正确配制、标定标准溶液,正确计算标准溶液的浓度。
- 能正确计算待测组分含量。

知识结构框图

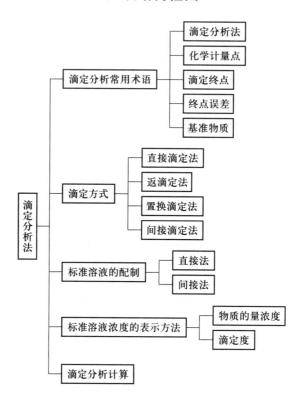

滴定分析法是将一种已知准确浓度的试剂溶液即标准溶液,通过滴定管滴加到待测组分的溶液中,或将待测物质的溶液用滴定管滴加到已知准确浓度的溶液中,直到标准溶液和待测组分恰好完全定量反应为止。这时加入标准溶液物质的量与待测组分的物质的量符合反应式的化学计量关系,然后根据标准溶液的浓度和所消耗的体积,算出待测组分的含量,这一类分析方法统称为**滴定分析法**。滴加的标准溶液称为**滴定剂**,滴加标准溶液的操作过程称为**滴定**。当滴加的标准溶液与待测组分恰好定量反应完全时的这一点,称为**化学计量点**。

　　在化学计量点时,溶液往往没有任何易为人察觉的外部特征,因此一般是在待测溶液中加入指示剂(如酚酞等),当指示剂突然变色时停止滴定,这时称为**滴定终点**。实际分析操作中滴定终点与理论上的化学计量点常常不能恰好吻合,它们之间往往存在很小的差别,由此而引起的误差称为**终点误差**。为了减小终点误差,应选择合适的指示剂,使滴定终点尽可能接近化学计量点。

　　滴定分析法是分析化学中重要的一类分析方法,常用于测定含量≥1%的常量组分。此类方法快速、简便、准确度高,在生产实际和科学研究中应用非常广泛。

　　滴定分析法主要包括酸碱滴定法、配位滴定法、氧化还原滴定法及沉淀滴定法等。

第一节　滴定反应的条件与滴定方式

一、滴定反应的条件

适用于滴定分析法的化学反应应该具备下列条件。

(1) 反应必须定量地完成　即反应按一定的反应式进行完全,通常要求达到99.9%以上,无副反应发生。这是定量计算的基础。

(2) 反应速率要快　对于反应速率慢的反应,应采取适当措施提高反应速率。

(3) 能用比较简便的方法确定滴定终点。

凡能满足上述要求的反应均可用于直接滴定法中。

二、滴定方式

1. 直接滴定法

用标准溶液直接滴定待测溶液,利用指示剂指示化学计量点到达的滴定方式,称为**直接滴定法**。根据标准溶液的浓度及所消耗的体积,计算出待测物质的含量。例如,用HCl溶液滴定NaOH溶液,用$K_2Cr_2O_7$溶液滴定Fe^{2+}等。直接滴定法是最常用和最基本的滴定方式。如果反应不能完全符合上述滴定反应的条件时,可以采用下述几种方式进行滴定。

2. 返滴定法

通常是在待测试液中准确加入适当过量的标准溶液,待反应完全后,再用另一种标准溶液返滴剩余的第一种标准溶液,从而测定待测组分的含量,这种方式称为**返滴定法**。例如,Al^{3+}与乙二胺四乙酸二钠盐(简称EDTA)溶液反应速率慢,不能直接滴定,常采用返滴定法,即在一定的pH条件下,于待测的Al^{3+}试液中加入过量的EDTA溶液,加热促使反应完全。溶液冷却后加入二甲酚橙指示剂，用锌标准溶液返滴剩余的 EDTA 溶液，从而计算试样中铝的含量。

3. 置换滴定法

先加入适当的试剂与待测组分定量反应，置换出另一种可被滴定的物质，再用标准溶液滴定该物质，这种方法称为**置换滴定法**。例如，$Na_2S_2O_3$ 不能用来直接滴定 $K_2Cr_2O_7$ 及其他强氧化剂，因为在酸性溶液中这些强氧化剂将 $S_2O_3^{2-}$ 氧化为 $S_4O_6^{2-}$ 及 SO_4^{2-} 等不同产物，反应没有定量关系。但是，$Na_2S_2O_3$ 却是一种很好的滴定 I_2 的滴定剂，如果在 $K_2Cr_2O_7$ 的酸性溶液中加入过量 KI，使 $K_2Cr_2O_7$ 被定量置换成 I_2，即可用 $Na_2S_2O_3$ 进行滴定。这种滴定方法常用于以 $K_2Cr_2O_7$ 基准试剂标定 $Na_2S_2O_3$ 标准溶液的浓度。有些反应的完全度不够高，也可以通过置换反应加以准确测定。如 Ag^+ 与 EDTA 的配合物不够稳定，不能用 EDTA 直接滴定 Ag^+，但是若将 Ag^+ 与 $Ni(CN)_4^{2-}$ 反应置换出 Ni^{2+}，由滴定 Ni^{2+} 所消耗的 EDTA 的量即可计算出 Ag^+ 的量。

4. 间接滴定法

某些待测组分不能直接与滴定剂反应，但可通过其他的化学反应，间接测定其含量。例如，溶液中 Ca^{2+} 没有氧化还原的性质，但利用它与 $C_2O_4^{2-}$ 作用形成 CaC_2O_4 沉淀，过滤后，加入 H_2SO_4 使沉淀溶解，用 $KMnO_4$ 标准溶液滴定产生的 $C_2O_4^{2-}$，就可间接测定 Ca^{2+} 的含量。

由于返滴定法、置换滴定法、间接滴定法的应用，大大扩展了滴定分析的应用范围。

相关知识　　　　滴定分析法的起源

19 世纪中期，滴定分析中的酸碱滴定法、沉淀滴定法和氧化还原滴定法盛行起来，但其起源可上溯到 18 世纪。法国人日鲁瓦（C. J. Geoffroy）在 1729 年为测醋酸浓度，以碳酸钾为基准物质，用待测浓度的醋酸滴定碳酸钾溶液，以发生气泡停止作为滴定终点，以消耗的碳酸钾量的多少衡量醋酸的相对浓度。这是第一次把中和反应用于分析化学。这种滴定的方法以后不断发展、改进。1750 年法国人弗朗索（V. G. Franeois）在用硫酸滴定矿泉水的含碱量时，为了使终点有明显的标志，取紫罗兰浸液作为指示剂，当滴定到终点时溶液开始变红，然后以雪水做对照滴定，以判断矿泉水的含碱量。弗朗索选用指示剂是一大贡献，对于提高滴定的准确性有很大的改进。

酸碱滴定改用滴定管，首推法国人德克劳西（H. Descroizilles）于 1786 年发明"碱量计"，以后改进为滴定管。这样，在 18 世纪末，酸碱滴定的基本形式和原则已经确定，但发展不快。直到 19 世纪 70 年代以后，在人工合成指示剂出现后，酸碱滴定法才获得了较大的应用价值。

第二节　基准物质和标准溶液

一、基准物质

能用于直接配制标准溶液或标定标准溶液准确浓度的物质，称为**基准物质**。

基准物质应符合下列要求：

(1) 具有足够的纯度，其纯度要求≥99.9%，通常用基准试剂或优级纯物质；

(2) 物质的组成(包括其结晶水含量)应与化学式完全相符；

(3) 性质稳定，如不易吸收空气中的水分和CO_2，不易被空气氧化等；

(4) 基准物质的摩尔质量应尽可能大，这样称量的相对误差就较小。

在滴定分析法中常用的基准物质如表3-1所示。

基准物质		干燥后的组成	干燥条件,温度/℃	标定对象
名　称	分子式			
碳酸氢钠	$NaHCO_3$	Na_2CO_3	270～300	酸
十水合碳酸钠	$Na_2CO_3 \cdot 10H_2O$	Na_2CO_3	270～300	酸
硼砂	$Na_2B_4O_7 \cdot 10H_2O$	$Na_2B_4O_7 \cdot 10H_2O$	放在装有 NaCl 和蔗糖饱和溶液的密闭器皿中	酸
二水合草酸	$H_2C_2O_4 \cdot 2H_2O$	$H_2C_2O_4 \cdot 2H_2O$	室温空气干燥	碱或$KMnO_4$
邻苯二甲酸氢钾	$KHC_8H_4O_4$	$KHC_8H_4O_4$	110～120	碱
重铬酸钾	$K_2Cr_2O_7$	$K_2Cr_2O_7$	140～150	还原剂
溴酸钾	$KBrO_3$	$KBrO_3$	130	还原剂
碘酸钾	KIO_3	KIO_3	130	还原剂
金属铜	Cu	Cu	室温干燥器中保存	还原剂
三氧化二砷	As_2O_3	As_2O_3	室温干燥器中保存	氧化剂
草酸钠	$Na_2C_2O_4$	$Na_2C_2O_4$	105～110	氧化剂
碳酸钙	$CaCO_3$	$CaCO_3$	110	EDTA
金属锌	Zn	Zn	室温干燥器中保存	EDTA
氧化锌	ZnO	ZnO	900～1 000	EDTA
氯化钠	NaCl	NaCl	500～600	$AgNO_3$
氯化钾	KCl	KCl	500～600	$AgNO_3$
硝酸银	$AgNO_3$	$AgNO_3$	220～250	氯化物

市售的化学试剂，按质量级别主要分四个等级。

优级纯(一级,GR)：标签色带深绿色，主成分含量很高、纯度很高，适用于精确分析和研究工作，有的可作为基准物质。

分析纯(二级,AR)：标签色带金光红色，主成分含量很高、纯度较高，干扰杂质很低，适用于工业分析及分析化学实验。

化学纯(三级,CP):标签色带中蓝色,主成分含量高、纯度较高,存在干扰杂质,适用于化学实验和合成制备。

实验试剂(四级,LR):标签色带棕黄色,主成分含量高、纯度较差,杂质含量不做选择,只适用于一般化学实验和合成制备。

此外,目前市场上还有光谱纯试剂(SP)、基准试剂(PT)、生化试剂(BC)等。

文本

想一想解答

二、标准溶液的配制

想一想

下列物质中哪些可用直接法配制标准溶液?哪些只能用间接法配制?

HCl, H_2SO_4, KOH, $KMnO_4$, $K_2Cr_2O_7$, $Na_2S_2O_3 \cdot 5H_2O$, $AgNO_3$, NaCl, EDTA, Na_2CO_3。

配制标准溶液的方法一般有两种,即直接法和间接法。

1. 直接法

准确称取一定量的基准物质,溶解后定量转移至容量瓶中,加蒸馏水稀释至刻度,充分摇匀。根据称取基准物质的质量和容量瓶的容积,计算其准确浓度。无水 Na_2CO_3,$CaCO_3$,金属锌和铜,$K_2Cr_2O_7$,KIO_3,As_2O_3,NaCl 等基准物质,都可以直接配制成标准溶液。

2. 间接法

经常作为滴定剂的标准溶液的物质大多数不符合基准物质条件,如 HCl,NaOH,$KMnO_4$,I_2,$Na_2S_2O_3$ 等试剂,都不能用来直接配制成标准溶液,需要采用间接法(又称标定法)配制。即先配制近似于所需浓度的溶液,然后再用基准物质或另一种标准溶液来测定它的准确浓度,这种确定标准溶液浓度的操作,称为标定。例如,配制 0.1 $mol \cdot L^{-1}$ HCl 标准溶液时,由于浓盐酸中 HCl 含量不稳定且容易挥发,需先配制成大约为 0.1 $mol \cdot L^{-1}$ 的 HCl 溶液,然后以无水碳酸钠为基准物质,标定 HCl 溶液的准确浓度。

三、标准溶液的标定

1. 基准物质标定法

(1) 多次称量法　称取 2～4 份基准物质,溶解后分别用待标定的标准溶液滴定,根据基准物质的质量和所消耗的待标定标准溶液的体积,即可算出其准确浓度,然后取其平均值作为该标准溶液的浓度。

(2) 移液管法　称取一份基准物质,溶解后定量转移到容量瓶中,稀释至一定体积,摇匀。用移液管分取几份该溶液,用待标定的标准溶液分别滴定,并计算其准确浓度,然后取其平均值作为该标准溶液的浓度。

2. 比较标定法

准确移取一定体积的待标定的标准溶液,用已知准确浓度的另一种标准溶液滴定至终点,根据滴定所消耗标准溶液的体积和浓度及移取的待标定溶液的体积,计算出待标定溶液的准确浓度。此法不如基准物质标定法精确,但较简便。

第三节 标准溶液浓度的表示方法

一、物质的量浓度

1. 物质的量及其单位

物质的量 n 是表示物质多少的一个物理量,单位是 mol(摩尔),其数值的大小取决于物质的基本单元。

基本单元可以是原子、分子、离子、电子及其他基本粒子,或是这些基本粒子的特定组合。例如,硫酸的基本单元可以是 H_2SO_4,也可以是 $\frac{1}{2}H_2SO_4$。基本单元不同,物质的量也就不同。用 H_2SO_4 作基本单元时,98.08 g H_2SO_4 物质的量 $n_{H_2SO_4}$ 为 1 mol;用 $\frac{1}{2}H_2SO_4$ 作基本单元时,98.08 g H_2SO_4 物质的量 $n_{\frac{1}{2}H_2SO_4}$ 则为 2 mol,即

$$n_{\frac{1}{2}H_2SO_4} = 2n_{H_2SO_4}$$

物质 B 的物质的量 n_B 与质量 m_B 及摩尔质量 M_B 之间的关系是

$$n_B = \frac{m_B}{M_B} \tag{3-1}$$

表示物质的量、物质的摩尔质量及物质的量浓度时必须指明基本单元。

2. 物质的量浓度的表达式

标准溶液的浓度通常用物质的量浓度 c_B 表示。物质的量浓度简称浓度,是指单位体积溶液所含溶质 B 的物质的量。物质 B 的物质的量浓度表达式为

$$c_B = \frac{n_B}{V} \tag{3-2}$$

式中:V 为溶液的体积。

由式(3-2)得出溶质的物质的量为

$$n_B = c_B V \tag{3-3}$$

由式(3-1)得出溶质的质量为

$$m_B = n_B M_B$$

将式(3-3)代入上式得出溶质的质量为

$$m_B = n_B M_B = c_B V M_B \tag{3-4}$$

例 1 已知盐酸的密度为 1.19 g·mL^{-1},其中 HCl 质量分数为 36%,求每升盐酸中所含有 HCl 的物质的量的 n_{HCl} 及盐酸中 HCl 的浓度 c_{HCl} 各为多少?

解：根据式(3-1)有

$$n_{HCl} = \frac{m_{HCl}}{M_{HCl}} = \frac{1.19 \text{ g·mL}^{-1} \times 1\,000 \text{ mL} \times 0.36}{36.5 \text{ g·mol}^{-1}} \approx 12 \text{ mol}$$

$$c_{HCl} = \frac{n_{HCl}}{V_{HCl}} = \frac{12 \text{ mol}}{1.0 \text{ L}} = 12 \text{ mol·L}^{-1}$$

练一练1

现有密度为 1.84 g·mL^{-1}、质量分数为 95.6% 的浓硫酸，欲取 5.00 mL 稀释至 1 000 mL，计算所配溶液的浓度，分别用 $c_{H_2SO_4}$ 和 $c_{\frac{1}{2}H_2SO_4}$ 表示。

相关知识　　化学分析计算中常用的物理量

以国际单位制为基础，国务院颁布了《中华人民共和国法定计量单位》，现把化学分析中常用的物理量及其单位列于表 3-2 中。

表 3-2　化学分析中常用的物理量及其单位

名称	符号	单位(用符号表示)	备注
质量	m	g	
体积	V	L 或 mL	
物质的量	n	mol	必须注明基本单元
摩尔质量	M	g·mol^{-1}	必须注明基本单元
物质的量浓度	c	mol·L^{-1}	必须注明基本单元
质量分数	w	量纲为一	可用小数、百分数或 mg·g^{-1} 等表示
质量浓度	ρ	g·L^{-1}	

二、滴定度

滴定度是指 1 mL 滴定剂溶液相当于待测物质的质量(单位为 g)，用 $T_{待测物/滴定剂}$ 表示。滴定度的单位为 g·mL^{-1}。

在生产实际中，对大批试样进行某组分的例行分析，若用 $T_{待测物/滴定剂}$ 表示很方便，如滴定消耗 V(mL) 标准溶液，则待测物质的质量为

$$m_{待测物} = T_{待测物/滴定剂} V_{滴定剂} \tag{3-5}$$

例如，氧化还原滴定分析中，用 $K_2Cr_2O_7$ 标准溶液测定 Fe 的含量时，$T_{Fe/K_2Cr_2O_7} = 0.003\,489$ g·mL^{-1}，欲测定一试样中的铁含量，消耗滴定剂为 24.75 mL，则该试样中铁的质量为

$$m_{Fe} = T_{Fe/K_2Cr_2O_7} V_{K_2Cr_2O_7} = 0.003\,489 \text{ g·mL}^{-1} \times 24.75 \text{ mL} = 0.086\,35 \text{ g}$$

滴定度和物质的量浓度之间可以相互换算。

对于滴定反应　　　　$a\text{A(待测物)} + b\text{B(滴定剂)} = c\text{C} + d\text{D}$

$$T_{A/B} = \frac{a}{b} \cdot \frac{c_B M_A}{1\,000}$$

 练一练 2

计算 0.1015 mol·L^{-1} HCl 标准溶液对 $CaCO_3$ 的滴定度。

 **相关知识**　　　　　　　　**标 准 物 质**

标准物质是指已确定其一种或几种特性,用于校准测量器具、评价测量方法或确定材料特性量值的物质。标准物质是国家计量部门颁布的一种计量标准,具有以下的基本属性:均匀性、稳定性和准确的定值。标准物质可以是纯的或混合的气体、液体或固体,也可以是一件制品或图像。

标准物质按被定值的特性分为:物理或物理化学性质标准物质,如酸度、燃烧热、聚合物相对分子质量等标准物质,具有良好的物理化学特性,用于物理化学计量器具的刻度、校准和计量方法的评价;化学成分标准物质,经准确测定,具有确定的化学成分,主要用于成分分析仪器的校准和分析方法的评价;工程特性标准物质,如粒度、橡胶的类别等,用于技术参数和特性计量器具、计量方法的评价及材料与产品的技术参数的比较。我国根据标准物质的类别与应用领域将标准物质分为 13 类。标准物质可以用来校准仪器仪表,评价测量方法,用作直接比对的标准、工作标准质量保证系统中的质控样品,商业贸易中的计量仲裁依据,用于环境分析监测及生物医学临床化验等。

第四节　滴定分析结果的计算

滴定分析是用标准溶液滴定待测物的溶液,滴定分析结果计算的依据为:当滴定到化学计量点时,它们的物质的量之间的关系恰好符合其化学反应所表示的化学计量关系。由此可计算待测组分物质的量浓度或在试样中所占的质量分数等。另外也可根据滴定反应选取适当的基本单元,按照等物质的量规则计算滴定分析结果。

一、滴定分析的化学计量关系

在滴定分析法中,设待测物 A 与滴定剂 B 直接发生作用,反应式如下:

$$a\,A + b\,B \Longrightarrow c\,C + d\,D$$

当达到化学计量点时,a mol 的 A 物质恰好与 b mol 的 B 物质作用完全,所以

$$n_A : n_B = a : b \qquad\qquad (3-6)$$

故

$$n_A = \frac{a}{b} n_B \qquad\qquad (3-7)$$

文本

练一练 2
解答

45

第四节　滴定分析结果的计算

例 2 准确移取 25.00 mL H_2SO_4 溶液,用 0.090 26 mol·L^{-1} NaOH 标准溶液滴定,到达化学计量点时,消耗 NaOH 溶液的体积为 24.93 mL,则 H_2SO_4 溶液的浓度为多少?

解: 滴定反应为

$$2NaOH + H_2SO_4 = Na_2SO_4 + 2H_2O$$

由式(3-7)得到

$$n_{H_2SO_4} = \frac{1}{2} n_{NaOH}$$

$$c_{H_2SO_4} \cdot V_{H_2SO_4} = \frac{1}{2} c_{NaOH} \cdot V_{NaOH}$$

$$c_{H_2SO_4} = \frac{c_{NaOH} \cdot V_{NaOH}}{2 V_{H_2SO_4}} = \frac{0.090\,26\ \text{mol·L}^{-1} \times 24.93\ \text{mL}}{2 \times 25.00\ \text{mL}} = 0.045\,00\ \text{mol·L}^{-1}$$

上述关系式也能用于有关溶液稀释的计算。因为溶液稀释后,浓度虽然降低,但所含溶质的物质的量没有改变。所以配制溶液时,如果是将浓度高的溶液稀释为浓度低的溶液,可采用下式计算:

$$c_1 V_1 = c_2 V_2 \tag{3-8}$$

式中:c_1,V_1 分别为稀释前某溶液的浓度和体积;c_2,V_2 分别为稀释后溶液的浓度和体积。

实际应用中,常用基准物质标定标准溶液的浓度,而基准物质往往是固体,因此必须准确称取基准物质的质量 m,溶解后再用于标定标准溶液的浓度。

例 3 准确称取基准物质无水 Na_2CO_3 0.109 8 g,溶于 20~30 mL 水中,采用甲基橙作指示剂,标定 HCl 标准溶液的浓度,到达化学计量点时,用去 V_{HCl} 20.54 mL,计算 c_{HCl} 为多少。(Na_2CO_3 的摩尔质量为 105.99 g·mol^{-1}。)

解: 滴定反应为

$$2HCl + Na_2CO_3 = H_2CO_3 + 2NaCl$$

$$n_{HCl} = 2 n_{Na_2CO_3}$$

$$c_{HCl} \cdot V_{HCl} = 2 \times \frac{m_{Na_2CO_3}}{M_{Na_2CO_3}}$$

$$c_{HCl} = 2 \times \frac{m_{Na_2CO_3}}{M_{Na_2CO_3} \cdot V_{HCl}} = \frac{2 \times 0.109\,8\ \text{g}}{105.99\ \text{g·mol}^{-1} \times 20.54 \times 10^{-3}\ \text{L}} = 0.100\,9\ \text{mol·L}^{-1}$$

若滴定反应较为复杂时,应注意从总的反应过程中找出滴定剂与待测物质之间的计量关系。例如,用 $K_2Cr_2O_7$ 标定 $Na_2S_2O_3$ 标准溶液的浓度时,它们之间并不是直接发生滴定反应,而是在酸性溶液中首先由 $K_2Cr_2O_7$ 与过量的 KI 反应析出 I_2,然后再用 $Na_2S_2O_3$ 标准溶液滴定析出的 I_2,从而计算 $c_{Na_2S_2O_3}$。

反应式: $$Cr_2O_7^{2-} + 6I^- + 14H^+ = 2Cr^{3+} + 3I_2 + 7H_2O$$

滴定反应: $$I_2 + 2S_2O_3^{2-} = 2I^- + S_4O_6^{2-}$$

在反应式中,1 mol $K_2Cr_2O_7$ 产生 3 mol I_2,在滴定反应中,1 mol I_2 和 2 mol $Na_2S_2O_3$ 反应。由此可知:

$$n_{Na_2S_2O_3} = 6n_{K_2Cr_2O_7}$$

二、待测物含量的计算

若称取试样的质量为 m，其中待测物 A 的质量为 m_A，则 A 的质量分数 w_A 为

$$w_A = \frac{m_A}{m} \times 100\% \tag{3-9}$$

由式(3-1)和式(3-7)得

$$n_A = \frac{m_A}{M_A} = \frac{a}{b}n_B = \frac{a}{b}c_B V_B$$

待测物的质量：

$$m_A = \frac{a}{b}c_B V_B M_A \tag{3-10}$$

则待测物 A 的质量分数为

$$w_A = \frac{\frac{a}{b}c_B V_B M_A}{m} \times 100\% \tag{3-11}$$

式(3-11)是滴定分析中计算待测物含量的一般通式。

例4 称取工业纯碱试样 0.264 8 g，用 0.200 0 mol·L^{-1} HCl 标准溶液滴定，用甲基橙为指示剂，消耗 V_{HCl} 24.00 mL，求纯碱的纯度为多少。

解：滴定反应为

$$2HCl + Na_2CO_3 \Longrightarrow 2NaCl + H_2CO_3$$

$$n_{Na_2CO_3} = \frac{1}{2}n_{HCl}$$

根据式(3-11)得出：

$$w_{Na_2CO_3} = \frac{\frac{1}{2}c_{HCl} V_{HCl} M_{Na_2CO_3}}{m} \times 100\%$$

$$= \frac{\frac{1}{2} \times 0.200\ 0\ mol·L^{-1} \times 24.00 \times 10^{-3}\ L \times 105.99\ g·mol^{-1}}{0.264\ 8\ g} \times 100\%$$

$$= 96.06\%$$

例5 称取铁矿石试样 0.156 2 g，试样分解后，经预处理使铁呈 Fe^{2+} 状态，用 0.012 14 mol·L^{-1} K$_2$Cr$_2$O$_7$ 标准溶液滴定，消耗 $V_{K_2Cr_2O_7}$ 20.32 mL，试计算试样中 Fe 的质量分数为多少。若用 Fe$_2$O$_3$ 表示，其质量分数为多少？

解：滴定反应为

$$Cr_2O_7^{2-} + 6Fe^{2+} + 14H^+ \Longrightarrow 2Cr^{3+} + 6Fe^{3+} + 7H_2O$$

$$n_{Fe} = 6n_{K_2Cr_2O_7}$$

$$w_{Fe} = \frac{6c_{K_2Cr_2O_7} V_{K_2Cr_2O_7} M_{Fe}}{m} \times 100\%$$

$$= \frac{6 \times 0.012\,14\ \text{mol} \cdot \text{L}^{-1} \times 20.32 \times 10^{-3}\ \text{L} \times 55.85\ \text{g} \cdot \text{mol}^{-1}}{0.156\,2\ \text{g}} \times 100\%$$

$$= 52.92\%$$

$$n_{\text{Fe}_2\text{O}_3} = 3 n_{\text{K}_2\text{Cr}_2\text{O}_7}$$

$$w_{\text{Fe}_2\text{O}_3} = \frac{3 \times 0.012\,14\ \text{mol} \cdot \text{L}^{-1} \times 20.32 \times 10^{-3}\ \text{L} \times 159.7\ \text{g} \cdot \text{mol}^{-1}}{0.156\,2\ \text{g}} \times 100\% = 75.66\%$$

假如选取分子、离子或这些粒子的某种特定组合作为反应物的基本单元,滴定分析结果的计算可采用**等物质的量规则**,即滴定到化学计量点时,待测组分的物质的量与标准溶液的物质的量相等。例如,对于酸碱反应,应根据反应中转移的质子数来确定酸碱的基本单元,即以转移一个质子的特定组合作为反应物的基本单元。例如,H_2SO_4 与 NaOH 之间的反应:

$$2NaOH + H_2SO_4 \longequal Na_2SO_4 + 2H_2O$$

在反应中 NaOH 转移一个质子,因此选取 NaOH 作基本单元,H_2SO_4 转移两个质子,选取 $\frac{1}{2} H_2SO_4$ 作基本单元,这样 1 mol 酸与 1 mol 碱将转移 1 mol 质子。

由于反应中 H_2SO_4 给出的质子数必定等于 NaOH 接受的质子数,因此反应到达化学计量点时两反应物的物质的量相等,即

$$n_{\text{NaOH}} = n_{\frac{1}{2} H_2SO_4}$$

$$c_{\text{NaOH}} V_{\text{NaOH}} = c_{\frac{1}{2} H_2SO_4} V_{H_2SO_4}$$

氧化还原反应是电子转移的反应,其反应物基本单元的选取应根据反应中转移的电子数。例如,$KMnO_4$ 与 $Na_2C_2O_4$ 的反应:

$$MnO_4^- + 8H^+ + 5e^- \longequal Mn^{2+} + 4H_2O$$
$$C_2O_4^{2-} - 2e^- \longequal 2CO_2 \uparrow$$

反应中 MnO_4^- 得到五个电子,$C_2O_4^{2-}$ 失去两个电子,因此,应选取 $\frac{1}{5} KMnO_4$ 和 $\frac{1}{2} Na_2C_2O_4$ 分别作为氧化剂和还原剂的基本单元,这样 1 mol 氧化剂和 1 mol 还原剂反应时就转移 1 mol 的电子,由于反应中还原剂给出的电子数和氧化剂所获得的电子数相等,因此在化学计量点时氧化剂和还原剂的物质的量也相等。

例 6 称取 0.150 0 g $Na_2C_2O_4$ 基准物质,溶解后在强酸溶液中用 $KMnO_4$ 溶液滴定,用去 20.00 mL,计算该溶液的浓度 $c_{\frac{1}{5} KMnO_4}$。

解: 分别选取 $\frac{1}{5} KMnO_4$,$\frac{1}{2} Na_2C_2O_4$ 作基本单元,反应到达化学计量点时,两反应物的物质的量相等,即

$$n_{\frac{1}{5}KMnO_4} = n_{\frac{1}{2}Na_2C_2O_4}$$

故
$$c_{\frac{1}{5}KMnO_4} V_{KMnO_4} = \frac{m_{Na_2C_2O_4}}{M_{\frac{1}{2}Na_2C_2O_4}}$$

$$c_{\frac{1}{5}KMnO_4} = \frac{0.150\ 0\ g}{20.00 \times 10^{-3}\ L \times \frac{134.0}{2}\ g \cdot mol^{-1}} = 0.111\ 9\ mol \cdot L^{-1}$$

可见,滴定分析计算时,对反应物基本单元的选取不同,计算公式也不同。若选取一个分子或离子作为基本单元,则在列出反应物 A 与 B 的物质的量 n_A 与 n_B 的数量关系时,要考虑反应式的系数比,即 $n_A = \frac{a}{b} n_B$;若以分子或离子的某种特定组合作为基本单元 $\left(如 \frac{1}{2}H_2SO_4, \frac{1}{6}K_2Cr_2O_7\right)$,则 $n_{\frac{1}{Z_A}A} = n_{\frac{1}{Z_B}B}$,其中 Z_A 和 Z_B 分别为待测物质和滴定剂的质子转移数(酸碱反应)或电子得失数(氧化还原反应),而 $M_{\frac{1}{Z_A}A} = \frac{1}{Z_A}M_A$,$M_{\frac{1}{Z_B}B} = \frac{1}{Z_B}M_B$。

例 7 称取基准试剂 $K_2Cr_2O_7$ 1.470 9 g,配制成 500 mL 溶液,试计算:

(1) $K_2Cr_2O_7$ 溶液的浓度 $c_{\frac{1}{6}K_2Cr_2O_7}$;

(2) $K_2Cr_2O_7$ 溶液对 Fe,Fe_2O_3,Fe_3O_4 的滴定度。

解:(1) 根据公式

$$c_B = \frac{m_B}{M_B V_B}$$

得出以 $\frac{1}{6}K_2CrO_7$ 为基本单元的 $K_2Cr_2O_7$ 溶液的物质的量浓度:

$$c_{\frac{1}{6}K_2Cr_2O_7} = \frac{m_{K_2Cr_2O_7}}{M_{\frac{1}{6}K_2Cr_2O_7} \cdot V_{K_2Cr_2O_7}} = \frac{1.470\ 9}{\frac{294.2}{6} \times \frac{500.0}{1\ 000}}\ mol \cdot L^{-1} = 0.060\ 00\ mol \cdot L^{-1}$$

(2) $K_2Cr_2O_7$ 标准溶液滴定 Fe^{2+} 溶液的反应为

$$Cr_2O_7^{2-} + 6Fe^{2+} + 14H^+ \longrightarrow 2Cr^{3+} + 6Fe^{3+} + 7H_2O$$

$$n_{\frac{1}{6}K_2Cr_2O_7} = n_{Fe} = n_{\frac{1}{2}Fe_2O_3} = n_{\frac{1}{3}Fe_3O_4}$$

所以 $K_2Cr_2O_7$ 溶液对 Fe,Fe_2O_3,Fe_3O_4 的滴定度为

$$T_{Fe/K_2Cr_2O_7} = \frac{c_{\frac{1}{6}K_2Cr_2O_7} \cdot M_{Fe}}{1\ 000} = \frac{0.060\ 00 \times 55.85}{1\ 000}\ g \cdot mL^{-1} = 0.003\ 351\ g \cdot mL^{-1}$$

$$T_{Fe_2O_3/K_2Cr_2O_7} = \frac{c_{\frac{1}{6}K_2Cr_2O_7} \cdot M_{\frac{1}{2}Fe_2O_3}}{1\ 000} = \frac{0.060\ 00 \times \frac{159.7}{2}}{1\ 000}\ g \cdot mL^{-1} = 0.004\ 791\ g \cdot mL^{-1}$$

$$T_{Fe_3O_4/K_2Cr_2O_7} = \frac{c_{\frac{1}{6}K_2Cr_2O_7} \cdot M_{\frac{1}{3}Fe_3O_4}}{1\ 000} = \frac{0.060\ 00 \times \frac{231.54}{3}}{1\ 000}\ g \cdot mL^{-1} = 0.004\ 631\ g \cdot mL^{-1}$$

本章主要知识点

一、滴定分析常用术语

1. 滴定分析法
滴定分析法是将一种已知准确浓度的试剂溶液即标准溶液,通过滴定管滴加到待测组分的溶液中,直到标准溶液和待测组分恰好完全反应为止,然后根据标准溶液的浓度和所消耗的体积,算出待测组分的含量。滴定分析法主要用于常量组分的定量测定。

2. 化学计量点
当滴加的标准溶液与待测组分恰好定量反应完全时的一点,称为化学计量点。

3. 滴定终点
当滴定至指示剂颜色突变而终止滴定的这一点称为滴定终点。

4. 终点误差
分析操作中滴定终点与理论上的化学计量点不一致引起的误差称为终点误差。

5. 基准物质
可用于直接配制标准溶液或标定标准溶液浓度的物质。

基准物质应具备条件:

(1) 纯度≥99.9%;(2) 组成与化学式完全相符;(3) 性质稳定;(4) 最好有较大的摩尔质量。

二、滴定分析对化学反应的要求

(1) 反应必须定量地完成;(2) 反应速率要快;(3) 能用比较简便的方法确定滴定终点。

三、滴定方式

(1) 直接滴定法;(2) 返滴定法;(3) 置换滴定法;(4) 间接滴定法。

四、标准溶液的配制与标定方法

1. 配制方法
(1) 直接配制法 适用于基准物质,准确浓度直接计算,不用标定。
(2) 间接配制法 适用于非基准物质,准确浓度需要标定。

2. 标定方法
(1) 基准物质标定法;(2) 比较标定法。

五、标准溶液浓度的表示方法

1. 物质的量浓度 c_B

$$c_B = \frac{n_B}{V} = \frac{m_B}{M_B V} \qquad (常用单位\ mol \cdot L^{-1})$$

2. 滴定度 $T_{A/B}$

$T_{A/B}$：每毫升滴定剂相当于待测物质的质量，常用单位为 $g \cdot mL^{-1}$。

3. 滴定度和物质的量浓度之间换算

$$T_{A/B} = \frac{a}{b} \cdot \frac{c_B M_A}{1\,000}$$

六、滴定分析结果的计算

1. 滴定分析中的化学计量关系

对于滴定反应：

$$a A + b B \Longrightarrow c C + d D$$

当滴定到化学计量点时，待测物 A 和滴定剂 B 的物质的量之间的关系为

$$n_A = \frac{a}{b} \cdot n_B$$

2. 分析结果计算

待测物质量分数 w_A 可按下列公式计算：

$$w_A = \frac{m_A}{m} \times 100\% = \frac{\frac{a}{b} \cdot c_B V_B \cdot M_A}{m} \times 100\%$$

如果滴定剂浓度以滴定度 $T_{A/B}$ 表示，则

$$w_A = \frac{T_{A/B} \cdot V_B}{m} \times 100\%$$

3. 解题步骤

(1) 写出滴定相关反应方程式，并配平
(2) 找出待测物和滴定剂之间的化学计量关系
(3) 写出计算公式
(4) 代入数据
(5) 求出结果
注意：尽量一步完成结果计算，以减少多步计算误差。

思考与练习

一、思考题

1. 化学计量点和滴定终点是否一样，为什么？

2. 滴定分析对化学反应的要求是什么？

3. 滴定方式主要有哪几种？分别举例说明。

4. 基准物质应具备什么条件？常用的基准物质有哪些？

文本

第三章思考与练习参考答案

思考与练习

5. 标准溶液浓度的表示方法有哪些?什么是滴定度?

6. 滴定度与物质的量浓度如何换算?

7. 标定碱标准溶液时,邻苯二甲酸氢钾($KHC_8H_4O_4$, $M=204.23 \text{ g·mol}^{-1}$)和二水合草酸($H_2C_2O_4 \cdot 2H_2O$, $M=126.07 \text{ g·mol}^{-1}$)都可以作为基准物质,你认为选择哪一种更好?为什么?

二、单项选择题

1. 在滴定分析中,一般用指示剂颜色的突变来判断化学计量点的到达,在指示剂变色时停止滴定。这一点称为(   )。

    A. 化学计量点   B. 滴定终点   C. 滴定误差   D. 滴定分析

2. 将称好的基准物质倒入湿烧杯,对分析结果产生的影响是(   )。

    A. 正误差   B. 负误差   C. 无影响   D. 结果混乱

3. 硼砂($Na_2B_4O_7 \cdot 10H_2O$)作为基准物质用于标定 HCl 溶液的浓度,若事先将其置于干燥器中保存,则对所标定 HCl 溶液浓度的结果影响是(   )。

    A. 偏高   B. 偏低   C. 无影响   D. 不能确定

4. 滴定管可估读到 ± 0.01 mL,若要求滴定的相对误差小于 $\pm 0.1\%$,至少应耗用体积(   )mL。

    A. 10   B. 20   C. 30   D. 40

5. $0.2000 \text{ mol·L}^{-1}$ NaOH 溶液对 H_2SO_4 的滴定度为(   )g·mL^{-1}。

    A. 0.0004904   B. 0.004904   C. 0.0009808   D. 0.009808

6. 滴定分析常用于测定含量(   )的组分。

    A. 常量组分   B. 微量组分   C. 痕量组分   D. A+B

7. 25 ℃时,某浓氨水的密度为 0.90 g·mL^{-1},含氨量(w)为 29%,则此氨水的物质的量浓度约为(   )mol·L^{-1}。

    A. 1.5   B. 5.0   C. 10.0   D. 15

8. 用同一高锰酸钾溶液分别滴定体积相等的 $FeSO_4$ 和 $H_2C_2O_4$ 溶液,若消耗高锰酸钾溶液的体积相等,则两溶液浓度(   )。

    A. $c_{FeSO_4}=c_{H_2C_2O_4}$ B. $c_{FeSO_4}=2c_{H_2C_2O_4}$ C. $c_{H_2C_2O_4}=2c_{FeSO_4}$ D. $c_{H_2C_2O_4}=4c_{FeSO_4}$

9. 以 $0.01000 \text{ mol·L}^{-1}$ $K_2Cr_2O_7$ 溶液滴定 25.00 mL Fe^{2+} 溶液,耗去 $K_2Cr_2O_7$ 溶液 25.00 mL。每毫升 Fe^{2+} 溶液含铁(   )mg。

    A. 0.5585   B. 1.676   C. 3.351   D. 5.585

10. $0.002000 \text{ mol·L}^{-1}$ $K_2Cr_2O_7$ 溶液对 Fe_2O_3 的滴定度为(   )mg·mL^{-1}。

    A. 0.9582   B. 0.3200   C. 1.600   D. 3.200

三、多项选择题

1. 滴定分析中,对化学反应的主要要求包括(   )。

    A. 反应必须定量完成   B. 有简便的方法指示滴定终点

    C. 滴定剂与待测物必须是1:1的化学计量关系   D. 滴定剂必须是基准物质

2. 下列物质中可直接用于配制标准溶液的是(   )。

    A. 固体 NaOH(GR)   B. 固体 $K_2Cr_2O_7$(GR)   C. 固体 KIO_3(GR)   D. 浓 HCl(GR)

3. 标定 HCl 溶液常用的基准物质有(   )。

    A. 无水 Na_2CO_3 B. 硼砂($Na_2B_4O_7 \cdot 10H_2O$)

    C. 二水合草酸($H_2C_2O_4 \cdot 2H_2O$)   D. 邻苯二甲酸氢钾

4. 下列标准溶液,可以用直接法配制的是(   )溶液。

    A. $KMnO_4$ B. Fe^{2+} C. Zn^{2+} D. Ca^{2+}

5. 下列标准溶液,须用间接法配制的是(   )溶液。

A. KCl   B. I_2 C. $AgNO_3$ D. $Na_2S_2O_3$

6. 滴定分析中的滴定方式有(   )。

A. 直接滴定法   B. 返滴定法   C. 置换滴定法   D. 间接滴定法

7. 以下说法正确的是(   )。

A. 直接滴定法是最常用和最基本的滴定方式

B. 化学反应需要加热才能进行,就必须用返滴定法

C. 返滴定法与置换滴定法基本相同

D. 当待测组分不能直接与滴定剂反应时,通过化学反应引入的其他试剂能与滴定剂反应,只要这一试剂与待测物间的化学反应具有确定的化学计量关系,就可以实现间接滴定

四、计算题

1. 欲配制 1 $mol \cdot L^{-1}$ NaOH 溶液 500 mL,应称取多少克固体 NaOH?

2. 4.18 g Na_2CO_3 溶于 75.0 mL 水中,$c_{Na_2CO_3}$ 为多少?

3. 称取基准物质 Na_2CO_3 0.158 0 g,标定 HCl 溶液的浓度,消耗 V_{HCl} 24.80 mL,计算此 HCl 溶液的浓度为多少。

4. 称取 0.328 0 g $H_2C_2O_4 \cdot 2H_2O$ 标定 NaOH 溶液,消耗 V_{NaOH} 25.78 mL,求 c_{NaOH} 为多少。

5. 称取铁矿石试样 $m_S = 0.366\,9$ g,用 HCl 溶液溶解后,经预处理使铁呈 Fe^{2+} 状态,用 0.020 00 $mol \cdot L^{-1}$ 的 $K_2Cr_2O_7$ 标准溶液滴定,消耗 $V_{K_2Cr_2O_7}$ 28.62 mL,计算铁矿石试样以 Fe,Fe_2O_3 和 Fe_3O_4 表示的质量分数各为多少。

6. 计算下列溶液的滴定度,以 $g \cdot mL^{-1}$ 表示:

(1) 0.261 5 $mol \cdot L^{-1}$ HCl 溶液,用来测定 $Ba(OH)_2$ 和 $Ca(OH)_2$;

(2) 0.103 2 $mol \cdot L^{-1}$ NaOH 溶液,用来测定 H_2SO_4 和 CH_3COOH。

7. 称取草酸钠基准物质 0.217 8 g 标定 $KMnO_4$ 溶液的浓度,用去 V_{KMnO_4} 25.48 mL,计算 c_{KMnO_4} 为多少。

8. 用硼砂($Na_2B_4O_7 \cdot 10H_2O$)0.470 9 g 标定 HCl 溶液,滴定至化学计量点时,消耗 V_{HCl} 25.20 mL,求 c_{HCl} 为多少。

提示:$Na_2B_4O_7 + 2HCl + 5H_2O \Longrightarrow 4H_3BO_3 + 2NaCl$。

9. 已知 H_2SO_4 质量分数为 96%,相对密度为 1.84,欲配制 0.5 L 0.10 $mol \cdot L^{-1}$ H_2SO_4 溶液,试计算需多少毫升 H_2SO_4。

10. 称取 $CaCO_3$ 试样 0.250 0 g,溶解于 25.00 mL 0.200 6 $mol \cdot L^{-1}$ 的 HCl 溶液中,过量 HCl 溶液用 15.50 mL 0.205 0 $mol \cdot L^{-1}$ 的 NaOH 溶液进行返滴定,求此试样中 $CaCO_3$ 的质量分数。

11. 应称取多少克邻苯二甲酸氢钾以配制 500 mL 0.100 0 $mol \cdot L^{-1}$ 的溶液?再准确移取上述溶液 25.00 mL 用于标定 NaOH 溶液,消耗 V_{NaOH} 24.84 mL,问 c_{NaOH} 应为多少?

12. 称取 0.483 0 g $Na_2B_4O_7 \cdot 10H_2O$ 基准物质,标定 H_2SO_4 溶液的浓度,以甲基红作指示剂,消耗 H_2SO_4 溶液 20.84 mL,求 $c_{\frac{1}{2}H_2SO_4}$ 和 $c_{H_2SO_4}$。

13. 称取大理石试样 0.230 3 g,溶于酸中,调节酸度后加入过量的 $(NH_4)_2C_2O_4$ 溶液,使 Ca^{2+} 沉淀为 CaC_2O_4。过滤、洗净,将沉淀溶于稀 H_2SO_4 中。溶解后的溶液用 $c_{\frac{1}{5}KMnO_4} = 0.201\,2$ $mol \cdot L^{-1}$ 的 $KMnO_4$ 标准溶液滴定,消耗 22.30 mL,计算大理石中 $CaCO_3$ 的质量分数。

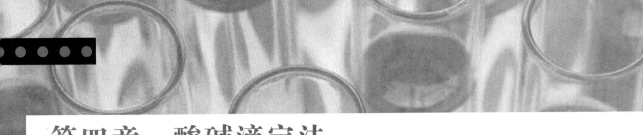

第四章 酸碱滴定法

学习目标

知识目标

● 了解酸碱质子理论和弱酸弱碱在水溶液中不同型体的分布规律。

● 了解指示剂的变色原理，掌握常用指示剂的变色范围和颜色变化。

● 理解各种酸碱滴定曲线的特征，掌握准确滴定一元酸碱和分步滴定多元酸碱的条件。

● 掌握酸碱滴定法的基本原理。

能力目标

● 能够应用最简式计算各类酸碱溶液的 pH。

● 能正确计算出化学计量点时溶液的 pH。

● 能正确选择酸碱指示剂指示滴定终点。

● 能正确计算酸碱滴定法的定量分析结果。

知识结构框图

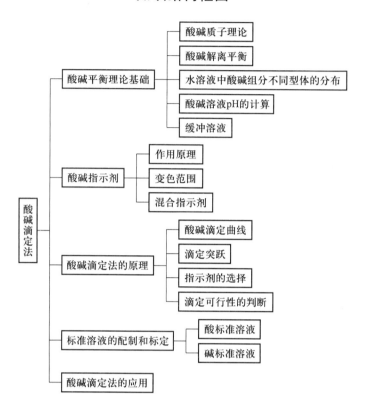

酸碱滴定法是以酸碱反应为基础的滴定分析方法,是广泛应用的滴定分析方法之一。

由于酸碱滴定法的基础是酸碱反应,因此本章首先对溶液中酸碱平衡的基本理论作一简介,然后重点学习酸碱滴定法的基本原理及其应用。

第一节 酸碱平衡的理论基础

一、酸碱质子理论

1923 年,布朗斯特(Brønsted)在酸碱电离理论的基础上,提出了酸碱质子理论。**酸碱质子理论**认为:凡是能给出质子 H^+ 的物质是酸;凡是能接受质子的物质是碱。当某种酸 HA 失去质子后形成酸根 A^-,它自然对质子具有一定的亲和力,故 A^- 是碱。由于一个质子的转移,HA 与 A^- 形成一对能互相转化的酸碱,称为**共轭酸碱对**,这种关系用下式表示:

$$HA \Longleftrightarrow H^+ + A^-$$
$$\text{酸} \qquad \text{质子} \quad \text{碱}$$

例如:
$$HOAc \Longleftrightarrow H^+ + OAc^-$$
$$NH_4^+ \Longleftrightarrow H^+ + NH_3$$
$$H_2CO_3 \Longleftrightarrow H^+ + HCO_3^-$$
$$HCO_3^- \Longleftrightarrow H^+ + CO_3^{2-}$$

上述各共轭酸碱对的质子得失反应,称为**酸碱半反应**。与氧化还原反应中的半电池反应相类似,酸碱半反应在溶液中是不能单独进行的。当一种酸给出质子时,溶液中必定有一种碱接受质子。例如,醋酸(HOAc)在水溶液中解离时,溶剂水就是接受质子的碱,两个酸碱对相互作用而达成平衡。反应式如下:

半反应 1 $\qquad\qquad HOAc \Longleftrightarrow H^+ + OAc^-$
半反应 2 $\qquad\qquad H_2O + H^+ \Longleftrightarrow H_3O^+$

总反应 $\qquad HOAc + H_2O \Longleftrightarrow H_3O^+ + OAc^-$
$\qquad\qquad\quad \text{酸}_1 \qquad \text{碱}_2 \qquad\quad \text{酸}_2 \qquad \text{碱}_1$
$\qquad\qquad\qquad\qquad\qquad \text{共轭}$
$\qquad\qquad\qquad\qquad \text{共轭}$

同样地,碱在水溶液中接受质子的过程也必须有溶剂分子参加。如 NH_3 与水的反应如下:

半反应 1 $\qquad\qquad NH_3 + H^+ \Longleftrightarrow NH_4^+$
半反应 2 $\qquad\qquad H_2O \Longleftrightarrow H^+ + OH^-$

总反应 $\qquad NH_3 + H_2O \Longleftrightarrow OH^- + NH_4^+$
$\qquad\qquad\qquad\qquad\qquad \text{共轭}$
$\qquad\qquad\qquad\qquad \text{共轭}$

在上述两个酸碱对相互作用而达成的平衡中，H_2O 分子起的作用不相同，在后一个平衡中，溶剂水起到了酸的作用。

按照酸碱质子理论，酸碱可以是阳离子、阴离子，也可以是中性分子。同一种物质，在某一条件下可能是酸，在另一条件下可能是碱，这主要取决于它们对质子亲和力的相对大小。例如，HCO_3^- 在 $H_2CO_3 - HCO_3^-$ 体系中表现为碱，而在 $HCO_3^- - CO_3^{2-}$ 体系中却表现为酸。这种既可以给出质子表现为酸，又可以接受质子表现为碱的物质，称为两性物质。

由 HOAc 及 NH_3 与 H_2O 的相互作用可知，水也是一种两性物质，通常称之为两性溶剂。水分子之间也可以发生质子的转移作用，即

$$H_2O + H_2O \rightleftharpoons H_3O^+ + OH^-$$
———共轭———
———共轭———

这种在水分子之间发生的质子传递作用，称为水的**质子自递反应**，反应的平衡常数称为水的**质子自递常数** K_w。

$$K_w = [H_3O^+][OH^-] = 10^{-14} \quad (25\ ℃)$$

在水溶液中，水化质子用 H_3O^+ 表示，但为了简便起见，通常写成 H^+。所以 K_w 的表达式可以简写为

$$K_w = [H^+][OH^-]$$

根据酸碱质子理论，酸碱中和反应、盐的水解等，其实质也是一种质子的转移过程。例如，HCl 与 NH_3 的中和反应：

$$HCl + NH_3 \rightleftharpoons NH_4^+ + Cl^-$$
———共轭———
———共轭———

可见，酸碱质子理论揭示了各类酸碱反应共同的实质。

想一想 1

酸碱质子理论与酸碱电离理论有何区别？

二、酸碱解离平衡

根据酸碱质子理论，当酸或碱溶于溶剂后，就发生质子的转移过程，并生成相应的共轭碱或共轭酸。例如，HOAc 在水中发生解离反应：

$$HOAc + H_2O \rightleftharpoons H_3O^+ + OAc^-$$

反应进行的程度可用平衡常数 K_a 表示。

$$K_a = \frac{[H^+][OAc^-]}{[HOAc]} \quad , \quad K_a = 1.8 \times 10^{-5}$$

第四章 酸碱滴定法

HOAc 的共轭碱 OAc⁻ 的解离反应及平衡常数 K_b 为

$$OAc^- + H_2O \rightleftharpoons HOAc + OH^-$$

$$K_b = \frac{[HOAc][OH^-]}{[OAc^-]}$$

显然,一元共轭酸碱对的 K_a 和 K_b 有如下关系:

$$K_a \cdot K_b = \frac{[H^+][OAc^-]}{[HOAc]} \cdot \frac{[HOAc][OH^-]}{[OAc^-]}$$

$$= [H^+][OH^-] = K_w = 10^{-14} \quad (25\ ℃) \tag{4-1}$$

因此 OAc⁻ 的 $K_b = \dfrac{K_w}{K_a} = 5.6 \times 10^{-10}$。

 练一练 1

已知 NH_3 的 $K_b = 1.8 \times 10^{-5}$,试求 NH_3 的共轭酸 NH_4^+ 的 K_a。

文本

练一练 1
解答

酸碱的强弱取决于酸碱本身给出质子或接受质子能力的强弱。物质给出质子的能力越强,其酸性就越强;反之就越弱。同样的,物质接受质子的能力越强,其碱性就越强;反之就越弱。酸碱的解离常数 K_a 和 K_b 的大小,可以定量说明酸碱的强弱程度,其大小仅随温度变化而变化。

在共轭酸碱对中,如果酸越易给出质子,酸性越强,则其共轭碱对质子的亲和力越弱,就不容易接受质子,其碱性就越弱。如 $HClO_4$,H_2SO_4,HCl,HNO_3 都是强酸,它们在水溶液中给出质子的能力很强,$K_a \gg 1$,但它们相应的共轭碱几乎没有能力从 H_2O 中获得质子转化为共轭酸,K_b 小到无法测出,因此这些共轭碱都是极弱的碱。而 NH_4^+,HS^- 的 K_a 分别为 5.6×10^{-10},7.1×10^{-13},都是弱酸,NH_4^+ 对应的共轭碱 NH_3 是较强的碱,HS^- 对应的 S^{2-} 则是强碱。

对于多元酸,它们在水溶液中是分级解离的,存在多个共轭酸碱对,这些共轭酸碱对的 K_a 和 K_b 之间也有一定的对应关系。例如,二元酸 $H_2C_2O_4$ 分两步解离:

$$H_2C_2O_4 \xrightarrow{K_{a1}} H^+ + HC_2O_4^-$$

$$HC_2O_4^- \xrightarrow{K_{a2}} H^+ + C_2O_4^{2-}$$

$$C_2O_4^{2-} + H_2O \xrightarrow{K_{b1}} HC_2O_4^- + OH^-$$

$$HC_2O_4^- + H_2O \xrightarrow{K_{b2}} H_2C_2O_4 + OH^-$$

$$K_{a1} = \frac{[H^+][HC_2O_4^-]}{[H_2C_2O_4]} \qquad K_{b2} = \frac{[H_2C_2O_4][OH^-]}{[HC_2O_4^-]}$$

$$K_{a2} = \frac{[H^+][C_2O_4^{2-}]}{[HC_2O_4^-]} \qquad K_{b1} = \frac{[HC_2O_4^-][OH^-]}{[C_2O_4^{2-}]}$$

由上述平衡可知:

$$K_{a1} \cdot K_{b2} = K_{a2} \cdot K_{b1} = [H^+][OH^-] = K_w \qquad (4-2)$$

对于三元酸,同样可得到如下关系:

$$K_{a1} \cdot K_{b3} = K_{a2} \cdot K_{b2} = K_{a3} \cdot K_{b1} = [H^+][OH^-] = K_w \qquad (4-3)$$

例1 比较同浓度的 NH_3,CO_3^{2-} 和 HPO_4^{2-} 的碱性强弱及它们的共轭酸的酸性强弱。

解:已知 NH_3 的 $K_b = 1.8 \times 10^{-5}$。NH_3 的共轭酸 NH_4^+,其

$$K_a = \frac{K_w}{K_b} = \frac{10^{-14}}{1.8 \times 10^{-5}} = 5.6 \times 10^{-10}$$

CO_3^{2-} 是二元碱,用 K_{b1} 衡量其碱性强度。CO_3^{2-} 与 H_2O 的反应为

$$CO_3^{2-} + H_2O \Longleftrightarrow HCO_3^- + OH^-$$

已知 H_2CO_3 的 $K_{a2} = 5.6 \times 10^{-11}$。根据式(4-2),则

$$K_{b1} = \frac{K_w}{K_{a2}} = \frac{10^{-14}}{5.6 \times 10^{-11}} = 1.8 \times 10^{-4}$$

HPO_4^{2-} 作为碱性物质,衡量其碱性强度的是 K_{b2}。HPO_4^{2-} 与水的反应为

$$HPO_4^{2-} + H_2O \Longleftrightarrow H_2PO_4^- + OH^-$$

已知 H_3PO_4 的 $K_{a2} = 6.3 \times 10^{-8}$。根据式(4-3),则

$$K_{b2} = \frac{K_w}{K_{a2}} = \frac{10^{-14}}{6.3 \times 10^{-8}} = 1.6 \times 10^{-7}$$

为便于比较,将有关数据列成下表:

共轭酸碱对	K_a	K_b
$H_2PO_4^- - HPO_4^{2-}$	6.3×10^{-8}	1.6×10^{-7}
$NH_4^+ - NH_3$	5.6×10^{-10}	1.8×10^{-5}
$HCO_3^- - CO_3^{2-}$	5.6×10^{-11}	1.8×10^{-4}

所以,这三种碱的强度顺序为

$$CO_3^{2-} > NH_3 > HPO_4^{2-}$$

而它们的共轭酸的强度顺序恰好相反,即

$$H_2PO_4^- > NH_4^+ > HCO_3^-$$

多元酸或碱在水溶液中存在多种酸碱平衡,计算这些酸碱平衡常数时,要注意它们的对应关系。

三、水溶液中酸碱组分不同型体的分布

在弱酸(碱)的平衡体系中,一种物质可能以多种**型体**存在。各存在型体的浓度称为**平衡浓度**,各平衡浓度之和称为**总浓度**或**分析浓度**。某一存在型体占总浓度的分数,称为该存在型体的**分布分数**,用符号 δ 表示。各存在型体平衡浓度的大小由溶液氢离子浓度所决定,因此每种型体的分布分数也随着溶液氢离子浓度的变化而变化。

分布分数 δ 与溶液 pH 间的关系曲线称为分布曲线。学习分布曲线,可以帮助我们深入理解酸碱滴定的过程及多元酸碱分步滴定的可行性,也有利于了解配位滴定和沉淀反应条件的选择原则。现分别对一元弱酸、二元弱酸、三元弱酸分布分数的计算及其分布曲线进行讨论。

1. 一元弱酸的分布

以 HOAc 为例。由于 HOAc 在水溶液中的解离,它以 HOAc 和 OAc^- 两种型体存在。设 c_{HOAc} 为 HOAc 的总浓度,$[HOAc]$,$[OAc^-]$ 分别为 HOAc,OAc^- 的平衡浓度,δ_{HOAc},δ_{OAc^-} 分别为 HOAc,OAc^- 的分布分数。根据定义:

$$c_{HOAc} = [HOAc] + [OAc^-]$$

$$\delta_{HOAc} = \frac{[HOAc]}{c_{HOAc}} = \frac{[HOAc]}{[HOAc] + [OAc^-]}$$

$$= \frac{1}{1 + [OAc^-]/[HOAc]} = \frac{1}{1 + K_a/[H^+]}$$

故

$$\delta_{HOAc} = \frac{[H^+]}{[H^+] + K_a} \tag{4-4}$$

同理可得

$$\delta_{OAc^-} = \frac{K_a}{[H^+] + K_a} \tag{4-5}$$

显然,各存在型体分布分数之和等于 1,即

$$\delta_{HOAc} + \delta_{OAc^-} = 1$$

例 2 已知 $c_{HOAc} = 1.0 \times 10^{-2}$ mol·L^{-1},当 pH = 4.00 时,问此溶液中主要型体是什么?其浓度为多少?

解: 已知 $[H^+] = 1.0 \times 10^{-4}$ mol·L^{-1},$K_a = 1.8 \times 10^{-5}$。由式(4-4)、式(4-5)可计算:

$$\delta_{OAc^-} = \frac{K_a}{[H^+] + K_a} = \frac{1.8 \times 10^{-5}}{1.0 \times 10^{-4} + 1.8 \times 10^{-5}} = 0.15$$

$$\delta_{HOAc} = \frac{[H^+]}{[H^+] + K_a} = \frac{1.0 \times 10^{-4}}{1.0 \times 10^{-4} + 1.8 \times 10^{-5}} = 0.85$$

可见,pH = 4.00 时,溶液中的主要型体是 HOAc,其浓度为

$$[HOAc] = c_{HOAc} \cdot \delta_{HOAc} = 1.0 \times 10^{-2} \text{ mol·}L^{-1} \times 0.85 = 8.5 \times 10^{-3} \text{ mol·}L^{-1}$$

如果以 pH 为横坐标,δ_{HOAc},δ_{OAc^-} 为纵坐标作图,得到如图 4-1 所示 HOAc 的分布曲线图。

从图中可以看到:

当 pH < pK_a,HOAc 为主要存在型体;

当 pH > pK_a,OAc^- 为主要存在型体;

当 pH = pK_a,HOAc 与 OAc^- 各占一半,两种型体的分布分数均为 0.5。

2. 二元弱酸的分布

二元弱酸在溶液中有三种存在形式,如 $H_2C_2O_4$ 在水溶液中有 $H_2C_2O_4$,$HC_2O_4^-$ 和

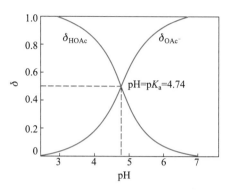

图 4-1 HOAc，OAc⁻ 分布分数与溶液 pH 的关系曲线

C₂O₄²⁻ 三种型体。根据质量平衡原理，草酸的总浓度应等于各型体平衡浓度之和。

$$c_{H_2C_2O_4}=[H_2C_2O_4]+[HC_2O_4^-]+[C_2O_4^{2-}]$$

根据分布分数定义：

$$\delta_{H_2C_2O_4}=\frac{[H_2C_2O_4]}{c_{H_2C_2O_4}}=\frac{[H_2C_2O_4]}{[H_2C_2O_4]+[HC_2O_4^-]+[C_2O_4^{2-}]}$$

$$=\frac{1}{1+\frac{[HC_2O_4^-]}{[H_2C_2O_4]}+\frac{[C_2O_4^{2-}]}{[H_2C_2O_4]}}=\frac{1}{1+(K_{a1}/[H^+])+(K_{a1}K_{a2}/[H^+]^2)}$$

$$=\frac{[H^+]^2}{[H^+]^2+K_{a1}[H^+]+K_{a1}K_{a2}} \tag{4-6}$$

同理可得

$$\delta_{HC_2O_4^-}=\frac{K_{a1}[H^+]}{[H^+]^2+K_{a1}[H^+]+K_{a1}K_{a2}} \tag{4-7}$$

$$\delta_{C_2O_4^{2-}}=\frac{K_{a1}K_{a2}}{[H^+]^2+K_{a1}[H^+]+K_{a1}K_{a2}} \tag{4-8}$$

显然 $\qquad\qquad\delta_{H_2C_2O_4}+\delta_{HC_2O_4^-}+\delta_{C_2O_4^{2-}}=1$

以 pH 为横坐标，$\delta_{H_2C_2O_4}$，$\delta_{HC_2O_4^-}$，$\delta_{C_2O_4^{2-}}$ 为纵坐标，可得到图 4-2 所示 H₂C₂O₄ 的分布曲线图。

由图 4-2 可知：

当 $pH<pK_{a1}$ 时，H₂C₂O₄ 为主要存在型体；

当 $pH>pK_{a2}$ 时，C₂O₄²⁻ 为主要存在型体；

当 $pK_{a1}<pH<pK_{a2}$ 时，HC₂O₄⁻ 为主要存在型体。

分布曲线很直观地反映存在型体与溶液 pH 的关系，在选择反应条件时，可以按所需组分查图，即可得到相应的 pH。例如，欲测定 Ca²⁺，采用 C₂O₄²⁻ 为沉淀剂，反应时溶液的 pH 应维持在多少？从图 4-2 可知，在 pH≥5.0 时，C₂O₄²⁻ 为主要存在型体，有利于沉淀形成，所以应使溶液的 pH≥5.0。

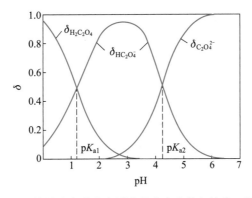

图 4-2　$H_2C_2O_4$ 溶液中各种存在型体的分布分数与溶液 pH 的关系曲线

例 3　计算 pH$=5.00$ 时，5.0×10^{-2} mol·L^{-1} $H_2C_2O_4$ 溶液中草酸根离子的平衡浓度$[C_2O_4^{2-}]$。

解：已知草酸的 p$K_{a1}=1.23$，p$K_{a2}=4.19$

$$\delta_{C_2O_4^{2-}} = \frac{K_{a1} \cdot K_{a2}}{[H^+]^2 + K_{a1}[H^+] + K_{a1} \cdot K_{a2}}$$

$$= \frac{10^{-1.23} \times 10^{-4.19}}{(10^{-5.00})^2 + 10^{-1.23} \times 10^{-5.00} + 10^{-1.23} \times 10^{-4.19}} = 0.87$$

$$[C_2O_4^{2-}] = c_{H_2C_2O_4} \cdot \delta_{C_2O_4^{2-}} = 0.050 \text{ mol·L}^{-1} \times 0.87 = 0.043 \text{ mol·L}^{-1}$$

 练一练 2

已知酒石酸的 p$K_{a1}=3.04$，p$K_{a2}=4.37$。计算 pH$=4.00$ 时，5.0×10^{-2} mol·L^{-1} 酒石酸（以 H_2A 表示）溶液中酒石酸根离子浓度$[A^{2-}]$。

文本

练一练 2
解答

3. 三元弱酸的分布

三元弱酸如 H_3PO_4 在溶液中有 H_3PO_4，$H_2PO_4^-$，HPO_4^{2-} 和 PO_4^{3-} 四种型体存在，同理可推导出 $\delta_{H_3PO_4}$，$\delta_{H_2PO_4^-}$，$\delta_{HPO_4^{2-}}$ 和 $\delta_{PO_4^{3-}}$ 的计算式：

$$\delta_{H_3PO_4} = \frac{[H^+]^3}{[H^+]^3 + K_{a1}[H^+]^2 + K_{a1}K_{a2}[H^+] + K_{a1}K_{a2}K_{a3}} \tag{4-9}$$

其余三种型体的分布分数计算式，读者可参照二元弱酸情况自行推出。

H_3PO_4 溶液中各种存在型体的分布曲线如图 4-3 所示。

需要指出：在 pH$=4.7$ 时，$H_2PO_4^-$ 型体占 99.4%；同样，当 pH$=9.8$ 时，HPO_4^{2-} 型体占绝对优势，为 99.5%。

从上述讨论可以看出，无论是一元酸还是多元酸，其各组分的分布系数 δ 仅与溶液中的$[H^+]$及酸的解离常数 K_a 有关，而与酸的总浓度无关。

四、酸碱溶液 pH 的计算

酸碱滴定的过程，也就是溶液的 pH 不断变化的过程。为揭示滴定过程中溶液 pH

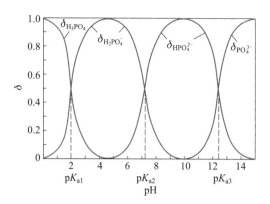

图 4-3 H_3PO_4 溶液中各种存在型体的分布
分数与溶液 pH 的关系曲线

的变化规律,需要学习几类典型酸碱溶液 pH 的计算方法。

1. 质子条件

酸碱反应的本质是质子的转移。当反应达到平衡时,酸失去的质子数与碱得到的质子数一定相等。这种数量关系的数学表达式称为**质子条件式**。由质子条件式,可以计算溶液的[H^+]。

列出质子条件式时,先要选择溶液中大量存在并参与质子转移的物质作为参考,以它作为质子转移的起点,常称之为参考水准或零水准;然后根据质子转移数相等的数量关系写出质子条件式。

例如,在一元弱酸(HA)的水溶液中,大量存在并参加质子转移的物质是 HA 和 H_2O,整个平衡体系中的质子转移反应有

HA 的解离反应 $\qquad HA + H_2O \rightleftharpoons H_3O^+ + A^-$

水的质子自递反应 $\qquad H_2O + H_2O \rightleftharpoons H_3O^+ + OH^-$

选择 HA 和 H_2O 作为参考水准,得质子的产物是 H_3O^+(以下简化为 H^+),失质子的产物是 A^- 和 OH^-。将其分别写在等式的两边,即可得到质子条件式:

$$[H^+] = [A^-] + [OH^-] \tag{4-10}$$

式中:[H^+]是 H_2O 得质子后的产物的浓度,[A^-]和[OH^-]分别是 HA 和 H_2O 失去质子的产物的浓度。若两端乘以溶液体积,就表示得失质子的数量相等。

2. 酸碱溶液 pH 的计算

(1) 一元弱酸(碱)溶液　前已叙及,水溶液中一元弱酸 HA 的质子条件为

$$[H^+] = [A^-] + [OH^-]$$

以[A^-]$= K_a [HA]/[H^+]$和[OH^-]$= K_w/[H^+]$　代入上式可得

$$[H^+] = \frac{K_a [HA]}{[H^+]} + \frac{K_w}{[H^+]}$$

经整理可得
$$[H^+] = \sqrt{K_a[HA] + K_w} \qquad (4-11)$$

式(4-11)为计算一元弱酸溶液中[H$^+$]的精确公式。式中的[HA]为 HA 的平衡浓度,可根据分析浓度 c 和分布分数 δ_{HA} 算得,将其代入式(4-11)后会得到一元三次方程:

$$[H^+]^3 + K_a[H^+]^2 - (cK_a + K_w)[H^+] - K_aK_w = 0$$

解该方程比较麻烦,实际工作中往往无须准确计算,可根据具体情况作合理的近似处理。若计算[H$^+$]允许有±5%的误差,同时满足 $c/K_a \geqslant 105$ 和 $cK_a \geqslant 10K_w$ 两个条件,式(4-11)可进一步简化为

$$[H^+] = \sqrt{cK_a} \qquad (4-12)$$

这就是**计算一元弱酸[H$^+$]常用的最简式**。

例 4 求 0.10 mol·L^{-1} HOAc 溶液的 pH。

解:已知醋酸 HOAc 的 pK_a = 4.74,c = 0.10 mol·L^{-1},则

$$c/K_a > 105 \quad 且 \quad cK_a > 10K_w$$

故可利用最简式求算[H$^+$]:

$$[H^+] = \sqrt{cK_a} = \sqrt{0.10 \times 10^{-4.74}} = 10^{-2.87} \quad (mol·L^{-1})$$

所以
$$pH = 2.87$$

对于一元弱碱溶液,按照一元弱酸的思路,同样可以得到计算其 pH 的最简式,即只需将上述计算一元弱酸溶液 H$^+$ 浓度的公式[式(4-12)]中的 K_a 换成 K_b,[H$^+$]换成[OH$^-$],就可以计算一元弱碱溶液中的[OH$^-$]。

(2) 两性物质溶液 有一类物质,如 NaHCO$_3$,NaH$_2$PO$_4$ 和邻苯二甲酸氢钾等,在水溶液中既可给出质子显示酸性,又可接受质子显示碱性,其酸碱平衡是较为复杂的,但在计算[H$^+$]时,仍可以作合理的简化处理。简化方法这里不再赘述。

一元弱酸、两性物质溶液的 pH 的计算是最常用的,现将计算各种酸溶液 pH 的最简式及使用条件列于表 4-1 中。

表 4-1　计算几种酸溶液[H$^+$]的最简式及使用条件

	计　算　公　式	使用条件(允许相对误差±5%)
强酸	$[H^+] = c$ $[H^+] = \sqrt{K_w}$	$c \geqslant 4.7 \times 10^{-7}$ mol·L^{-1} $c \leqslant 1.0 \times 10^{-8}$ mol·L^{-1}
一元弱酸	$[H^+] = \sqrt{cK_a}$	$c/K_a \geqslant 105$ $cK_a \geqslant 10K_w$

	计 算 公 式	使用条件(允许相对误差±5%)
二元弱酸	$[H^+] = \sqrt{cK_{a1}}$	$cK_{a1} \geqslant 10K_w$ $c/K_{a1} \geqslant 105$ $2K_{a2}/[H^+] \ll 1$
两性物质	$[H^+] = \sqrt{K_{a1}K_{a2}}$	$cK_{a2} \geqslant 10K_w$ $c/K_{a1} \geqslant 10$

若计算 Na_2HPO_4 溶液的 $[H^+]$,则公式中的 K_{a1} 和 K_{a2} 应分别改换成 K_{a2} 和 K_{a3}。

五、缓冲溶液

能够抵抗外加少量强酸、强碱或稍加稀释,其自身 pH 不发生显著变化的性质,称为**缓冲作用**。具有缓冲作用的溶液称为**缓冲溶液**。

分析化学中要用到很多缓冲溶液,它们大多数是作为控制溶液酸度用的,有些则是测量其他溶液 pH 时作为参照标准用的,称为**标准缓冲溶液**。

缓冲溶液一般由浓度较大的弱酸(或弱碱)及其共轭碱(或共轭酸)组成。如 $HOAc-OAc^-$,$NH_4^+-NH_3$ 等。由于共轭酸碱对的 K_a,K_b 值不同,所形成的缓冲溶液能调节和控制的 pH 范围也不同,常用的缓冲溶液可控制的 pH 范围参见表 4-2。

表 4-2 常用的缓冲溶液

编号	缓冲溶液名称	酸的存在形态	碱的存在形态	pK_a	可控制的 pH 范围
1	氨基乙酸-HCl	$^+NH_3CH_2COOH$	$^+NH_3CH_2COO^-$	2.35 (pK_{a1})	1.4~3.4
2	一氯乙酸-NaOH	$CH_2ClCOOH$	CH_2ClCOO^-	2.86	1.9~3.9
3	邻苯二甲酸氢钾-HCl	⬡-COOH COOH	⬡-COO⁻ COOH	2.95 (pK_{a1})	2.0~4.0
4	甲酸-NaOH	$HCOOH$	$HCOO^-$	3.76	2.8~4.8
5	HOAc-NaOAc	$HOAc$	OAc^-	4.74	3.8~5.8
6	六亚甲基四胺-HCl	$(CH_2)_6N_4H^+$	$(CH_2)_6N_4$	5.15	4.2~6.2
7	$NaH_2PO_4-Na_2HPO_4$	$H_2PO_4^-$	HPO_4^{2-}	7.20 (pK_{a2})	6.2~8.2
8	$Na_2B_4O_7-HCl$	H_3BO_3	$H_2BO_3^-$	9.24	8.0~9.0
9	NH_4Cl-NH_3	NH_4^+	NH_3	9.26	8.3~10.3
10	氨基乙酸-NaOH	$^+NH_3CH_2COO^-$	$NH_2CH_2COO^-$	9.60	8.6~10.6
11	$NaHCO_3-Na_2CO_3$	HCO_3^-	CO_3^{2-}	10.25	9.3~11.3
12	Na_2HPO_4-NaOH	HPO_4^{2-}	PO_4^{3-}	12.32	11.3~12.0

动画

缓冲作用
原理

由弱酸 HA 与其共轭碱 A^- 组成的缓冲溶液,若用 c_{HA},c_{A^-} 分别表示 HA,A^- 的分析浓度,可推出计算此缓冲溶液中 $[H^+]$ 及 pH 的最简式,即

$$[H^+]=K_a\frac{c_{HA}}{c_{A^-}}, \quad pH=pK_a+lg\frac{c_{A^-}}{c_{HA}} \tag{4-13}$$

例5 某缓冲溶液含有 $0.10 \ mol \cdot L^{-1}$ HOAc 和 $0.15 \ mol \cdot L^{-1}$ NaOAc,试问此时 pH 为多少?

解: 根据式(4-13)计算得

$$pH=-lg \ (1.8\times10^{-5})+lg\frac{0.15}{0.10}=4.92$$

例6 欲配制 pH=10.0 的缓冲溶液 1 L,已知 NH_4Cl 溶液浓度为 $1.0 \ mol \cdot L^{-1}$,问需用多少毫升密度为 $0.88 \ g \cdot mL^{-1}$ 的氨水(w_{NH_3} 为 28%)?

解: 已知 NH_3 的 $K_b=10^{-4.74}$,则 NH_4^+ 的 K_a 为

$$K_a=K_w/K_b=10^{-14}/10^{-4.74}=10^{-9.26}$$

代入式(4-13)有

$$10.0=9.26+lg\frac{c_{NH_3}}{1.0 \ mol \cdot L^{-1}}$$

求得 $c_{NH_3}=5.5 \ mol \cdot L^{-1}$,即配制成的缓冲溶液中应维持 NH_3 的浓度为 $5.5 \ mol \cdot L^{-1}$。

通过 NH_3 的质量分数 w_{NH_3}、氨水的密度和 NH_3 的摩尔质量,可算出取用的氨水中 NH_3 的浓度:

$$c'_{NH_3}=\frac{28\%\times0.88\times10^3 \ g \cdot L^{-1}}{17 \ g \cdot mol^{-1}}=14.5 \ mol \cdot L^{-1}$$

由于缓冲溶液中 NH_3 与所取用氨水中的 NH_3 的物质的量相等:

$$5.5 \ mol \cdot L^{-1}\times1 \ L=14.5 \ mol \cdot L^{-1}\times V_{NH_3}$$

故

$$V_{NH_3}=0.38 \ L=380 \ mL$$

在高浓度的强酸强碱溶液中,由于 H^+ 或 OH^- 的浓度本来就很高,外加的少量酸或碱不会对溶液的酸度产生太大的影响。在这种情况下,强酸强碱也就是缓冲溶液。它们主要是高酸度(pH<2)和高碱度(pH>12)时的缓冲溶液。

以上讨论了酸碱质子理论、酸碱平衡、水溶液中酸碱组分不同型体的分布、酸碱溶液 pH 的计算等内容。学习上述内容的根本目的,是要明确酸碱反应进行到一定程度时,溶液中主要酸碱型体是什么,并能正确计算该酸碱溶液的 pH,为学习酸碱滴定法的原理打下必要的理论基础。

第二节　酸碱指示剂

酸碱滴定的基础是酸碱反应。酸碱滴定的过程就是酸与碱不断反应的过程,是水溶液中酸碱组分不同型体的分布不断变化的过程,也是酸碱溶液 pH 不断变化的过程。怎样才能用肉眼观察到溶液 pH 的变化,指示滴定终点的到达呢?最常用的方法就是使用酸碱指示剂。

一、酸碱指示剂的作用原理

酸碱指示剂一般是有机弱酸或弱碱。当溶液的 pH 变化时,指示剂失去质子由酸式转变为碱式,或得到质子由碱式转化为酸式,而酸式与碱式具有不同的颜色。即溶液 pH 的变化会引起指示剂结构的变化,从而导致溶液颜色的变化,指示滴定终点的到达。例如,酚酞是一种有机弱酸,在溶液中有如下平衡:

动画

酚酞指示剂
变色过程

动画

甲基橙指示
剂变色过程

上述结构的变化可用下列简式表示:

$$\text{无色分子} \underset{\text{H}^+}{\overset{\text{OH}^-}{\rightleftharpoons}} \text{无色离子} \underset{\text{H}^+}{\overset{\text{OH}^-}{\rightleftharpoons}} \text{红色离子} \underset{\text{H}^+}{\overset{\text{浓碱}}{\rightleftharpoons}} \text{无色离子}$$

这个变化过程是可逆的。当 H$^+$ 浓度增大时,平衡自右向左移动,酚酞变成无色分子;当 OH$^-$ 浓度增大时,平衡自左向右移动,当 pH 约为 8 时酚酞呈现红色,但在浓碱液中酚酞的结构由醌式又变为羧酸盐式,呈现无色。酚酞指示剂在 pH＝8.0～9.6 时,由无色逐渐变为红色。常将指示剂颜色变化的 pH 区间称为**变色范围**。

甲基橙是一种有机弱碱,在水溶液中有如下解离平衡和颜色变化:

由平衡关系可见,当溶液中 H$^+$ 浓度增大时,平衡向右移动,甲基橙主要以醌式存在,呈现红色;当溶液中 OH$^-$ 浓度增大时,则平衡向左移动,甲基橙主要以偶氮式存在,呈现黄色。当溶液的 pH＜3.1 时甲基橙为红色,pH＞4.4 则为黄色。因此 pH＝3.1～4.4 为甲基橙的变色范围。

二、指示剂的变色范围

为了进一步说明指示剂颜色变化与酸度的关系,现以 HIn 表示指示剂酸式,以 In$^-$ 代表指示剂碱式,在溶液中指示剂的解离平衡用下式表示:

$$\text{HIn} \rightleftharpoons \text{H}^+ + \text{In}^-$$

$$K_{\text{HIn}} = \frac{[\text{H}^+][\text{In}^-]}{[\text{HIn}]} \quad \text{或} \quad \frac{K_{\text{HIn}}}{[\text{H}^+]} = \frac{[\text{In}^-]}{[\text{HIn}]} \tag{4-14}$$

即

$$pH = pK_{HIn} + \lg \frac{[In^-]}{[HIn]}$$

溶液的颜色取决于指示剂碱式与酸式的浓度比值（$[In^-]/[HIn]$）。对一定的指示剂而言，在指定条件下 K_{HIn} 是常数，因此 $[In^-]/[HIn]$ 值就只取决于 $[H^+]$。

当 $[H^+] = K_{HIn}$，式（4-14）中 $\frac{[In^-]}{[HIn]} = 1$，两者浓度相等，溶液表现出酸式色和碱式色的中间颜色，此时 $pH = pK_{HIn}$，称为指示剂的**理论变色点**。一般说来：

若 $\frac{[In^-]}{[HIn]} > \frac{10}{1}$，观察到的是 In^- 的颜色；

当 $\frac{[In^-]}{[HIn]} = \frac{10}{1}$ 时，可在 In^- 颜色中勉强看出 HIn 的颜色，此时 $pH = pK_{HIn} + 1$；

当 $\frac{[In^-]}{[HIn]} < \frac{1}{10}$ 时，观察到的是 HIn 的颜色；

当 $\frac{[In^-]}{[HIn]} = \frac{1}{10}$ 时，可在 HIn 颜色中勉强看出 In^- 的颜色，此时 $pH = pK_{HIn} - 1$。

由上述讨论可知，指示剂的理论变色范围为 $pH = pK_{HIn} \pm 1$，为 2 个 pH 单位。但实际观察到的大多数指示剂的变化范围小于 2 个 pH 单位，且指示剂的理论变色点不是变色范围的中间点。这是由于人们对不同颜色的敏感程度的差别造成的。另外，溶液的温度也影响指示剂的变色范围。

常用的酸碱指示剂列于表 4-3。

表 4-3　常用的酸碱指示剂

指 示 剂	酸式色	碱式色	pK_a	变色范围 （pH）	浓度
百里酚蓝（第一次变色）	红色	黄色	1.6	1.2～2.8	0.1%的20%乙醇溶液
甲基黄	红色	黄色	3.3	2.9～4.0	0.1%的90%乙醇溶液
甲基橙	红色	黄色	3.4	3.1～4.4	0.05%的水溶液
溴酚蓝	黄色	紫色	4.1	3.1～4.6	0.1%的20%乙醇溶液或其钠盐水溶液
溴甲酚绿	黄色	蓝色	4.9	3.8～5.4	0.1%水溶液，每 100 mg 指示剂加 0.05 mol·L^{-1}NaOH 2.9 mL
甲基红	红色	黄色	5.2	4.4～6.2	0.1%的60%乙醇溶液或其钠盐水溶液
溴百里酚蓝	黄色	蓝色	7.3	6.0～7.6	0.1%的20%乙醇溶液或其钠盐水溶液
中性红	红色	黄橙色	7.4	6.8～8.0	0.1%的60%乙醇溶液
酚红	黄色	红色	8.0	6.7～8.4	0.1%的60%乙醇溶液或其钠盐水溶液
百里酚蓝（第二次变色）	黄色	蓝色	8.9	8.0～9.6	0.1%的20%乙醇溶液
酚酞	无色	红色	9.1	8.0～9.6	0.1%的90%乙醇溶液
百里酚酞	无色	蓝色	10.0	9.4～10.6	0.1%的90%乙醇溶液

三、混合指示剂

在酸碱滴定中，有时需要将滴定终点控制在很窄的 pH 范围内，以保证滴定的准确度，此时可采用混合指示剂。

混合指示剂有两类：

(1) 由两种或两种以上的指示剂混合而成，利用颜色的互补作用，使指示剂变色范围变窄，变色更敏锐。例如，溴甲酚绿($pK_a = 4.9$)和甲基红($pK_a = 5.2$)两者按 3:1 混合后，在 pH<5.1 的溶液中呈酒红色，而在 pH>5.1 的溶液中呈绿色，变色范围窄且颜色易于辨别。

(2) 在某种指示剂中加入一种惰性染料。例如，由中性红与亚甲基蓝按 1:1 配成的混合指示剂，在 pH=7.0 时呈现蓝紫色，其酸色为蓝紫色，碱色为绿色，变色范围只有约 0.2 个 pH 单位，变色也很敏锐。

常用的几种混合指示剂列于表 4-4。

表 4-4　几种常用的混合指示剂

指示剂组成	变色点(pH)	酸式色	碱式色	备注
1 份 0.1%甲基橙水溶液 1 份 0.25%靛蓝磺酸钠水溶液	4.1	紫	黄绿	pH=4.1 灰色
3 份 0.1%溴甲酚绿乙醇溶液 1 份 0.2%甲基红乙醇溶液	5.1	酒红	绿	pH=5.1 灰色
1 份 0.1%溴甲酚绿钠盐水溶液 1 份 0.1%氯酚红钠盐水溶液	6.1	黄绿	蓝紫	
1 份 0.1%中性红乙醇溶液 1 份 0.1%亚甲基蓝乙醇溶液	7.0	蓝紫	绿	
1 份 0.1%甲酚红钠盐水溶液 3 份 0.1%百里酚蓝钠盐水溶液	8.3	黄	紫	
1 份 0.1%百里酚蓝的 50%乙醇溶液 3 份 0.1%酚酞的 50%乙醇溶液	9.0	黄	紫	黄→绿→紫

把甲基红、溴百里酚蓝、百里酚蓝、酚酞按一定比例混合，溶于乙醇，配成的混合指示剂可随溶液 pH 的变化呈现不同的颜色。实验室中使用的 pH 试纸就是基于混合指示剂的原理制成的。

滴定分析中指示剂加入量的多少会影响变色的敏锐程度，况且指示剂本身就是有机弱酸或弱碱，也要消耗滴定剂，影响分析结果的准确度，因此指示剂用量不宜过多。

第三节　一元酸碱的滴定

为了选择合适的指示剂指示滴定终点，必须了解酸碱滴定过程中溶液 pH 的变化，特别是化学计量点附近 pH 的改变。以溶液的 pH 对滴定剂的加入体积(或滴定百分数)作图，得到**酸碱滴定曲线**，它能很好地展示滴定过程中溶液 pH 的变化规律。

本节讨论几种一元酸碱的滴定曲线,介绍被滴定酸碱的解离常数、浓度等因素对滴定突跃的影响及正确选择指示剂的方法等。

一、强碱滴定强酸

现以 0.100 0 mol·L^{-1} NaOH 溶液滴定 20.00 mL 0.100 0 mol·L^{-1} HCl 溶液为例,讨论强碱滴定强酸过程中溶液 pH 的变化规律。

1. 滴定过程中溶液 pH 的变化

在强酸强碱滴定过程中,反应的实质是

$$H^+ + OH^- \Longrightarrow H_2O$$

整个滴定过程可分为四个阶段。

(1) 滴定开始前 溶液的 pH 取决于 HCl 的原始浓度,即分析浓度,因 HCl 是强酸,故 [H$^+$] = 0.100 0 mol·L^{-1},pH = 1.00。

(2) 滴定开始至化学计量点前 溶液的 pH 由剩余 HCl 物质的量决定,例如滴入 NaOH 溶液 19.98 mL,此时溶液中:

$$[H^+] = \frac{c_{HCl} \times 剩余\ HCl\ 溶液的体积}{溶液总体积}$$

$$= \frac{0.100\ 0\ mol·L^{-1} \times 0.02\ mL}{20.00\ mL + 19.98\ mL} = 5.0 \times 10^{-5}\ mol·L^{-1}$$

$$pH = 4.30$$

化学计量点前其他各点的 pH 均按上述方法计算。

(3) 化学计量点时 在化学计量点时 NaOH 与 HCl 恰好中和完全,此时溶液中 [H$^+$] = [OH$^-$] = 1.0 × 10^{-7} mol·L^{-1},故化学计量点时 pH 为 7.00,溶液呈中性。

(4) 化学计量点后

此时溶液的 pH 取决于过量的 NaOH 浓度,例如滴入 NaOH 溶液 20.02 mL,此时溶液中:

$$[OH^-] = \frac{c_{NaOH} \times 过量\ NaOH\ 溶液的体积}{溶液总体积}$$

$$= \frac{0.100\ 0\ mol·L^{-1} \times 0.02\ mL}{20.00\ mL + 20.02\ mL} = 5.0 \times 10^{-5}\ mol·L^{-1}$$

$$pOH = 4.30\ ,\quad pH = 9.70$$

化学计量点后的各点,均可按此方法逐一计算。

表 4-5 是滴定过程中加入不同体积 NaOH 溶液时溶液的 pH 变化。

2. 滴定曲线的形状和滴定突跃

以溶液的 pH 为纵坐标,NaOH 溶液的加入量为横坐标,绘制 pH-V 关系曲线,如图 4-4 所示。由图可见,滴定开始时曲线比较平坦,这是因为溶液中还存在较多 HCl,处于强酸缓冲区。随着 NaOH 不断滴入,HCl 的量逐渐减少,pH 逐渐增大。当滴定至只剩下 0.1% HCl,即剩余 0.02 mL HCl 溶液时,pH 为 4.30。再继续滴入 1 滴 NaOH 溶液(大约 0.04 mL),即中和剩余的半滴 HCl 溶液后,仅过量 0.02 mL NaOH 溶液,溶液的

pH 从 4.30 急剧升高到 9.70,即 1 滴 NaOH 溶液就使溶液 pH 增加 5.40 个 pH 单位,溶液也由酸性变到了碱性。由图 4-4 和表 4-5 的 A 至 B 点可知,在化学计量点前后 0.1%,曲线呈现近似垂直的一段,表明溶液的 pH 有一个突然的改变,这种 pH 的突然改变称为**滴定突跃**,突跃所在的 pH 范围称为**滴定突跃范围**。此后,再继续滴加 NaOH,溶液的 pH 变化越来越小,曲线又趋平坦。

表 4-5　用 0.100 0 mol·L^{-1} NaOH 溶液滴定 20.00 mL 0.100 0 mol·L^{-1} HCl 溶液时的 pH 变化

加入 NaOH 溶液		剩余 HCl 溶液的体积 V/mL	过量 NaOH 溶液的体积 V/mL	pH
a^*/%	V/mL			
0	0.00	20.00		1.00
90.0	18.00	2.00		2.28
99.0	19.80	0.20		3.30
99.9	19.98	0.02		4.30 A
100.0	20.00	0.00		7.00
100.1	20.02		0.02	9.70 B
101.0	20.20		0.20	10.70
110.0	22.00		2.00	11.70
200.0	40.00		20.00	12.50

4.30 A 至 9.70 B 处标注：滴定突跃

* a 为滴定分数,其定义为:$a = \dfrac{被滴定的物质的量}{起始的物质的量} \times 100\%$。

3. 指示剂的选择

指示剂的选择主要以滴定突跃为依据,凡在 pH=4.30~9.70 内变色的,如甲基橙、甲基红、酚酞、溴百里酚蓝、苯酚红等,均能作为该滴定的指示剂。

例如,当滴定至甲基橙由红色突变为黄色时,溶液的 pH 约为 4.4,这时加入 NaOH 溶液的量与化学计量点时应加入量的差值不足 0.02 mL,终点误差小于 -0.1%,符合滴定分析的要求。若改用酚酞为指示剂,溶液呈微红色时 pH 略大于 8.0,此时 NaOH 溶液的加入量超过化学计量点时应加入的量也不足 0.02 mL,终点误差小于 +0.1%,也符合滴定分析的要求。因此,选择变色范围处于或部分处于滴定突跃范围内的指示剂,都能够正确地指示滴定终点。这是选择指示剂的原则,也是本节的一个重要结论。

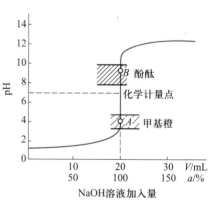

图 4-4　0.100 0 mol·L^{-1} NaOH 溶液滴定 20.00 mL 0.100 0 mol·L^{-1} HCl 溶液的滴定曲线

以上讨论的是 0.100 0 mol·L^{-1} NaOH 溶液滴定 0.100 0 mol·L^{-1} HCl 溶液的情况。如改变 NaOH 溶液和 HCl 溶液浓度,化学计量点的 pH 仍然是 7.00,但滴定突跃的长短却不同,如图 4-5 所示。酸碱溶液浓度越大,滴定曲线中化学计量点附近的滴定突跃越长,可供选择的指示剂越多。相反,酸碱溶液的浓度越小,则化学计量点附近的滴定突跃就越短,可供选择的指示剂就越少。例如,若用 0.01 000 mol·L^{-1} NaOH 溶液滴定 0.01 000 mol·L^{-1} HCl 溶液,滴定突跃范围减小为 5.30～8.70,若仍用甲基橙作指示剂,终点误差将大于 0.1%,此时只能用酚酞、甲基红等作指示剂,才能符合滴定分析的要求。

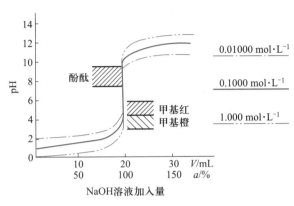

图 4-5　不同浓度 NaOH 溶液滴定不同
浓度 HCl 溶液的滴定曲线

视频
酸碱滴定终点判断(甲基橙指示剂)

73

文本
练一练3解答

✏️ **练一练 3**

用 0.100 0 mol·L^{-1} HCl 溶液滴定 20.00 mL 0.100 0 mol·L^{-1} NaOH 溶液时:

(1) 滴定过程中,溶液 pH 有何变化规律?

(2) 滴定突跃是多少?

(3) 选择哪些指示剂能够满足终点误差小于±0.1%的要求?

视频
酸碱滴定终点判断(酚酞指示剂)

二、强碱滴定弱酸

现以 0.100 0 mol·L^{-1} NaOH 溶液滴定 20.00 mL 0.100 0 mol·L^{-1} HOAc 溶液为例,讨论强碱滴定弱酸的情况,滴定过程中溶液 pH 可计算如下。

1. 滴定开始前

溶液的 pH 根据 HOAc 解离平衡来计算:

$$[\text{H}^+]=\sqrt{c_{\text{HOAc}} \cdot K_{\text{a}}}=\sqrt{0.100\ 0 \times 1.8 \times 10^{-5}}\ \text{mol·L}^{-1}=1.3 \times 10^{-3}\ \text{mol·L}^{-1}$$
$$\text{pH}=2.87$$

2. 化学计量点前

该阶段溶液的 pH 应根据剩余的 HOAc 及反应产物 OAc$^-$ 所组成的缓冲溶液按式 (4-13) 计算。现假设滴入 NaOH 溶液 19.98 mL,与 HOAc 溶液中和后形成 NaOAc,剩余 HOAc 溶液 0.02 mL 未被中和,此时

$$c_{\text{HOAc}}=\frac{0.02\ \text{mL} \times 0.100\ 0\ \text{mol·L}^{-1}}{20.00\ \text{mL}+19.98\ \text{mL}}=5.0 \times 10^{-5}\ \text{mol·L}^{-1}$$

$$c_{\text{OAc}^-}=\frac{19.98\ \text{mL} \times 0.100\ 0\ \text{mol·L}^{-1}}{20.00\ \text{mL}+19.98\ \text{mL}}=5.000 \times 10^{-2}\ \text{mol·L}^{-1}$$

视频
酸碱滴定终点判断(甲基红指示剂)

$$pH = pK_a + lg \frac{c_{OAc^-}}{c_{HOAc}} = 4.74 + lg \frac{5.0 \times 10^{-5}}{5.000 \times 10^{-2}} = 7.74$$

3. 化学计量点时

NaOH 与 HOAc 完全中和,反应产物为 NaOAc 和 H_2O,此时

$$c_{OAc^-} = \frac{0.1000 \text{ mol} \cdot \text{L}^{-1} \times 20.00 \text{ mL}}{20.00 \text{ mL} + 20.00 \text{ mL}} = 5.000 \times 10^{-2} \text{ mol} \cdot \text{L}^{-1}$$

由于 OAc^- 是弱碱,溶液的 pH 可按下式计算

$$[OH^-] = \sqrt{K_b \cdot c_{OAc^-}} = \sqrt{\frac{K_w}{K_a} \cdot c_{OAc^-}} = \sqrt{\frac{1.0 \times 10^{-14}}{1.8 \times 10^{-5}} \times 5.000 \times 10^{-2}} \text{ mol} \cdot \text{L}^{-1}$$
$$= 5.3 \times 10^{-6} \text{ mol} \cdot \text{L}^{-1}$$
$$pOH = 5.28, \quad pH = 8.72$$

4. 化学计量点后

此时溶液组成是过量 NaOH 和 NaOAc。由于过量 NaOH 的存在抑制了 OAc^- 的水解,所以溶液的 pH 由过量的 NaOH 浓度决定。假设滴入 20.02 mL NaOH,则溶液中 OH^- 浓度为

$$[OH^-] = \frac{0.02 \text{ mL} \times 0.1000 \text{ mol} \cdot \text{L}^{-1}}{20.00 \text{ mL} + 20.02 \text{ mL}} = 5.0 \times 10^{-5} \text{ mol} \cdot \text{L}^{-1}$$
$$pOH = 4.30, \quad pH = 9.70$$

将上述计算结果列于表 4-6。根据表 4-6 值绘制的滴定曲线与图 4-6 中的曲线 I 接近。图中的虚线是强碱滴定强酸滴定曲线的前半部分。

表 4-6　0.1000 mol·L^{-1} NaOH 溶液滴定 20.00 mL 0.1000 mol·L^{-1} HOAc 溶液

加入 NaOH 溶液		剩余 HOAc 溶液的体积 V/mL	过量 NaOH 溶液的体积 V/mL	pH
a/%	V/mL			
0	0.00	20.00		2.87
50.0	10.00	10.00		4.74
90.0	18.00	2.00		5.70
99.0	19.80	0.20		6.74
99.9	19.98	0.02		A 7.74
100.0	20.00	0.00		8.72
100.1	20.02		0.02	B 9.70
101.0	20.20		0.20	10.70
110.0	22.00		2.00	11.68
200.0	40.00		20.00	12.52

（A 7.74、8.72、B 9.70 三行标注为"滴定突跃"）

将 NaOH 溶液滴定 HOAc 溶液的滴定曲线与 NaOH 溶液滴定 HCl 溶液的滴定曲线相比较,可以看到它们有以下不同点。

（1）由于 HOAc 是弱酸,滴定前,溶液中的 H^+ 浓度比同浓度的 HCl 的 H^+ 浓度要低,因此起始的 pH 要高一些。

（2）化学计量点之前,溶液中未反应的 HOAc 与反应产物 NaOAc 组成了 $HOAc-OAc^-$ 缓冲体系,溶液的 pH 由该缓冲体系决定,pH 的变化相对较缓。

（3）化学计量点附近,溶液的 pH 发生突变,滴定突跃为 pH＝7.74～9.70,相对于滴定同浓度 HCl 而言,滴定突跃小得多。

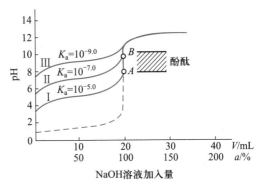

图 4-6　NaOH 溶液滴定不同弱酸溶液的滴定曲线

（4）化学计量点时,溶液中仅含 NaOAc,pH 为 8.72,溶液呈碱性。

75

小贴士

强碱滴定弱酸还需重点关注两个问题:

（1）强碱滴定弱酸时,滴定突跃范围较小,指示剂的选择受到限制,只能选择在弱碱性范围内变色的指示剂,如酚酞、百里酚酞等。若仍选择在酸性范围内变色的指示剂,如甲基橙,则溶液变色时,HOAc 被中和的分数还不到 50%,显然,指示剂的选择是错误的。滴定弱酸时,一般都是先计算出化学计量点时的 pH,选择那些**变色点接近化学计量点的指示剂**来确定终点,而不必计算整个滴定过程的 pH 变化。

（2）强碱滴定弱酸时的滴定突跃大小,取决于弱酸溶液的浓度 c 和它的解离常数 K_a。若要求终点误差≤±0.1%,滴定突跃必须超过 0.3 个 pH 单位,人眼才能辨别出指示剂颜色的变化,滴定才能顺利地进行。由图 4-6 可以看出,浓度为 $0.1\ mol \cdot L^{-1}$、$K_a＝10^{-7}$ 的弱酸还能出现 0.3 个 pH 单位的滴定突跃。对于 $K_a＝10^{-8}$ 的弱酸,其浓度若为 $0.1\ mol \cdot L^{-1}$ 将不能目视直接滴定。通常,以 $cK_a \geqslant 10^{-8}$ 作为弱酸能被强碱溶液直接目视准确滴定的判据。

三、强酸滴定弱碱

强酸滴定弱碱,以 HCl 溶液滴定 NH_3 溶液即属此例。滴定反应为

$$NH_3 + H^+ \rightleftharpoons NH_4^+$$

随着 HCl 的滴入,溶液组成经历由 NH_3,到 NH_3-NH_4Cl,再到 NH_4Cl,最后到 $NH_4Cl-HCl$ 的变化过程,pH 亦逐渐由高向低变化。这类滴定与用 NaOH 滴定 HOAc 十分相似。现仍采取分四个阶段的思路,将具体计算结果列于表4-7,其滴定曲线如图4-7所示。

强酸滴定弱碱的化学计量点及滴定突跃都在弱酸性范围内,本例可选用甲基红、溴甲酚绿作为指示剂。

强酸滴定弱碱时,当碱的浓度一定时,K_b 越大即碱性越强,滴定曲线上滴定突跃范

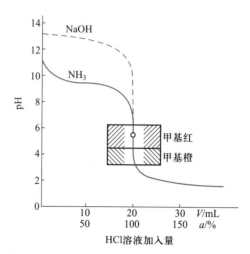

图 4-7　0.100 0 mol·L^{-1} HCl 滴定 20.00 mL

0.100 0 mol·L^{-1} NH$_3$ 的滴定曲线

围也越大;反之,突跃范围越小。与强碱滴定弱酸的情况相似,强酸滴定弱碱时,只有当 $cK_b \geqslant 10^{-8}$ 时,弱碱才能用标准酸溶液直接目视滴定。

表 4-7　用 0.100 0 mol·L^{-1} HCl 溶液滴定 20.00 mL 0.100 0 mol·L^{-1} NH$_3$ 溶液

加入 HCl 溶液		溶液组成	溶液[OH$^-$]或[H$^+$]计算公式	pH	
V/mL	a/%				
0.00	0	NH$_3$	$[OH^-] = \sqrt{cK_b}$	11.13	
18.00	90.0	$\Big\{$NH$_4^+$ + NH$_3$	$[OH^-] = K_b \cdot \dfrac{c_{NH_3}}{c_{NH_4^+}}$	8.30	
19.98	99.9			A　6.26	滴定
20.00	100.0	NH$_4^+$	$[H^+] = \sqrt{\dfrac{K_w}{K_b} \cdot c_{NH_4^+}}$	5.28	突跃
20.02	100.1			B　4.30	
22.00	110.0	$\Big\{$H$^+$ + NH$_4^+$	$[H^+] \approx c_{HCl(过量)}$	2.32	
40.00	200.0			1.48	

小贴士

以上讨论了强碱滴定强酸、强碱滴定弱酸、强酸滴定弱碱过程中溶液 pH 的变化规律,目的是阐明酸碱滴定法的原理。在酸碱滴定的实际应用中,不必绘制滴定曲线,也不必计算滴定突跃,只需把握以下两点:

(1) 强碱(或强酸)能准确滴定强酸(或强碱),而强碱(或强酸)能否准确滴定弱酸(或弱碱),必须根据 cK_a(或 cK_b)是否 $\geqslant 10^{-8}$ 进行判断;

(2) 当能够准确滴定时,先写出滴定反应方程式,确定化学计量点时溶液的组成,然后选用正确的公式计算出化学计量点时溶液的 pH,选择变色范围包括化学计量点 pH 的指示剂,即可进行一元酸碱的滴定。

第四节 多元酸碱的滴定

 **想一想 2**

多元酸碱是分步解离的,滴定反应也能分步进行吗?能准确滴定至哪一级?化学计量点的 pH 如何计算?怎样选择指示剂确定滴定终点?

文本

想一想 2
解答

一、多元酸的滴定

现以 NaOH 溶液滴定 H_3PO_4 溶液为例。H_3PO_4 的三级解离平衡如下:

$$H_3PO_4 \rightleftharpoons H^+ + H_2PO_4^- \qquad K_{a1} = 7.6 \times 10^{-3} \qquad pK_{a1} = 2.12$$
$$H_2PO_4^- \rightleftharpoons H^+ + HPO_4^{2-} \qquad K_{a2} = 6.3 \times 10^{-8} \qquad pK_{a2} = 7.20$$
$$HPO_4^{2-} \rightleftharpoons H^+ + PO_4^{3-} \qquad K_{a3} = 4.4 \times 10^{-13} \qquad pK_{a3} = 12.36$$

用 NaOH 溶液滴定 H_3PO_4 溶液时,滴定反应如下。

第一步,NaOH 将 H_3PO_4 定量中和至 $H_2PO_4^-$:

$$H_3PO_4 + NaOH \Longrightarrow NaH_2PO_4 + H_2O \tag{1}$$

第二步,NaOH 将 $H_2PO_4^-$ 中和至 HPO_4^{2-}:

$$NaH_2PO_4 + NaOH \Longrightarrow Na_2HPO_4 + H_2O \tag{2}$$

能否在第一步中和反应定量完成后才开始第二步中和反应取决于 K_{a1} 和 K_{a2} 的比值。如果 $K_{a1}/K_{a2} > 10^4$,且 $cK_{a1} \geqslant 10^{-8}$,则用 NaOH 溶液滴定多元酸时,出现第一个滴定突跃,完成第一步反应;同理,如果 $K_{a2}/K_{a3} > 10^4$,且 $cK_{a2} \geqslant 10^{-8}$,则出现第二个滴定突跃,完成第二步反应。对于 H_3PO_4 而言,$K_{a1}/K_{a2} = 10^{5.08}$,$K_{a2}/K_{a3} = 10^{5.16}$,比值都大于 10^4,即 NaOH 滴定 H_3PO_4 的反应可以分步进行。实际上,能否完全如上述两反应式所示,待全部 H_3PO_4 反应生成 $H_2PO_4^-$ 后,$H_2PO_4^-$ 才开始反应生成 HPO_4^{2-} 呢?可以结合图 4−3 H_3PO_4 溶液中各种存在型体的分布曲线来考虑:当 pH = 4.7 时,$H_2PO_4^-$ 占 99.4%,还同时存在的另两种型体 H_3PO_4 和 HPO_4^{2-} 各占约 0.3%,即当还有约 0.3% 的 H_3PO_4 尚未被中和为 $H_2PO_4^-$ 时,已有约 0.3% 的 $H_2PO_4^-$ 被中和为 HPO_4^{2-}。因此,严格地说,两步中和反应是略有交叉地进行的,但对于一般的分析工作而言,多元酸滴定准确度的要求不是太高,其误差在允许范围之内即可。所以认为 H_3PO_4 能进行分步滴定。

与滴定一元弱酸相类似,多元弱酸能否被准确滴定至某一级也取决于酸的浓度与酸的某级解离常数之乘积。当满足 $cK_{ai} \geqslant 10^{-8}$ 时,多元弱酸就能够被准确滴定至第 i 级。就 H_3PO_4 来说,其 K_{a1},K_{a2} 都大于 10^{-7},当酸的浓度大于 0.1 mol·L⁻¹ 时,H_3PO_4 第一、第二级解离出的 H^+ 都能被直接滴定,但 H_3PO_4 的 K_{a3} 为 $10^{-12.36}$,HPO_4^{2-} 就不能直接被滴定至 PO_4^{3-},因此不会出现第三个滴定突跃。

NaOH 溶液滴定 H_3PO_4 的过程中,pH 的准确计算较为复杂,这里不作介绍。图 4-8 给出了由电位滴定法绘制的滴定曲线。与 NaOH 滴定一元弱酸相比,此曲线显得较为平坦,这是由于在滴定过程中溶液先后形成 H_3PO_4-$H_2PO_4^-$ 和 $H_2PO_4^-$-HPO_4^{2-} 两个缓冲体系的缘故。

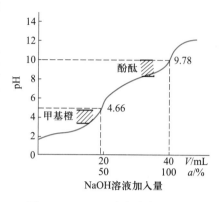

图 4-8　NaOH 溶液滴定 H_3PO_4
溶液的滴定曲线

通常,分析工作者只计算化学计量点的 pH,并据此选择合适的指示剂。

NaOH 溶液滴定 H_3PO_4 至第一化学计量点时,溶液组成主要为 $H_2PO_4^-$,是两性物质,用最简式计算 H^+ 浓度。

第一化学计量点

$$[H^+]_1 = \sqrt{K_{a1}K_{a2}} = \sqrt{10^{-2.12} \times 10^{-7.20}} = 10^{-4.66} (mol \cdot L^{-1})$$
$$pH = 4.66$$

同理,对于第二化学计量点时的主要存在形式 HPO_4^{2-},也是两性物质,其

$$[H^+]_2 = \sqrt{K_{a2}K_{a3}} = \sqrt{10^{-7.20} \times 10^{-12.36}} = 10^{-9.78} (mol \cdot L^{-1})$$
$$pH = 9.78$$

第一化学计量点可以选择甲基橙(由橙色→黄色)或甲基红(由红色→橙色)作指示剂。但用甲基橙时终点出现偏早,最好选用溴甲酚绿和甲基橙混合指示剂,其变色点 pH=4.3,可较好地指示第一化学计量点的到达。

同理,对于第二化学计量点,最好选用酚酞和百里酚酞混合指示剂,因其变色点 pH=9.9,在终点时变色明显。

若用 NaOH 溶液滴定草酸($H_2C_2O_4$),由于草酸的 $K_{a1}=10^{-1.23}$,$K_{a2}=10^{-4.19}$,其 $K_{a1}/K_{a2}=10^{2.96}<10^4$,当用 NaOH 溶液滴定 $H_2C_2O_4$ 时,第一步解离的 H^+ 尚未完全中和,第二步解离的 H^+ 也已开始反应,两步反应交叉进行的情况较为严重,溶液中不可能出现仅有 $HC_2O_4^-$ 的情况,只有当两步解离的 H^+ 完全被中和后,才出现一个滴定突跃,因此 $H_2C_2O_4$ 不能被分步滴定。

二、多元碱的滴定

多元碱的滴定和多元酸的滴定相类似。上述有关多元酸滴定的结论,也适用于多元碱的滴定。当 $K_{b1}/K_{b2}>10^4$ 时,可以分步滴定;当 $cK_{bi} \geq 10^{-8}$ 时,则多元碱能够被滴定至 i 级。

分析实验室中常采用 Na_2CO_3 基准物质标定 HCl 溶液的浓度,就是一个强酸滴定多元碱的实例。

假定 $c_{Na_2CO_3}=0.1000 \ mol \cdot L^{-1}$。$Na_2CO_3$ 在水中的解离反应为

$$CO_3^{2-} + H_2O \xrightleftharpoons{K_{b1}} HCO_3^- + OH^-$$
$$K_{b1} = K_w/K_{a2} = 1.8 \times 10^{-4}$$

$$HCO_3^- + H_2O \xrightleftharpoons{K_{b2}} H_2CO_3 + OH^-$$
$$K_{b2} = K_w/K_{a1} = 2.4 \times 10^{-8}$$

由于 $K_{b1}/K_{b2} = 0.75 \times 10^4 (10^{3.88}) \approx 10^4$，勉强可以分步滴定，但是确定第二化学计量点的准确度稍差。HCl 溶液滴定 Na_2CO_3 溶液的滴定曲线如图 4-9 所示。由图可见，用 HCl 溶液滴定 Na_2CO_3 到达第一化学计量点时，生成 $NaHCO_3$，属两性物质。此时 pH 可按下式计算：

$$[H^+] = \sqrt{K_{a1}K_{a2}}$$
$$= \sqrt{4.2 \times 10^{-7} \times 5.6 \times 10^{-11}}$$
$$= 4.8 \times 10^{-9} (mol \cdot L^{-1})$$
$$pH = 8.32$$

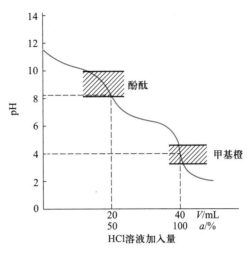

图 4-9　HCl 溶液滴定 Na_2CO_3 溶液的滴定曲线

第二化学计量点时，产物为 $H_2CO_3(CO_2 + H_2O)$，其饱和溶液的浓度约为 $0.04\ mol \cdot L^{-1}$。

$$[H^+] = \sqrt{cK_{a1}} = \sqrt{0.04 \times 4.2 \times 10^{-7}} = 1.3 \times 10^{-4} (mol \cdot L^{-1})$$
$$pH = 3.89$$

根据指示剂选择的原则，上述情况第一化学计量点时可选用酚酞为指示剂，第二化学计量点时宜选择甲基橙作指示剂。

小贴士

在滴定中以甲基橙为指示剂时，因过多产生 CO_2，可能会使滴定终点出现过早，变色不敏锐，因此快到第二化学计量点时应剧烈摇动，必要时可加热煮沸溶液以除去 CO_2，冷却后再继续滴定至终点，以提高分析的准确度。

第五节　酸碱标准溶液的配制和标定

一、酸标准溶液的配制和标定

在用酸滴定碱时常用 HCl、H_2SO_4 溶液作为滴定剂(标准溶液)，尤其是 HCl 溶液，因其价格低廉，易于获得，无氧化还原性质，酸性强且稳定，因此应用广泛。但市售盐酸中 HCl 含量不稳定，且常含有杂质，应采用间接法配制，再用基准物质标定以确定其准确浓度。常用基准物质有无水 Na_2CO_3 或硼砂($Na_2B_4O_7 \cdot 10H_2O$)等。

1. 无水 Na_2CO_3

Na_2CO_3 易吸收空气中的水分，故使用前应在 270～300 ℃下干燥至恒重。也可用

动画

双指示剂变色过程

视频

HCl 标准溶液的配制

第五节　酸碱标准溶液的配制和标定

NaHCO₃ 在 270～300 ℃下干燥至恒重,使之全部转化为 Na₂CO₃ 后放在干燥器中保存。

$$2NaHCO_3 \xrightarrow{270～300\ ℃} Na_2CO_3 + CO_2 \uparrow + H_2O$$

标定反应:

$$Na_2CO_3 + 2HCl =\!=\!= 2NaCl + H_2CO_3$$
$$\qquad\qquad\qquad\qquad\llcorner\!\!\rightarrow CO_2 \uparrow + H_2O$$

设待标定的盐酸浓度约为 0.1 mol·L⁻¹,欲使消耗盐酸体积 20～30 mL,根据滴定反应可算出称取 Na₂CO₃ 的质量应为 0.11～0.16 g。滴定时可采用甲基橙为指示剂,溶液由黄色变为橙色即为终点。

2. 硼砂

硼砂($Na_2B_4O_7 \cdot 10H_2O$)不易吸水,但易失水,因而要求保存在相对湿度为 40%～60% 的环境中,以确保其所含的结晶水数量与计算时所用的化学式相符。实验室常采用在干燥器底部装入食盐和蔗糖的饱和水溶液的方法,使相对湿度维持在 60%。

硼砂标定 HCl 溶液的反应为:

$$Na_2B_4O_7 \cdot 10H_2O + 2HCl =\!=\!= 4H_3BO_3 + 2NaCl + 5H_2O$$

由于反应产物是 H_3BO_3,若化学计量点时 $c_{H_3BO_3} = 5.0 \times 10^{-2}$ mol·L⁻¹,已知 H_3BO_3 的 $K_a = 5.7 \times 10^{-10}$,则化学计量点时 [H⁺] 计算式为

$$[H^+] = \sqrt{cK_a} = \sqrt{5.0 \times 10^{-2} \times 5.7 \times 10^{-10}} = 5.3 \times 10^{-6}(mol \cdot L^{-1})$$
$$pH = 5.28$$

滴定时可选择甲基红为指示剂,溶液由黄色变为橙色即为终点。

设待标定的 HCl 溶液浓度约为 0.1 mol·L⁻¹,欲使消耗的 HCl 溶液体积为 20～30 mL,可算出应称取硼砂的质量为 0.38～0.57 g。由于硼砂的摩尔质量(381.4 g·mol⁻¹)较 Na₂CO₃ 大,标定同样浓度的盐酸所需的硼砂质量也比 Na₂CO₃ 多,因而称量的相对误差较小,所以用硼砂作为标定 HCl 溶液的基准物质优于用 Na₂CO₃。

例 7 用硼砂($Na_2B_4O_7 \cdot 10H_2O$)标定 HCl 溶液(浓度约为 0.1 mol·L⁻¹),希望用去的 HCl 溶液为 25 mL 左右,应称量硼砂多少克?

解: 滴定反应为

$$Na_2B_4O_7 \cdot 10H_2O + 2HCl =\!=\!= 4H_3BO_3 + 2NaCl + 5H_2O$$

硼砂与 HCl 的化学计量关系为 1:2,即

$$n_{HCl} = 2n_{硼砂},\quad c_{HCl}V_{HCl} = 2\frac{m_{硼砂}}{M_{硼砂}}$$

欲使 HCl 溶液消耗量为 25 mL,已知硼砂的摩尔质量为 381.4 g·mol⁻¹,称取基准物质硼砂的质量 $m_{硼砂}$ 可计算如下:

$$0.1\ mol \cdot L^{-1} \times 25 \times 10^{-3}\ L = 2 \times \frac{m_{硼砂}}{381.4\ g \cdot mol^{-1}}$$
$$m = 0.476\ 8\ g \approx 0.5\ g$$

二、碱标准溶液的配制和标定

氢氧化钠是最常用的碱标准溶液。固体氢氧化钠具有很强的吸湿性，且易吸收 CO_2，因而不能用直接法配制成标准溶液，只能用间接法配制，再以基准物质标定其准确浓度。常用基准物质是邻苯二甲酸氢钾。

邻苯二甲酸氢钾的分子式为 $C_8H_4O_4HK$，其结构式为

其摩尔质量为 204.2 $g \cdot mol^{-1}$，属有机弱酸盐，在水溶液中呈酸性，因 $cK_{a2} > 10^{-8}$，故可用 $NaOH$ 溶液滴定。滴定的产物是邻苯二甲酸钾钠，它在水溶液中能接受质子，显示碱的性质。

设邻苯二甲酸氢钾溶液开始时浓度为 0.10 $mol \cdot L^{-1}$，到达化学计量点时，体积增加一倍，邻苯二甲酸钾钠的浓度 $c = 0.050$ $mol \cdot L^{-1}$。化学计量点时 pH 应按下式计算：

$$[OH^-] = \sqrt{cK_{b1}} = \sqrt{\frac{cK_w}{K_{a2}}} = \sqrt{\frac{0.050 \times 1.0 \times 10^{-14}}{2.9 \times 10^{-6}}} = 1.3 \times 10^{-5} (mol \cdot L^{-1})$$

$$pOH = 4.89 \quad , \quad pH = 9.11$$

此时溶液呈碱性，可选用酚酞或百里酚蓝为指示剂。

除邻苯二甲酸氢钾外，草酸等基准物质也可用于标定 $NaOH$ 溶液。

第六节　酸碱滴定法的应用

酸碱滴定法可用来测定各种酸、碱及能够与酸、碱发生反应的物质，还可用间接滴定法测定一些既非酸又非碱的物质，也可用于非水溶液的滴定。因此，酸碱滴定法的应用非常广泛。在我国的国家标准(GB)和有关的行业标准中，许多试样如化学试剂、化工产品、食品添加剂、水样、石油产品等，凡涉及酸度、碱度项目的，多数都采用简便易行的酸碱滴定法。

下面举几个常见的例子加以说明。

一、食用醋中总酸度的测定

HOAc 是一种重要的农产加工品，又是合成有机农药的一种重要原料。食醋中的主要成分是 HOAc，食醋中也有少量其他弱酸，如乳酸等。

测定时，将食醋用不含 CO_2 的蒸馏水适当稀释后，用 $NaOH$ 标准溶液滴定。中和后产物为 NaOAc，化学计量点时 pH = 8.7 左右，应选用酚酞为指示剂，滴定至呈现粉红色即为终点。由所消耗的 $NaOH$ 标准溶液的体积及浓度计算总酸度。

二、混合碱的分析

工业烧碱(NaOH)中常含有 Na_2CO_3，纯碱 Na_2CO_3 中也常含有 $NaHCO_3$，这两种工业品都称为**混合碱**。

混合碱分析可采用氯化钡法和双指示剂法,这是酸碱滴定法在生产中应用的经典实例。此处介绍简便易行的双指示剂法。

如上所述,混合碱的组分主要有:NaOH、Na_2CO_3、$NaHCO_3$,由于在水溶液中 NaOH 与 $NaHCO_3$ 不可能共存,因此混合碱可能的组成或者为三种组分中任一种,或者为 NaOH+Na_2CO_3,或者为 Na_2CO_3+$NaHCO_3$。用双指示剂法测定混合碱时,既可判断混合碱组成,又可测定各组分含量。具体操作如下:准确称取一定量试样 $m(g)$,溶解后,先以酚酞作指示剂,用 HCl 标准溶液滴定至溶液粉红色消失,记下所消耗 HCl 标准溶液的体积 V_1(mL)。此时,若试样中存在 NaOH,则 NaOH 已全部被中和;若试样中存在 Na_2CO_3,则 Na_2CO_3 被中和为 $NaHCO_3$。然后在溶液中加入甲基橙指示剂,继续用 HCl 标准溶液滴定至溶液由黄色变为橙色,记下第 2 次用去的 HCl 标准溶液的体积 V_2 (mL)。显然,V_2 是滴定溶液中 $NaHCO_3$(包括溶液中原本存在的 $NaHCO_3$ 及 Na_2CO_3 被中和所生成的 $NaHCO_3$)所消耗的体积。由于 Na_2CO_3 被中和到 $NaHCO_3$ 与 $NaHCO_3$ 被中和到 H_2CO_3 所消耗的 HCl 标准溶液的体积是相等的。因此,有如下判别式:

(1) $V_1=V_2>0$　表明试样中只有 Na_2CO_3 存在;

(2) $V_1>0,V_2=0$　表明试样中只有 NaOH 存在;

(3) $V_1=0,V_2>0$　表明试样中只有 $NaHCO_3$ 存在;

(4) $V_1>V_2>0$　表明试样中有 NaOH 与 Na_2CO_3 存在;

(5) $V_2>V_1>0$　表明试样中有 Na_2CO_3 与 $NaHCO_3$ 存在。

滴定中可能涉及的反应方程式为

$$NaOH+HCl=\!=\!=NaCl+H_2O \quad (酚酞变色)$$

$$Na_2CO_3+HCl=\!=\!=NaHCO_3+NaCl \quad (酚酞变色)$$

$$NaHCO_3+HCl=\!=\!=NaCl+CO_2+H_2O \quad (甲基橙变色)$$

因此,当混合碱组成为 NaOH 和 Na_2CO_3 时

$$w_{Na_2CO_3}=\frac{c_{HCl}V_2 \cdot M_{Na_2CO_3}}{m\times 1\,000 \text{ mL}\cdot L^{-1}}\times 100\% \tag{4-15}$$

$$w_{NaOH}=\frac{c_{HCl}(V_1-V_2) \cdot M_{NaOH}}{m\times 1\,000 \text{ mL}\cdot L^{-1}}\times 100\% \tag{4-16}$$

当混合碱组成为 Na_2CO_3 与 $NaHCO_3$ 时

$$w_{Na_2CO_3}=\frac{c_{HCl}V_1 \cdot M_{Na_2CO_3}}{m\times 1\,000 \text{ mL}\cdot L^{-1}}\times 100\% \tag{4-17}$$

$$w_{NaHCO_3}=\frac{c_{HCl}(V_1-V_2) \cdot M_{NaHCO_3}}{m\times 1\,000 \text{ mL}\cdot L^{-1}}\times 100\% \tag{4-18}$$

例 8　有一碱液,已知其密度为 1.200 $g\cdot mL^{-1}$,其中可能含 NaOH 与 Na_2CO_3,也可能含 Na_2CO_3 与 $NaHCO_3$。现准确移取该碱液 1.00 mL,加水稀释后,加入酚酞指示剂,用 0.300 0 $mol\cdot L^{-1}$ HCl 标准溶液滴定至酚酞变色时,消耗 HCl 溶液 28.40 mL。再加入甲基橙指示剂,继续用 HCl 标准溶液滴定至甲基橙变色为终点,又消耗 HCl 溶液 3.60 mL。试判断该碱液是何组成,并计算各组分的质量分数。

解: 依题意,$V_1 = 28.40$ mL,$V_2 = 3.60$ mL,$V_1 > V_2$,说明该碱液是 NaOH 和 Na$_2$CO$_3$ 的混合物,其质量分数可分别代入式(4—15)和式(4—16)计算:

$$w_{Na_2CO_3} = \frac{0.300\ 0\ mol \cdot L^{-1} \times 3.60\ mL \times 106.0\ g \cdot mol^{-1}}{1.200\ g \cdot mL^{-1} \times 1.00\ mL \times 1\ 000\ mL \cdot L^{-1}} \times 100\% = 9.54\%$$

$$w_{NaOH} = \frac{0.300\ 0\ mol \cdot L^{-1} \times (28.40 - 3.60)\ mL \times 40.01\ g \cdot mol^{-1}}{1.200\ g \cdot mL^{-1} \times 1.00\ mL \times 1\ 000\ mL \cdot L^{-1}} \times 100\% = 24.81\%$$

三、铵盐中含氮量的测定

肥料、土壤及某些有机化合物常常需要测定其中氮的含量,通常是将试样经过适当的处理,将其中的各种含氮化合物全部转化为铵(氨态氮),然后再进行铵的测定。由于 NH$_4^+$ 的 pK_a = 9.26,不能直接用碱标准溶液滴定,而需采取间接的测定方法,如蒸馏法和甲醛法。

1. 蒸馏法

试样用浓硫酸消化分解。有时需加入硒粉或硫酸铜等催化剂使之加速反应,试样完全分解后,各种氮化物都转化为 NH$_4^+$,并与 H$_2$SO$_4$ 结合为 (NH$_4$)$_2$SO$_4$。然后加浓碱 NaOH,将析出的 NH$_3$ 蒸馏出来,用 H$_3$BO$_3$ 溶液吸收,加入甲基红和溴甲酚绿混合指示剂,用 HCl 标准溶液滴定吸收 NH$_3$ 时所生成的 H$_2$BO$_3^-$,当溶液颜色呈灰色时为终点。

滴定相关反应式如下:

$$NH_3 + H_3BO_3 \longrightarrow NH_4^+ + H_2BO_3^-$$

$$HCl + H_2BO_3^- \longrightarrow H_3BO_3 + Cl^-$$

由于 H$_3$BO$_3$ 的 $K_a \approx 10^{-10}$,是极弱的酸,不能用碱溶液直接滴定,但 H$_2$BO$_3^-$ 是 H$_3$BO$_3$ 的共轭碱,其 $K_b \approx 10^{-4}$,属较强的碱,能满足 $cK_b > 10^{-8}$ 的要求,因此可用标准酸溶液直接滴定。

2. 甲醛法

甲醛法主要用于 (NH$_4$)$_2$SO$_4$,NH$_4$Cl,NH$_4$NO$_3$ 等铵盐中氮含量的测定。铵盐在水中全部解离,甲醛与 NH$_4^+$ 发生下列反应:

$$6HCHO + 4NH_4^+ = (CH_2)_6N_4H^+ + 3H^+ + 6H_2O$$

生成物 (CH$_2$)$_6$N$_4$H$^+$ 是六亚甲基四胺 (CH$_2$)$_6$N$_4$ 的共轭酸,六亚甲基四胺的 $K_b \approx 10^{-9}$,为一元弱碱,其共轭酸的 $K_a \approx 10^{-5}$,可用碱直接滴定,所以加入滴定剂 NaOH 时,将与上一反应式中游离的 3 个 H$^+$ 和共轭酸中质子化的 H$^+$ 反应:

$$4NaOH + (CH_2)_6N_4H^+ + 3H^+ = 4H_2O + (CH_2)_6N_4 + 4Na^+$$

总反应为

$$4NH_4^+ + 4NaOH + 6HCHO = (CH_2)_6N_4 + 4Na^+ + 10H_2O$$

从滴定反应可知 1 mol NH$_4^+$ 与 1 mol NaOH 相当。滴定到达化学计量点时 pH 约为 9,可选用酚酞为指示剂,溶液呈现淡红色即为终点。

蒸馏法操作麻烦,分析流程长,但准确度高。甲醛法简便、快速,准确度比蒸馏法稍差，但可满足工、农业生产要求，因此应用较广。

四、硼酸的测定

硼酸是极弱的酸（$K_a = 5.7 \times 10^{-10}$），故不能用 NaOH 直接滴定。但如在硼酸中加入甘油或甘露醇等多元醇，它们可与硼酸形成稳定的配合物，从而增强硼酸在水溶液中的酸性，使弱酸强化，其反应式如下：

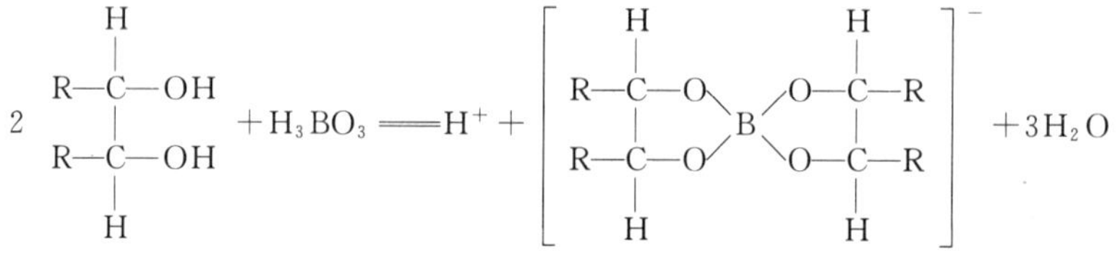

生成的酸 $K_a = 5.5 \times 10^{-5}$，故可用强碱 NaOH 标准溶液滴定。化学计量点 pH 在 9 左右，可选用酚酞或百里酚酞作为指示剂。

为了使反应进行完全，需加入过量的甘露醇或甘油。本法常用于硼镁矿中硼含量的测定。但硼镁矿中常伴随有铁、铝等杂质，易水解出相应的酸或碱，对测定有影响，故应采取措施消除其干扰，如用离子交换树脂分离，然后进行测定。

例 9　准确称取硼酸试样 0.500 4 g 于烧杯中，加沸水使其溶解，加入甘露醇使之强化。然后用 0.250 1 mol·L^{-1} NaOH 标准溶液滴定，酚酞为指示剂，耗去 NaOH 溶液 32.16 mL。计算试样中以 H_3BO_3 和 B_2O_3 表示的质量分数。

解：据硼酸测定的原理，H_3BO_3 与 NaOH 的化学计量关系为 1:1，与 B_2O_3 的化学计量关系为 2:1。已知 $M_{H_3BO_3} = 61.83$ g·mol^{-1}，$M_{B_2O_3} = 69.62$ g·mol^{-1}。所以

$$w_{H_3BO_3} = \frac{c_{NaOH} V_{NaOH} M_{H_3BO_3}}{m} \times 100\%$$

$$= \frac{0.250\,1 \text{ mol·L}^{-1} \times 32.16 \times 10^{-3} \text{ L} \times 61.83 \text{ g·mol}^{-1}}{0.500\,4 \text{ g}} \times 100\% = 99.38\%$$

$$w_{B_2O_3} = \frac{M_{B_2O_3}}{2M_{H_3BO_3}} \cdot w_{H_3BO_3} = \frac{69.62 \text{ g·mol}^{-1}}{2 \times 61.83 \text{ g·mol}^{-1}} \times 99.38\% = 55.95\%$$

五、硅酸盐中 SiO_2 的测定

矿石、岩石、水泥、玻璃、陶瓷等都是硅酸盐，用重量分析法测定其中 SiO_2 的含量，准确度较高，但十分费时。目前生产上的控制分析常常采用氟硅酸钾容量法，它是一种酸碱滴定法，简便、快速，只要操作规范细心，也可以得到比较准确的结果。

试样用 KOH 熔融，使之转化为可溶性硅酸盐 K_2SiO_3，并在钾盐存在下与 HF 作用（或在强酸性溶液中加 KF），形成微溶的氟硅酸钾 K_2SiF_6，反应式如下：

$$K_2SiO_3 + 6HF \Longrightarrow K_2SiF_6 \downarrow + 3H_2O$$

由于沉淀的溶解度较大，利用同离子效应，常加入固体 KCl 以降低其溶解度。将沉淀物过滤，用 KCl-乙醇溶液洗涤沉淀，然后将沉淀转入原烧杯中，加入 KCl-乙醇溶液，以 NaOH 中和游离酸（加酚酞指示剂呈现淡红色）。加入沸水，使沉淀物水解释放

出 HF：

$$K_2SiF_6 + 3H_2O = 2KF + H_2SiO_3 \downarrow + 4HF$$

HF 的 $K_a = 3.5 \times 10^{-4}$，可用 NaOH 标准溶液直接滴定释放出来的 HF，由所消耗的 NaOH 溶液的体积间接计算出 SiO_2 的含量。注意 SiO_2 与 NaOH 的化学计量关系是 1：4。

由于 HF 腐蚀玻璃容器，且对人体健康有害，因此操作必须在塑料容器中进行，在整个分析过程中应特别注意安全。

六、非水溶液中的酸碱滴定

酸碱滴定大多数在水溶液中进行。但是很多有机试样难溶于水；有些物质在其 $cK_a < 10^{-8}$，$cK_b < 10^{-8}$ 时，也不能用酸、碱直接滴定。为了解决这些问题，可采用非水溶液中的滴定，简称非水滴定法。下面简介非水溶液中的酸碱滴定法。

1. 溶剂的选择

酸碱反应中质子传递过程是通过溶剂来实现的，因此，物质的酸碱强度与物质本身的性质及溶剂的酸碱性有关。同一种酸在不同溶剂中，其强度不同，如苯酚在水溶剂中是一种极弱的酸，不能用碱标准溶液直接滴定，但苯酚在碱性的乙二胺溶剂中就可表现出较强的酸性，则可用电位法滴定。同样，吡啶或胺类等在水中是极弱的碱，不能直接被滴定，但在冰醋酸介质中就可增强其碱性，可以被滴定。所以，非水滴定法就是要选择适当的溶剂，增强弱酸或弱碱的强度，使之能被准确滴定。

一般滴定弱碱时，通常选用酸性溶剂，使滴定反应更完全；同理，滴定弱酸时，则要选用碱性溶剂。另外，溶剂应有一定的纯度，黏度小，挥发性低，易于回收，价廉，安全等。

2. 滴定剂的选择

滴定碱时，应选用强酸作滴定剂，通常用高氯酸的冰醋酸溶液。因高氯酸的酸性最强，滴定过程中生成的高氯酸盐具有较大的溶解度。如果高氯酸和冰醋酸中含有水分，要利用下列反应以醋酸酐来除去水分：

$$H_2O + (CH_3CO)_2O = 2CH_3COOH$$

$HClO_4 - HOAc$ 滴定剂一般用邻苯二甲酸氢钾为基准物质标定其浓度。滴定反应如下：

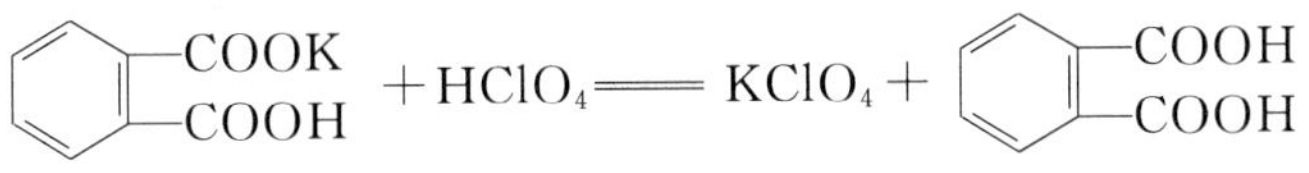

在非水介质中滴定酸时，应选用强碱作滴定剂。常用甲醇钠或甲醇钾的苯-甲醇溶液。甲醇钠或甲醇钾是由金属钠或钾与甲醇反应制得：

$$2CH_3OH + 2Na = 2CH_3ONa + H_2 \uparrow$$

除上述滴定剂外，还可用氢氧化四丁基铵 $(C_4H_9)_4N^+OH^-$ 的甲醇-甲苯溶液为滴定剂，滴定产物易溶于此有机溶剂中。常用苯甲酸为基准物质标定甲醇钠滴定剂，反应式如下：

$$C_6H_5COOH + CH_3ONa \Longrightarrow C_6H_5COO^- + Na^+ + CH_3OH$$

3. 滴定终点的检测

滴定终点常用电位分析法和指示剂法进行检测。电位分析法分别使用玻璃电极和甘汞电极作指示电极和参比电极,关于电位分析法可参阅第十一章。常用指示剂列于表4-8中。

表 4-8　非水滴定法中所用的指示剂

溶　剂	指　示　剂
酸性溶剂(冰醋酸)	甲基紫、结晶紫、中性红等
碱性溶剂(乙二胺、二甲基甲酰胺等)	百里酚蓝、偶氮紫、邻硝基苯胺等
惰性溶剂(氯仿、四氯化碳、苯、甲苯等)	甲基红等

本章主要知识点

一、酸碱平衡的理论基础

1. 酸碱质子理论

凡是能给出质子 H^+ 的物质是酸,凡是能接受质子 H^+ 的物质是碱。酸碱反应的实质是质子的转移,是两个共轭酸碱对共同作用的结果。

2. 酸碱解离平衡

酸碱的强弱可用解离常数 K_a 和 K_b 定量说明。K_a 越大,酸越强,其共轭碱就越弱;反之,K_a 越小,酸越弱,其共轭碱就越强。共轭酸碱对的 $K_a \cdot K_b = K_w$。

3. 弱酸或弱碱在水溶液中不同型体的分布

弱酸或弱碱在水溶液中解离达到平衡时,可能存在多种型体。对于弱酸,不同型体的分布分数 δ 仅与溶液中的 $[H^+]$ 及酸本身的特性 K_a 有关,而与酸的总浓度无关。

4. 不同酸碱溶液 pH 的计算公式、使用最简式的条件

见表4-1

5. 缓冲溶液

缓冲溶液指能够抵抗外加少量强酸、强碱或稍加稀释,其本身 pH 不发生显著变化的溶液。缓冲溶液一般由浓度较大的弱酸(或弱碱)及其共轭碱(或共轭酸组成)。

二、酸碱指示剂

1. 变色原理

酸碱指示剂本身是有机弱酸或弱碱,当溶液 pH 变化时,指示剂会得(或失)H^+ 而发生结构改变,外观从一种色调转换为另一种色调,从而指示滴定终点的到达。

2. 变色范围

指示剂的理论变色范围是 pH $= pK_{HIn} \pm 1$。肉眼观察到的实际变色范围会小于理论变色范围(详见表4-3)。pH $= pK_{HIn}$ 时的 pH 为理论变色点。

3. 混合指示剂

混合指示剂由两种或两种以上酸碱指示剂混合而成,也可以由某种指示剂加入惰性染料组成。其特点是利用颜色互补使变色敏锐,适用于 pH 突跃范围很窄的酸碱滴定。

三、酸碱滴定法的基本原理

1. 酸碱滴定曲线

在酸碱滴定过程中,随着滴定剂的不断加入,溶液的 pH 不断变化,以加入的滴定剂体积为横坐标、对应的 pH 为纵坐标所绘制的 pH-V 关系曲线称为酸碱滴定曲线。

2. 滴定突跃

滴定曲线中,化学计量点前后 0.1% 范围内 pH 的急剧变化称为滴定突跃。突跃范围的大小与酸、碱的浓度(c_a、c_b)和酸碱的强弱(K_a、K_b)有关。c_a、c_b 越大,突跃范围越大;K_a、K_b 越大,突跃范围也越大。滴定突跃是选择指示剂的依据,突跃范围大有利于指示剂的选择。

3. 指示剂的选择原则

(1) 选择变色范围部分或全部处于滴定突跃范围内的指示剂。

(2) 指示剂的变色点尽量靠近化学计量点。

4. 滴定可行性的判断

(1) 一元酸碱的滴定:强碱(或强酸)能准确滴定强酸(或强碱),而强碱(或强酸)能否准确滴定弱酸(或弱碱),必须根据 cK_a(或 cK_b)是否 $\geqslant 10^{-8}$ 进行判断。

(2) 多元酸碱的滴定:多元酸(或碱)是分步解离的,多元酸(或碱)能否被准确滴定、能被准确滴定到哪一级,要根据 cK_{ai}(或 cK_{bi})是否 $\geqslant 10^{-8}$ 判断;能否被分步滴定,要根据 K_{ai}/K_{ai+1}(或 K_{bi}/K_{bi+1})是否 $\geqslant 10^4$ 判断。

四、酸碱标准溶液的配制和标定

1. 酸标准溶液

常用 HCl 标准溶液或 H_2SO_4 标准溶液,两者均采用间接法配制,可选用硼砂或碳酸钠等基准物质标定。

2. 碱标准溶液

常用 NaOH 标准溶液,采用间接法配制,可选用邻苯二甲酸氢钾或二水合草酸等基准物质标定。

五、酸碱滴定法应用

1. 直接滴定法

适用于测定 cK_a(或 cK_b)$\geqslant 10^{-8}$ 的酸或碱,如混合碱的分析。

2. 间接滴定法

适用于测定极弱的酸、碱或非酸、非碱但能与酸碱发生反应的物质,如氮含量的测定、硼酸的测定、硅酸盐中 SiO_2 的测定等。

3. 非水滴定法

适用于在水中不能准确滴定的弱酸、弱碱和难溶于水的有机酸、碱物质。

4. 酸碱滴定的定量计算

(1) 待测组分能直接进行酸碱滴定,按待测组分与滴定剂之间的化学计量关系定量计算。

(2) 待测组分不能直接进行酸碱滴定,按待测组分与滴定剂之间的间接的化学计量关系进行定量计算。

思考与练习

一、思考题

1. 酸碱指示剂为什么能指示酸碱滴定终点的到达?

2. 用基准物质 Na_2CO_3 标定 HCl 标准溶液时,下列情况会对 HCl 标准溶液的浓度产生何种影响(偏高,偏低或没有影响)?

(1) 滴定时速度太快,附在滴定管管壁的 HCl 标准溶液来不及流下来就读取滴定体积;

(2) 称取 Na_2CO_3 时,实际质量为 0.183 4 g,记录时误记为 0.182 4 g;

(3) 在将 HCl 标准溶液倒入滴定管之前,没有用 HCl 标准溶液荡洗滴定管;

(4) 锥形瓶中的 Na_2CO_3 用无二氧化碳的蒸馏水溶解时,多加了 10 mL 蒸馏水;

(5) 滴定开始之前,忘记调节零点,HCl 标准溶液的液面高度高于零点;

(6) 滴定管旋塞漏出 HCl 标准溶液;

(7) 称取 Na_2CO_3 时,部分撒落在天平上;

(8) 配制 HCl 标准溶液时没有混匀。

3. 填写下表(设待测物质浓度约为 $0.1 \ mol \cdot L^{-1}$):

待测物质	能否准确滴定及理由	滴定剂	指示剂	终点颜色变化
HOAc	能, $cK_a = 10^{-5.74} > 10^{-8}$	NaOH	酚酞	无色→粉红色
NaOAc				
NH_3				
NH_4Cl				
苯甲酸				
苯酚				
吡啶				

4. 下列酸溶液能否准确进行分步滴定? 能滴定到哪一级?

(1) H_2SO_4　　　　(2) 酒石酸　　　　(3) 草酸

(4) H_3PO_4　　　　(5) 丙二酸($pK_{a1} = 2.65$, $pK_{a2} = 5.28$)

5. 有五种未知物,它们可能是 NaOH,Na_2CO_3,$NaHCO_3$ 或它们的混合物,如何把它们区别开来,并分别测定它们的质量分数? 说明理由。

二、单项选择题

1. 二元弱酸 $H_2C_2O_4$ 在水溶液中的存在型体中,属于两性物质的是(   )。

A. $H_2C_2O_4$ B. $HC_2O_4^-$ C. $C_2O_4^{2-}$

2. CH_3COOH 的 $pK_a = 4.75$,pH$=4.0$ 时其主要存在型体是(   )。

A. CH_3COOH B. CH_3COO^- C. $^-CH_2COOH$ D. $^-CH_2COO^-$

3. 水溶液中一元弱酸 HA 的质子条件为(   )。

A. $[H^+]+[OH^-]=[H_2O]$ B. $[H^+]+[OH^-]=[A^-]$

C. $[H^+]=[A^-]+[OH^-]$ D. $[H^+]=[A^-]+[HA]$

4. pH$=1.0$ 和 pH$=5.0$ 的两种强电解质溶液等体积混合后,溶液的 pH 为(   )。

A. 3.0   B. 2.5   C. 2.0   D. 1.3

5. 酚酞指示剂颜色变化的 pH 范围是(   ),甲基橙指示剂颜色变化的 pH 范围是(   )。

A. 8.0~9.6   B. 6.7~8.4   C. 4.4~6.2   D. 3.1~4.4

6. 以 NaOH 滴定 H_2SO_3($K_{a1}=1.3\times10^{-2}$,$K_{a2}=6.3\times10^{-8}$)至生成 $NaHSO_3$ 时溶液的 pH 为(   )。

A. 3.5   B. 4.5   C. 5.5   D. 9.5

7. 欲控制溶液 pH<2,可选用试剂(   )。

A. 盐酸   B. 甲酸   C. 氢氟酸   D. 氢氧化钠

三、多项选择题

1. 下列各种酸的共轭碱的化学式正确的是(   ),均属于两性物质的是(   )。

A. $HNO_2 - NO_3^-$ B. $H_2CO_3 - HCO_3^-$

C. $H_2PO_4^- - HPO_4^{2-}$ D. $NH_4^+ - NH_3$

2. 下列各种碱的共轭酸的化学式正确的是(   )。

A. $H_2O - H_3O^+$ B.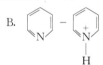

C. $C_6H_5NH_2 - C_6H_5NH_3^+$ D. $HCOO^- - HCOOH$

3. 欲控制溶液的 pH 为 5.0 左右,可选用的缓冲溶液有(   )。

A. 甲酸$-$NaOH   B. 六亚甲基四胺$-$HCl

C. $HOAc - OAc^-$ D. $NH_3 - NH_4Cl$

4. 下列物质中不能用标准强酸溶液直接滴定的是(   )。

A. Na_2CO_3(H_2CO_3 的 $K_{a1}=4.2\times10^{-7}$,$K_{a2}=5.6\times10^{-11}$)

B. $Na_2B_4O_7 \cdot 10H_2O$(H_3BO_3 的 $K_{a1}=5.7\times10^{-10}$)

C. NaOAc(HOAc 的 $K_a=1.8\times10^{-5}$)

D. HCOONa($K_a=1.8\times10^{-4}$)

5. 下列物质不能用标准强碱溶液直接滴定的是(   )。

A. NH_4Cl($NH_3 \cdot H_2O$ 的 $K_b=1.8\times10^{-5}$)

B. 苯酚($K_a=1.1\times10^{-10}$)

C. 邻苯二甲酸氢钾(邻苯二甲酸的 $K_{a2}=2.9\times10^{-6}$)

D. 盐酸苯胺 $C_6H_5NH_2 \cdot HCl$($C_6H_5NH_2$ 的 $K_b=4.6\times10^{-10}$)

6. 标定 HCl 标准溶液可选用的基准物质是(   )。

A. 碳酸氢钠   B. 碳酸钠   C. 硼砂   D. 邻苯二甲酸氢钾

7. 关于酸碱指示剂,下列说法错误的是(   )。

A. 指示剂本身是有机弱酸或弱碱

B. 指示剂本身易溶于水和乙醇溶液中

C. 指示剂用量越大越好

D. 指示剂的变色范围必须全部落在滴定突跃范围之内

四、计算题

1. 已知下列各种弱酸的 K_a 值,求它们的共轭碱的 K_b 值。

(1) HCOOH, $K_a = 1.8 \times 10^{-4}$ (2) 二氯乙酸(CHCl$_2$COOH), $K_a = 5.0 \times 10^{-2}$

(3) HCN, $K_a = 6.2 \times 10^{-10}$ (4) 苯甲酸, $K_a = 6.2 \times 10^{-5}$

2. 已知下列各种碱的 pK_b,试把它们的强弱按顺序排列起来。

(1) NH$_3$, p$K_b = 4.74$ (2) NaOAc, p$K_b = 9.26$

(3) 吡啶, p$K_b = 8.77$ (4) 羟胺(NH$_2$OH), p$K_b = 8.04$

3. 根据分布分数计算 pH = 5.0 时 0.1 mol·L^{-1} HOAc 溶液中 OAc$^-$ 的平衡浓度。

4. 根据分布分数计算 pH = 5.0 时 0.1 mol·L^{-1} H$_2$C$_2$O$_4$ 中 C$_2$O$_4^{2-}$ 的平衡浓度。

5. 计算下列溶液的 pH:

(1) 0.05 mol·L^{-1} NaOAc   (2) 0.05 mol·L^{-1} NH$_4$Cl   (3) 0.05 mol·L^{-1} H$_3$BO$_3$

(4) 0.1 mol·L^{-1} NaCl   (5) 0.05 mol·L^{-1} NaHCO$_3$

6. 称取无水 Na$_2$CO$_3$ 基准物质 0.150 0 g,标定 HCl 溶液时消耗 HCl 溶液体积 25.60 mL,计算 HCl 溶液的浓度为多少?

7. 若配制 pH = 10.0 的缓冲溶液 1.0 L,用去 15 mol·L^{-1} 氨水 350 mL,问需要 NH$_4$Cl 多少克?

8. 计算下列滴定中化学计量点的 pH,并指出选用何种指示剂指示终点:

(1) 0.200 0 mol·L^{-1} NaOH 滴定 20.00 mL 0.200 0 mol·L^{-1} HCl;

(2) 0.200 0 mol·L^{-1} HCl 滴定 20.00 mL 0.200 0 mol·L^{-1} NaOH;

(3) 0.200 0 mol·L^{-1} NaOH 滴定 20.00 mL 0.200 0 mol·L^{-1} HOAc;

(4) 0.200 0 mol·L^{-1} HCl 滴定 20.00 mL 0.200 0 mol·L^{-1} NH$_3$·H$_2$O。

9. 用硼砂(Na$_2$B$_4$O$_7$·10H$_2$O)基准物质标定 HCl(约 0.05 mol·L^{-1})溶液,消耗的滴定剂为 20~30 mL,应称取多少基准物质?

10. 称取混合碱试样 0.680 0 g,以酚酞为指示剂,用 0.180 0 mol·L^{-1} HCl 标准溶液滴定至终点,消耗 HCl 标准溶液 $V_1 = 23.00$ mL,然后加甲基橙指示剂滴定至终点,消耗 HCl 标准溶液 $V_2 = 26.80$ mL,判断混合碱的组分,并计算试样中各组分的质量分数。

11. 称取混合碱试样 0.680 0 g,以酚酞为指示剂,用 0.200 0 mol·L^{-1} HCl 标准溶液滴定至终点,消耗 HCl 标准溶液体积 $V_1 = 26.80$ mL,然后加甲基橙指示剂滴定至终点,消耗 HCl 标准溶液体积 $V_2 = 23.00$ mL,判断混合碱的组分,并计算各组分的质量分数。

12. 采用 KHC$_2$O$_4$·H$_2$C$_2$O$_4$·2H$_2$O 基准物质 2.369 g,标定 NaOH 溶液时,消耗 NaOH 溶液的体积为 29.05 mL,计算 NaOH 溶液的浓度。

13. 某试样 2.000 g,采用蒸馏法测氮的质量分数,蒸出的氨用 50.00 mL 0.500 0 mol·L^{-1} H$_3$BO$_3$ 标准溶液吸收,然后以溴甲酚绿与甲基红为指示剂,用 0.050 00 mol·L^{-1} HCl 溶液 45.00 mL 滴定,计算试样中氮的质量分数。

14. 准确称取硅酸盐试样 0.108 0 g,经熔融分解,以 K$_2$SiF$_6$ 沉淀后,过滤,洗涤,使之水解形成 HF,采用 0.102 4 mol·L^{-1} NaOH 标准溶液滴定,所消耗的体积为 25.54 mL,计算 SiO$_2$ 的质量分数。

15. 阿司匹林即乙酰水杨酸,化学式为 HOOCCH$_2$C$_6$H$_4$COOH,其摩尔质量 $M = 180.16$ g·mol^{-1}。现称取试样 0.250 0 g,准确加入浓度为 0.102 0 mol·L^{-1} NaOH 标准溶液 50.00 mL,煮沸 10 min,冷却后需用浓度为 0.050 50 mol·L^{-1} 的 H$_2$SO$_4$ 标准溶液 25.00 mL 滴定过量的 NaOH(以酚酞为指示剂)。求该试样中乙酰水杨酸的质量分数。

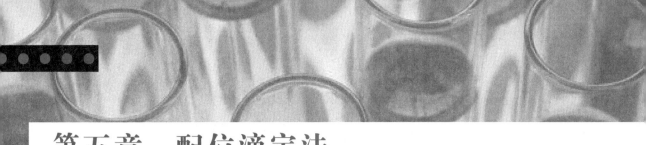

第五章 配位滴定法

✎ 学习目标

知识目标

● 了解配位滴定法对配位反应的要求,了解 EDTA 的性质及其金属离子配合物的特点。

● 理解配位滴定中的副反应对主反应的影响、条件稳定常数与副反应系数之间的关系。

● 了解配位滴定过程中 pM 的变化规律,掌握准确滴定金属离子的条件,理解酸效应曲线。

● 了解金属指示剂的作用原理。

● 掌握提高配位滴定选择性的方法。

能力目标

● 能正确选择滴定不同金属离子适宜的酸度范围。

● 能正确选择金属指示剂。

● 能选择合适方法消除干扰,提高配位滴定选择性。

● 能为测定不同的金属离子选择合理的滴定方式。

知识结构框图

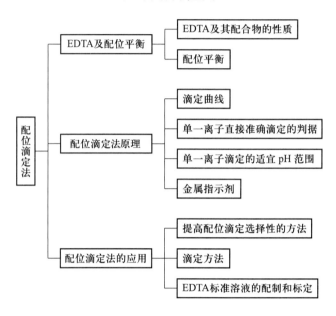

配位滴定法是以配位反应为基础的滴定分析方法,也称**络合滴定法**,主要用于测定金属离子的含量,也可利用间接法测定其他离子的含量。本章主要讨论以 EDTA 为标准溶液的配位滴定法。

第一节 概 述

一、配位滴定反应应具备的条件

在化学反应中,虽然配位反应很普遍,但并不是所有的配位反应都能用于滴定分析,能用于配位滴定的反应必须具备下列条件:

(1) 配位反应必须完全,即生成的配合物稳定常数要足够大;

(2) 反应必须按一定的反应式定量进行,即在一定条件下金属离子与配位剂的配位比恒定;

(3) 反应速率要足够快;

(4) 有适当的方法指示终点。

由于多数无机配合物稳定性较差,并且在形成过程中有逐级配位现象,而各级配合物的稳定常数相差较小,所以溶液中常常同时存在多种形式的配合物,金属离子与配体的化学计量关系不明确,因此无机配位剂能用于配位滴定分析的很少。目前配位滴定中常用的是含有氨羧基团的有机配位剂,特别是乙二胺四乙酸,应用最为广泛。

二、乙二胺四乙酸的性质

乙二胺四乙酸(ethylene diamine tetraacetic acid,简称 EDTA)其结构如下:

$$\begin{array}{c} \text{HOOCCH}_2 \\ \text{HOOCCH}_2 \end{array}\!\!\!\diagdown\text{N---CH}_2\text{---CH}_2\text{---N}\diagup\!\!\!\begin{array}{c} \text{CH}_2\text{COOH} \\ \text{CH}_2\text{COOH} \end{array}$$

可见,EDTA 是一种四元酸,习惯上用 H_4Y 表示。由于它在水中的溶解度很小(在 22 ℃时,每 100 mL 水中仅能溶解 0.02 g),故常用它的二钠盐 $Na_2H_2Y \cdot 2H_2O$,一般也简称EDTA。后者的溶解度大(在 22 ℃时,每 100 mL 水中能溶解 11.1 g),其饱和水溶液的浓度约为0.3 mol·L^{-1}。在水溶液中,乙二胺四乙酸具有双偶极离子结构:

$$\begin{array}{c} \text{HOOCCH}_2 \\ {}^-\text{OOCCH}_2 \end{array}\!\!\!\diagdown\!\!\underset{\text{H}}{\overset{+}{\text{N}}}\text{---CH}_2\text{---CH}_2\text{---}\!\underset{\text{H}}{\overset{+}{\text{N}}}\!\!\diagup\!\!\!\begin{array}{c} \text{CH}_2\text{COO}^- \\ \text{CH}_2\text{COOH} \end{array}$$

两个羧酸根还可以接受质子,当酸度很高时,EDTA 便转变成六元酸 H_6Y^{2+},其在水溶液中存在以下一系列的解离平衡:

$$H_6Y^{2+} \Longleftrightarrow H^+ + H_5Y^+ \quad K_{a1} = \frac{[H^+][H_5Y^+]}{[H_6Y^{2+}]} = 10^{-0.9}$$

$$H_5Y^+ \Longleftrightarrow H^+ + H_4Y \quad K_{a2} = \frac{[H^+][H_4Y]}{[H_5Y^+]} = 10^{-1.6}$$

$$H_4Y \rightleftharpoons H^+ + H_3Y^- \qquad K_{a3} = \frac{[H^+][H_3Y^-]}{[H_4Y]} = 10^{-2.0}$$

$$H_3Y^- \rightleftharpoons H^+ + H_2Y^{2-}$$

$$K_{a4} = \frac{[H^+][H_2Y^{2-}]}{[H_3Y^-]} = 10^{-2.67}$$

$$H_2Y^{2-} \rightleftharpoons H^+ + HY^{3-}$$

$$K_{a5} = \frac{[H^+][HY^{3-}]}{[H_2Y^{2-}]} = 10^{-6.16}$$

$$HY^{3-} \rightleftharpoons H^+ + Y^{4-}$$

$$K_{a6} = \frac{[H^+][Y^{4-}]}{[HY^{3-}]} = 10^{-10.26}$$

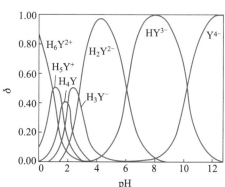

图 5-1　EDTA 各种存在型体在
不同 pH 时的分布曲线

可见 EDTA 在水溶液中以 H_6Y^{2+}, H_5Y^+, H_4Y, H_3Y^-, H_2Y^{2-}, HY^{3-} 和 Y^{4-} 七种型体存在,当 pH 不同时,各种存在型体所占的分布分数 δ 是不同的。根据计算结果,可以绘制不同 pH 时 EDTA 溶液中各种存在型体的分布曲线,如图 5-1 所示。

在不同 pH 时,EDTA 的主要存在型体列于表5-1 中。

表 5-1　不同 pH 时,EDTA 的主要存在型体

pH	<1	1~1.6	1.6~2	2~2.7	2.7~6.2	6.2~10.3	>10.3
主要存在型体	H_6Y^{2+}	H_5Y^+	H_4Y	H_3Y^-	H_2Y^{2-}	HY^{3-}	Y^{4-}

在这七种型体中,只有 Y^{4-} 能与金属离子直接配位。所以溶液的酸度越低,Y^{4-} 的分布分数越大,EDTA 的配位能力越强。

三、乙二胺四乙酸的配合物

EDTA 分子具有两个氨氮原子和四个羧氧原子,它们都有孤对电子,即 EDTA 有 6 个配位原子。因此,绝大多数的金属离子均能与 EDTA 形成含有多个五元环结构的配合物,例如 EDTA 与 Ca^{2+}, Fe^{3+} 的配合物的结构如图5-2 所示。

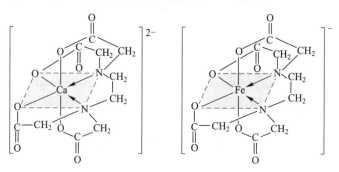

图 5-2　EDTA 与 Ca^{2+}, Fe^{3+} 的配合物的结构示意图

从图 5-2 可以看出，EDTA 与金属离子形成四个 $\begin{array}{c}\text{M}\\ \text{O—C—C—N}\end{array}$ 五元环及一个 $\begin{array}{c}\text{M}\\ \text{N—C—C—N}\end{array}$ 五元环，具有这类环状结构的螯合物很稳定。

> **相关知识　　　　　　螯　合　物**
>
> 　　多原子配体根据配位原子的多少可以分为单齿配体和多齿配体。多齿配体指含有 2 个或 2 个以上的配位原子(如 O,N,S,P)，这些配位原子被 2 个或 3 个其他原子所隔开的配体，又称为螯合剂。多齿配体与中心原子键合成环称为螯合作用。常见的螯合剂有多元羧酸及其取代物、多元酚、多胺、氨基羧酸、$\beta-$二酮及羟肟等。而像联氨($NH_2—NH_2$)这样的配体，虽然具有两个配位原子，但因距离较近，在与中心原子配位时张力太大，不能成环形成螯合物(chelate compound)。因而，环状结构是螯合物的最显著特征，所谓螯合效应就是指由于成环作用导致配合物稳定性剧增的现象。一般而言，所形成的环的数目越多，螯合物的稳定性就越高。大多数稳定的螯合物都是五元环或六元环，当环上没有双键时，五元环比六元环稳定，而具备双键的六元环则比没有双键的五元环更稳定，但比六元环更大的环也不稳定。
>
> 　　近年来，各种螯合物不断涌现，分子结构中含有可以进行聚合作用的双键和三键单元的金属螯合物单体经过直接聚合和共聚作用可生成大分子金属螯合物，因其具有导电、光导、催化、贮能等功能，日益得到广泛的应用。

　　由于多数金属离子的配位数不超过 6，所以 EDTA 与大多数金属离子可形成 1:1 型的配合物，只有极少数金属离子，如锆(Ⅳ)和钼(Ⅵ)等例外。

　　无色的金属离子与 EDTA 配位时，形成无色的螯合物，有色的金属离子与 EDTA 配位时，一般形成颜色更深的螯合物。例如：

NiY^{2-}	CuY^{2-}	CoY^{2-}	MnY^{2-}	CrY^{-}	FeY^{-}
蓝色	深蓝	紫红	紫红	深紫	黄色

综上所述，EDTA 与绝大多数金属离子形成的螯合物具有下列特点：

(1) 计量关系简单，一般不存在逐级配位现象。

(2) 配合物十分稳定，且水溶性极好，使配位滴定可以在水溶液中进行。

这些特点使 EDTA 滴定剂完全符合分析测定的要求，被广泛使用。

第二节　配位解离平衡及影响因素

一、EDTA 与金属离子的主反应及配合物的稳定常数

EDTA 与金属离子大多形成 1:1 型的配合物，反应通式如下：

$$M^{n+} + Y^{4-} \rightleftharpoons MY^{4-n}$$

书写时常省略离子的电荷数,简写为

$$M + Y \rightleftharpoons MY \tag{5-1}$$

平衡时配合物的稳定常数为

$$K_{MY} = \frac{[MY]}{[M][Y]} \tag{5-2}$$

K_{MY} 越大,说明溶液中 $[MY]$ 越大, $[M]$ 和 $[Y]$ 越小,形成的配合物越稳定,因此 K_{MY} 数值的大小可以说明配合物的稳定程度。因为配合物的稳定常数 K_{MY} 值很大,所以常用其对数值 $\lg K_{MY}$ 表示。

常见金属离子与 EDTA 所形成的配合物的稳定常数列于表 5-2 中。

表 5-2　EDTA 与一些常见金属离子的配合物的稳定常数
(溶液离子强度 $I = 0.1$,温度 20 ℃)

阳离子	$\lg K_{MY}$	阳离子	$\lg K_{MY}$	阳离子	$\lg K_{MY}$
Na^+	1.66	Ce^{3+}	15.98	Cu^{2+}	18.80
Li^+	2.79	Al^{3+}	16.3	Hg^{2+}	21.8
Ba^{2+}	7.86	Co^{2+}	16.31	Sn^{2+}	22.1
Sr^{2+}	8.73	Cd^{2+}	16.46	Th^{4+}	23.2
Mg^{2+}	8.69	Zn^{2+}	16.50	Cr^{3+}	23.4
Ca^{2+}	10.69	Pb^{2+}	18.04	Fe^{3+}	25.1
Mn^{2+}	13.87	Y^{3+}	18.09	U^{4+}	25.80
Fe^{2+}	14.32	Ni^{2+}	18.62	Bi^{3+}	27.94

从表 5-2 可以看出,金属离子与 EDTA 配合物的稳定性随金属离子的不同而差别较大。碱金属离子的配合物最不稳定, $\lg K_{MY}$ 在 2~3;碱土金属离子的配合物, $\lg K_{MY}$ 在 8~11;二价及过渡金属离子、稀土元素及 Al^{3+} 的配合物, $\lg K_{MY}$ 在 15~19;三价、四价金属离子和 Hg^{2+} 的配合物, $\lg K_{MY} > 20$。这些配合物的稳定性的差别,主要取决于金属离子本身的电荷数、离子半径和电子层结构。离子电荷数越高,离子半径越大,电子层结构越复杂,配合物的稳定常数就越大。这些是金属离子方面影响配合物稳定性大小的本质因素。此外,溶液的酸度、温度和其他配体的存在等外界条件的变化也影响配合物的稳定性。

二、副反应及副反应系数

实际分析工作中,配位滴定是在一定的条件下进行的。例如,为控制溶液的酸度,需要加入某种缓冲溶液;为掩蔽干扰离子,需要加入某种掩蔽剂等。在这种条件下进行配位滴定,除了 M 和 Y 的主反应外,还可能发生如下一些副反应:

式中:L 为辅助配体;N 为干扰离子。

反应物 M 或 Y 发生副反应,不利于主反应的进行。反应产物 MY 发生副反应,则有利于主反应进行,但这些混合配合物大多不太稳定,可以忽略不计。下面主要讨论对配位平衡影响较大的 EDTA 的酸效应和金属离子的配位效应。

1. EDTA 的酸效应及酸效应系数

式(5-2)中 K_{MY} 是描述在没有任何副反应时,配位反应进行的程度。由于 EDTA 是一种弱酸,它的阴离子 Y 是碱,当 M 与 Y 进行配位反应时,溶液中氢离子也会与 Y 发生反应。即未与金属离子配位的配体除了游离的 Y 外,还有 HY,H$_2$Y,$\cdots$,H$_6$Y 等,因此未与 M 配位的 EDTA 浓度应等于以上七种型体浓度的总和,以[Y$'$]表示:

$$[Y'] = [Y] + [HY] + \cdots + [H_6Y] \tag{5-3}$$

由于氢离子与 Y 之间的副反应,使 EDTA 参加主反应的能力下降,这种现象称为**酸效应**。其影响程度的大小,可用**酸效应系数** $\alpha_{Y(H)}$ 来衡量:

$$\alpha_{Y(H)} = \frac{[Y']}{[Y]} \tag{5-4}$$

$\alpha_{Y(H)}$ 表示在一定 pH 下未与金属离子配位的 EDTA 各种型体总浓度是游离的 Y 浓度的多少倍。显然,$\alpha_{Y(H)}$ 是 Y 的分布分数 δ_Y 的倒数。即

$$\alpha_{Y(H)} = \frac{[Y] + [HY] + \cdots + [H_6Y]}{[Y]} = \frac{1}{\delta_Y}$$

经推导可得

$$\alpha_{Y(H)} = 1 + \frac{[H]}{K_{a6}} + \frac{[H]^2}{K_{a6}\,K_{a5}} + \cdots + \frac{[H]^6}{K_{a6}\,K_{a5}\cdots K_{a1}} \tag{5-5}$$

式中:K_{a1},K_{a2},$\cdots$,K_{a6} 是 EDTA 的各级解离常数。可见,酸效应系数 $\alpha_{Y(H)}$ 随溶液的酸度增加而增大,$\alpha_{Y(H)}$ 越大,表示能参加配位反应的 Y 浓度越小,即副反应越严重,$\alpha_{Y(H)}=1$,说明 Y 没有副反应。根据各级解离常数值,按式(5-5)可以计算出在不同 pH 下的 $\alpha_{Y(H)}$ 值。

例 1 计算 pH=5.0 时 EDTA 的酸效应系数 $\alpha_{Y(H)}$。

解: 已知 EDTA 的各级解离常数 $K_{a1} \sim K_{a6}$ 分别为 $10^{-0.9}$,$10^{-1.6}$,$10^{-2.0}$,$10^{-2.67}$,$10^{-6.16}$,$10^{-10.26}$,所以 pH=5.0 时,有

$$\alpha_{Y(H)} = 1 + \frac{10^{-5.0}}{10^{-10.26}} + \frac{10^{-10.0}}{10^{-16.42}} + \frac{10^{-15.0}}{10^{-19.09}} + \frac{10^{-20.0}}{10^{-21.09}} + \frac{10^{-25.0}}{10^{-22.69}} + \frac{10^{-30.0}}{10^{-23.59}}$$

$$= 1 + 10^{5.26} + 10^{6.42} + 10^{4.09} + 10^{1.09} + 10^{-2.31} + 10^{-6.41} \approx 10^{6.45}$$

$$\lg\alpha_{Y(H)} = 6.45$$

不同 pH 时的 $\lg\alpha_{Y(H)}$ 值列于表 5-3。

从表 5-3 可以看出,多数情况下 $\alpha_{Y(H)}$ 大于 1,即[Y$'$]总是大于[Y],只有在 pH>12 时,$\alpha_{Y(H)}$ 才等于 1,即 EDTA 完全解离为 Y,此时 EDTA 的配位能力最强。

2. 金属离子的配位效应及配位效应系数

金属离子的配位效应是指溶液中其他配体(辅助配体、缓冲溶液中的配体或掩蔽剂

表 5-3　不同 pH 时的 $\lg\alpha_{Y(H)}$ 值

pH	$\lg\alpha_{Y(H)}$	pH	$\lg\alpha_{Y(H)}$	pH	$\lg\alpha_{Y(H)}$
0.0	23.64	3.4	9.70	6.8	3.55
0.4	21.32	3.8	8.85	7.0	3.32
0.8	19.08	4.0	8.44	7.5	2.78
1.0	18.01	4.4	7.64	8.0	2.27
1.4	16.02	4.8	6.84	8.5	1.77
1.8	14.27	5.0	6.45	9.0	1.28
2.0	13.51	5.4	5.69	9.5	0.83
2.4	12.19	5.8	4.98	10.0	0.45
2.8	11.09	6.0	4.65	11.0	0.07
3.0	10.60	6.4	4.06	12.0	0.01

等)能与金属离子配位所产生的副反应,使金属离子参加主反应能力降低的现象。当有配位效应存在时,未与 Y 配位的金属离子,除游离的 M 外,还有 $ML,ML_2,\cdots,ML_n$ 等,以 $[M']$ 表示未与 Y 配位的金属离子总浓度,则

$$[M']=[M]+[ML]+[ML_2]+\cdots+[ML_n] \tag{5-6}$$

由于 L 与 M 配位使 $[M]$ 降低,影响 M 与 Y 的主反应,其影响程度可用配位效应系数 $\alpha_{M(L)}$ 表示:

$$\alpha_{M(L)}=\frac{[M']}{[M]}=\frac{[M]+[ML]+[ML_2]+\cdots+[ML_n]}{[M]} \tag{5-7}$$

$\alpha_{M(L)}$ 表示未与 Y 配位的金属离子的各种型体的总浓度是游离金属离子 M 浓度的多少倍。$\alpha_{M(L)}$ 值越大,副反应就越严重,当 $\alpha_{M(L)}=1$ 时,$[M']=[M]$,表示金属离子没有发生副反应。

若用 $K_1,K_2,\cdots,K_n$ 表示配合物 ML_n 的各级稳定常数,即

配位平衡　　　　　　各级稳定常数

$$M+L \rightleftharpoons ML \qquad K_1=\frac{[ML]}{[M][L]}$$

$$ML+L \rightleftharpoons ML_2 \qquad K_2=\frac{[ML_2]}{[ML][L]}$$

$$\vdots \qquad\qquad \vdots$$

$$ML_{n-1}+L \rightleftharpoons ML_n \qquad K_n=\frac{[ML_n]}{[ML_{n-1}][L]}$$

将 K 的关系式代入式(5-7),并整理得

$$\alpha_{M(L)}=1+[L]K_1+[L]^2K_1K_2+\cdots+[L]^nK_1K_2\cdots K_n \tag{5-8}$$

可以看出,游离配体的浓度越大,或其配合物稳定常数越大,则配位效应系数越大,越不利于主反应的进行。

三、条件稳定常数

在没有任何副反应存在时,配合物 MY 的稳定常数用 K_{MY} 表示,它不受溶液浓度、酸度等外界条件影响,所以又称绝对稳定常数。当 M 和 Y 的配位反应在一定的酸度条件下进行,并有 EDTA 以外的其他配体存在时,将会引起副反应,从而影响主反应的进行。此时,稳定常数 K_{MY} 已不能客观地反映主反应进行的程度,稳定常数的表达式中,Y 应以 Y′替换,M 应以 M′替换,这时配合物的稳定常数应表示为

$$K'_{MY} = \frac{[MY]}{[M'][Y']} \tag{5-9}$$

这种考虑副反应影响而得出的实际稳定常数称为条件稳定常数。由副反应系数定义可知:

$$[M'] = \alpha_{M(L)}[M] \quad , \quad [Y'] = \alpha_{Y(H)}[Y]$$

将其代入式(5−9),得到

$$K'_{MY} = \frac{[MY]}{\alpha_{M(L)}[M]\alpha_{Y(H)}[Y]} = \frac{K_{MY}}{\alpha_{M(L)}\alpha_{Y(H)}} \tag{5-10}$$

将式(5−10)取对数,得

$$\lg K'_{MY} = \lg K_{MY} - \lg \alpha_{M[L]} - \lg \alpha_{Y[H]} \tag{5-11}$$

如果只有酸效应,则式(5−11)简化为

$$\lg K'_{MY} = \lg K_{MY} - \lg \alpha_{Y[H]} \tag{5-12}$$

式(5−12)是讨论配位平衡的重要公式,它表明 MY 的条件稳定常数随溶液的酸度而变化。

例 2 若只考虑酸效应,计算 pH=2.0 和 pH=5.0 时 ZnY 的 K'_{ZnY}。

解:(1)pH=2.0 时,查表 5−3 得 $\lg \alpha_{Y(H)} = 13.51$;查表 5−2 得 $\lg K_{ZnY} = 16.50$。故
$$\lg K'_{ZnY} = 16.50 - 13.51 = 2.99 , \quad K'_{ZnY} = 10^{2.99}$$
(2)pH=5.0 时,查表 5−3 得 $\lg \alpha_{Y(H)} = 6.45$。故
$$\lg K'_{ZnY} = 16.50 - 6.45 = 10.05 , \quad K'_{ZnY} = 10^{10.05}$$

以上计算表明,pH=5.0 时 ZnY 稳定,而 pH=2.0 时 ZnY 不稳定。所以为使配位滴定顺利进行,得到准确的分析测定结果,必须选择适当的酸度条件。

 练一练 1

若只考虑酸效应,计算 pH=5.0 和 pH=10.0 时 MgY 的条件稳定常数 $\lg K'_{MgY}$。

第三节　配位滴定法原理

一、滴定曲线

与酸碱滴定情况相似,配位滴定时,在待测金属离子溶液中,随着配位滴定剂的加

文本

练一练 1
解答

第三节　配位滴定法原理

入,金属离子不断发生配位反应,它的浓度也随之减小。在化学计量点附近,溶液中金属离子浓度(用 pM 表示,pM$=-$lg[M])发生突跃。以滴定过程中 pM 对 EDTA 的加入量作图得到的曲线称为**配位滴定曲线**。配位滴定曲线反映了滴定过程中滴定剂的加入量与待测离子浓度之间的关系。

现以 pH$=$12 时,用 0.010 00 mol·L^{-1} EDTA 标准溶液滴定 20.00 mL 0.010 00 mol·L^{-1} Ca^{2+} 溶液为例,说明配位滴定过程中滴定剂的加入量与待测离子浓度之间的变化关系。

由于 Ca^{2+} 既不易水解也不与其他配位剂反应,所以处理配位平衡时只需考虑 EDTA 的酸效应,即在 pH$=$12 时,CaY^{2-} 的条件稳定常数为

$$lgK'_{CaY}=lgK_{CaY}-lg\alpha_{Y(H)}=10.69-0.01=10.68$$
$$K'_{CaY}=4.8\times10^{10}$$

(1) 滴定前,溶液中只有 Ca^{2+},[Ca^{2+}]$=$0.010 00 mol·L^{-1},pCa$=$2.00。

(2) 滴定开始至化学计量点前,溶液中有剩余的 Ca^{2+} 和滴定产物 CaY^{2-},由于 K'_{CaY} 较大,剩余的 Ca^{2+} 对 CaY^{2-} 的解离有一定的抑制作用,可忽略 CaY^{2-} 的解离,因此可按剩余的[Ca^{2+}]计算 pCa。

当滴入 EDTA 溶液的体积为 19.98 mL 时:

$$[Ca^{2+}]=\frac{(20.00-19.98)\ mL\times0.010\ 00\ mol\cdot L^{-1}}{(20.00+19.98)\ mL}=5.0\times10^{-6}\ mol\cdot L^{-1}$$
$$pCa=5.30$$

(3) 化学计量点时,Ca^{2+} 几乎全部与 EDTA 配位,生成 CaY^{2-},所以:

$$[CaY^{2-}]=\frac{20.00\ mL\times0.010\ 00\ mol\cdot L^{-1}}{(20.00+20.00)\ mL}=0.005\ 000\ mol\cdot L^{-1}$$

同时,化学计量点时,[Ca^{2+}]$=$[Y$'$],故

$$K'_{CaY}=\frac{[CaY^{2-}]}{[Ca^{2+}][Y']}=\frac{[CaY^{2-}]}{[Ca^{2+}]^2}$$
$$[Ca^{2+}]=\sqrt{\frac{[CaY^{2-}]}{K'_{CaY}}}=\sqrt{\frac{0.005\ 000}{4.8\times10^{10}}}=3.2\times10^{-7}(mol\cdot L^{-1})$$
$$pCa=6.49$$

(4) 化学计量点后,当滴入 20.02 mL EDTA 时:

$$[Y']=\frac{(20.02-20.00)\ mL\times0.010\ 00\ mol\cdot L^{-1}}{(20.02+20.00)\ mL}=5.0\times10^{-6}\ mol\cdot L^{-1}$$
$$[CaY^{2-}]=\frac{20.00\ mL\times0.010\ 00\ mol\cdot L^{-1}}{(20.02+20.00)\ mL}=5.0\times10^{-3}\ mol\cdot L^{-1}$$

所以
$$[Ca^{2+}]=\frac{[CaY^{2-}]}{K'_{CaY}[Y']}$$
$$=\frac{5.0\times10^{-3}}{4.8\times10^{10}\times5.0\times10^{-6}}$$
$$=2.1\times10^{-8}(mol\cdot L^{-1})$$

pCa＝7.68

按照上述方法，可求出加入不同体积滴定剂时溶液的 pCa，以 pCa 为纵坐标，滴定剂体积或滴定分数为横坐标作图，即可得到滴定曲线，如图 5-3 所示。

从图中可以看出，在 pH＝12 时，用 $0.010\ 00\ \text{mol} \cdot \text{L}^{-1}$ EDTA 标准溶液滴定 20.00 mL $0.010\ 00\ \text{mol} \cdot \text{L}^{-1}$ Ca^{2+} 溶液，化学计量点时的 pCa 为 6.49，滴定突跃的 pCa 范围为 5.30～7.68。

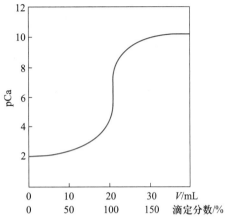

图 5-3　pH＝12 时 $0.010\ 00\ \text{mol} \cdot \text{L}^{-1}$ EDTA 标准溶液滴定 20.00 mL $0.010\ 00\ \text{mol} \cdot \text{L}^{-1}$ Ca^{2+} 溶液的滴定曲线

二、影响滴定突跃的因素

配位滴定中，滴定突跃范围越大，越容易准确地指示终点。影响滴定突跃范围大小的主要因素是配合物的条件稳定常数和被滴定金属离子的浓度。

1. 配合物的条件稳定常数对滴定突跃范围的影响

图 5-4 是被滴定金属离子浓度 c_M 一定情况下，用 $0.010\ 00\ \text{mol} \cdot \text{L}^{-1}$ EDTA 标准溶液滴定不同 $\lg K'_{MY}$ 的金属离子时的滴定曲线。

从图 5-4 中可以看出，配合物的条件稳定常数 $\lg K'_{MY}$ 越大，滴定突跃范围也越大。由式（5-11）可知，决定配合物条件稳定常数大小的因素首先就是配合物的绝对稳定常数 $\lg K_{MY}$，但对某一特定金属离子而言，$\lg K_{MY}$ 是一常数，所以滴定时溶液的酸度、配位掩蔽剂及其他辅助配位剂的配位作用将直接影响条件稳定常数。

（1）酸度　图 5-5 为不同 pH 时用 $0.010\ 00\ \text{mol} \cdot \text{L}^{-1}$ EDTA 标准溶液滴定同浓度

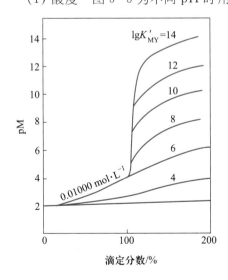

图 5-4　用 $0.010\ 00\ \text{mol} \cdot \text{L}^{-1}$ EDTA 标准溶液滴定不同 $\lg K'_{MY}$ 的金属离子的滴定曲线

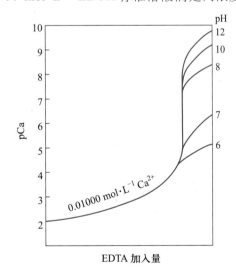

图 5-5　不同 pH 时用 $0.010\ 00\ \text{mol} \cdot \text{L}^{-1}$ EDTA 标准溶液滴定同浓度 Ca^{2+} 溶液的滴定曲线

Ca^{2+}的滴定曲线。从图中可以看出,pH 越高(酸度越低),滴定突跃范围也越大。因酸度低时,$lg\alpha_{Y(H)}$小,lgK'_{MY}变大,所以滴定突跃范围增大。

(2)其他配位剂的配位作用 滴定过程中加入掩蔽剂及缓冲溶液等辅助配位剂会增大 $lg\alpha_{M(L)}$的值,使 lgK'_{MY}变小,因此滴定突跃范围减小。

2. 被滴定的金属离子浓度对滴定突跃范围的影响

图5-6是在 lgK'_{MY}一定情况下,用 EDTA 标准溶液滴定不同浓度金属离子时的滴定曲线,从图中可以看出,金属离子浓度 c_M 越大,滴定曲线起点越低,因此滴定突跃范围越大。

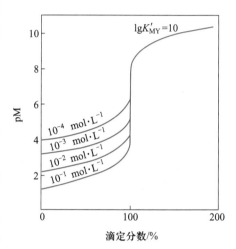

图5-6 $lgK'_{MY}=10$时,用 EDTA 标准溶液滴定不同浓度金属离子的滴定曲线

三、单一离子直接准确滴定的条件

滴定突跃范围的大小是判断能否准确滴定的重要依据之一,而突跃范围的大小取决于 K'_{MY}和金属离子的浓度 c_M。只有当 c_M、K'_{MY}足够大时,才会有明显的突跃,才能进行准确滴定。

在配位滴定中,通常采用金属指示剂指示滴定终点,由于人眼判断颜色的局限性,即使指示剂的变色点与化学计量点完全一致,仍有可能产生±(0.2~0.5)pM 单位的不确定性,即 ΔpM($\Delta pM = pM_{指示剂变色点} - pM_{化学计量点}$)至少为±0.2。设 $\Delta pM = \pm 0.2$,用等浓度的 EDTA 标准溶液滴定初始浓度为 c_M 的金属离子 M,若允许终点误差为±0.1%,则根据相关公式可推导出准确滴定单一金属离子的条件为

$$lg(c_M K'_{MY}) \geqslant 6 \tag{5-13}$$

在金属离子的初始浓度 $c_M = 0.010\ 00\ mol \cdot L^{-1}$的特定情况下,则式(5-13)可改写为

$$lgK'_{MY} \geqslant 8 \tag{5-14}$$

式(5-14)是在上述条件下准确滴定金属离子时 lgK'_{MY}的下限。

例3 在 pH=2.00 的介质中,能否用 $0.010\ 00\ mol \cdot L^{-1}$ EDTA 标准溶液准确滴定同浓度的 Zn^{2+}溶液(假设不存在其他配位剂)?

解: 已知 $lgK_{ZnY}=16.50$,pH=2.00 时,$lg\alpha_{Y(H)}=13.51$,则

$$lgK'_{ZnY} = lgK_{ZnY} - lg\alpha_{Y(H)} = 16.50 - 13.51 = 2.99 < 8$$

故不能准确滴定。

四、单一离子滴定适宜的酸度范围

在配位滴定中,如果不存在其他的配位剂,被测金属离子的 K'_{MY}主要取决于溶液的

酸度。当酸度低时，$\alpha_{Y(H)}$小，K'_{MY}大，有利于准确滴定，但酸度过低，金属离子易发生水解反应生成氢氧化物沉淀，使金属离子参加主反应的能力降低，K'_{MY}减小，反而不利于滴定；当酸度高时，$\alpha_{Y(H)}$大，K'_{MY}小，同样也不利于滴定，因此选择适宜的酸度范围是准确滴定的必要条件。

1. 滴定金属离子的最低 pH(最高酸度)和酸效应曲线

若滴定过程中除 EDTA 酸效应外没有其他副反应，则根据单一离子准确滴定的判别式，当被测金属离子的浓度为 $0.010\ 00\ \text{mol}\cdot\text{L}^{-1}$ 时：

$$\lg K'_{MY}=\lg K_{MY}-\lg\alpha_{Y(H)}\geqslant 8$$

即

$$\lg\alpha_{Y(H)}\leqslant\lg K_{MY}-8 \tag{5-15}$$

将各种金属离子的 $\lg K_{MY}$ 代入式(5-15)，即可求出对应最大 $\lg\alpha_{Y(H)}$ 值，再从表 5-3 查得与其对应的 pH，即为滴定某一金属离子时所允许的最低 pH。

> **例 4**　求用 $0.010\ 00\ \text{mol}\cdot\text{L}^{-1}$ EDTA 标准溶液准确滴定同浓度的 Zn^{2+} 溶液所允许的最低 pH。
>
> **解：**已知 $\lg K_{ZnY}=16.50$，根据式(5-15)得
>
> $$\lg\alpha_{Y(H)}\leqslant\lg K_{ZnY}-8=16.50-8=8.50$$
>
> 从表 5-3 查得对应的 pH 约为 4，故滴定所允许的最低 pH=4。

 练一练 2

求用 $0.010\ 00\ \text{mol}\cdot\text{L}^{-1}$ EDTA 标准溶液准确滴定同浓度的 Al^{3+} 溶液所允许的最低 pH。

用同样的方法可以计算出准确滴定各种金属离子时所允许的最低 pH，以最低 pH 为纵坐标、对应的 $\lg K_{MY}$ 或 $\lg\alpha_{Y(H)}$ 为横坐标绘成曲线，即为 EDTA 的酸效应曲线(林邦曲线)，如图5-7所示。

实际工作中，利用酸效应曲线可查得单独滴定某种金属离子时所允许的最低 pH，还可以看出混合离子溶液中哪些离子在一定 pH 范围内对被测离子有干扰。此外酸效应曲线还可以作为 $\lg\alpha_{Y(H)}-pH$ 曲线使用。

> ### 小贴士
>
> 需要特别指出的是，酸效应曲线是在金属离子的浓度为 $0.010\ 00\ \text{mol}\cdot\text{L}^{-1}$、允许终点误差为 $\pm0.1\%$、滴定时除 EDTA 酸效应外没有其他副反应的前提条件得出的，如果前提条件发生变化，曲线也将变化。

2. 滴定金属离子的最高 pH(最低酸度)

为了能准确滴定被测金属离子，滴定时的 pH 一般大于所允许的最低 pH，但酸度过低，金属离子会产生水解效应析出氢氧化物沉淀而影响滴定，因此需要确定滴定时金属

文本

练一练 2
解答

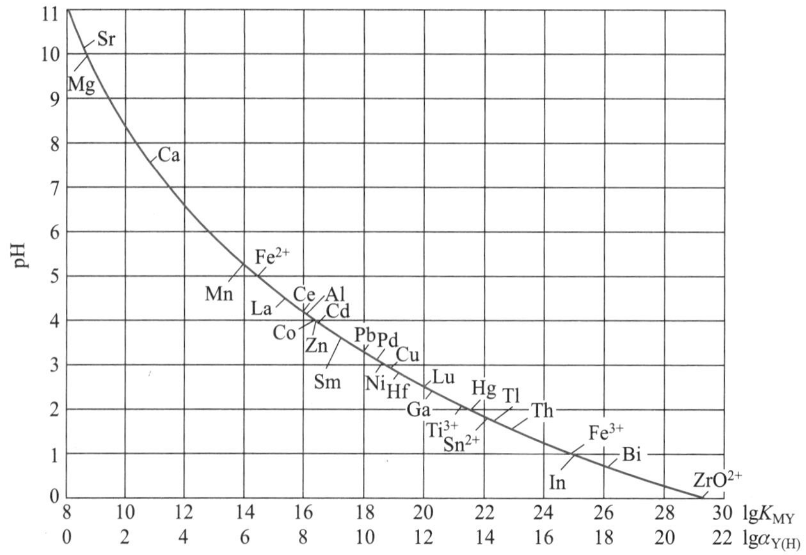

图 5-7　EDTA 的酸效应曲线

(金属离子浓度 $0.010\ 00\ \mathrm{mol} \cdot \mathrm{L}^{-1}$，允许终点误差为 $\pm 0.1\%$)

离子不水解的最高 pH(最低酸度)。

在没有其他配位剂存在下，金属离子不水解的最高 pH 可由氢氧化物的溶度积求得。

例 5　试计算用 $0.010\ 00\ \mathrm{mol} \cdot \mathrm{L}^{-1}$ EDTA 标准溶液滴定同浓度的 Fe^{3+} 溶液的最高 pH 和最低 pH。

解：已知 $\lg K_{\mathrm{FeY}} = 25.1$，根据式(5-15)得

$$\lg \alpha_{\mathrm{Y(H)}} \leqslant \lg K_{\mathrm{FeY}} - 8 = 25.1 - 8 = 17.1$$

查表 5-3，对应的 pH 约为 1.1，故滴定允许的最低 pH=1.1。

由

$$Fe^{3+} + 3OH^{-} \Longrightarrow Fe(OH)_3 \qquad K_{\mathrm{sp}} = 3.5 \times 10^{-38}$$

得

$$[OH^{-}] = \sqrt[3]{\frac{K_{\mathrm{sp}}}{[Fe^{3+}]}} = \sqrt[3]{\frac{3.5 \times 10^{-38}}{10^{-2}}} = 1.5 \times 10^{-12}$$

$$\mathrm{pOH} = 11.8 \quad , \quad \mathrm{pH} = 2.2$$

因此，滴定允许的最高 pH 为 2.2。

由此可见，根据 EDTA 的酸效应可确定滴定时允许的最低 pH，根据金属离子水解效应可估算允许的最高 pH，从而得出滴定适宜的 pH 范围。例 5 中，用 $0.010\ 00\ \mathrm{mol} \cdot \mathrm{L}^{-1}$ EDTA标准溶液滴定同浓度的 Fe^{3+} 溶液适宜的 pH 范围是 1.1～2.2。

实际滴定时除了要从 EDTA 的酸效应和金属离子的水解效应来考虑配位滴定的适宜酸度范围外，还需考虑指示剂的颜色变化对 pH 的要求。

第四节　金属指示剂

在配位滴定中广泛采用金属指示剂来指示滴定终点。

一、金属指示剂的作用原理

金属指示剂是一些有机配位剂,能与金属离子 M 形成有色配合物,其颜色与游离指示剂本身的颜色不同,从而指示滴定的终点。现以铬黑 T(以 In 表示)为例,说明金属指示剂的作用原理。

铬黑 T 能与金属离子(Pb^{2+},Mg^{2+},Zn^{2+} 等)形成比较稳定的酒红色配合物,而当 pH=8~11 时,铬黑 T 本身呈蓝色。

$$In + M \rightleftharpoons MIn$$
$$\text{蓝色} \qquad \text{酒红色}$$

滴定时,在含上述金属离子的溶液中加入少量铬黑 T,这时有少量 MIn 生成,溶液呈现酒红色。随着 EDTA 的滴入,游离的金属离子逐步被 EDTA 配位形成 MY,当游离的金属离子全部与 EDTA 配位后,继续滴入 EDTA 时,由于配合物 MY 的条件稳定常数大于配合物 MIn 的条件稳定常数,稍过量的 EDTA 将夺取 MIn 中的 M,使指示剂游离出来,溶液的颜色由酒红色突然转变为蓝色,指示滴定终点的到达。

$$MIn + Y \rightleftharpoons MY + In$$
$$\text{酒红色} \qquad\qquad \text{蓝色}$$

许多金属指示剂不仅具有配位剂的性质,而且本身常是多元弱酸或弱碱,在不同的 pH 范围内,指示剂本身会呈现不同的颜色。例如,铬黑 T 指示剂就是一种三元弱酸,它本身能随溶液 pH 的变化而呈现不同的颜色:pH<6 时,铬黑 T 呈现酒红色;pH>12 时,呈现橙色。显然,在 pH<6 或者 pH>12 时,游离铬黑 T 的颜色与配合物 MIn 的颜色没有显著区别,只有在 pH 为 8~11 的酸度条件下进行滴定,到终点时才会发生由酒红色到蓝色的颜色突变。因此选用金属指示剂,必须注意选择合适的 pH 范围。

二、金属指示剂必须具备的条件

从上述铬黑 T 的例子中可以看到,金属指示剂必须具备下列几个条件。

(1) 在滴定的 pH 范围内,游离指示剂 In 本身的颜色同指示剂与金属离子配合物 MIn 的颜色应有明显的差别。

(2) 金属离子与指示剂形成有色配合物的显色反应要灵敏,在金属离子浓度很小时,仍能呈现明显的颜色。

(3) 金属离子与指示剂配合物 MIn 应有适当的稳定性。一方面应小于 EDTA 与金属离子配合物 MY 的稳定性,即 $K_{MIn} < K_{MY}$,这样滴定到达化学计量点时,EDTA 才能将指示剂从 MIn 配合物中置换出来。另一方面,如果 MIn 的稳定性太差,则在到达化学计量点前,指示剂就会被置换出来,而且变色不敏锐。

三、使用金属指示剂时可能出现的问题

1. 指示剂的封闭现象

有的指示剂能与某些金属离子生成极稳定的配合物,这些配合物较对应的 MY 配合物更稳定,以致到达化学计量点时滴入过量 EDTA,指示剂也不能被置换出来,溶液颜色不发生变化,这种现象称为指示剂的封闭现象。例如,用铬黑 T 作指示剂,在 pH=10 的条件下,用 EDTA 滴定 Ca^{2+},Mg^{2+} 时,Fe^{3+},Al^{3+},Ni^{2+} 和 Co^{2+} 对铬黑 T 有封闭作用。这时,可加入少量三乙醇胺(掩蔽 Fe^{3+} 和 Al^{3+})和 KCN(掩蔽 Ni^{2+} 和 Co^{2+})以消除干扰。

2. 指示剂的僵化现象

有些指示剂和金属离子的配合物 MIn 在水中的溶解度小,使 EDTA 与 MIn 的置换缓慢,终点的颜色变化不明显,这种现象称为指示剂的僵化现象。这时,可加入适当的有机溶剂或加热,以增大其溶解度。例如,用 PAN 作指示剂时,可加入少量的甲醇或乙醇,或将溶液适当加热以加快置换速度,使指示剂的变色敏锐一些。

3. 指示剂的氧化变质现象

金属指示剂大多数是含有双键的有色化合物,易被日光、氧化剂、空气所分解;有些指示剂在水溶液中不稳定,日久会变质。这些均为指示剂的氧化变质现象。如铬黑 T、钙指示剂的水溶液均易氧化变质,所以常配成固体混合物或加入具有还原性的物质来配成溶液。

四、常用的金属指示剂

一些常用金属指示剂的主要使用情况列于表 5-4。

表 5-4　常用的金属指示剂

指示剂	适用的 pH 范围	颜色变化		直接滴定的离子	指示剂配制	注意事项
		In	MIn			
铬黑 T (eriochrome black T) 简称 BT 或 EBT	8~10	蓝	酒红	pH=10,Mg^{2+},Zn^{2+},Cd^{2+}, Pb^{2+},Mn^{2+},稀土元素离子	1:100 NaCl (固体)	Fe^{3+},Al^{3+},Cu^{2+}, Ni^{2+} 等离子封闭 EBT
酸性铬蓝 K (acid chrome blue K)	8~13	蓝	红	pH=10,Mg^{2+},Zn^{2+},Mn^{2+} pH=13,Ca^{2+}	1:100 NaCl (固体)	
二甲酚橙 (xylenol orange) 简称 XO	<6	亮黄	红	pH<1,ZrO^{2+} pH=1~3.5,Bi^{3+},Th^{4+} pH=5~6,Tl^{3+},Zn^{2+}, Pb^{2+},Cd^{2+},Hg^{2+},稀土元素离子	0.5%水溶液 (5 g·L^{-1})	Fe^{3+},Al^{3+},Ni^{2+}, Ti^{4+} 等离子封闭 XO
磺基水杨酸 (sulfo-salicylic acid) 简称 SSal	1.5~2.5	无色	紫红	pH=1.5~2.5,Fe^{3+}	5%水溶液 (50 g·L^{-1})	SSal 本身无色, FeY$^-$ 呈黄色

指示剂	适用的 pH 范围	颜色变化		直接滴定的离子	指示剂配制	注意事项
		In	MIn			
钙指示剂 (calcon-carboxylic acid)简称 NN	12～13	蓝	酒红	pH＝12～13，Ca^{2+}	1：100 NaCl (固体)	Ti^{4+}，Fe^{3+}，Al^{3+}，Cu^{2+}，Ni^{2+}，Co^{2+}，Mn^{2+} 等离子封闭 NN
PAN [1-(2-pyridylazo)-2-naphthol]	2～12	黄	紫红	pH＝2～3，Th^{4+}，Bi^{3+} pH＝4～5，Cu^{2+}，Ni^{2+}，Pb^{2+}，Cd^{2+}，Zn^{2+}，Mn^{2+}，Fe^{2+}	0.1％乙醇溶液(1 g·L^{-1})	MIn 在水中溶解度小，为防止 PAN 僵化，滴定时须加热

除表 5-4 所列指示剂外，还有一种 Cu-PAN 指示剂，它是 Cu-EDTA 与少量 PAN 的混合溶液。用此指示剂可滴定许多金属离子，一些与 PAN 配位不够稳定或不显色的离子，可以用此指示剂进行滴定。例如，在 pH＝10 时，用此指示剂，以 EDTA 滴定 Ca^{2+}，其变色过程是：最初，溶液中 Ca^{2+} 浓度较高，它能夺取 CuY 中的 Y，形成 CaY，置换出来的 Cu^{2+} 与 PAN 配位而显紫红色，其反应式可表示如下：

$$CuY + PAN + Ca^{2+} \rightleftharpoons CaY + Cu\text{-}PAN$$

<u>蓝</u> <u>黄</u> 无色 紫红色

绿色

用 EDTA 滴定时，EDTA 先与游离的 Ca^{2+} 配位，Ca^{2+} 定量配位完成后，再滴入的 EDTA 将夺取 Cu-PAN 中的 Cu^{2+}，从而使 PAN 游离出来，溶液由紫红色变为绿色指示终点到达。因滴定前加入的 CuY 的量与最后生成的 CuY 是相等的，故加入的 CuY 并不影响测定结果。

$$Cu\text{-}PAN + Y \longrightarrow CuY + PAN$$

Cu-PAN 指示剂可在很宽的 pH 范围(pH＝2～12)内使用，但 Ni^{2+} 对它有封闭作用。另外，使用此指示剂时，不能同时使用能与 Cu^{2+} 形成更加稳定配合物的掩蔽剂。

第五节 提高配位滴定选择性的方法

 想一想 1

在配位滴定分析中，为什么经常需要控制溶液的酸度？为什么有时要加入掩蔽剂？

由于 EDTA 能和大多数金属离子形成稳定的配合物，而在被测试液中往往同时存在多种金属离子，这样在滴定时很可能彼此干扰。因此，消除干扰、提高配位滴定的选择性，是配位滴定要解决的主要问题之一。为了减少或消除共存离子的干扰，在实际滴定

文本

想一想 1 解答

第五节 提高配位滴定选择性的方法

中,常用下列几种方法。

一、控制溶液的酸度

不同的金属离子和 EDTA 所形成的配合物稳定常数是不相同的,因此在滴定时所允许的最小 pH 也不同。若溶液中同时存在两种或两种以上的金属离子,它们与 EDTA 所形成的配合物稳定常数又相差足够大,则控制溶液的酸度,使其只满足滴定某一种离子允许的最小 pH,但又不会使该离子发生水解而析出沉淀,此时就只有这一种离子与 EDTA 形成稳定的配合物,而其他离子不与 EDTA 发生配位反应,这样就可以避免干扰。

设溶液中有 M 和 N 两种金属离子,它们均可与 EDTA 形成配合物,且 $K_{MY} > K_{NY}$。对于有干扰离子共存时的配位滴定,通常允许有 $\leqslant \pm 0.5\%$ 的相对误差,当 $c_M = c_N$,而且用指示剂检测终点的误差 $\Delta pM \approx 0.3$ 时,经计算,可得出要准确滴定 M,而 N 不干扰的条件为

$$\Delta \lg K \geqslant 5 \tag{5-16}$$

一般以此式作为判断能否利用控制酸度进行分别滴定的条件。

例如,当溶液中 Bi^{3+},Pb^{2+} 浓度皆为 10^{-2} mol·L^{-1} 时,要选择滴定 Bi^{3+}。从表 5-2 可知 $\lg K_{BiY} = 27.94$,$\lg K_{PbY} = 18.04$,$\Delta \lg K = 27.94 - 18.04 = 9.90$,故可选择滴定 Bi^{3+},而 Pb^{2+} 不干扰。然后进一步根据 $\lg \alpha_{Y(H)} \leqslant \lg K_{MY} - 8$,可确定滴定允许的最小 pH。此例中 $[Bi^{3+}] = 10^{-2}$ mol·L^{-1},可由 EDTA 的酸效应曲线(图 5-7)直接查到滴定 Bi^{3+} 允许的最小 pH 约为 0.7,即要求 pH $\geqslant 0.7$ 时滴定 Bi^{3+}。但滴定时 pH 不能太大,在 pH ≈ 2 时,Bi^{3+} 将开始水解析出沉淀,因此滴定含 Bi^{3+} 和 Pb^{2+} 的溶液中的 Bi^{3+} 时,适宜酸度范围为 pH $= 0.7 \sim 2$。此时 Pb^{2+} 不与 EDTA 配位,不干扰 Bi^{3+} 的测定。

 **想一想 2**

混合液中含 Fe^{3+},Al^{3+},能否像 Bi^{3+},Pb^{2+} 混合液一样,采取控制酸度的方法实现分别滴定?

提示:

(1)先根据它们的 $\lg K_{MY}$ 讨论分别滴定的可能性,若能分别滴定,分别滴定的 pH 是多少?以什么为指示剂?

(2)Al^{3+} 对金属指示剂有何作用?能不能直接滴定?

 小贴士

在配位滴定的实践中,不能仅仅考虑 EDTA 与金属离子形成的配合物的稳定性问题,还应考虑共存离子的干扰、指示剂的封闭等问题,有这些问题存在时,必须采用不同的滴定方式才能实现配位滴定。

二、掩蔽和解蔽的方法

（一）掩蔽方法

若不能满足 $\Delta \lg K \geqslant 5$ 的条件,则在滴定 M 的过程中,N 将同时被滴定而发生干扰。要克服或消除这种干扰,提高滴定的选择性,必须采取其他措施,如采用掩蔽方法,预先分离的方法,或者改用其他滴定剂来达到这个目的。常用的掩蔽方法按反应类型不同,可分为配位掩蔽法、沉淀掩蔽法和氧化还原掩蔽法,其中以配位掩蔽法用得最多。

1. 配位掩蔽法

配位掩蔽法是利用配位反应降低干扰离子浓度以消除干扰的方法。例如,用 EDTA 滴定水中的 Ca^{2+},Mg^{2+} 以测定水的硬度时,Fe^{3+},Al^{3+} 等离子的存在干扰测定,若加入三乙醇胺使其与 Fe^{3+},Al^{3+} 生成更稳定的配合物,则可消除 Fe^{3+},Al^{3+} 的干扰。又如,在 Al^{3+} 与 Zn^{2+} 共存时,可用 NH_4F 掩蔽 Al^{3+},使其生成更稳定的 AlF_6^{3-} 配离子,调节 pH＝5～6,可用 EDTA 滴定 Zn^{2+},而 Al^{3+} 不干扰。

由上例可以看出,配位掩蔽剂必须具备下列条件。

（1）与干扰离子形成配合物的稳定性必须大于 EDTA 与该离子形成配合物的稳定性,而且这些配合物应为无色或浅色,不影响终点的观察。

（2）配位掩蔽剂不能与待测离子形成配合物,或形成配合物的稳定性要比待测离子与 EDTA 所形成配合物的稳定性小得多,这样才不会影响滴定进行。

（3）配位掩蔽剂适宜的 pH 范围应符合滴定适宜的酸度范围。

一些常用的配位掩蔽剂及其使用范围列于表 5-5。

表 5-5 常用的配位掩蔽剂

名称	pH 范围	被掩蔽的离子	备注
KCN	pH＞8	Co^{2+},Ni^{2+},Cu^{2+},Zn^{2+},Hg^{2+},Cd^{2+},Ag^+,Tl^+ 及铂族元素	
NH_4F	pH＝4～6 pH＝10	Al^{3+},Ti^{4+},Sn^{4+},Zr^{4+},W^{6+} 等 Al^{3+},Mg^{2+},Ca^{2+},Sr^{2+},Ba^{2+} 及稀土元素	用 NH_4F 比 NaF 好,优点是加入后溶液 pH 变化不大
三乙醇胺（TEA）	pH＝10 pH＝11～12	Al^{3+},Sn^{4+},Ti^{4+},Fe^{3+} Fe^{3+},Al^{3+} 及少量 Mn^{2+}	与 KCN 并用,可提高掩蔽效果
二巯丙醇	pH＝10	Hg^{2+},Cd^{2+},Zn^{2+},Bi^{3+},Pb^{2+},Ag^+,As^{3+},Sn^{4+} 及少量 Cu^{2+},Co^{2+},Ni^{2+},Fe^{3+}	
铜试剂（DDTC）	pH＝10	能与 Cu^{2+},Hg^{2+},Pb^{2+},Cd^{2+},Bi^{3+} 生成沉淀,其中 Cu-DDTC 为褐色,Bi-DDTC 为黄色,故其存在量应分别小于 2 mg 和 10 mg	
酒石酸	pH＝1.2 pH＝2 pH＝5.5 pH＝6～7.5 pH＝10	Sb^{3+},Sn^{4+},Fe^{3+} 及 5 mg 以下的 Cu^{2+} Fe^{3+},Sn^{4+},Mn^{2+} Fe^{3+},Al^{3+},Sn^{4+},Ca^{2+} Mg^{2+},Cu^{2+},Fe^{3+},Al^{3+},Mo^{4+},Sb^{3+},W^{6+} Al^{3+},Sn^{4+}	在抗坏血酸存在下

2. 沉淀掩蔽法

沉淀掩蔽法是利用干扰离子与掩蔽剂形成沉淀以降低其浓度的方法。例如,在 Ca^{2+}, Mg^{2+} 两种离子共存的溶液中加入 NaOH 溶液,使 pH>12,则 Mg^{2+} 生成 $Mg(OH)_2$ 沉淀,然后用 EDTA 滴定 Ca^{2+}。

沉淀掩蔽法在实际应用中有一定的局限性,它要求所生成的沉淀致密,溶解度小,无色或浅色,且吸附作用小。否则,由于颜色深,体积大,吸附待测离子或指示剂都将影响终点的观察和测定结果的准确性。

常用的一些沉淀掩蔽剂及其使用范围列于表 5-6 中。

表 5-6　配位滴定中应用的沉淀掩蔽剂

名称	被掩蔽的离子	待测定的离子	pH	指示剂
NH_4F	Ca^{2+}, Sr^{2+}, Ba^{2+}, Mg^{2+}, Ti^{4+}, Al^{3+}, 稀土离子	Zn^{2+}, Cd^{2+}, Mn^{2+} (有还原剂存在下)	10	铬黑 T
NH_4F	同上	Cu^{2+}, Co^{2+}, Ni^{2+}	10	紫脲酸铵
K_2CrO_4	Ba^{2+}	Sr^{2+}	10	Mg-EDTA 铬黑 T
Na_2S 或铜试剂	微量重金属	Ca^{2+}, Mg^{2+}	10	铬黑 T
H_2SO_4	Pb^{2+}	Bi^{3+}	1	二甲酚橙
$K_4[Fe(CN)_6]$	微量 Zn^{2+}	Pb^{2+}	5~6	二甲酚橙

3. 氧化还原掩蔽法

氧化还原掩蔽法是利用氧化还原反应,改变干扰离子价态以消除干扰的方法。例如,用 EDTA 滴定 Bi^{3+}, Zr^{4+}, Th^{4+} 等离子时,溶液中如果存在 Fe^{3+},则 Fe^{3+} 干扰测定,此时可加入抗坏血酸或盐酸羟胺,将 Fe^{3+} 还原为 Fe^{2+},由于 Fe^{2+} 与 EDTA 配合物的稳定性比 Fe^{3+} 与 EDTA 配合物的稳定性小得多($\lg K_{FeY^-} = 25.1$, $\lg K_{FeY^{2-}} = 14.32$),因而能掩蔽 Fe^{3+} 的干扰。

常用的还原剂有:抗坏血酸、盐酸羟胺、联胺、硫脲、半胱氨酸等,其中有些还原剂同时又是配位剂。

(二) 解蔽方法

在金属离子配合物的溶液中,加入一种试剂(解蔽剂),将已被 EDTA 或掩蔽剂配位的金属离子释放出来再进行滴定,这种方法叫解蔽。例如,用配位滴定法测定铜合金中的 Zn^{2+} 和 Pb^{2+},试液调至碱性后,加 KCN 掩蔽 Cu^{2+}, Zn^{2+}(氰化钾是剧毒物,只允许在碱性溶液中使用!),此时 Pb^{2+} 不被 KCN 掩蔽,故可在 pH=10 的溶液中,以铬黑 T 为指示剂,用 EDTA 标准溶液进行滴定。在滴定 Pb^{2+} 后的溶液中,加入甲醛破坏 $[Zn(CN)_4]^{2-}$:

$$4HCHO + [Zn(CN)_4]^{2-} + 4H_2O \longrightarrow Zn^{2+} + 4H_2C{\overset{OH}{\underset{CN}{<}}} + 4OH^-$$

原来被 CN^- 配位了的 Zn^{2+} 又释放出来,再用 EDTA 继续滴定。

在实际分析中,用一种掩蔽剂常不能得到令人满意的结果,当有多种离子共存时,常将几种掩蔽剂或沉淀剂联合使用,这样才能获得较好的选择性。但须注意,共存干扰离子的量不能太多,否则得不到满意的结果。

三、化学分离法

当利用控制酸度或掩蔽等方法不能消除干扰时,还可用化学分离法把待测离子从其他组分中分离出来,分离的方法可参见本书第十四章第三节,这里不再赘述。

四、选用其他配位滴定剂

随着配位滴定法的发展,除 EDTA 外又研制了一些新型的氨羧配合物作为滴定剂,它们与金属离子形成配合物的稳定性各有特点,可以用来提高配位滴定法的选择性。

例如,EDTA 与 Ca^{2+},Mg^{2+} 形成的配合物稳定性相差不大,而乙二醇双(2-氨基乙基醚)四乙酸(EGTA)与 Ca^{2+},Mg^{2+} 形成的配合物稳定性相差较大,故可以在 Ca^{2+},Mg^{2+} 共存时,用 EGTA 选择性滴定 Ca^{2+}。乙二胺四丙酸(EDTP)与 Cu^{2+} 形成的配合物稳定性高,可以在 Cu^{2+},Zn^{2+},Cd^{2+},Mn^{2+} 共存的溶液中选择性滴定 Cu^{2+}。

第六节 配位滴定的应用

在配位滴定中,采用不同的滴定方式,不但可以扩大配位滴定的应用范围,同时也可以提高配位滴定的选择性。

一、滴定方式

1. 直接滴定法

直接滴定法是配位滴定中最基本的方法。这种方法是将待测物质经过预处理制成溶液后,调节酸度,加入指示剂,有时还需要加入适当的辅助配体及掩蔽剂,直接用 EDTA 标准溶液进行滴定,然后根据标准溶液的浓度和所消耗的体积,计算试液中待测组分的含量。

直接滴定法可用于:

pH=1 时,滴定 Bi^{3+};

pH=1.5~2.5 时,滴定 Fe^{3+};

pH=2.5~3.5 时,滴定 Th^{4+};

pH=5~6 时,滴定 Zn^{2+},Pb^{2+},Cd^{2+} 及稀土离子;

pH=9~10 时,滴定 Zn^{2+},Mn^{2+},Cd^{2+} 及稀土离子;

pH=10 时,滴定 Mg^{2+};

pH=12~13 时,滴定 Ca^{2+}。

2. 返滴定法

当待测离子与 EDTA 配位缓慢或在滴定的 pH 下发生水解,或对指示剂有封闭作用,或无合适的指示剂时,可采用返滴定法。即先加入定量且过量的 EDTA 标准溶液,使其与待测离子配位完全,再用另一种金属离子的标准溶液滴定剩余的 EDTA,由消耗两种标准溶液的物质的量之差计算待测离子的含量。

例如,Al^{3+} 与 EDTA 配位缓慢,对二甲酚橙等指示剂也有封闭作用,又较易水解,因此一般采用返滴定法。先加入过量的 EDTA 于试液中,调节 pH≈3.5,加热煮沸使 Al^{3+} 与 EDTA 配位完全,冷却后调 pH=5~6,加入二甲酚橙,用 Zn^{2+} 标准溶液滴定剩余的 EDTA 以测定 Al^{3+} 的含量。

3. 置换滴定法

置换滴定法是指利用置换反应从配合物中置换出等物质的量的另一种金属离子或 EDTA,然后再进行滴定的方法。例如,测定锡青铜中的锡时,可向试液中加入过量的 EDTA,Sn^{4+} 与共存的 Pb^{2+},Zn^{2+},Cu^{2+} 等一起与 EDTA 配位,用 Zn^{2+} 标准溶液滴定剩余的 EDTA,然后加入 NH_4F,F^- 将 SnY 中的 Y 置换出来,再用 Zn^{2+} 标准溶液滴定置换出来的 Y,即可求得 Sn 的含量。

4. 间接滴定法

有些金属离子如 Li^+,Na^+,K^+,Rb^+,Cs^+ 等和一些非金属离子如 SO_4^{2-},PO_4^{3-} 等,由于和 EDTA 形成的配合物不稳定或不能与 EDTA 配位,这时可采用间接滴定的方法进行测定。

例如,Na^+ 的测定可通过醋酸铀酰锌来沉淀 Na^+,生成醋酸铀酰锌钠[$NaOAc \cdot Zn(OAc)_2 \cdot 3UO_2(OAc)_2 \cdot 9H_2O$]沉淀,将沉淀过滤、洗涤、溶解后,以 EDTA 滴定 Zn^{2+} 而定量。又如 PO_4^{3-} 的测定,在一定条件下,可将 PO_4^{3-} 沉淀为 $MgNH_4PO_4$,然后过滤、洗涤、溶解沉淀,调节溶液的 pH=10,铬黑 T 作指示剂,以 EDTA 标准溶液滴定与 PO_4^{3-} 等物质的量的 Mg^{2+},由 Mg^{2+} 物质的量间接算出 PO_4^{3-} 的含量。

二、配位滴定法应用示例

1. 水的总硬度测定

硬度是工业用水的重要指标,如锅炉给水,经常要进行硬度分析,为水的处理提供依据。测定水的总硬度就是测定水中 Ca^{2+},Mg^{2+} 的总含量。一般采用配位滴定法,即在 pH=10 的氨性缓冲溶液中,以铬黑 T 作指示剂,用 EDTA 标准溶液直接滴定,直至溶液由酒红色转变为纯蓝色为终点。滴定时,水中存在的少量 Fe^{3+},Al^{3+} 等干扰离子用三乙醇胺掩蔽,Cu^{2+},Pb^{2+} 等重金属离子可用 KCN,Na_2S 来掩蔽。

测定结果的钙、镁离子总量常以碳酸钙的量来表示。各国对水的硬度表示方法不同,我国通常以 $CaCO_3$ 的质量浓度 ρ 表示硬度,单位取 $mg \cdot L^{-1}$。也有用 $CaCO_3$ 的物质的量浓度来表示的,单位取 $mmol \cdot L^{-1}$。国家标准规定饮用水硬度以 $CaCO_3$ 计,不能超过 $450\ mg \cdot L^{-1}$。

例 6 取水样 50.00 mL,调 pH=10,以铬黑 T 为指示剂,用 0.010 00 mol·L^{-1} EDTA 标准溶液滴定,消耗 15.00 mL;另取水样 50.00 mL,调 pH=12,以钙指示剂为指示剂,用相同的 EDTA 标准溶液滴定,消耗 10.00 mL。

计算:(1) 水样中 Ca^{2+}、Mg^{2+} 的总含量,以 $mmol \cdot L^{-1}$ 表示;

(2) Ca^{2+} 和 Mg^{2+} 的各自含量,以 $mg \cdot L^{-1}$ 表示。

解：(1) $pH=10$ 时，以铬黑 T 为指示剂，用 EDTA 标准溶液滴定，所测结果为 Ca^{2+}、Mg^{2+} 的总含量，即 $n_{Ca^{2+}+Mg^{2+}}=n_{EDTA}$。

$$c_{Ca^{2+}+Mg^{2+}}=\frac{c_{EDTA}V_{EDTA}}{V_s}=\frac{0.010\,00 \text{ mol·L}^{-1}\times15.00 \text{ mL}}{50.00 \text{ mL}}$$

$$=3.000\times10^{-3} \text{ mol·L}^{-1}=3.000 \text{ mmol·L}^{-1}$$

(2) 以钙指示剂为指示剂，$pH=12$ 时，Mg^{2+} 形成 $Mg(OH)_2$ 沉淀，用 EDTA 标准溶液滴定，所测得的是 Ca^{2+} 的含量，即 $n_{Ca^{2+}}=n_{EDTA}$。

$$\rho_{Ca^{2+}}=\frac{m_{Ca^{2+}}}{V_s}=\frac{n_{Ca^{2+}}M_{Ca^{2+}}}{V_s}=\frac{c_{EDTA}V_{EDTA}M_{Ca^{2+}}}{V_s}$$

$$=\frac{0.010\,00 \text{ mol·L}^{-1}\times10.00 \text{ mL}\times40.08 \text{ g·mol}^{-1}\times10^3 \text{ mg·g}^{-1}}{50.00 \text{ mL}}=80.16 \text{ mg·L}^{-1}$$

EDTA 与 Mg^{2+} 反应消耗的体积为

$$15.00 \text{ mL}-10.00 \text{ mL}=5.00 \text{ mL}$$

$$\rho_{Mg^{2+}}=\frac{m_{Mg^{2+}}}{V_s}=\frac{c_{EDTA}V_{EDTA}M_{Mg^{2+}}}{V_s}$$

$$=\frac{0.010\,00 \text{ mol·L}^{-1}\times5.00 \text{ mL}\times24.31 \text{ g·mol}^{-1}\times10^3 \text{ mg·g}^{-1}}{50.00 \text{ mL}}=24.31 \text{ mg·L}^{-1}$$

2. 氢氧化铝凝胶含量的测定

用 EDTA 返滴定法。即将一定量的氢氧化铝凝胶溶解，加 $HOAc$-NH_4OAc 缓冲溶液，控制酸度 $pH=4.5$，加入过量的 EDTA 标准溶液，使其与 Al^{3+} 反应完全后，再以二苯硫腙作指示剂，以 Zn^{2+} 标准溶液滴定到溶液由绿黄色变为红色，即为终点。

3. 硅酸盐物料中三氧化二铁、氧化铝、氧化钙和氧化镁的测定

硅酸盐在地壳中占 75% 以上，天然的硅酸盐矿物有石英、云母、滑石、长石、白云石等。水泥、玻璃、陶瓷制品、砖、瓦等则为人造硅酸盐。黄土、黏土、沙土等土壤主要成分也是硅酸盐。硅酸盐的组成除 SiO_2 外还有 Fe_2O_3，Al_2O_3，CaO 和 MgO 等，这些组分通常都可采用配位滴定法来测定。试样经预处理制成试液后，在 $pH=2\sim2.5$，以磺基水杨酸作指示剂，用 EDTA 标准溶液直接滴定 Fe^{3+}。在滴定 Fe^{3+} 后的溶液中，加过量的 EDTA 并调整 $pH\approx3.5$，加热煮沸，反应完全后，调节 pH 为 $4\sim6$，以 PAN 作指示剂，在热溶液中用 $CuSO_4$ 标准溶液回滴过量的 EDTA 以测定 Al^{3+} 含量。另取一份试液，加三乙醇胺，在 $pH=10$，以 KB 作指示剂，用 EDTA 标准溶液滴定 $CaO+MgO$ 总量。再取等量试液加三乙醇胺，以 KOH 溶液调 $pH>12$，使 Mg 形成 $Mg(OH)_2$ 沉淀，仍用 KB 指示剂，用 EDTA 标准溶液直接滴定得 CaO 量，并用差减法计算 MgO 的含量，本方法现在仍广泛使用。测定中使用的 KB 指示剂是由酸性铬蓝 K 和萘酚绿 B 混合配制的。

第七节　EDTA 标准溶液的配制与标定

在配位滴定中，最常用的标准溶液是 EDTA 标准溶液。

一、EDTA 标准溶液的配制

实验室一般使用 EDTA 的二钠盐($Na_2H_2Y \cdot 2H_2O$)采用间接法配制。

1. 配制方法

常用的 EDTA 标准溶液的浓度为 $0.01 \sim 0.05 \ mol \cdot L^{-1}$。配制时,称取一定量的 EDTA($Na_2H_2Y \cdot 2H_2O$,$M_{Na_2H_2Y \cdot 2H_2O} = 372.2 \ g \cdot mol^{-1}$),用适量去离子水溶解(必要时可加热),溶解后稀释至所需体积,并充分混匀,转移至试剂瓶中待标定。

EDTA 二钠盐溶液的 pH 正常值为 4.8,市售的试剂如果不纯,pH 常低于 2,有时 pH<4。当室温较低时易析出难溶于水的乙二胺四乙酸,使溶液变浑浊,溶液的浓度也发生变化。因此配制溶液时可用 pH 试纸检查,若溶液 pH 较低,可加几滴 $0.1 \ mol \cdot L^{-1}$ NaOH 溶液,使溶液 pH 为 $5 \sim 6.5$,直至溶液变清为止。

2. 去离子水的质量

在配位滴定中,使用的去离子水质量是否符合要求(GB/T 6682—2008"分析实验室用水规格和试验方法")十分重要。若配制溶液的去离子水中含有 Al^{3+},Fe^{3+},Cu^{2+} 等,会使指示剂封闭,影响终点观察;若去离子水中含有 Ca^{2+},Mg^{2+},Pb^{2+} 等,在滴定中会消耗一定量的 EDTA,对结果产生影响。因此,在配位滴定中必须对所用的去离子水进行质量检查。

3. EDTA 标准溶液的储存

配制好的 EDTA 标准溶液应贮存在聚乙烯塑料瓶或硬质玻璃瓶中。若贮存在软质玻璃瓶中,EDTA 会不断溶解玻璃中的 Ca^{2+},Mg^{2+} 等离子,形成配合物,使其浓度不断降低。

二、EDTA 标准溶液的标定

用于标定 EDTA 溶液的基准试剂很多,如纯金属 Bi,Cd,Cu,Zn,Mg,Ni,Pb 等,要求其纯度在 99.99% 以上。金属表面如有氧化膜,应先用酸洗去,再用水或乙醇洗涤,并在 105 ℃ 烘干数分钟后再称量。金属氧化物及其盐类也可以作为基准试剂,如 Bi_2O_3,$CaCO_3$,MgO,$MgSO_4 \cdot 7H_2O$,ZnO,$ZnSO_4$ 等。

为了使测定结果具有较高的准确度,标定的条件与测定的条件应尽量相同。在可能的情况下,最好选用被测元素的纯金属或化合物为基准物质。这是因为:① 不同的金属离子与 EDTA 反应的完全程度不同;② 不同指示剂变色点不同;③ 不同条件下溶液中共存的离子的干扰程度不同。例如,由实验用水引入的 Ca^{2+},Pb^{2+} 杂质,在不同条件下有不同影响:在碱性溶液中滴定时两者均会与 EDTA 配位,在酸性溶液中只有 Pb^{2+} 与 EDTA配位,在强酸溶液中则两者均不与 EDTA 配位。因此若在相同酸度下标定和测定,这种影响就可以被抵消。

 **想一想 3**

若配制 EDTA 标准溶液的水中含有少量的 Ca^{2+},Mg^{2+},在 pH=5~6 时,以二甲酚橙为指示剂,用 Zn^{2+} 标定该 EDTA 标准溶液,其标定结果是偏高、偏低还是无影响?

视频

EDTA 标准溶液的标定(二甲酚橙指示剂)

视频

EDTA 标准溶液的标定(铬黑 T 指示剂)

文本

想一想 3 解答

第五章 配位滴定法

本章主要知识点

一、EDTA 及配位平衡

1. EDTA 及其配合物的性质

配位滴定中常用的滴定剂是乙二胺四乙酸（EDTA），在水溶液中 EDTA 共有七种存在型体，其中 Y^{4-} 是与金属离子直接配位的型体。

EDTA 可与大多数金属离子生成稳定的 1:1 的配合物。

2. 配位平衡

(1) 配合物的稳定常数　用 K_{MY} 表示，K_{MY} 越大，配合物越稳定，配位反应越完全。

(2) 配位滴定中的副反应　配位滴定过程中，除了发生 EDTA 与 M^{n+} 配位的主反应外，还会伴随一些副反应的发生，其中对主反应影响较大的是 EDTA 的酸效应和 M^{n+} 的辅助配位效应，尤其是 EDTA 的酸效应。酸效应对主反应的影响程度可用酸效应系数 $\alpha_{Y(H)}$ 来衡量，$\alpha_{Y(H)}$ 越大，表示能参加主反应 Y^{4-} 的浓度越小，对主反应的影响越严重。

(3) 配合物的条件稳定常数　当有副反应发生时，用条件稳定常数 K'_{MY} 可以更客观地反映配合物 MY 的稳定程度。如果只考虑 EDTA 的酸效应，则

$$\lg K'_{MY} = \lg K_{MY} - \lg \alpha_{Y(H)}$$

二、配位滴定基本原理

1. 滴定曲线

(1) 配位滴定曲线　以被测金属离子的 pM 对滴定剂加入体积作图，即得配位滴定曲线。

(2) 影响滴定突跃的因素

① K'_{MY} 一定时，被测金属离子浓度 c_M 越大，滴定突跃范围越大。

② c_M 一定时，K'_{MY} 越大，滴定突跃越大。

③ 通常溶液 pH 是影响 K'_{MY} 的主要因素，在此情况下，若金属离子不水解，则 pH 越大，滴定突跃范围越大。因此可以借助调节 pH，增大 K'_{MY}，从而增大滴定突跃范围。

2. 单一离子直接准确滴定的判据

$$\lg(c_M \cdot K'_{MY}) \geqslant 6$$

3. 单一离子滴定的适宜 pH 范围

(1) 最高酸度　当 $c_M = 0.010\,00\ \text{mol} \cdot \text{L}^{-1}$ 时，由 $\lg \alpha_{Y(H)} \leqslant \lg K_{MY} - 8$ 计算出 $\lg \alpha_{Y(H)}$，查表 5-3 得对应 $\text{pH}_{\min}$。

用该方法算出滴定各种金属离子的最高酸度，绘成 $\text{pH}-K_{MY}$ 曲线，即为酸效应曲线。利用酸效应曲线可查得单独滴定某种金属离子时所允许的最低 pH。

(2) 最低酸度　由 $[OH^-] = \sqrt[n]{K_{\text{sp,M(OH)}_n} / c_M}$ 计算出 $\text{pH}_{\max}$。

此外,实际滴定时适宜的酸度范围还需考虑指示剂的颜色变化对 pH 的要求。

4. 金属指示剂

金属指示剂是一些有机配位剂,可与金属离子形成有色配合物,其颜色与游离指示剂的颜色不同,因而能指示滴定过程中金属离子浓度的变化情况。

金属指示剂在使用过程中应注意消除或防止封闭、僵化和氧化变质等现象。

三、配位滴定法应用

1. 提高配位滴定选择性的方法

（1）控制酸度　当 $\Delta \lg K \geqslant 5$ 时,可以通过控制试液酸度对被测离子分别滴定。

（2）掩蔽和解蔽方法　当 $\Delta \lg K < 5$ 时,可以采用掩蔽和解蔽方法消除干扰,常用配位掩蔽、沉淀掩蔽、氧化还原掩蔽及先掩蔽再解蔽等方法。

（3）当控制酸度、掩蔽和解蔽都不能消除干扰时,可以采用其他氨羧滴定剂滴定或用化学分离法分离干扰离子。

2. 滴定方式

如果能够完全满足配位滴定条件,首选直接滴定法,否则可以根据实际情况,采用返滴定法、置换滴定法或间接滴定法。

3. EDTA 标准溶液的配制和标定

一般使用 EDTA 的二钠盐（$Na_2H_2Y \cdot 2H_2O$）采用间接法配制 EDTA 标准溶液。

标定 EDTA 标准溶液可选择 Zn、ZnO、$CaCO_3$、$MgSO_4 \cdot 7H_2O$ 等多种基准试剂。为了提高测定准确度,标定的条件与测定的条件应尽量相同。在可能的情况下,最好选用被测元素的纯金属或化合物为基准物质。

思考与练习

一、思考题

1. EDTA 具有什么结构特点? EDTA 与金属离子形成的配合物有哪些特点?

2. EDTA 在水溶液中可能存在哪些型体? 其中哪种型体能与金属离子直接配位?

3. 配位滴定中什么是主反应? 可能存在哪些副反应? 怎样衡量副反应的严重程度?

4. 配合物的绝对稳定常数和条件稳定常数有什么不同? 为什么要引入条件稳定常数?

5. 试比较酸碱滴定和配位滴定,说明它们的相同点和不同点。

6. 配位滴定的酸度条件如何选择? 主要从哪些方面考虑?

7. 酸效应曲线是怎样绘制的? 它在配位滴定中有什么用途?

8. 金属指示剂应具备哪些条件? 为什么金属指示剂使用时要求一定的 pH 范围?

9. 什么是配位滴定的选择性? 提高配位滴定选择性的方法有哪些?

10. 配位滴定的方式有几种? 它们分别在什么情况下适用?

11. 分别含有 $0.02\ mol \cdot L^{-1}\ Zn^{2+}$、$Cu^{2+}$、$Cd^{2+}$、$Sn^{2+}$、$Ca^{2+}$ 的五种溶液,在 pH＝3.5 时,哪些可以用EDTA准确滴定? 哪些不能? 为什么?

二、单项选择题

1. $0.025\ mol \cdot L^{-1}\ Cu^{2+}$ 溶液 10.00 mL 与 $0.30\ mol \cdot L^{-1}\ NH_3 \cdot H_2O$ 10.00 mL 混合达到平衡后,溶

液中 NH_3 的浓度为( )$mol \cdot L^{-1}$。

    A. 0.30   B. 0.20   C. 0.15   D. 0.10

    2. EDTA 的水溶液有七种存在型体,其中能与金属离子直接配位的是( )

    A. H_6Y^{2+} B. H_2Y^{2-} C. HY^{3-} D. Y^{4-}

    3. 现要用 EDTA 滴定法测定某水样中 Ca^{2+} 的含量,则用于标定 EDTA 的基准物质应为( )。

    A. $Pb(NO_3)_2$ B. Na_2CO_3 C. Zn   D. $CaCO_3$

    4. 采用返滴定法测定 Al^{3+} 时,在 $pH=5$ 时以某金属离子标准溶液回滴过量的 EDTA。配制此金属离子标准溶液应选用的基准物质是( )。

    A. $CaCO_3$ B. $Pb(NO_3)_2$ C. $AgNO_3$ D. 高纯 Al_2O_3

    5. 用含有少量 Ca^{2+} 的蒸馏水配制 EDTA 溶液,于 $pH=5.0$ 时,用 Zn^{2+} 标准溶液标定 EDTA 溶液的浓度,然后用此 EDTA 溶液于 $pH=10.0$ 滴定试样中 Ca^{2+} 的含量。对测定结果的影响是( )。

    A. 基本无影响   B. 偏高   C. 偏低   D. 不能确定

    6. 用含少量 Cu^{2+} 的蒸馏水配制 EDTA 溶液,于 $pH=5.0$,用锌标准溶液标定 EDTA 的浓度。然后用此 EDTA 溶液于 $pH=10.0$,滴定试样中 Ca^{2+}。对测定结果的影响是( )。

    A. 基本无影响   B. 偏高   C. 偏低   D. 不能确定

    7. 在 EDTA 滴定法中,下列叙述正确的是( )

    A. 酸效应系数越大,配合物的稳定性越大

    B. 酸效应系数越小,配合物的稳定性越大

    C. pH 越大,酸效应系数越大

    D. 酸效应系数越大,配位滴定曲线的 pM 突跃范围越大

    8. 用 EDTA 滴定 Cu^{2+},Fe^{2+} 等离子,可用( )指示剂。

    A. PAN   B. EBT   C. XO   D. MO

    9. 测定 Bi^{3+},Pb^{2+} 混合液中的 Bi^{3+},为消除 Pb^{2+} 的干扰用( )方法最好。

    A. 控制酸度   B. 配位掩蔽   C. 沉淀掩蔽   D. 氧化还原掩蔽

    10. 以铬黑 T 为指示剂,在 $pH=10$ 的氨性缓冲溶液中,用 EDTA 标准溶液滴定 Mg^{2+},滴至终点时溶液的颜色转变应是( )。

    A. 酒红色→纯蓝色   B. 纯蓝色→酒红色   C. 纯蓝色→紫色   D. 酒红色→无色

    11. 以铬黑 T 为指示剂,用 EDTA 滴定 Ca^{2+},Mg^{2+} 时,Fe^{3+} 和 Al^{3+} 对指示剂有封闭作用,为消除 Fe^{3+} 和 Al^{3+} 对指示剂的封闭作用可加入的试剂为( )。

    A. KCN   B. 三乙醇胺   C. NaOH 溶液   D. NH_4F

    12. 在 Ca^{2+},Mg^{2+} 的混合溶液中,用 EDTA 法测定 Ca^{2+},要消除 Mg^{2+} 的干扰,宜用( )。

    A. 控制酸度法   B. 配位掩蔽法   C. 氧化还原掩蔽法   D. 沉淀掩蔽法

    13. 用 EDTA 标准溶液滴定 Ag^+,采用的滴定方法是( )法。

    A. 直接滴定   B. 返滴定   C. 置换滴定   D. 间接滴定

三、多项选择题

    1. 乙二胺四乙酸二钠盐(EDTA)能作为常用的配位滴定剂的主要理由是( )。

    A. EDTA 分子具有两个氨氮和四个羧氧原子,都有孤对电子,即有六个配位电子

    B. EDTA 能与大多数金属离子形成稳定的螯合物

    C. EDTA 与金属离子形成的螯合物大多是浅色或无色的,有利于终点的观察

    D. 计量关系确定

    2. 配位滴定金属指示剂必须具备的条件是( )。

    A. 在滴定的 pH 范围,游离指示剂 In 与 In 和 M 配合物色差明显

    B. M 与 In 显色反应的灵敏度高

C. K_{MIn} 适当大,且 $K_{MIn}<K_{MY}$

D. $K_{MIn}>K_{MY}$

3. 使用金属指示剂可能出现的问题是(   )。

A. 指示剂封闭   B. 指示剂僵化

C. 指示剂因氧化而变质   D. 终点变色不明显

4. 下列情况中,可以用空白试验的方法来消除所引起的系统误差的是(   )。

A. 用 K_2SiF_6 容量法测定硅时,由于 K_2SiF_6 沉淀不完全

B. 用甲醛法测定铵盐中氮时,所用甲醛溶液中含有少量同离子酸

C. 用 EDTA 时滴定 Ca^{2+} 时,使用 NaOH 溶液中有少量 Ca^{2+}

D. 标定 EDTA 时所用的基准物质 $CaCO_3$ 中含有微量 CaO

5. 以下说法正确的是(   )。

A. 金属离子的配位效应是指溶液中其他(配体)能与金属离子(配位)所产生的副反应,使金属离子参加主反应的能力降低的现象

B. 配位效应系数用 $\alpha_{M(L)}$ 来表示。$\alpha_{M(L)}$ 的值越大,配位效应越严重,越有利于主反应的进行

C. 配合物 MY 的稳定常数用 K_{MY} 表示。它不受溶液浓度、酸度等外界条件影响,又称为绝对稳定常数

D. 酸效应曲线是表示一定金属离子浓度下,一定允许误差下,各种金属离子能准确滴定的适宜 pH

6. 以下说法错误的是(   )。

A. 配位滴定中,滴定突跃范围的大小取决于配合物的条件稳定常数

B. 由于氢离子与 Y 之间的副反应,使 EDTA 参加主反应的能力降低

C. 溶液中有 M,N 两种金属离子均能与 EDTA 形成配合物,且 $c_M=c_N$,若允许误差为 $\pm0.5\%$,则准确滴定 M 而 N 不干扰的条件是 $\Delta\lg K\geqslant5$

D. 假定某溶液中含 Bi^{3+},Zn^{2+},Mg^{2+} 三种离子,为了提高配位滴定的选择性,宜采用沉淀分离法

7. 以 M 表示金属离子,Y 表示配体,则 EDTA 与金属离子的主反应为(M+Y ⟶ MY),此外,还可能发生的副反应有(   )。

A. 水解效应   B. 配位效应   C. 酸效应   D. 干扰离子副反应

8. 配位滴定法测定铝合金中铝含量,可用(   )。

A. 直接滴定法   B. 置换滴定法   C. 返滴定法   D. 间接滴定法

四、计算题

1. 根据 EDTA 的各级解离常数,计算 pH=5.0 和 pH=10.0 时的 $\lg\alpha_{Y(H)}$ 值,并与表 5-3 比较是否相符。

2. pH=5.0 时,Co^{2+} 和 EDTA 配合物的条件稳定常数是多少(不考虑水解等副反应)? 当 Co^{2+} 浓度为 0.01 $mol\cdot L^{-1}$ 时,能否用 EDTA 准确滴定 Co^{2+}?

3. 在 Bi^{3+} 和 Ni^{2+} 均为 0.01 $mol\cdot L^{-1}$ 的混合溶液中,试求以 EDTA 标准溶液滴定时所允许的最小 pH。能否采取控制溶液酸度的方法实现二者的分别滴定?

4. 用纯 $CaCO_3$ 标定 EDTA 标准溶液。称取 0.100 5 g 纯 $CaCO_3$,溶解后用容量瓶配成 100.0 mL 溶液,吸取 25.00 mL,在 pH=12 时,用钙指示剂指示终点,用待标定的 EDTA 标准溶液滴定,用去 24.50 mL。

(1) 计算 EDTA 标准溶液的物质的量浓度;

(2) 计算该 EDTA 标准溶液对 ZnO 和 Fe_2O_3 的滴定度。

5. 在 pH=10 的氨缓冲溶液中,滴定 100.0 mL 含 Ca^{2+},Mg^{2+} 的水样,消耗 0.010 16 $mol\cdot L^{-1}$ EDTA 标准溶液 15.28 mL;另取 100.0 mL 水样,用 NaOH 处理,使 Mg^{2+} 生成 $Mg(OH)_2$ 沉淀,滴定时消耗

EDTA 标准溶液 10.43 mL,计算水样中 $CaCO_3$ 和 $MgCO_3$ 的含量(以 $\mu g \cdot mL^{-1}$ 表示)。

6. 称取铝盐试样 1.250 g,溶解后加 0.050 00 mol·L^{-1} EDTA 标准溶液 25.00 mL,在适当条件下反应后,调节溶液 pH 为 5~6,以二甲酚橙为指示剂,用 0.020 00 mol·L^{-1} Zn^{2+} 标准溶液回滴过量的 EDTA,耗用 Zn^{2+} 标准溶液 21.50 mL,计算铝盐中铝的质量分数。

7. 用配位滴定法测定氯化锌($ZnCl_2$)的含量。称取 0.250 0 g 试样,溶于水后稀释到 250.0 mL,吸取 25.00 mL,在 pH=5~6 时,用二甲酚橙作指示剂,用 0.010 24 mol·L^{-1} EDTA 标准溶液滴定,用去 17.61 mL。计算试样中 $ZnCl_2$ 的质量分数。

8. 称取含 Fe_2O_3 和 Al_2O_3 的试样 0.201 5 g,溶解后,在 pH=2 以磺基水杨酸作指示剂,以 0.020 08 mol·L^{-1} EDTA 标准溶液滴定至终点,消耗 15.20 mL。然后再加入上述 EDTA 标准溶液 25.00 mL,加热煮沸使 EDTA 与 Al^{3+} 反应完全,调节 pH=4.5,以 PAN 作指示剂,趁热用 0.021 12 mol·L^{-1} Cu^{2+} 标准溶液返滴,用去 8.16 mL,试计算试样中 Fe_2O_3 和 Al_2O_3 的质量分数。

9. 欲测定有机试样中的含磷量,称取试样 0.108 4 g,处理成试液,并将其中的磷氧化成 PO_4^{3-},加入其他试剂使之形成 $MgNH_4PO_4$ 沉淀。沉淀经过滤洗涤后,再溶解于盐酸中,并用 NH_3–NH_4Cl 缓冲溶液调节 pH=10,以铬黑 T 为指示剂,需用 0.010 04 mol·L^{-1} EDTA 标准溶液 21.04 mL 滴定至终点,计算试样中磷的质量分数。

10. 移取含 Bi^{3+},Pb^{2+},Cd^{2+} 的试液 25.00 mL,以二甲酚橙为指示剂,在 pH=1 用 0.020 15 mol·L^{-1} EDTA 标准溶液滴定 Bi^{3+},消耗 20.28 mL。调 pH 至 5.5,继续用 EDTA 标准溶液滴定 Pb^{2+} 和 Cd^{2+},消耗 30.16 mL。再加入邻二氮菲使与 Cd^{2+}–EDTA 配离子中的 Cd^{2+} 发生配位反应,被置换出的 EDTA 再用 0.020 02 mol·L^{-1} Pb^{2+} 标准溶液滴定,用去 10.15 mL,计算溶液中 Bi^{3+},Pb^{2+},Cd^{2+} 的浓度。

11. 称取 0.500 0 g 煤试样,灼烧并使其中 S 完全氧化转移到溶液中以 SO_4^{2-} 形式存在。除去重金属离子后,加入 0.050 00 mol·L^{-1} $BaCl_2$ 溶液 20.00 mL,使之生成 $BaSO_4$ 沉淀。再用 0.025 00 mol·L^{-1} EDTA 标准溶液滴定过量的 Ba^{2+},用去 20.00 mL,计算煤中 S 的质量分数。

12. 称取锡青铜试样(含 Sn,Cu,Zn 和 Pb)0.263 4 g,处理成试液,加入过量的 EDTA 标准溶液,使其中所有重金属离子均形成稳定的 EDTA 的配合物。过量的 EDTA 在 pH=5~6 的条件下,以二甲酚橙为指示剂,用 Zn(OAc)$_2$ 标准溶液回滴。再在上述溶液中加入少许固体 NH_4F 使 SnY 转化成更稳定的 SnF$_6^{2-}$,同时释放出 EDTA,最后用 0.011 63 mol·L^{-1} Zn(OAc)$_2$ 标准溶液滴定 EDTA,消耗 Zn(OAc)$_2$ 标准溶液 20.28 mL。计算该铜合金中锡的质量分数。

13. 测定 25.00 mL 试液中的镓(Ⅲ)离子,在 pH=10 的缓冲溶液中,加入 25 mL 浓度为 0.05 mol·L^{-1} 的 Mg–EDTA 溶液时,置换出的 Mg^{2+} 以铬黑 T 为指示剂,需用 0.050 00 mol·L^{-1} EDTA 标准溶液 10.78 mL 滴定至终点。计算:

(1) 镓溶液的浓度;

(2) 该试液中所含镓的质量(单位以 g 表示)。

14. 欲测定某试液中 Fe^{3+},Fe^{2+} 的含量。吸取 25.00 mL 该试液,在 pH=2 时用浓度为 0.015 00 mol·L^{-1} EDTA 标准溶液滴定,耗用 15.40 mL,调节 pH=6,继续滴定,又消耗 14.10 mL,计算其中 Fe^{3+} 及 Fe^{2+} 的质量浓度(以 mg·mL^{-1} 表示)。

15. 称取 0.500 0 g 黏土试样,用碱熔后分离 SiO_2,定容至 250.0 mL。吸取 100 mL,在 pH=2~2.5 的热溶液中,用磺基水杨酸作指示剂,以 0.020 00 mol·L^{-1} EDTA 标准溶液滴定 Fe^{3+},消耗 5.60 mL。滴定 Fe^{3+} 后的溶液,在 pH=3 时,加入过量的 EDTA 标准溶液,调至 pH=4~5,煮沸,用 PAN 作指示剂,以 $CuSO_4$ 标准溶液(每毫升含纯 $CuSO_4·5H_2O$ 0.005 000 g)滴定至溶液呈紫红色。再加入 NH_4F,煮沸后,又用 $CuSO_4$ 标准溶液滴定,消耗 $CuSO_4$ 标准溶液 24.15 mL,试计算黏土中 Fe_2O_3 和 Al_2O_3 的质量分数。

第六章 氧化还原滴定法

学习目标

知识目标

- 了解条件电极电位的意义,氧化还原反应定量完成的条件。
- 了解影响氧化还原反应速率的因素。
- 理解氧化还原滴定过程中的电极电位的变化规律及其计算方法。
- 了解氧化还原滴定预处理所用试剂和使用方法。
- 掌握高锰酸钾法、重铬酸钾法及碘量法的原理、滴定条件和应用范围。
- 掌握氧化还原滴定分析结果的计算。

能力目标

- 能正确选择、使用指示剂。
- 能制备常用氧化还原标准滴定溶液。
- 能正确选择氧化还原滴定条件测定实际试样。

知识结构框图

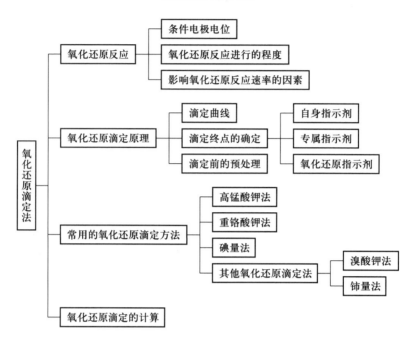

氧化还原滴定法是以氧化还原反应为基础的滴定分析法。本章主要学习几种常用的氧化还原滴定法的原理和应用。

第一节　概　述

一、氧化还原滴定法的特点

与酸碱滴定法相比，氧化还原滴定法要复杂得多，因为氧化还原反应机理比较复杂，有些反应的完全程度很高但反应速率很慢，有时由于副反应的发生使反应物之间没有确定的化学计量关系。因此，控制适当的条件在氧化还原滴定中显得尤为重要。

氧化还原滴定以氧化剂或还原剂作为标准溶液，据此分为高锰酸钾法、重铬酸钾法、碘量法等多种滴定方法。

氧化还原滴定法应用广泛，既可直接测定本身具有氧化性或还原性的物质，也可间接测定能与氧化剂或还原剂定量发生反应的物质。测定对象可以是无机物，也可以是有机物。

二、条件电极电位

 想一想 1

怎样判断氧化还原反应的方向？

文本

想一想 1
解答

在氧化还原反应中，氧化剂和还原剂的强弱，可以用有关电对的电极电位（简称电位）来衡量。电对的电位越高，其氧化态的氧化能力越强；电对的电位越低，其还原态的还原能力越强。氧化剂可以氧化电位比它低的还原剂；还原剂可以还原电位比它高的氧化剂，可见，通过有关电对的电位，可以判断氧化还原反应的方向。

对于可逆氧化还原电对的电位，可用能斯特方程求得。例如，下列 Ox/Red 电对（省略离子的电荷）的半反应：

$$\text{Ox(氧化态)} + n e^- \Longleftrightarrow \text{Red(还原态)}$$

电极电位的能斯特方程为

$$\varphi_{\text{Ox/Red}} = \varphi^{\ominus}_{\text{Ox/Red}} + \frac{RT}{nF} \ln \frac{a_{\text{Ox}}}{a_{\text{Red}}} \tag{6-1}$$

式中：$\varphi_{\text{Ox/Red}}$ 为氧化态（Ox）-还原态（Red）电对的电极电位；$\varphi^{\ominus}_{\text{Ox/Red}}$ 为电对的标准电极电位；a_{Ox}，a_{Red} 为氧化态及还原态的活度，离子的活度 a 等于浓度 c 乘以活度系数 γ，即 $a = \gamma c$；R 为摩尔气体常数，$8.314\ \text{J·mol}^{-1} \cdot \text{K}^{-1}$；$T$ 为热力学温度；F 为法拉第常数，$96\ 485\ \text{C·mol}^{-1}$；$n$ 为电极反应中的电子转移数。

将以上常数代入式（6-1）中，在 25 ℃时可得

$$\varphi_{\text{Ox/Red}} = \varphi^{\ominus}_{\text{Ox/Red}} + \frac{0.059\ 2\ \text{V}}{n} \lg \frac{a_{\text{Ox}}}{a_{\text{Red}}} \tag{6-2}$$

式(6-2)中的"V"是电极电位的单位——伏特。

从式(6-2)可见,电对的电极电位与存在于溶液中氧化态和还原态的活度 a 有关。当 $a_{Ox}=a_{Red}=1$ 时,$\varphi_{Ox/Red}=\varphi_{Ox/Red}^{\ominus}$,即电对的电极电位等于标准电极电位。因此,**标准电极电位**是指在一定温度下(通常为 25 ℃),当 $a_{Ox}=a_{Red}=1$ mol·L^{-1} 时(若反应物有气体参加,则其分压等于 100kPa)的电极电位。$\varphi_{Ox/Red}^{\ominus}$ 仅随温度变化。常见电对的标准电极电位值参见附录四。

实际应用中,通常知道的是氧化态和还原态的浓度,而不是活度。为简化起见,常常以浓度代替活度进行计算。但只有在浓度极稀时,这种处理方法才是正确的。当浓度较大,尤其是高价离子参与电极反应或有其他强电解质存在时,计算结果就会与实际测定值产生较大偏差。因此,若以浓度代替活度,必须引入相应的活度系数 γ_{Ox} 和 γ_{Red}。此时

$$a_{Ox}=\gamma_{Ox}[Ox] \quad , \quad a_{Red}=\gamma_{Red}[Red] \tag{6-3}$$

此外,当溶液中的介质不同时,氧化态和还原态还会因发生某些副反应(如酸度的影响、沉淀和配合物的形成等)而影响电极电位。所以考虑到副反应的发生,还必须引入相应的副反应系数 α_{Ox} 和 α_{Red}。

$$\alpha_{Ox}=\frac{c_{Ox}}{[Ox]} \quad , \quad \alpha_{Red}=\frac{c_{Red}}{[Red]} \tag{6-4}$$

式(6-4)中 c_{Ox} 和 c_{Red} 分别表示氧化态和还原态的分析浓度。将式(6-4)整理后代入式(6-3),得

$$a_{Ox}=\gamma_{Ox}\frac{c_{Ox}}{\alpha_{Ox}} \quad , \quad a_{Red}=\gamma_{Red}\frac{c_{Red}}{\alpha_{Red}} \tag{6-5}$$

将式(6-5)代入式(6-2),得

$$\varphi_{Ox/Red}=\varphi_{Ox/Red}^{\ominus}+\frac{0.0592 \text{ V}}{n}\lg\frac{\gamma_{Ox}c_{Ox}\alpha_{Red}}{\gamma_{Red}c_{Red}\alpha_{Ox}}$$

$$=\varphi_{Ox/Red}^{\ominus}+\frac{0.0592 \text{ V}}{n}\lg\frac{\gamma_{Ox}\alpha_{Red}}{\gamma_{Red}\alpha_{Ox}}+\frac{0.0592 \text{ V}}{n}\lg\frac{c_{Ox}}{c_{Red}}$$

令

$$\varphi_{Ox/Red}^{\ominus\prime}=\varphi_{Ox/Red}^{\ominus}+\frac{0.0592 \text{ V}}{n}\lg\frac{\gamma_{Ox}\alpha_{Red}}{\gamma_{Red}\alpha_{Ox}} \tag{6-6}$$

式(6-6)中的 $\varphi_{Ox/Red}^{\ominus\prime}$ 称为**条件电极电位**。它表示在一定介质条件下,氧化态和还原态的分析浓度都为 1 mol·L^{-1} 时的实际电位,在一定条件下为常数。条件电极电位反映了离子强度与各种副反应影响的总结果,是氧化还原电对在一定条件下的实际氧化还原能力。部分的氧化还原电对的条件电极电位参见附录五。

引入条件电极电位后,能斯特方程可表示为

$$\varphi_{Ox/Red}=\varphi_{Ox/Red}^{\ominus\prime}+\frac{0.0592 \text{ V}}{n}\lg\frac{c_{Ox}}{c_{Red}} \tag{6-7}$$

查一查

在 1 mol·L^{-1} HCl 溶液中，Ce^{4+}/Ce^{3+} 电对的条件电极电位和标准电极电位。

通过比较,可以发现二者相差还是比较大的。因此,在处理有关氧化还原反应的电位计算时,应尽量采用条件电极电位,当缺乏相同条件下的电极电位数据时,可采用条件相近的条件电极电位,这样所得结果比较接近实际情况。如果没有条件电极电位数据,只能采用标准电极电位计算,这时误差可能较大。

三、氧化还原反应进行的程度

 想一想 2

如何判断氧化还原反应进行的完全程度?

在氧化还原滴定分析中,要求氧化还原反应进行得越完全越好,而反应的完全程度是以它的平衡常数大小来衡量的。平衡常数可以根据能斯特公式和有关电对的条件电极电位或标准电极电位求得。若引用条件电极电位,求得的是条件平衡常数 K',它更能说明反应实际进行的程度。

对于氧化还原反应:

$$n_2 \mathrm{Ox}_1 + n_1 \mathrm{Red}_2 \rightleftharpoons n_2 \mathrm{Red}_1 + n_1 \mathrm{Ox}_2 \tag{6-8}$$

两电对的氧化还原半反应和电极电位分别为

$$\mathrm{Ox}_1 + n_1 \mathrm{e}^- \rightleftharpoons \mathrm{Red}_1$$

$$\varphi_1 = \varphi_1^{\ominus\,\prime} + \frac{0.0592\ \mathrm{V}}{n_1} \lg \frac{c_{\mathrm{Ox}_1}}{c_{\mathrm{Red}_1}}$$

$$\mathrm{Ox}_2 + n_2 \mathrm{e}^- \rightleftharpoons \mathrm{Red}_2$$

$$\varphi_2 = \varphi_2^{\ominus\,\prime} + \frac{0.0592\ \mathrm{V}}{n_2} \lg \frac{c_{\mathrm{Ox}_2}}{c_{\mathrm{Red}_2}}$$

当反应达到平衡时,$\varphi_1 = \varphi_2$,即

$$\varphi_1^{\ominus\,\prime} + \frac{0.0592\ \mathrm{V}}{n_1} \lg \frac{c_{\mathrm{Ox}_1}}{c_{\mathrm{Red}_1}} = \varphi_2^{\ominus\,\prime} + \frac{0.0592\ \mathrm{V}}{n_2} \lg \frac{c_{\mathrm{Ox}_2}}{c_{\mathrm{Red}_2}} \tag{6-9}$$

$$\varphi_1^{\ominus\,\prime} - \varphi_2^{\ominus\,\prime} = \frac{0.0592\ \mathrm{V}}{n_1 n_2} \lg \left[\left(\frac{c_{\mathrm{Red}_1}}{c_{\mathrm{Ox}_1}} \right)^{n_2} \cdot \left(\frac{c_{\mathrm{Ox}_2}}{c_{\mathrm{Red}_2}} \right)^{n_1} \right]$$

根据定义,

$$K'(条件平衡常数) = \frac{(c_{\mathrm{Red}_1})^{n_2} \cdot (c_{\mathrm{Ox}_2})^{n_1}}{(c_{\mathrm{Ox}_1})^{n_2} \cdot (c_{\mathrm{Red}_2})^{n_1}} \tag{6-10}$$

文本

想一想 2
解答

故
$$\lg K' = \frac{(\varphi_1^{\ominus'} - \varphi_2^{\ominus'})n_1 n_2}{0.059\,2\text{ V}}$$
(6−11)

可见,两电对的条件电极电位相差越大,氧化还原反应的条件平衡常数 K' 就越大,反应进行得越完全。对于滴定反应来说,完全程度应当在 99.9% 以上。

若 $n_1 = n_2 = 1$,滴定到化学计量点时,要求:

$$\frac{c_{\text{Ox}_2}}{c_{\text{Red}_2}} \geqslant 10^3 \quad , \quad \frac{c_{\text{Red}_1}}{c_{\text{Ox}_1}} \geqslant 10^3$$

则
$$K' = \frac{c_{\text{Red}_1}\,c_{\text{Ox}_2}}{c_{\text{Ox}_1}\,c_{\text{Red}_2}} \geqslant 10^6$$

$$\varphi_1^{\ominus'} - \varphi_2^{\ominus'} = \frac{0.059\,2\text{ V}}{n_1 n_2}\lg K' \geqslant 0.059\,2\text{ V} \times 6 \approx 0.4\text{ V}$$

即两个电对的条件电极电位之差必须 ≥0.4 V,这样的氧化还原反应才能应用于滴定分析。在氧化还原滴定中,有很多强的氧化剂和较强的还原剂可作滴定剂,还可以控制介质条件来改变电对的电极电位,以达到此要求。

四、影响氧化还原反应速率的因素

 想一想 3

是否平衡常数很大的氧化还原反应,即两电对的条件电极电位之差大于 0.4 V 的氧化还原反应都能用于氧化还原滴定中呢?

文本

想一想 3
解答

根据有关电对的条件电极电位,可以判断氧化还原反应的方向和完全程度,但这只能说明反应发生的可能性,不能表明反应速率的快慢。而在滴定分析中,要求氧化还原反应必须定量、迅速地进行,所以对于氧化还原反应除了要从平衡观点来了解反应的可能性外,还应考虑反应的速率,以判断用于滴定分析的可行性。

影响氧化还原反应速率的因素主要有以下几个方面。

1. 反应物浓度

根据质量作用定律,反应速率与反应物浓度的乘积成正比。但许多氧化还原反应是分步进行的,整个反应的速率由最慢的一步决定,因此不能笼统地按总的氧化还原反应方程中各反应物的系数判断其浓度对反应速率的影响。不过一般情况下,增加反应物质的浓度可以加快反应速率。例如,在酸性溶液中重铬酸钾和碘化钾反应:

$$\text{Cr}_2\text{O}_7^{2-} + 6\text{I}^- + 14\text{H}^+ \rightleftharpoons 2\text{Cr}^{3+} + 3\text{I}_2 + 7\text{H}_2\text{O}$$

此反应速率较慢,提高 I^- 和 H^+ 的浓度,可加速反应。实验证明,在 $[\text{H}^+] = 0.4\text{ mol·L}^{-1}$ 条件下,KI 过量约 5 倍,放置 5 min,反应即可进行完全。但酸度不能太大,否则将促使空气中的氧对 I^- 的氧化速率也加快,造成分析误差。

2. 温度

温度对反应速率的影响也是很复杂的。温度的升高对于大多数反应来说,可以加快

反应速率。通常温度每升高 10 ℃,反应速率增加 2~3 倍。例如,高锰酸钾与草酸的反应:

$$2MnO_4^- + 5C_2O_4^{2-} + 16H^+ \rightleftharpoons 2Mn^{2+} + 10CO_2\uparrow + 8H_2O$$

在常温下反应速率很慢,若将温度控制在 70~80 ℃时,反应速率显著提高。但是,提高温度并不是对所有氧化还原反应都是有利的。上面介绍的 $K_2Cr_2O_7$ 和 KI 的反应,若用加热方法来加快反应速率,则生成的 I_2 会挥发而引起损失。又如,草酸溶液加热温度过高或时间过长,草酸分解引起的误差也会增大。有些还原性物质如 Fe^{2+},Sn^{2+} 等会因加热而更容易被空气中的氧气所氧化,从而引起误差。

3. 催化剂

使用催化剂是加快反应速率的有效方法之一。例如,在酸性溶液中 $KMnO_4$ 与 $H_2C_2O_4$ 的反应,即使将溶液的温度升高,在滴定的最初阶段,$KMnO_4$ 褪色也很慢,若加入少许 Mn^{2+},反应就能很快进行,这里 Mn^{2+} 起催化剂作用。

实际应用中也可不外加催化剂 Mn^{2+},因为在酸性介质中,MnO_4^- 与 $C_2O_4^{2-}$ 反应的生成物之一就是 Mn^{2+},随着反应的进行,Mn^{2+} 浓度逐渐增大,反应速率也将越来越快。这种由于生成物本身引起催化作用的反应称为**自动催化反应**。

4. 诱导反应

有些氧化还原反应在通常情况下并不发生或进行极慢,但在另一反应进行时会促进这一反应的发生。这种由于一个氧化还原反应的发生促进另一氧化还原反应进行,称为**诱导反应**。例如,在酸性溶液中,$KMnO_4$ 氧化 Cl^- 的反应速率极慢,当溶液中同时存在 Fe^{2+} 时,$KMnO_4$ 氧化 Fe^{2+} 的反应将加速 $KMnO_4$ 氧化 Cl^- 的反应。这里,Fe^{2+} 称为诱导体,MnO_4^- 称为作用体,Cl^- 称为受诱体。

诱导反应与催化反应不同,催化反应中,催化剂参加反应后恢复到原来的状态;而诱导反应中,诱导体参加反应后变成其他物质,受诱体也参加反应,以致增加了作用体的消耗量。因此用 $KMnO_4$ 滴定 Fe^{2+},当有 Cl^- 存在时,将使 $KMnO_4$ 溶液消耗量增加,从而使测定结果产生误差。如需在 HCl 介质中用 $KMnO_4$ 法测 Fe^{2+},应在溶液中加入 $MnSO_4$–H_3PO_4–H_2SO_4 混合溶液,其中的 Mn^{2+} 可防止 Cl^- 对 MnO_4^- 的还原作用,以取得正确的滴定结果。

第二节 氧化还原滴定原理

 想一想 4

酸碱滴定和配位滴定中随着滴定剂的加入,溶液中不断变化的是 pH 和 pM,氧化还原滴定中随着滴定剂的加入,不断变化的量又是什么呢?

一、氧化还原滴定曲线

与其他滴定分析法相似,在氧化还原滴定过程中,随着滴定剂的加入,溶液中氧化剂和还原剂的浓度逐渐改变,有关电对的电位也随之不断变化,这种变化可用滴定曲线来描述。氧化还原滴定曲线可以通过实验测出数据而绘制,若反应中两电对都是可逆的,也可以根据能斯特方程,由两电对的条件电极电位值计算得到。现以 25 ℃时,在 $1 \ mol \cdot L^{-1} \ H_2SO_4$ 溶液中用 $0.100\ 0 \ mol \cdot L^{-1} \ Ce(SO_4)_2$ 标准溶液滴定 20.00 mL $0.100\ 0 \ mol \cdot L^{-1} \ FeSO_4$ 为例:

滴定反应式 $\quad Ce^{4+} + Fe^{2+} \xrightarrow{\quad 1 \ mol \cdot L^{-1} \ H_2SO_4 \quad} Ce^{3+} + Fe^{3+}$

两个电对的条件电极电位:

$$Fe^{3+} + e^- \Longrightarrow Fe^{2+} \qquad \varphi^{\ominus\prime}_{Fe^{3+}/Fe^{2+}} = 0.68 \ V$$

$$Ce^{4+} + e^- \Longrightarrow Ce^{3+} \qquad \varphi^{\ominus\prime}_{Ce^{4+}/Ce^{3+}} = 1.44 \ V$$

滴定开始前,$c_{Fe^{2+}} = 0.100\ 0 \ mol \cdot L^{-1}$。滴定开始后,随着 Ce^{4+} 标准溶液的滴入,Fe^{2+} 的浓度逐渐减小,Fe^{3+} 的浓度逐渐增加,滴入的 Ce^{4+} 被还原为 Ce^{3+}。所以,从滴定开始至滴定结束,溶液中同时存在两个电对,在滴定过程中任何一点,达到平衡时,两电对的电位相等。即

$$\varphi = \varphi_{Fe^{3+}/Fe^{2+}} = \varphi_{Ce^{4+}/Ce^{3+}}$$

而

$$\varphi_{Fe^{3+}/Fe^{2+}} = \varphi^{\ominus\prime}_{Fe^{3+}/Fe^{2+}} + 0.059\ 2 \ V \ lg \frac{c_{Fe^{3+}}}{c_{Fe^{2+}}}$$

$$\varphi_{Ce^{4+}/Ce^{3+}} = \varphi^{\ominus\prime}_{Ce^{4+}/Ce^{3+}} + 0.059\ 2 \ V \ lg \frac{c_{Ce^{4+}}}{c_{Ce^{3+}}}$$

因此,在滴定的不同阶段,可选用便于计算的电对,按能斯特方程计算滴定过程中溶液的电位值。各滴定阶段电位的计算方法如下。

1. 滴定开始至化学计量点前

因加入的 Ce^{4+} 几乎全部被还原成 Ce^{3+},达到平衡时,Ce^{4+} 的浓度极小,不易直接求得。但如果知道了滴定分数,$c_{Fe^{3+}}/c_{Fe^{2+}}$ 值就确定了,这时可以利用 Fe^{3+}/Fe^{2+} 电对来计算 φ 值。例如,当滴定了 99.9% 的 Fe^{2+} 时,

$$c_{Fe^{3+}}/c_{Fe^{2+}} = 99.9/0.1 \approx 1\ 000$$

$$\varphi = \varphi_{Fe^{3+}/Fe^{2+}} = \varphi^{\ominus\prime}_{Fe^{3+}/Fe^{2+}} + 0.059\ 2 \ V \ lg \frac{c_{Fe^{3+}}}{c_{Fe^{2+}}} = (0.68 + 0.059\ 2 \times 3) \ V = 0.86 \ V$$

在化学计量点前各滴定点的电位值可按同法计算。

2. 化学计量点时

化学计量点时,Ce^{4+} 和 Fe^{2+} 都定量地转变成 Ce^{3+} 和 Fe^{3+},未反应的 Ce^{4+} 和 Fe^{2+} 的浓度都很小,不易直接单独按某一电对来计算 φ,而要由两个电对的能斯特方程联立求得。

若化学计量点时的电位用 φ_{sp} 表示,则

$$\varphi_{sp} = \varphi^{\ominus\prime}_{Fe^{3+}/Fe^{2+}} + 0.059\ 2 \ V \ lg \frac{c_{Fe^{3+}}}{c_{Fe^{2+}}} = 0.68 \ V + 0.059\ 2 \ V \ lg \frac{c_{Fe^{3+}}}{c_{Fe^{2+}}}$$

$$\varphi_{sp}=\varphi^{\ominus\prime}_{Ce^{4+}/Ce^{3+}}+0.059\ 2\ V\ lg\ \frac{c_{Ce^{4+}}}{c_{Ce^{3+}}}=1.44\ V+0.059\ 2\ V\ lg\ \frac{c_{Ce^{4+}}}{c_{Ce^{3+}}}$$

两式相加,得

$$2\varphi_{sp}=0.68\ V+1.44\ V+0.059\ 2\ V\ lg\ \frac{c_{Fe^{3+}}\ c_{Ce^{4+}}}{c_{Fe^{2+}}\ c_{Ce^{3+}}}$$

在化学计量点时　　　　　$c_{Fe^{3+}}=c_{Ce^{3+}}$　,　$c_{Fe^{2+}}=c_{Ce^{4+}}$

故　　　　　　　　　　　$lg\ \frac{c_{Fe^{3+}}\ c_{Ce^{4+}}}{c_{Fe^{2+}}\ c_{Ce^{3+}}}=0$

所以　　　　　　　$\varphi_{sp}=\frac{(0.68+1.44)\ V}{2}=1.06\ V$

3. 化学计量点后

Fe^{2+} 几乎全部被氧化为 Fe^{3+},Fe^{2+} 的浓度极小,不易直接求得。此时加入了过量的 Ce^{4+},利用 Ce^{4+}/Ce^{3+} 电对计算 φ 值较方便。

例如,当 Ce^{4+} 过量 0.1% 时,溶液电位是

$$\varphi_{Ce^{4+}/Ce^{3+}}=\varphi^{\ominus\prime}_{Ce^{4+}/Ce^{3+}}+0.059\ 2\ V\ lg\ \frac{0.1}{100}=1.26\ V$$

化学计量点过后各滴定点的电位值,可按同法计算。

将滴定过程中不同滴定点的电位计算结果列于表 6-1,由此绘制的滴定曲线如图 6-1所示。

动画

硫酸铈滴定二价铁的滴定曲线

表 6-1　在 1 mol·L^{-1} H$_2$SO$_4$ 溶液中用 0.100 0 mol·L^{-1} Ce(SO$_4$)$_2$

滴定 20.00 mL 0.100 0 mol·L^{-1} Fe^{2+} 溶液时电极电位的变化

加入 Ce^{4+} 溶液		电位/V
V/mL	a/%	
1.00	5.0	0.60
2.00	10.0	0.62
4.00	20.0	0.64
8.00	40.0	0.67
10.00	50.0	0.68
12.00	60.0	0.69
18.00	90.0	0.74
19.80	99.0	0.80
19.98	99.9	0.86
20.00	100.0	1.06
20.02	100.1	1.26
22.00	110.0	1.38
30.00	150.0	1.42
40.00	200.0	1.44

（0.86、1.06、1.26 对应"滴定突跃"）

从表 6-1可见,当 Ce^{4+} 标准溶液滴入 50% 时的电位等于还原剂电对的条件电极电位;当 Ce^{4+} 标准溶液滴入 200% 时的电位等于氧化剂电对的条件电极电位。由于 Ce^{4+} 滴

定 Fe^{2+} 的反应中,两电对电子转移数都是 1,化学计量点的电位(1.06 V)正好处于滴定突跃中间(0.86~1.26 V),整个滴定曲线基本对称。氧化还原滴定曲线突跃的长短和氧化剂还原剂两电对的条件电极电位的差值大小有关。两电对的条件电极电位相差越大,滴定突跃就越长,反之,其滴定突跃就越短。

需要说明的是,对于不可逆电对(如 MnO_4^-/Mn^{2+},$K_2Cr_2O_7/Cr^{3+}$,$S_4O_6^{2-}/S_2O_3^{2-}$ 等),它们的电位计算不遵从能斯特方程,因此计算的滴定曲线与实际滴定曲线有较大差异。不可逆氧化还原体系的滴定曲线都是通过实验测定的。

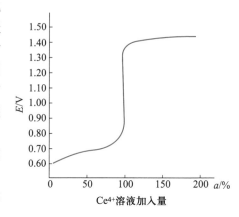

图 6-1 $0.100\ 0\ mol \cdot L^{-1}Ce^{4+}$ 溶液滴定
$0.100\ 0\ mol \cdot L^{-1}Fe^{2+}$ 溶液的滴定曲线
($1\ mol \cdot L^{-1}\ H_2SO_4$ 溶液)

二、氧化还原滴定终点的确定

在氧化还原滴定中,除了用电位法(见本书第十一章)确定终点外,通常是用指示剂来指示滴定终点。常用的指示剂有以下三类。

1. 自身指示剂

在氧化还原滴定过程中,有些标准溶液或被测物质本身有颜色,则滴定时就无须另加指示剂,它本身的颜色变化起着指示剂的作用,这称为自身指示剂。例如,以 $KMnO_4$ 标准溶液滴定 $FeSO_4$ 溶液:

$$MnO_4^- + 5Fe^{2+} + 8H^+ \Longrightarrow Mn^{2+} + 5Fe^{3+} + 4H_2O$$

由于 $KMnO_4$ 本身呈现紫红色,而 Mn^{2+} 几乎无色,所以,当滴定到化学计量点时,稍微过量的 $KMnO_4$ 就使被测溶液呈现粉红色,表示滴定终点已到。实验证明,$KMnO_4$ 的浓度约为 $2 \times 10^{-6}\ mol \cdot L^{-1}$ 时,就可以观察到溶液的粉红色。

2. 专属指示剂

可溶性淀粉与碘溶液反应生成深蓝色配合物是专属反应。当 I_2 被还原为 I^- 时,蓝色消失;当 I^- 被氧化为 I_2 时,蓝色出现。当 I_2 的浓度为 $2 \times 10^{-6}\ mol \cdot L^{-1}$ 时即能看到蓝色,反应极灵敏。因而淀粉是碘量法的专属指示剂。

3. 氧化还原指示剂

氧化还原指示剂是本身具有氧化还原性质的有机化合物。在氧化还原滴定过程中能发生氧化还原反应,而它的氧化态和还原态具有不同的颜色,因而可指示氧化还原滴定终点。现以 Ox 和 Red 分别表示指示剂的氧化态和还原态,则其氧化还原半反应如下:

$$Ox + ne^- \Longrightarrow Red$$

根据能斯特方程得

$$\varphi_{In} = \varphi_{In}^{\ominus\prime} + \frac{0.059\ 2\ V}{n} \lg \frac{c_{Ox}}{c_{Red}}$$

式中 $\varphi_{In}^{\ominus\prime}$ 为指示剂的条件电极电位。显然,随着滴定体系电位的改变,指示剂氧化态和还

原态的浓度比也发生变化,因而使溶液的颜色发生变化。与酸碱指示剂的变色情况相似,氧化还原指示剂变色的电位范围是

$$\varphi_{In}^{\ominus}{}' \pm \frac{0.0592 \text{ V}}{n}$$

必须注意,指示剂不同,其 $\varphi_{In}^{\ominus}{}'$ 不同,同一种指示剂在不同的介质中,其 $\varphi_{In}^{\ominus}{}'$ 也不同。表6-2列出了一些重要的氧化还原指示剂的条件电极电位及颜色变化。

表6-2 一些重要氧化还原指示剂的 $\varphi^{\ominus}{}'$ 及颜色变化

指示剂	$\varphi_{In}^{\ominus}{}'/V$ ($[H^+]=1 \text{ mol}\cdot L^{-1}$)	颜色变化	
		氧化态	还原态
亚甲基蓝	0.36	蓝	无色
二苯胺	0.76	紫	无色
二苯胺磺酸钠	0.84	紫红	无色
邻苯氨基苯甲酸	0.89	紫红	无色
邻二氮菲-亚铁	1.06	浅蓝	红
硝基邻二氮菲-亚铁	1.25	浅蓝	紫红

氧化还原指示剂是氧化还原滴定的通用指示剂。选择的原则是指示剂的条件电极电位应处在滴定突跃范围内。

 想一想5

在 $1 \text{ mol}\cdot L^{-1}$ 的 H_2SO_4 溶液中用 Ce^{4+} 标准溶液滴定 Fe^{2+},可以选择哪些指示剂? 若选二苯胺磺酸钠($\varphi_{In}^{\ominus}{}'=0.84$ V)为指示剂,将产生什么问题?

若在 $1 \text{ mol}\cdot L^{-1} H_2SO_4 + 0.5 \text{ mol}\cdot L^{-1} H_3PO_4$ 介质中滴定,上述问题可否解决?

第三节 氧化还原滴定前的预处理

 **想一想6**

测定铁矿石中全铁含量时,试样溶解后铁都以哪些形式存在? 能否用 $K_2Cr_2O_7$ 标准溶液直接滴定,为什么?

一、进行预处理的必要性

为使反应顺利进行,在滴定前将全部被测组分转变为适宜滴定价态的处理步骤,称为**氧化还原的预处理**。例如,测定铁矿石中总铁量时,试样溶解后部分铁以三价形式存在,一般先用 $SnCl_2$ 将 Fe^{3+} 还原成 Fe^{2+},然后再用 $K_2Cr_2O_7$ 标准溶液滴定。预处理时所用的氧化剂或还原剂必须符合下列条件。

文本

想一想5
解答

文本

想一想6
解答

（1）预氧化或预还原反应必须将被测组分定量地氧化或还原成适宜滴定的价态，且反应速率要快。

（2）过量的氧化剂或还原剂必须易于完全除去。一般采取加热分解、沉淀过滤或其他化学处理方法。例如，对过量的 $(NH_4)_2S_2O_8$，H_2O_2 等可加热分解除去，过量的 $NaBiO_3$ 可过滤除去。

（3）氧化还原反应的选择性要好，以避免试样中其他组分的干扰。例如，用重铬酸钾法测定钛铁矿中铁的含量，若用金属锌（$\varphi^{\ominus}_{Zn^{2+}/Zn} = -0.763\ V$）为预还原剂，则不仅还原 Fe^{3+}（$\varphi^{\ominus}_{Fe^{3+}/Fe^{2+}} = 0.771\ V$），而且也能还原 Ti^{4+}（$\varphi^{\ominus}_{Ti^{4+}/Ti^{3+}} = 0.10\ V$），分析结果将是铁钛两者的总量。若选用 $SnCl_2$（$\varphi^{\ominus}_{Sn^{4+}/Sn^{2+}} = 0.154\ V$）为预还原剂，则只能还原 Fe^{3+}，其选择性比金属锌好。

二、常用的预处理试剂

根据各种氧化剂、还原剂的性质，选择合理的实验步骤，即可达到预处理的目的。现将几种常用的预处理试剂列于表 6-3 和表 6-4。

表 6-3　预处理常用的氧化剂

氧化剂	用　途	使用条件	过量氧化剂除去方法
$NaBiO_3$	$Mn^{2+} \rightarrow MnO_4^-$ $Cr^{3+} \rightarrow Cr_2O_7^{2-}$ $Ce^{3+} \rightarrow Ce^{4+}$	在 HNO_3 溶液中	$NaBiO_3$ 微溶于水，过量 $NaBiO_3$ 可滤去
$(NH_4)_2S_2O_8$	$Ce^{3+} \rightarrow Ce^{4+}$ $VO^{2+} \rightarrow VO_3^-$ $Cr^{3+} \rightarrow Cr_2O_7^{2-}$	在酸性（HNO_3 或 H_2SO_4）介质中，有催化剂 Ag^+ 存在	加热煮沸除去过量 $S_2O_8^{2-}$
	$Mn^{2+} \rightarrow MnO_4^-$	在 H_2SO_4 或 HNO_3 介质中，并存在 H_3PO_4，以防析出 $MnO(OH)_2$ 沉淀	同　上
$KMnO_4$	$VO^{2+} \rightarrow VO_3^-$ $Cr^{3+} \rightarrow CrO_4^{2-}$ $Ce^{3+} \rightarrow Ce^{4+}$	冷的酸性溶液中（在 Cr^{3+} 存在下） 在碱性介质中 在酸性溶液中（即使存在 F^- 或 $H_2P_2O_7^{2-}$ 也可选择性地氧化）	加入 $NaNO_2$ 除去过量 $KMnO_4$。但为防止 NO_2^- 同时还原 VO_3^-，$Cr_2O_7^{2-}$，可先加入尿素，然后再小心滴加 $NaNO_2$ 溶液至 MnO_4^- 红色正好褪去
H_2O_2	$Cr^{3+} \rightarrow CrO_4^{2-}$ $Co^{2+} \rightarrow Co^{3+}$ $Mn(II) \rightarrow Mn(IV)$	$2\ mol \cdot L^{-1}\ NaOH$ 在 $NaHCO_3$ 溶液中 在碱性介质中	在碱性溶液中加热煮沸（少量 Ni^{2+} 或 I^- 作催化剂可加速 H_2O_2 分解）
$HClO_4$	$Cr^{3+} \rightarrow Cr_2O_7^{2-}$ $VO^{2+} \rightarrow VO_3^-$ $I^- \rightarrow IO_3^-$	$HClO_4$ 必须浓热	放冷且冲稀即失去氧化性，煮沸除去所生成 Cl_2 浓热的 $HClO_4$ 与有机物将爆炸，若试样含有机物，必须先用 HNO_3 破坏有机物，再用 $HClO_4$ 处理

氧化剂	用　途	使用条件	过量氧化剂除去方法
KIO_4	$Mn^{2+} \rightarrow MnO_4^-$	在酸性介质中加热	加入 Hg^{2+} 与过量 KIO_4 作用生成 $Hg(IO_4)_2$ 沉淀,滤去
Cl_2,Br_2	$I^- \rightarrow IO_4^-$	酸性或中性	煮沸或通空气流

表 6-4　预处理常用的还原剂

还原剂	用　途	使用条件	过量还原剂除去方法
$SnCl_2$	$Fe^{3+} \rightarrow Fe^{2+}$ $Mo(VI) \rightarrow Mo(V)$ $As(V) \rightarrow As(III)$ $U(VI) \rightarrow U(IV)$	HCl 溶液 $FeCl_3$ 催化	快速加入过量 $HgCl_2$ 氧化,或用 $K_2Cr_2O_7$ 氧化除去
SO_2	$Fe^{3+} \rightarrow Fe^{2+}$ $AsO_4^{3-} \rightarrow AsO_3^{3-}$ $Sb(V) \rightarrow Sb(III)$ $V(V) \rightarrow V(IV)$ $Cu^{2+} \rightarrow Cu^+$	H_2SO_4 溶液 SCN^- 催化 在 SCN^- 存在下	煮沸或通 CO_2 气流
$TiCl_3$	$Fe^{3+} \rightarrow Fe^{2+}$	酸性溶液中	水稀释,少量 Ti^{2+} 被水中 O_2 氧化(可加 Cu^{2+} 催化)
联　胺	$As(V) \rightarrow As(III)$ $Sb(V) \rightarrow Sb(III)$		浓 H_2SO_4 中煮沸
Al	$Sn(IV) \rightarrow Sn(II)$ $Ti(IV) \rightarrow Ti(III)$	在 HCl 溶液中	
锌汞齐还原柱	$Fe^{3+} \rightarrow Fe^{2+}$ $Ce^{4+} \rightarrow Ce^{3+}$ $Ti(IV) \rightarrow Ti(III)$ $V(V) \rightarrow V(II)$ $Cr^{3+} \rightarrow Cr^{2+}$	酸性溶液	过滤或加酸溶解

第四节　高锰酸钾法

一、概述

高锰酸钾法以 $KMnO_4$ 作滴定剂。$KMnO_4$ 是一种强氧化剂,它的氧化能力和还原产物都与溶液的酸度有关。在强酸性溶液中,$KMnO_4$ 被还原为 Mn^{2+}:

$$MnO_4^- + 8H^+ + 5e^- = Mn^{2+} + 4H_2O \qquad \varphi_{MnO_4^-/Mn}^{\ominus} = 1.51 \text{ V}$$

在弱酸性、中性或弱碱性溶液中,$KMnO_4$ 被还原为 MnO_2:

$$MnO_4^- + 2H_2O + 3e^- = MnO_2 + 4OH^- \qquad \varphi_{MnO_4^-/MnO_2}^{\ominus} = 0.588 \text{ V}$$

在强碱性溶液中，MnO_4^- 被还原成 MnO_4^{2-}：

$$MnO_4^- + e^- \Longrightarrow MnO_4^{2-} \qquad \varphi_{MnO_4^-/MnO_4^{2-}}^\ominus = 0.564 \text{ V}$$

由于 $KMnO_4$ 在强酸性溶液中有更强的氧化能力，同时生成无色的 Mn^{2+}，便于滴定终点的观察，因此一般都在强酸性条件下使用。但是，在碱性条件下 $KMnO_4$ 氧化有机物的反应速率比在酸性条件下更快，所以用高锰酸钾法测定有机物时，大多在碱性溶液中（大于 2 mol·L^{-1} 的 $NaOH$ 溶液）进行。

应用高锰酸钾法，可直接滴定许多还原性物质，如 Fe^{2+}，As（Ⅲ），Sb（Ⅲ），W（Ⅴ），H_2O_2，$C_2O_4^{2-}$，NO_2^- 及其他还原性物质(包括很多有机物)等；采用返滴定法可以测定某些具有氧化性的物质如 MnO_2，PbO_2 等；还可以通过 MnO_4^- 与 $C_2O_4^{2-}$ 的反应间接测定一些非氧化还原性物质，如 Ca^{2+}，Th^{4+} 等。

高锰酸钾法的优点是氧化能力强，可直接或间接地测定许多无机物和有机物，在滴定时自身可作指示剂；其缺点是标准溶液不太稳定，反应历程比较复杂，易发生副反应，滴定的选择性较差。但若标准滴定溶液的配制、保存得当，滴定时严格控制条件，这些缺点大多可以克服。

二、$KMnO_4$ 标准溶液的制备

1. 配制(GB/T 601—2016)

因为高锰酸钾试剂中常含有少量的 MnO_2 和其他杂质，使用的蒸馏水中也常含有少量尘埃、有机物等还原性物质，这些物质都能使 $KMnO_4$ 还原，所以 $KMnO_4$ 标准溶液不能直接配制，通常先配制成近似浓度的溶液后再进行标定。配制时，首先称取略多于理论用量的 $KMnO_4$，溶于一定体积的蒸馏水中，缓缓煮沸 15 min，冷却，于暗处放置两周，用已处理过的 4 号玻璃滤坩滤除沉淀，滤液贮于棕色试剂瓶中。

2. 标定

标定 $KMnO_4$ 溶液的基准物质有 $Na_2C_2O_4$，$H_2C_2O_4 \cdot 2H_2O$，$(NH_4)_2Fe(SO_4)_2 \cdot 2H_2O$，$As_2O_3$ 和纯铁丝等。其中最常用的是 $Na_2C_2O_4$，它易于提纯，性质稳定，不含结晶水。$Na_2C_2O_4$ 在 $105 \sim 110$ ℃ 烘干至恒重，即可使用。在 H_2SO_4 溶液中，MnO_4^- 与 $C_2O_4^{2-}$ 的反应为

$$2MnO_4^- + 5C_2O_4^{2-} + 16H^+ \Longrightarrow 2Mn^{2+} + 10CO_2\uparrow + 8H_2O$$

为了使反应定量进行，应注意以下滴定条件：

(1) **温度** 此反应在室温下速率极慢，需加热至 $70 \sim 80$ ℃ 滴定。若温度超过 90 ℃，则 $H_2C_2O_4$ 部分分解，导致标定结果偏高。

$$H_2C_2O_4 \Longrightarrow H_2O + CO_2\uparrow + CO\uparrow$$

(2) **酸度** 酸度过低，MnO_4^- 会被部分地还原成 MnO_2；酸度过高，会促进 $H_2C_2O_4$ 分解。一般滴定开始时适宜酸度约为 1 mol·L^{-1}。为防止诱导氧化 Cl^- 的反应发生，应当尽量避免在 HCl 介质中滴定，通常在 H_2SO_4 介质中进行。

(3) **滴定速率** MnO_4^- 与 $C_2O_4^{2-}$ 的反应开始时速率很慢，当有 Mn^{2+} 生成之后反应

速率逐渐加快。因此,应等加入第一滴 $KMnO_4$ 溶液褪色后再加第二滴。随着滴定的进行,滴定速率可适当加快。但不宜过快,否则滴入的 $KMnO_4$ 来不及和 $C_2O_4^{2-}$ 反应,就在热的酸性溶液中分解,导致标定结果偏低。

$$4MnO_4^- + 12H^+ \Longrightarrow 4Mn^{2+} + 5O_2\uparrow + 6H_2O$$

若滴定前加入少量 $MnSO_4$ 为催化剂,则在滴定的最初阶段就可以较快的速率进行。

(4)滴定终点 用 $KMnO_4$ 溶液滴定至溶液呈现淡粉红色,30 s 不褪色即为终点。溶液在放置过程中,空气中的还原性物质能使 $KMnO_4$ 还原而褪色。

标定好的 $KMnO_4$ 溶液在放置一段时间后,如果发现有 $MnO(OH)_2$ 沉淀析出,应重新过滤并标定。

三、高锰酸钾法应用示例

1. 直接滴定法——H_2O_2 的测定

在酸性溶液中,H_2O_2 被 MnO_4^- 定量氧化:

$$5H_2O_2 + 2MnO_4^- + 6H^+ \Longrightarrow 2Mn^{2+} + 5O_2\uparrow + 8H_2O$$

此反应在室温下即可顺利进行,开始时反应较慢,随着 Mn^{2+} 的生成而加速。可以先加入少量 Mn^{2+} 作催化剂。若 H_2O_2 中含有机物质,后者也会消耗 $KMnO_4$,会使测定结果偏高,此时应改用碘量法或铈量法测定 H_2O_2 含量。

2. 间接滴定法——Ca^{2+} 的测定

Ca^{2+},Th^{4+} 等在溶液中没有可变价态,但基于生成草酸盐沉淀,也可用高锰酸钾法间接测定。

以 Ca^{2+} 的测定为例,先沉淀为 CaC_2O_4,再经过滤、洗涤后,将沉淀溶于热的稀 H_2SO_4 溶液中,最后用 $KMnO_4$ 标准溶液滴定生成的 $H_2C_2O_4$。根据所消耗的 $KMnO_4$ 的量,间接求得 Ca^{2+} 的含量。相关反应式如下:

$$Ca^{2+} + C_2O_4^{2-} \Longrightarrow CaC_2O_4\downarrow$$
$$CaC_2O_4 + 2H^+ \Longrightarrow Ca^{2+} + H_2C_2O_4$$
$$5H_2C_2O_4 + 2MnO_4^- + 6H^+ \Longrightarrow 2Mn^{2+} + 10CO_2\uparrow + 8H_2O$$

> **查一查**
>
> 根据附录六的溶度积常数表,还有哪些金属离子能与 $C_2O_4^{2-}$ 定量地生成草酸盐沉淀,可应用高锰酸钾法间接测定?(提示:如 Ba^{2+},Zn^{2+},Cd^{2+},Th^{4+} 等。)

3. 返滴定法——MnO_2 的测定

一些不能直接用 $KMnO_4$ 溶液滴定的物质,如 MnO_2,PbO_2 等,可以用返滴定法测定。例如,软锰矿中 MnO_2 含量的测定是利用 MnO_2 和 $C_2O_4^{2-}$ 在酸性溶液中的反应:

$$MnO_2 + C_2O_4^{2-} + 4H^+ \Longrightarrow Mn^{2+} + 2CO_2\uparrow + 2H_2O$$

加入一定量过量的 $Na_2C_2O_4$ 于磨细的矿样中,加 H_2SO_4 并加热(温度不能过高,否则将

使 $Na_2C_2O_4$ 分解,影响测定结果的准确度),当试样中无棕黑色颗粒存在时,表示试样分解完全。然后用 $KMnO_4$ 标准溶液趁热滴定剩余的草酸:

$$5C_2O_4^{2-} + 2MnO_4^- + 16H^+ \Longrightarrow 2Mn^{2+} + 10CO_2\uparrow + 8H_2O$$

根据 $Na_2C_2O_4$ 的加入量和 $KMnO_4$ 溶液消耗量之差,求出 MnO_2 的含量。

4. 化学需氧量(COD)的测定

COD 是衡量水体受还原性物质(主要是有机物)污染程度的综合性指标。它是指在一定条件下,1 L 水中还原性物质被氧化时所消耗的氧化剂的量,换算成氧的质量浓度(以 $mg \cdot L^{-1}$ 计)来表示。目前 COD 已成为环境监测分析的主要项目之一(以 $KMnO_4$ 为氧化剂测定的化学需氧量记作 COD_{Mn})。

测定 COD_{Mn} 时,在水样中加入 H_2SO_4 及一定量且过量的 $KMnO_4$ 标准溶液,置于沸水浴中加热,使其中的还原性物质氧化。剩余的 $KMnO_4$ 用定量且过量的 $Na_2C_2O_4$ 还原,再以 $KMnO_4$ 标准溶液返滴定。该法适用于地表水、饮用水等较为清洁水样 COD 的测定。对于工业废水和生活污水 COD 的测定,应采用重铬酸钾法。

第五节　重铬酸钾法

一、方法概要

重铬酸钾($K_2Cr_2O_7$)是一种强氧化剂,在酸性介质中,$Cr_2O_7^{2-}$ 被还原为 Cr^{3+}:

$$Cr_2O_7^{2-} + 14H^+ + 6e^- \Longrightarrow 2Cr^{3+} + 7H_2O \qquad \varphi^{\ominus}_{Cr_2O_7^{2-}/Cr^{3+}} = 1.33\ V$$

$K_2Cr_2O_7$ 在酸性溶液中的氧化能力不如 $KMnO_4$ 强,应用范围不如高锰酸钾法广泛,但与高锰酸钾法相比,重铬酸钾法有如下优点:

(1) $K_2Cr_2O_7$ 易于提纯,120 ℃干燥至恒重后,可直接称量配制标准溶液。

(2) $K_2Cr_2O_7$ 溶液稳定,保存在密闭容器中,其浓度可长期不变。

(3) $K_2Cr_2O_7$ 氧化性较 $KMnO_4$ 弱,选择性较 $KMnO_4$ 强,室温下,当 HCl 溶液浓度低于 3 $mol \cdot L^{-1}$ 时,$Cr_2O_7^{2-}$ 不会氧化 Cl^-,因此滴定可在盐酸介质中进行。

$Cr_2O_7^{2-}$ 的还原产物 Cr^{3+} 呈绿色,终点时无法辨别出过量的 $Cr_2O_7^{2-}$ 的黄色,因而须外加指示剂指示终点,常用的指示剂是二苯胺磺酸钠。

应该指出,$K_2Cr_2O_7$ 有毒,使用时应注意废液的处理,以免污染环境。

二、重铬酸钾法应用示例

1. 铁矿石中全铁量的测定

重铬酸钾法是测定铁矿石中全铁量的标准方法。根据预还原方法的不同,分为 $SnCl_2 - HgCl_2$ 法和 $SnCl_2 - TiCl_3$ 法(无汞测定法)。

(1) $SnCl_2 - HgCl_2$ 法　试样用热的浓盐酸溶解,用 $SnCl_2$ 趁热将 Fe^{3+} 还原为 Fe^{2+},冷却后,过量的 $SnCl_2$ 用 $HgCl_2$ 氧化,再用水稀释,并加入 $H_2SO_4 - H_3PO_4$ 混合酸和二苯胺磺酸钠指示剂,用 $K_2Cr_2O_7$ 标准溶液滴定至溶液由绿色(Cr^{3+} 的颜色)变为紫红色,即

为滴定终点,其主要反应式如下:

$$Fe_2O_3 + 6HCl \Longrightarrow 2FeCl_3 + 3H_2O$$
$$2Fe^{3+} + Sn^{2+} \Longrightarrow 2Fe^{2+} + Sn^{4+}$$
$$Sn^{2+} + 2HgCl_2 \Longrightarrow Sn^{4+} + 2Cl^- + Hg_2Cl_2 \downarrow (白色)$$
$$6Fe^{2+} + Cr_2O_7^{2-} + 14H^+ \Longrightarrow 6Fe^{3+} + 2Cr^{3+} + 7H_2O$$

在滴定前加入 H_3PO_4 的目的是使 Fe^{3+} 生成稳定的 $Fe(HPO_4)_2^-$,降低 Fe^{3+}/Fe^{2+} 电对的电位,增大突跃范围,使二苯胺磺酸钠指示剂变色点的电位落在滴定突跃范围内,减小终点误差;同时,由于 $Fe(HPO_4)_2^-$ 是无色的,消除了 Fe^{3+} 的黄色,有利于终点的观察。

动画

重铬酸钾
法测定铁

此法简便、快速又准确,生产上广泛使用。但因预还原用的汞盐有毒,引起环境污染,近年来出现了无汞测铁法。

(2) $SnCl_2$-$TiCl_3$ 法 试样用酸溶解后,趁热用 $SnCl_2$ 将大部分 Fe^{3+} 还原为 Fe^{2+},再以 Na_2WO_4 为指示剂,滴加 $TiCl_3$ 还原剩余的 Fe^{3+}:

$$2Fe^{3+} + Sn^{2+} \Longrightarrow 2Fe^{2+} + Sn^{4+}$$
$$Fe^{3+} + Ti^{3+} \Longrightarrow Fe^{2+} + Ti^{4+}$$

当 Fe^{3+} 定量还原为 Fe^{2+} 后,稍过量的 $TiCl_3$ 就还原 $W(Ⅵ)$ 为 $W(Ⅴ)$,后者俗称"钨蓝",此时溶液呈现蓝色。在加水稀释后,滴加 $K_2Cr_2O_7$ 溶液,至蓝色刚好褪去,或者以 Cu^{2+} 为催化剂,利用水中的溶解氧,氧化稍过量的 $TiCl_3$ 及钨蓝,使蓝色褪去,其后的滴定步骤与 $SnCl_2$-$HgCl_2$ 法相同。

视频

重铬酸钾
法测定铁

小贴士

如果 $SnCl_2$ 过量,测定结果将偏高;$TiCl_3$ 加入量多,以水稀释时常出现四价钛盐沉淀,影响测定。用 $TiCl_3$ 还原 Fe^{3+} 时,当溶液出现蓝色后再加一滴 $TiCl_3$ 即可,否则钨蓝褪色太慢;若加入催化剂 $CuSO_4$,必须等钨蓝褪色 1 min 后才能进行滴定,因为微过量的 Ti^{3+} 未除净,要多消耗 $K_2Cr_2O_7$ 标准溶液,使测定结果偏高。

通过 $Cr_2O_7^{2-}$ 和 Fe^{2+} 的反应,还可以测定其他氧化性或还原性的物质。例如,钢中铬的测定,先用适当的氧化剂将铬氧化为 $Cr_2O_7^{2-}$,然后用 Fe^{2+} 标准溶液滴定。

2. 化学需氧量(COD_{Cr})的测定

在酸性介质中以重铬酸钾为氧化剂,测定的化学需氧量记作 COD_{Cr},这是目前应用最为广泛的 COD 测定方法。测定步骤如下:于水样中加入过量 $K_2Cr_2O_7$ 标准溶液,在强酸性介质(H_2SO_4)中,以 Ag_2SO_4 为催化剂,加热回流 2 h,使 $K_2Cr_2O_7$ 充分氧化废水中有机物和其他还原性物质,待氧化作用完全后,以邻二氮菲-亚铁为指示剂,用 Fe^{2+} 标准溶液滴定剩余的 $K_2Cr_2O_7$。如果水样中 Cl^- 含量高,需加入 $HgSO_4$ 以消除其干扰。该法适用范围广泛,可用于污染严重的生活污水和工业废水的 COD 测定。

第六节 碘 量 法

碘量法是利用 I_2 的氧化性和 I^- 的还原性进行滴定的方法。由于固体 I_2 在水中的溶解度很小($0.0013\ mol \cdot L^{-1}$)且易挥发,所以将 I_2 溶解在 KI 溶液中,这时 I_2 是以 I_3^- 形式存在溶液中:

$$I_2 + I^- \rightleftharpoons I_3^-$$

为方便和明确化学计量关系,一般仍简写为 I_2,其半反应式为

$$I_2 + 2e^- \rightleftharpoons 2I^- \qquad \varphi_{I_2/I^-}^{\ominus} = +0.5345\ V$$

由电对的标准电极电位可知,I_2 是较弱的氧化剂,可与较强的还原剂作用;而 I^- 则是中等强度的还原剂,能与许多氧化剂作用,因此,碘量法可用直接和间接的两种方式进行。

一、直接碘量法

直接碘量法又称碘滴定法,是利用 I_2 标准溶液直接滴定一些还原性物质的方法。

例如,钢铁中硫的测定,试样在 1300 ℃的管式炉中通 O_2 燃烧,使钢铁中的硫转化为 SO_2,用水吸收 SO_2,再用 I_2 标准溶液滴定,其反应为

$$I_2 + SO_2 + 2H_2O = 2I^- + SO_4^{2-} + 4H^+$$

采用淀粉作指示剂,溶液呈现蓝色即为终点。用直接碘量法可以测定 SO_2,S^{2-},As_2O_3,$S_2O_3^{2-}$,$Sn(II)$,$Sb(III)$ 和维生素 C 等强还原性物质。

直接碘量法不能在碱性溶液中进行,否则 I_2 会发生歧化反应:

$$3I_2 + 6OH^- = IO_3^- + 5I^- + 3H_2O$$

由于碘的标准电极电位不高,所以直接碘量法不如间接碘量法应用广泛。

二、间接碘量法

间接碘量法又称滴定碘法,它是利用 I^- 的还原性与氧化性物质反应,定量地析出 I_2,然后用 $Na_2S_2O_3$ 标准溶液进行滴定,从而间接地测定氧化性物质含量的方法。

例如,铜的测定是将过量的 KI 与 Cu^{2+} 反应,定量析出 I_2,然后用 $Na_2S_2O_3$ 标准溶液滴定,其反应如下:

$$2Cu^{2+} + 4I^- = 2CuI\downarrow + I_2$$
$$I_2 + 2S_2O_3^{2-} = 2I^- + S_4O_6^{2-}$$

此外,间接碘量法还可用于测定 $Cr_2O_7^{2-}$,IO_3^-,ClO^-,NO_2^-,H_2O_2,MnO_4^- 和 Fe^{3+} 等。

在间接碘量法应用过程中必须注意如下三个反应条件。

(1)控制溶液的酸度 I_2 和 $S_2O_3^{2-}$ 之间的反应必须在中性或弱酸性溶液中进行,如果在碱性溶液中,I_2 与 $S_2O_3^{2-}$ 会发生如下副反应:

$$S_2O_3^{2-} + 4I_2 + 10OH^- = 2SO_4^{2-} + 8I^- + 5H_2O$$

在碱性溶液中 I_2 还会发生歧化反应。若在强酸性溶液中,$Na_2S_2O_3$ 溶液会发生分解,其反应为

$$S_2O_3^{2-} + 2H^+ \Longrightarrow SO_2\uparrow + S\downarrow + H_2O$$

(2) 防止 I_2 的挥发和空气中的 O_2 氧化 I^- 必须加入过量的 KI(一般比理论用量大 2~3 倍),增大碘的溶解度,降低 I_2 的挥发性,并使用碘量瓶。滴定一般在室温下进行,操作要迅速,不宜过分振荡溶液,以减少 I^- 与空气的接触。

酸度较高和阳光直射,都可促进空气中的 O_2 对 I^- 的氧化作用:

$$2I^- + O_2 + 4H^+ \Longrightarrow I_2 + 2H_2O$$

因此在反应时应将碘量瓶置于暗处,滴定前调好酸度,析出 I_2 后立即进行滴定。

(3) 注意淀粉指示剂的使用 应用间接碘量法时,一般要在滴定接近终点前再加入淀粉指示剂。若是加入太早,则大量的 I_2 与淀粉结合生成蓝色物质,这一部分 I_2 就不易与 $Na_2S_2O_3$ 溶液反应,致使终点提前且不明显。溶液呈现稻草黄色[I_3^-(黄色)+Cr^{3+}(绿色)]时,预示 I_2 已所剩不多,临近终点。

三、碘量法标准溶液的制备

碘量法中经常使用 I_2 和 $Na_2S_2O_3$ 两种标准溶液。

1. I_2 标准溶液的制备

用升华法制得的纯碘可作为基准物质直接配成标准溶液。但市售的碘常含有杂质,必须采用间接法配制。

由于 I_2 难溶于水,易溶于 KI 溶液,所以配制时是将碘与过量 KI 共置于研钵中,加少量水研磨,待溶解后再稀释到一定体积,配制成近似浓度的溶液,然后再进行标定。I_2 标准溶液应保存于棕色瓶中,避免与橡胶等有机物接触,并防止日光照射、受热等。

I_2 标准溶液的准确浓度,可用已知准确浓度的 $Na_2S_2O_3$ 溶液标定(即比较法),也可以用基准物质 As_2O_3 标定。As_2O_3 难溶于水,可用 NaOH 溶液溶解,使之生成亚砷酸钠:

$$As_2O_3 + 6OH^- \Longrightarrow 2AsO_3^{3-} + 3H_2O$$

然后以酚酞为指示剂,用 H_2SO_4 中和剩余的 NaOH 至中性,再用 I_2 标准溶液滴定 AsO_3^{3-}:

$$AsO_3^{3-} + I_2 + H_2O \Longrightarrow AsO_4^{3-} + 2I^- + 2H^+$$

该反应是可逆反应,在中性或微碱性溶液中能定量地向右进行,为此可加入固体碳酸氢钠以中和反应中生成的 H^+,使亚砷酸盐溶液的 pH≈8。

2. $Na_2S_2O_3$ 标准溶液的制备

市售的 $Na_2S_2O_3 \cdot 5H_2O$ 容易风化,并含有少量杂质,因此不能用直接法配制 $Na_2S_2O_3$ 标准溶液,只能用间接法。

配制好的 $Na_2S_2O_3$ 溶液不稳定,易分解,其主要原因有三个。

(1) $Na_2S_2O_3$ 与溶解在水中的 CO_2 反应 反应方程式为

$$Na_2S_2O_3 + H_2CO_3 \Longrightarrow NaHCO_3 + NaHSO_3 + S\downarrow$$

(2) 与水中的微生物作用 水中的微生物会消耗 $Na_2S_2O_3$ 中的硫,使它变成 Na_2SO_3,这是 $Na_2S_2O_3$ 浓度变化的主要原因。

视频

硫代硫酸钠标准溶液的配制

第六节 碘量法

$$Na_2S_2O_3 \xrightarrow{\text{微生物}} Na_2SO_3 + S\downarrow$$

（3）空气中氧的氧化作用　反应方程式为

$$2Na_2S_2O_3 + O_2 = 2Na_2SO_4 + 2S\downarrow$$

此反应速率较慢,但水中的微量 Cu^{2+} 或 Fe^{3+} 等杂质能加速反应。

因此,配制 $Na_2S_2O_3$ 溶液时,应当用新煮沸并冷却的蒸馏水,目的在于除去水中溶解的 CO_2 和 O_2 并杀死细菌;加入少量 Na_2CO_3,使溶液呈弱碱性,以抑制细菌生长;溶液贮于棕色瓶并置于暗处,以防止光照分解;放置两周后,用 4 号玻璃滤坩过滤,除去沉淀,再进行标定。标定好的 $Na_2S_2O_3$ 溶液在贮存过程中如发现溶液变浑浊,表示有 S 析出,应弃去重配。

$Na_2S_2O_3$ 溶液的准确浓度可用 $K_2Cr_2O_7$,KIO_3,$KBrO_3$ 等基准物质进行标定。$K_2Cr_2O_7$,KIO_3,$KBrO_3$ 与 $Na_2S_2O_3$ 之间的 $\Delta\varphi^{\ominus}$ 虽然较大,但它们之间的反应无定量关系,应采用间接的方法标定。以 $K_2Cr_2O_7$ 为例,它在酸性溶液中与过量 KI 反应:

$$Cr_2O_7^{2-} + 6I^- + 14H^+ = 2Cr^{3+} + 3I_2 + 7H_2O$$

析出的 I_2 以淀粉为指示剂,用待标定的 $Na_2S_2O_3$ 溶液滴定:

$$I_2 + 2S_2O_3^{2-} = 2I^- + S_4O_6^{2-}$$

根据称取 $K_2Cr_2O_7$ 的质量及滴定时消耗 $Na_2S_2O_3$ 溶液的体积,可以计算出 $Na_2S_2O_3$ 溶液的准确浓度。

用 $K_2Cr_2O_7$ 为基准物质标定 $Na_2S_2O_3$ 溶液时应注意以下几点。

（1）由于 $K_2Cr_2O_7$ 与 KI 的反应速率慢,需提高酸度以加快反应,但若酸度太大,则 I^- 易被空气中的 O_2 氧化,一般以控制酸度 $0.2\sim0.4$ $mol\cdot L^{-1}$ 为宜。

（2）$K_2Cr_2O_7$ 与 KI 反应时,应将溶液置于碘瓶或锥形瓶中(盖好表面皿),在暗处放置10 min,待反应完全后,再进行滴定。

（3）用 $Na_2S_2O_3$ 溶液滴定前,应先用蒸馏水稀释,以降低酸度,减少空气中 O_2 对 I^- 的氧化,同时使 Cr^{3+} 的绿色减弱,便于观察滴定终点。若滴定至终点后,溶液又迅速变蓝色,说明 $K_2Cr_2O_7$ 与 KI 的反应还不完全,应重新标定。如果滴定到终点后,经过几分钟,溶液又出现蓝色,这是由于空气中的 O_2 氧化 I^- 所引起的,不影响标定的结果。

四、碘量法应用示例

1. 维生素 C 的测定

维生素 C 又称抗坏血酸,分子式为 $C_6H_8O_6$,摩尔质量为 176.12 $g\cdot mol^{-1}$。由于维生素 C 分子中的烯二醇基具有还原性,所以它能被 I_2 定量地氧化成二酮基,反应式为

维生素 C 含量的测定方法:准确称取含维生素 C 试样,溶解在新煮沸且冷却的蒸馏水中,以 HOAc 酸化,加入淀粉指示剂,迅速用 I_2 标准溶液滴定至终点(呈现稳定的蓝色)。

小贴士

维生素 C 的还原性很强,在空气中易被氧化,在碱性介质中更容易被氧化,所以在实验操作上不但要熟练,而且在酸化后应立即滴定。由于蒸馏水中含有溶解氧,必须事先煮沸,否则会使测定结果偏低。如果试样中有能被 I_2 直接氧化的物质存在,会干扰测定。

2. S^{2-} 或 H_2S 的测定

在酸性溶液中,I_2 能氧化 S^{2-}:

$$H_2S + I_2 = S\downarrow + 2I^- + 2H^+$$

因此可用淀粉为指示剂,用 I_2 标准溶液直接滴定 H_2S。

为了防止 H_2S 的挥发,可将试液加入到一定量且过量的酸性 I_2 标准溶液中,再用 $Na_2S_2O_3$ 标准溶液回滴多余的 I_2。

能与酸作用生成 H_2S 的物质,如含硫矿石、石油和废水中硫化物、钢铁中的硫及某些有机化合物中的硫等,可用 Cd^{2+} 或 Zn^{2+} 的氨性溶液吸收生成的 H_2S,再用上述方法测定其中的硫含量。

3. 铜的测定

Cu^{2+} 与过量 KI 反应定量地析出 I_2,然后用 $Na_2S_2O_3$ 标准溶液滴定,其反应为

$$2Cu^{2+} + 4I^- = 2CuI\downarrow + I_2$$
$$I_2 + 2S_2O_3^{2-} = 2I^- + S_4O_6^{2-}$$

由于 CuI 沉淀表面会吸附一些 I_2 而使测定结果偏低,为此滴定在接近终点时加入 KSCN,使 CuI 沉淀转化为溶解度更小的 CuSCN:

$$CuI + SCN^- = CuSCN + I^-$$

以减少 CuI 对 I_2 的吸附。

 小贴士

Cu^{2+} 与 KI 的反应要求在 pH＝3～4 的弱酸性溶液中进行。酸度过低,Cu^{2+} 将发生水解;酸度太强,I^- 易被空气中的 O_2 氧化为 I_2,使测定结果偏高,所以常用 $NH_4F＋HF$、$HOAc-NaOAc$ 或 $HOAc-NH_4OAc$ 等缓冲溶液控制酸度。本法测定铜,快速准确,广泛用于铜合金、矿石、电镀液、炉渣中铜的测定。

如果测定铜矿中的铜,试样需用 HNO_3 溶解,但其中所含的过量 HNO_3,以及转入溶液的高价态的铁、砷、锑等元素都能氧化 I^-,干扰 Cu^{2+} 的测定。为此,当试样溶解后,应加入浓 H_2SO_4 加热至冒白烟,以驱尽 HNO_3 和氮的氧化物,待中和过量的 H_2SO_4 后,仍以 $NH_4F＋HF$ 缓冲溶液控制试液的酸度。在 pH＝3～4 的溶液中 AsO_4^{3-}、SbO_4^{3-} 等不会氧化 I^-,Fe^{3+} 与 F^- 形成稳定的配合物 FeF_6^{3-},从而消除了干扰。

4. 卡尔-费休(Kar I-Fischer)法测定微量水分

该方法的基本原理是当 I_2 氧化 SO_2 时需要定量的 H_2O：

$$I_2+SO_2+2H_2O \rightleftharpoons H_2SO_4+2HI$$

这个反应是可逆的，反应需在碱性溶液中进行。一般采用吡啶(C_5H_5N)作溶剂，使反应定量地向右进行，其总反应为

$$C_5H_5N\cdot I_2+C_5H_5N\cdot SO_2+C_5H_5N+H_2O = 2C_5H_5N\cdot HI+C_5H_5N\cdot SO_3$$

生成的 $C_5H_5N\cdot SO_3$ 也能与水反应，消耗一部分水，因而干扰测定。为此加入甲醇，以防止上述反应发生：

$$C_5H_5N\cdot SO_3+CH_3OH = C_5H_5NHOSO_2OCH_3$$

由以上讨论可知，卡尔-费休法测定水的标准溶液是 I_2，SO_2，C_5H_5N 和 CH_3OH 的混合溶液，称为**费休试剂**。此试剂呈 I_2 的红棕色，与水反应后呈浅黄色，当溶液由浅黄色变成红棕色即为终点。测定中所用器皿都须干燥，否则会造成误差。试剂的标定可用水-甲醇标准溶液，或以稳定的结晶水合物为基准物质。

此法不仅广泛用于测定无机物和有机物中的水分含量，而且根据有关反应中生成水或消耗水的量，可以间接测定多种有机物的含量，如醇、酸酐、羧酸、腈类、羰基化合物、伯胺、仲胺及过氧化物等。

五、其他的氧化还原滴定法

1. 溴酸钾法

(1) 概述　本法以氧化剂 $KBrO_3$ 为滴定剂。$KBrO_3$ 在酸性溶液中是一种强氧化剂，其半反应式为

$$BrO_3^-+6H^++6e^- = Br^-+3H_2O \qquad \varphi^{\ominus}_{BrO_3^-/Br^-}=1.44\ V$$

利用溴酸钾法可以直接测定一些还原性物质，如 As(Ⅲ)，Sb(Ⅲ)，Fe(Ⅱ)，H_2O_2，N_2H_4，Sn(Ⅱ)等，部分滴定反应如下：

$$BrO_3^-+3Sb^{3+}+6H^+ = 3Sb^{5+}+Br^-+3H_2O$$
$$BrO_3^-+3As^{3+}+6H^+ = 3As^{5+}+Br^-+3H_2O$$
$$2BrO_3^-+3N_2H_4 = 2Br^-+3N_2+6H_2O$$

用 BrO_3^- 标准溶液滴定时，可以甲基橙或甲基红的钠盐水溶液为指示剂，当滴定到达化学计量点之后，稍微过量的 $KBrO_3$ 与 Br^- 作用生成 Br_2，使指示剂被氧化而破坏，溶液褪色指示滴定终点到达。但是，在滴定过程中应尽量避免滴定剂的局部过浓，导致滴定终点过早出现。再者，甲基橙或甲基红在反应中由于指示剂结构被破坏而褪色，必须再滴加少量指示剂进行检验，如果新加入少量指示剂也立即褪色，这说明真正到达滴定终点，如果颜色不褪就应细心地继续滴定至终点。

溴酸钾法主要用于测定有机物质。在 $KBrO_3$ 的标准溶液中，加入过量的 KBr 并将溶液酸化，这时发生如下反应：

$$BrO_3^- + 5Br^- + 6H^+ \Longrightarrow 3Br_2 + 3H_2O$$

实质上相当于 Br_2 的标准溶液。溴水不稳定,不适于配成标准溶液作滴定剂;而 $KBrO_3 - KBr$ 标准溶液很稳定,只在酸化时才发生上述反应,这就像即时配制的溴标准溶液一样。借助溴的取代作用,可以测定酚类及芳香胺类有机物;借助加成反应可以测定有机物的不饱和程度。溴与有机物反应的速率较慢,必须加入过量的 $KBrO_3 - KBr$ 标准溶液,待反应完全后,过量的 Br_2 用碘量法滴定,即

$$Br_2(过量) + 2I^- \Longrightarrow 2Br^- + I_2$$
$$I_2 + 2S_2O_3^{2-} \Longrightarrow 2I^- + S_4O_6^{2-}$$

因此,溴酸钾法一般是与碘量法配合使用的。

(2) 标准溶液的制备　基准试剂 $KBrO_3$ 在 130 ℃烘干后,就可以直接称量配制成标准溶液。市售的 $KBrO_3$ 需采用间接法配制,准确的浓度用碘量法进行标定,方法是使一定量的 $KBrO_3$ 在酸性溶液中与过量 KI 反应而析出 I_2:

$$BrO_3^- + 6I^- + 6H^+ \Longrightarrow Br^- + 3I_2 + 3H_2O$$

然后用 $Na_2S_2O_3$ 标准溶液进行滴定。

配制 $KBrO_3 - KBr$ 标准溶液只需在 $KBrO_3$ 溶于水后,加入过量的 KBr 即可。

(3) 溴酸钾法应用示例——苯酚含量的测定　在苯酚的酸性溶液中,加入一定量且过量的 $KBrO_3 - KBr$ 标准溶液,发生如下取代反应:

待反应完成后,加入过量的 KI 还原剩余的 Br_2,析出的 I_2 用 $Na_2S_2O_3$ 标准溶液滴定。

苯酚是煤焦油的主要成分之一,是许多高分子材料、医药、农药及合成染料等的主要原料,也广泛用于杀菌消毒等,但苯酚的生产和应用会对环境造成污染,所以苯酚是经常需要监测的项目之一。

2. 铈量法

硫酸铈 $Ce(SO_4)_2$ 在酸性溶液中是一种强氧化剂,其半反应为

$$Ce^{4+} + e^- \Longrightarrow Ce^{3+} \qquad \varphi^{\ominus}_{Ce^{4+}/Ce^{3+}} = 1.61 \text{ V}$$

Ce^{4+}/Ce^{3+} 电对的电极电位与酸性介质的种类和浓度有关。由于 Ce^{4+} 在 $HClO_4$ 中不形成配合物,所以在 $HClO_4$ 介质中,Ce^{4+}/Ce^{3+} 的电极电位最高,应用也较多。

$Ce(SO_4)_2$ 标准溶液一般都用硫酸铈铵 $Ce(SO_4)_2 \cdot 2(NH_4)_2SO_4 \cdot 2H_2O$ 或硝酸铈铵 $Ce(NO_3)_4 \cdot 2NH_4NO_3$ 直接称量配制而成。由于它们容易提纯,不必另行标定,但是 Ce^{4+} 极易水解,在配制 Ce^{4+} 溶液和滴定时,都应在强酸溶液中进行,$Ce(SO_4)_2$ 虽呈黄色,但显色不够灵敏,常用邻二氮菲-亚铁作指示剂。

$Ce(SO_4)_2$ 的氧化性与 $KMnO_4$ 差不多,凡是 $KMnO_4$ 能测定的物质几乎都能用铈量法测定。与高锰酸钾法相比,铈量法的优点是 $Ce(SO_4)_2$ 标准溶液很稳定,加热到 100 ℃

也不分解;铈的还原反应是单电子反应,反应简单,副反应少;可以在 HCl 介质中进行滴定;$Ce(SO_4)_2$ 标准溶液可直接配制。不足之处是由于铈盐价格较高,实际工作中应用不多。

第七节　氧化还原滴定法计算示例

氧化还原滴定中涉及的化学反应比较复杂,进行氧化还原滴定计算时,首先应写出相关方应方程式,确定滴定剂与待测物之间的计量关系,根据化学计量数(物质的量之比),计算被测物的含量,也可以根据氧化还原反应中的电子转移数,确定滴定剂和待测物的基本单元,然后按等物质的量规则进行计算,后者更为方便。

例 1　称取 0.5000 g 石灰石试样,溶解后,沉淀为 CaC_2O_4,经过滤、洗涤后溶于稀 H_2SO_4 中,再用 $c_{KMnO_4} = 0.02020$ $mol \cdot L^{-1}$ 的 $KMnO_4$ 标准溶液滴定,到达终点时消耗 35.00 mL,计算试样中 Ca 的质量分数。

解:依题意,测定中相关的反应式为

$$Ca^{2+} + C_2O_4^{2-} = CaC_2O_4 \downarrow$$

$$CaC_2O_4 + 2H^+ = Ca^{2+} + H_2C_2O_4$$

$$2MnO_4^- + 5C_2O_4^{2-} + 16H^+ = 2Mn^{2+} + 10CO_2 \uparrow + 8H_2O$$

由上述反应可知,$KMnO_4$ 的基本单元为 $\frac{1}{5}KMnO_4$;$H_2C_2O_4$ 的基本单元为 $\frac{1}{2}H_2C_2O_4$;Ca 的基本单元为 $\frac{1}{2}Ca^{2+}$。

根据等物质的量规则:

$$n_{\frac{1}{2}Ca^{2+}} = n_{\frac{1}{2}H_2C_2O_4} = n_{\frac{1}{5}KMnO_4}$$

故
$$w_{Ca} = \frac{c_{\frac{1}{5}KMnO_4} V_{KMnO_4} M_{\frac{1}{2}Ca}}{m} \times 100\%$$

$$= \frac{5 \times 0.02020 \ mol \cdot L^{-1} \times 35.00 \times 10^{-3} \ L \times \frac{40.08}{2} \ g \cdot mol^{-1}}{0.5000 \ g} \times 100\% = 14.17\%$$

例 2　称取铁矿试样 0.3029 g,溶解并将 Fe^{3+} 还原成 Fe^{2+},以 $c_{K_2Cr_2O_7} = 0.01643$ $mol \cdot L^{-1}$ 的 $K_2Cr_2O_7$ 标准溶液滴定至终点时共消耗 35.14 mL,试计算试样中 Fe 的质量分数和 Fe_2O_3 的质量分数。

解:滴定反应为

$$6Fe^{2+} + Cr_2O_7^{2-} + 14H^+ = 6Fe^{3+} + 2Cr^{3+} + 7H_2O$$

根据氧化还原反应中的电子转移数可知,$K_2Cr_2O_7$ 的基本单元为 $\frac{1}{6}K_2Cr_2O_7$,Fe 的基本单元为 Fe,Fe_2O_3 的基本单元 $\frac{1}{2}Fe_2O_3$。

根据等物质的量规则:

$$n_{Fe^{2+}} = n_{\frac{1}{2}Fe_2O_3} = n_{\frac{1}{6}K_2Cr_2O_7}$$

故
$$w_{Fe} = \frac{c_{\frac{1}{6}K_2Cr_2O_7} V_{K_2Cr_2O_7} M_{Fe}}{m} \times 100\%$$

$$= \frac{6 \times 0.016\,43\ mol \cdot L^{-1} \times 35.14 \times 10^{-3}\ L \times 55.85\ g \cdot mol^{-1}}{0.302\,9\ g} \times 100\% = 63.87\%$$

$$w_{Fe_2O_3} = \frac{c_{\frac{1}{6}K_2Cr_2O_7} V_{K_2Cr_2O_7} M_{\frac{1}{2}Fe_2O_3}}{m} \times 100\%$$

$$= \frac{6 \times 0.016\,43\ mol \cdot L^{-1} \times 35.14 \times 10^{-3}\ L \times \frac{159.7}{2}\ g \cdot mol^{-1}}{0.302\,9\ g} \times 100\% = 91.32\%$$

例 3 化学需氧量(COD)是指每升水中的还原性物质(有机物和无机物)在一定条件下被强氧化剂氧化时所消耗的氧的质量。今取废水样 100.0 mL,用 H_2SO_4 酸化后,加入 25.00 mL $c_{K_2Cr_2O_7} = 0.016\,67\ mol \cdot L^{-1}$ 的 $K_2Cr_2O_7$ 标准溶液,以 Ag_2SO_4 为催化剂,煮沸,待水样中还原性物质完全被氧化后,以邻二氮菲-亚铁为指示剂,用 $c_{FeSO_4} = 0.100\,0\ mol \cdot L^{-1}$ 的 $FeSO_4$ 标准溶液滴定剩余的 $Cr_2O_7^{2-}$,用去 15.00 mL。计算水样的化学需氧量,以 ρ_{O_2} $(g \cdot L^{-1})$ 表示。

解: 滴定反应为

$$6Fe^{2+} + Cr_2O_7^{2-} + 14H^+ \rule[0.5ex]{2em}{0.4pt} 6Fe^{3+} + 2Cr^{3+} + 7H_2O$$

$K_2Cr_2O_7$ 的基本单元为 $\frac{1}{6}K_2Cr_2O_7$,$FeSO_4$ 的基本单元为 $FeSO_4$,由于 $K_2Cr_2O_7$ 与 O_2 相当关系为

$$\frac{1}{6}K_2Cr_2O_7 \Leftrightarrow \frac{1}{4}O_2$$

所以 O_2 的基本单元为 $\frac{1}{4}O_2$。

根据等物质的量规则:

$$n_{\frac{1}{4}O_2} = n_{\frac{1}{6}K_2Cr_2O_7} - n_{FeSO_4}$$

故

$$\rho_{O_2} = \frac{m_{O_2}}{V_{水样}} = \frac{(c_{\frac{1}{6}K_2Cr_2O_7} V_{K_2Cr_2O_7} - c_{FeSO_4} V_{FeSO_4}) \times M_{\frac{1}{4}O_2}}{V_{水样}}$$

$$= \frac{(6 \times 0.016\,67 \times 25.00 - 0.100\,0 \times 15.00)mmol \times \frac{32.00}{4} g \cdot mol^{-1}}{100\ mL} = 0.080\,04\ g \cdot L^{-1}$$

例 4 称取铜合金试样 0.200 0 g,以间接碘量法测定其铜含量。析出的碘用 0.100 0 mol·L⁻¹ $Na_2S_2O_3$ 标准溶液滴定,终点时共消耗 $Na_2S_2O_3$ 标准溶液 20.00 mL,计算试样中铜的质量分数。

解: 滴定反应为

$$2Cu^{2+} + 4I^- \rule[0.5ex]{2em}{0.4pt} 2CuI\downarrow + I_2$$
$$I_2 + 2S_2O_3^{2-} \rule[0.5ex]{2em}{0.4pt} 2I^- + S_4O_6^{2-}$$

根据氧化还原反应中的电子转移数可知,$Na_2S_2O_3$ 的基本单元为 $Na_2S_2O_3$,I_2 的基本单元为 $\frac{1}{2}I_2$,Cu 的基本单元为 Cu^{2+}。

$$n_{Cu^{2+}} = n_{\frac{1}{2}I_2} = n_{Na_2S_2O_3}$$

根据等物质的量规则:

$$w_{Cu} = \frac{c_{Na_2S_2O_3} V_{Na_2S_2O_3} M_{Cu}}{m} \times 100\%$$

$$= \frac{0.100\,0\ mol \cdot L^{-1} \times 20.00 \times 10^{-3}\,L \times 63.55\ g \cdot mol^{-1}}{0.200\,0\ g} \times 100\% = 63.55\%$$

例 5 用溴酸钾法测定苯酚。移取苯酚试液 10.00 mL 于 250 mL 容量瓶中,加水稀释至标线。摇匀后准确移取 25.00 mL 试液,加入 $c_{\frac{1}{6}KBrO_3} = 0.110\,2\ mol \cdot L^{-1}$ 的 $KBrO_3 - KBr$ 标准溶液 35.00 mL,反应完成后加 HCl 酸化,放置片刻后再加 KI 溶液,使未反应的 Br_2 还原并析出 I_2,然后用 $c_{Na_2S_2O_3} = 0.087\,30\ mol \cdot L^{-1}$ 的 $Na_2S_2O_3$ 标准溶液滴定,用去 28.55 mL,计算试液中苯酚的质量浓度 $(g \cdot L^{-1})$。

解: 测定中相关的反应式为

$$KBrO_3 + 5KBr + 6HCl \Longrightarrow 3Br_2 + 6KCl + 3H_2O$$

$$C_6H_5OH + 3Br_2 \Longrightarrow C_6H_2Br_3OH \downarrow + 3HBr$$

$$Br_2 + 2KI \Longrightarrow 2KBr + I_2$$

$$I_2 + 2S_2O_3^{2-} \Longrightarrow S_4O_6^{2-} + 2I^-$$

可见

$$C_6H_5OH \Leftrightarrow KBrO_3 \Leftrightarrow 3Br_2 \Leftrightarrow 3I_2 \Leftrightarrow 6Na_2S_2O_3$$

因此 $Na_2S_2O_3$ 的基本单元为 $Na_2S_2O_3$,$KBrO_3$ 的基本单元为 $\frac{1}{6}KBrO_3$,C_6H_5OH 的基本单元为 $\frac{1}{6}C_6H_5OH$。

$$\rho_{C_6H_5OH} = \frac{(c_{\frac{1}{6}KBrO_3}V_{KBrO_3} - c_{Na_2S_2O_3}V_{Na_2S_2O_3})M_{\frac{1}{6}C_6H_5OH}}{V_{水样}}$$

$$= \frac{(0.110\,2 \times 35.00 - 0.087\,30 \times 28.55)mmol \times \frac{94.11}{6}\,g \cdot mol^{-1}}{\left(10.00 \times \frac{25.00}{250.0}\right)mL} = 21.40\ g \cdot L^{-1}$$

本章主要知识点

一、氧化还原反应

1. 条件电极电位 $\varphi_{Ox/Red}^{\ominus\prime}$

条件电极电位是指在一定介质条件下,氧化态和还原态的分析浓度都为 $1\ mol \cdot L^{-1}$ 时,电对的实际电位。

$$\varphi_{Ox/Red}^{\ominus\prime} = \varphi_{Ox/Red}^{\ominus} + \frac{0.059\,2\ V}{n}\lg\frac{\gamma_{Ox}\alpha_{Red}}{\gamma_{Red}\alpha_{Ox}}$$

条件电极电位的大小反映了在外界因素影响下,氧化还原电对的实际氧化还原能力。

2. 氧化还原反应进行的程度

氧化还原反应进行的程度用条件平衡常数 K' 来衡量,K' 越大,反应越完全。条件平衡常数与条件电极电位的关系为

$$lgK' = \frac{(\varphi_1^{\ominus}{}' - \varphi_2^{\ominus}{}')n_1 n_2}{0.0592\ V} = \frac{n_1 n_2 \Delta\varphi^{\ominus}{}'}{0.0592\ V}$$

一般认为 $\Delta\varphi^{\ominus}{}' \geqslant 0.4\ V$ 的反应是用于氧化还原滴定的必要条件。

3. 氧化还原反应速率的影响因素

(1) 反应物浓度　一般情况下,反应物浓度越大,反应速率越快。

(2) 温度　对于多数反应,温度越高,反应速率越快。

(3) 催化剂　可以提高反应速率。

二、氧化还原滴定原理

1. 氧化还原滴定曲线

以加入的滴定剂体积为横坐标,以滴定过程中体系的电极电位为纵坐标所绘制的曲线。氧化还原滴定曲线的突跃范围大小主要取决于两电对的条件电极电位之差。

2. 滴定终点的确定方法

(1) 指示剂法

① 自身指示剂:如高锰酸钾溶液。

② 专属指示剂:如淀粉用于碘量法。

③ 氧化还原指示剂:氧化还原滴定的通用指示剂。

选择氧化还原指示剂的原则:指示剂的条件电极电位处于滴定突跃范围内。

(2) 电位法

3. 滴定前的预处理

在氧化还原滴定前,需要将试样中的待测组分转变成适宜滴定的价态,这一过程称为氧化还原滴定的预处理,所用的试剂称为预处理剂。预处理剂分为氧化剂和还原剂。

三、常用的氧化还原滴定方法

1. 高锰酸钾法

(1) 基本反应

$$MnO_4^- + 8H^+ + 5e^- \rightleftharpoons Mn^{2+} + 4H_2O \qquad \varphi_{MnO_4^-/Mn^{2+}}^{\ominus} = 1.51\ V$$

(2) 标准溶液　$KMnO_4$ 溶液,间接法配制,常用 $Na_2C_2O_4$ 基准物质标定。

(3) 指示剂　$KMnO_4$ 溶液自身。

(4) 终点颜色　粉红色,30 s 不消失即可。

(5) 测定对象

① 还原性物质(直接滴定法)。

② 氧化性物质(返滴定法)。

③ 非氧化还原性物质(间接滴定法)。

2. 重铬酸钾法

(1) 基本反应

$$Cr_2O_7^{2-} + 14H^+ + 6e^- \Longrightarrow 2Cr^{3+} + 7H_2O \qquad \varphi_{K_2Cr_2O_7^{2-}/Cr^{3+}}^{\ominus} = 1.33\ V$$

（2）标准溶液　$K_2Cr_2O_7$ 溶液，直接法配制。

（3）测定条件　强酸性。

（4）应用示例　铁的测定、废水 COD 的测定。

3. 碘量法

（1）直接碘量法

① 基本反应：$I_2+2e^- \Longrightarrow 2I^-$。

② 标准溶液：I_2 溶液，间接法配制，As_2O_3 基准物质标定或 $Na_2S_2O_3$ 比较法标定。

③ 指示剂及加入时间：淀粉，滴定前加入。

④ 终点颜色：蓝色出现。

⑤ 测定条件：酸性、中性或弱碱性。

⑥ 测定对象：强还原性物质。

（2）间接碘量法

① 基本反应：$I_2+2e^- \Longrightarrow 2I^-$，$2S_2O_3^{2-}+I_2 \Longrightarrow S_4O_6^{2-}+2I^-$。

② 标准溶液：I_2 溶液；$Na_2S_2O_3$ 溶液，间接法配制，$K_2Cr_2O_7$ 基准物质标定。

③ 指示剂及加入时间：淀粉，临近终点时加入。

④ 终点颜色：蓝色消失。

⑤ 测定条件：中性或弱酸性。

⑥ 测定对象：

a. 电位高于 $\varphi_{I_2/I^-}^{\ominus}$ 的氧化性物质（置换滴定法）。

b. 电位低于 $\varphi_{I_2/I^-}^{\ominus}$ 的还原性物质（返滴定法）。

四、氧化还原滴定结果的计算

计算氧化还原滴定结果的关键是找出被测物和滴定剂之间的化学计量关系。

思考与练习

一、思考题

1. 什么是条件电极电位？条件电极电位与标准电极电位有什么区别？

2. 影响氧化还原反应速率的因素有哪些？

3. 氧化还原滴定中可用哪些方法确定终点？氧化还原指示剂的变色原理和选择原则与酸碱指示剂有何异同？

4. 高锰酸钾法测定无机物一般应在什么介质中进行？为什么？

5. 以草酸钠为基准物质标定 $KMnO_4$ 溶液时应注意哪些问题？

6. 在用 $K_2Cr_2O_7$ 法测定铁矿石中铁含量时，加入 $H_2SO_4-H_3PO_4$ 混合酸的目的是什么？

7. 配制 $Na_2S_2O_3$ 标准溶液时，为什么要用新煮沸并冷却至室温的蒸馏水？

8. 碘量法的误差来源有哪些？如何减小或消除？

9. 直接碘量法和间接碘量法中淀粉指示液的加入时间和终点颜色变化有何不同？

10. 如何配制 $KMnO_4$、$K_2Cr_2O_7$、$Na_2S_2O_3$ 和 I_2 标准溶液？

二、单项选择题

1. 一般认为,当两电对的条件电极电位之差大于( )时,氧化还原反应就能定量完成。

A. 0.1 V   B. 0.2 V   C. 0.4 V   D. 0.5 V

2. 在 Sn^{2+},Fe^{2+} 的混合溶液中,欲使 Sn^{2+} 氧化为 Sn^{4+} 而 Fe^{2+} 不被氧化,应选择的氧化剂是(已知 $\varphi^{\ominus}_{Sn^{4+}/Sn^{2+}}=0.154$ V,$\varphi^{\ominus}_{Fe^{3+}/Fe^{2+}}=0.771$ V)( )。

A. KIO_3 ($\varphi^{\ominus}_{IO_3^-/I_2}=1.20$ V)   B. H_2O_2 ($\varphi^{\ominus}_{H_2O_2/OH^-}=0.88$ V)

C. $HgCl_2$ ($\varphi^{\ominus}_{HgCl_2/Hg_2Cl_2}=0.63$ V)   D. SO_3^{2-} ($\varphi^{\ominus}_{SO_3^{2-}/S}=-0.66$ V)

3. 在酸性介质中,用 $KMnO_4$ 溶液滴定草酸盐溶液,滴定应( )。

A. 在室温下进行   B. 将溶液煮沸后即进行

C. 将溶液煮沸,冷至 80 ℃进行   D. 将溶液加热到 70~80 ℃时进行

4. 用草酸钠作基准物质标定高锰酸钾标准溶液时,开始反应速率慢,稍后,反应速率明显加快,这是( )起催化作用。

A. H^+ B. MnO_4^- C. Mn^{2+} D. CO_2

5. 在 1 $mol \cdot L^{-1}$ 的 H_2SO_4 溶液中,$\varphi^{\ominus\prime}_{Ce^{4+}/Ce^{3+}}=1.44$ V;$\varphi^{\ominus\prime}_{Fe^{3+}/Fe^{2+}}=0.68$ V;以 Ce^{4+} 滴定 Fe^{2+} 时,最适宜的指示剂为( )。

A. 二苯胺磺酸钠 ($\varphi^{\ominus\prime}_{In}=0.84$ V)   B. 邻苯氨基苯甲酸 ($\varphi^{\ominus\prime}_{In}=0.89$ V)

C. 邻二氮菲-亚铁 ($\varphi^{\ominus\prime}_{In}=1.06$ V)   D. 硝基邻二氮菲-亚铁 ($\varphi^{\ominus\prime}_{In}=1.25$ V)

6. $KMnO_4$ 滴定所需的介质最好是( )。

A. 硫酸   B. 盐酸   C. 磷酸   D. 硝酸

7. $KMnO_4$ 法测石灰石中 Ca 含量,先沉淀为 CaC_2O_4,再经过滤、洗涤后溶于稀 H_2SO_4 中,最后用 $KMnO_4$ 滴定生成的 $H_2C_2O_4$,Ca 的基本单元为( )。

A. Ca   B. $\frac{1}{2}$Ca   C. $\frac{1}{5}$Ca   D. $\frac{1}{3}$Ca

8. 用 $K_2Cr_2O_7$ 法测定 Fe^{2+},可选用的指示剂是( )。

A. 甲基红-溴甲酚绿   B. 二苯胺磺酸钠   C. 铬黑 T   D. 自身指示剂

9. 用 $KMnO_4$ 法测定 Fe^{2+},可选用的指示剂是( )。

A. 甲基红-溴甲酚绿   B. 二苯胺磺酸钠   C. 铬黑 T   D. 自身指示剂

10. 配制 I_2 标准溶液时,是将 I_2 溶解在( )中。

A. 水   B. KI 溶液   C. HCl 溶液   D. KOH 溶液

11. 标定 I_2 标准溶液的基准物质是( )。

A. As_2O_3 B. $K_2Cr_2O_7$ C. Na_2CO_3 D. $H_2C_2O_4$

12. 在间接碘量法测定中,下列操作正确的是( )。

A. 边滴定边快速摇动

B. 加入过量 KI,并在室温和避免阳光直射的条件下滴定

C. 在 70~80 ℃恒温条件下滴定

D. 滴定一开始就加入淀粉指示剂

13. 间接碘量法要求在中性或弱酸性介质中进行测定,若酸度太高,将会( )。

A. 反应不定量   B. I_2 易挥发

C. 终点不明显   D. I^- 被氧化,$Na_2S_2O_3$ 被分解

14. 在间接碘量法中,滴定终点的颜色变化是( )。

A. 蓝色恰好消失   B. 出现蓝色   C. 出现浅黄色   D. 黄色恰好消失

15. 间接碘量法中加入淀粉指示剂的适宜时间是( )。

A. 滴定开始时

B. 滴定至近终点,溶液呈稻草黄色时

C. 滴定至 I_3^- 的红棕色褪尽,溶液呈无色时

D. 在标准溶液滴定了近 50% 时

16. 碘量法测定 $CuSO_4$ 含量,试样溶液中加入过量的 KI,下列叙述其作用错误的是(　　)。

A. 还原 Cu^{2+} 为 Cu^+　　　　　　　　　B. 防止 I_2 挥发

C. 与 Cu^+ 形成 CuI 沉淀　　　　　　　　D. 把 $CuSO_4$ 还原成单质 Cu

17. 用碘量法测定维生素 C(Vc)的含量,Vc 的基本单元是(　　)。

A. $\dfrac{1}{3}$Vc　　　　　　B. $\dfrac{1}{2}$Vc　　　　　　C. Vc　　　　　　D. $\dfrac{1}{4}$Vc

18. (　　)是标定硫代硫酸钠标准溶液较为常用的基准物质。

A. 升华碘　　　　　　B. KIO_3　　　　　　C. $K_2Cr_2O_7$　　　　　　D. $KBrO_3$

19. 费休试剂是测定微量水的标准溶液,它的组成是(　　)。

A. SO_2,I_2　　　　　　　　　　　　　　B. SO_2,I_2,丙酮

C. SO_2,I_2,丙酮,吡啶　　　　　　　　D. SO_2,I_2,吡啶,甲醇

三、多项选择题

1. 被高锰酸钾溶液污染的滴定管可用(　　)洗涤。

A. 铬酸洗液　　　　B. 碳酸钠溶液　　　　C. 草酸　　　　D. 硫酸亚铁溶液

2. 在酸性介质中,以 $KMnO_4$ 溶液滴定草酸盐时,对滴定速度的要求错误的是(　　)。

A. 滴定开始时速度要快　　　　　　　B. 开始时缓慢进行,以后逐渐加快

C. 开始时快,以后逐渐缓慢　　　　　D. 始终缓慢进行

3. 重铬酸钾法测定铁时,加入 $H_2SO_4-H_3PO_4$ 混合酸的作用主要是(　　)。

A. 与 Fe^{3+} 生成无色配合物　　　　　B. 增加酸度

C. 减小终点误差　　　　　　　　　　D. 防止沉淀

E. 降低 Fe^{3+}/Fe^{2+} 电对的电位

4. $Na_2S_2O_3$ 溶液不稳定的原因是(　　)。

A. 诱导作用　　　　　　　　　　　　B. 还原性杂质的作用

C. 溶解在水中的 CO_2 的作用　　　　D. 空气的氧化作用

5. 间接碘量法分析过程中加入过量 KI 和适量 HCl 的目的是(　　)。

A. 防止碘的挥发　　　　　　　　　　B. 加快反应速率

C. 增加碘在溶液中的溶解度　　　　　D. 防止碘在碱性溶液中发生歧化反应

6. 在碘量法中为了减少 I_2 的挥发,常采用的措施有(　　)。

A. 使用碘量瓶　　　　　　　　　　　B. 溶液酸度控制在 pH>8

C. 适当加热增加 I_2 的溶解度,减少挥发　　D. 加入过量 KI

四、计算题

1. 在 100 mL 溶液中:

(1) 含有 $KMnO_4$ 1.158 g;

(2) 含有 $K_2Cr_2O_7$ 0.490 0 g。

问在酸性条件下作氧化剂时,$KMnO_4$ 或 $K_2Cr_2O_7$ 的浓度分别是多少(mol·L^{-1})?

2. 在钙盐溶液中,将钙沉淀为 $CaC_2O_4 \cdot H_2O$,经过滤、洗涤后,溶于稀 H_2SO_4 溶液中,用 0.004 000 mol·L^{-1} $KMnO_4$ 溶液滴定生成的 $H_2C_2O_4$。计算 $KMnO_4$ 溶液对 CaO,$CaCO_3$ 的滴定度 $T_{CaO/KMnO_4}$,$T_{CaCO_3/KMnO_4}$。

3. 称取含有 MnO_2 的试样 1.000 g,在酸性溶液中加入 $Na_2C_2O_4$ 0.402 0 g,其反应为

$$MnO_2 + C_2O_4^{2-} + 4H^+ =\!=\!= Mn^{2+} + 2CO_2 \uparrow + 2H_2O$$

过量的 $Na_2C_2O_4$ 用 $0.020\,00\ mol \cdot L^{-1}$ $KMnO_4$ 标准溶液进行滴定,到达终点时消耗 $20.00\ mL$,计算试样中 MnO_2 的质量分数。

4. 准确称取 $1.022\,0\ g$ H_2O_2 溶液于 $250\ mL$ 容量瓶中,用蒸馏水稀释至刻度,摇匀。再准确移取此试液 $25.00\ mL$,用 $0.020\,00\ mol \cdot L^{-1}$ $KMnO_4$ 标准溶液滴定,消耗 $17.84\ mL$,问 H_2O_2 试样中 H_2O_2 的质量分数是多少?

5. 称取铁矿石试样 $0.200\,0\ g$,用 HCl 溶液溶解后,将 Fe^{3+} 还原为 Fe^{2+},用 $0.008\,400\ mol \cdot L^{-1}$ $K_2Cr_2O_7$ 标准溶液滴定,到达终点时消耗 $K_2Cr_2O_7$ 溶液 $26.78\ mL$,计算 Fe_2O_3 的质量分数。

6. 称取铜矿石试样 $0.419\,8\ g$,用间接碘量法测定其铜含量。矿样经处理后,加入 H_2SO_4 和 KI 溶液,析出 I_2,然后用 $0.105\,0\ mol \cdot L^{-1}$ $Na_2S_2O_3$ 标准溶液滴定,消耗 $35.02\ mL$,求铜矿石中 CuO 的质量分数。

7. 为了检查试剂 $FeCl_3 \cdot 6H_2O$ 的质量等级,称取该试样 $0.500\,0\ g$ 溶于水,加 HCl 溶液 $3\ mL$ 和 KI $2\ g$,析出的 I_2 用 $0.100\,0\ mol \cdot L^{-1}$ $Na_2S_2O_3$ 标准溶液滴定,到终点时用去 $18.17\ mL$。问该试剂属于哪一级(国家标准规定二级品含量不小于 99.0%,三级品含量不小于 98.0%)? 主要反应为

$$2Fe^{3+} + 2I^- =\!=\!= I_2 + 2Fe^{2+}$$
$$I_2 + 2Na_2S_2O_3 =\!=\!= 2NaI + Na_2S_4O_6$$

8. 用 $0.025\,00\ mol \cdot L^{-1}$ I_2 标准溶液 $20.00\ mL$ 恰好能滴定 $0.100\,0\ g$ 辉锑矿中的锑。计算辉锑矿中 Sb_2S_3 的质量分数。主要反应为

$$SbO_3^{3-} + I_2 + 2HCO_3^- =\!=\!= SbO_4^{3-} + 2I^- + 2CO_2 \uparrow + H_2O$$

9. 某水溶液中只有 HCl 和 H_2CrO_4。吸取 $25.00\ mL$ 试液,用 $0.200\,0\ mol \cdot L^{-1}$ $NaOH$ 溶液滴定至百里酚酞终点时耗去 $40.00\ mL$ $NaOH$ 溶液。另取 $25.00\ mL$ 试样,加入过量 KI 和酸使析出的 I_2,用 $0.100\,0\ mol \cdot L^{-1}$ $Na_2S_2O_3$ 溶液滴定至终点耗去 $40.00\ mL$。计算在 $25.00\ mL$ 试液中含 HCl 和 H_2CrO_4 各多少克? HCl 和 H_2CrO_4 的浓度各为多少?

10. 称取含有苯酚的试样 $0.250\,0\ g$,溶解后加入 $0.050\,00\ mol \cdot L^{-1}$ $KBrO_3$ 溶液(其中含有过量 KBr)$12.50\ mL$,经酸化放置,反应完全后加入 KI,用 $0.050\,03\ mol \cdot L^{-1}$ $Na_2S_2O_3$ 标准溶液 $14.96\ mL$ 滴定析出的 I_2。计算试样中苯酚的质量分数。主要反应为

$$KBrO_3 + 5KBr + 6HCl =\!=\!= 6KCl + 3Br_2 + 3H_2O$$
$$C_6H_5OH + 3Br_2 =\!=\!= C_6H_2Br_3OH + 3HBr$$
$$Br_2 + 2KI =\!=\!= I_2 + 2KBr$$
$$I_2 + 2Na_2S_2O_3 =\!=\!= 2NaI + Na_2S_4O_6$$

第七章 沉淀滴定法

学习目标

知识目标

- 了解沉淀滴定法对沉淀反应的要求及银量法的概念。
- 掌握莫尔法、佛尔哈德法和法扬斯法的原理和滴定条件。
- 理解分步沉淀、沉淀转化对测定结果的影响。

能力目标

- 能应用沉淀滴定法正确测定样品中 Ag^+、Cl^- 等离子含量。

知识结构框图

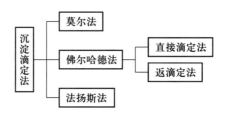

第一节 概　　述

以沉淀反应为基础的滴定分析法称为沉淀滴定法。根据滴定分析对化学反应的要求,适合于滴定用的沉淀反应应具备以下条件。

① 沉淀物有恒定的组成,反应物之间有准确的化学计量关系;
② 沉淀反应的速率快,沉淀物的溶解度小;
③ 有适当的方法确定滴定终点;
④ 沉淀的吸附现象不影响滴定终点的确定。

由于以上条件的限制,能用于沉淀滴定分析的反应较少,目前使用较多的是生成难溶银盐的反应。例如:

$$Ag^+ + Cl^- \rightleftharpoons AgCl\downarrow (白色)$$
$$Ag^+ + SCN^- \rightleftharpoons AgSCN\downarrow (白色)$$

这种利用生成难溶银盐的反应进行的沉淀滴定法称为银量法。银量法主要用于测定 Cl^-、Br^-、I^-、Ag^+、SCN^-、CN^- 等离子及含卤素的有机化合物。

根据确定终点的方法不同,银量法分为莫尔法、佛尔哈德法和法扬斯法。

第二节 莫　尔　法

莫尔法是以 K_2CrO_4 为指示剂确定终点的银量法。该方法主要用于 Cl^-、Br^- 或二者混合物的测定。

一、莫尔法的原理

以测定 Cl^- 为例,在含有 Cl^- 的中性或弱碱性溶液中,以 K_2CrO_4 作为指示剂,用 $AgNO_3$ 标准溶液滴定时,根据分步沉淀原理,溶液中首先出现 $AgCl$ 沉淀。当滴定到达化学计量点时,稍过量的 $AgNO_3$ 溶液就会与 K_2CrO_4 反应,生成砖红色的 Ag_2CrO_4 沉淀(量少时溶液显橙色),指示滴定终点到达。有关反应为

滴定反应　　　　　　$Ag^+ + Cl^- \rightleftharpoons AgCl\downarrow (白色)$

终点指示反应　　　$2Ag^+ + CrO_4^{2-} \rightleftharpoons Ag_2CrO_4\downarrow (砖红色)$

 想一想 1

为什么当 Ag_2CrO_4 沉淀量少时,到达化学计量点时溶液显橙色而不是砖红色?

二、莫尔法的测定条件

1. 指示剂的用量

用莫尔法测定 Cl^- 含量时,指示剂 K_2CrO_4 的用量对指示终点有较大影响。CrO_4^{2-} 浓度过高或过低,Ag_2CrO_4 沉淀的析出就会提前或滞后,因而产生一定的终点误差,因此

视频

莫尔法滴定
终点的判断

文本

想一想 1
解答

要求 Ag_2CrO_4 沉淀应恰好在滴定反应的化学计量点时产生。根据溶度积原理,当 Ag^+ 与 Cl^- 反应达到化学计量点时:

$$[Ag^+]=[Cl^-]=\sqrt{K_{sp,AgCl}}=\sqrt{1.56\times10^{-10}}\ mol\cdot L^{-1}=1.25\times10^{-5}\ mol\cdot L^{-1}$$

此时要产生 Ag_2CrO_4 沉淀,则所需 CrO_4^{2-} 最低浓度为

$$[CrO_4^{2-}]=\frac{K_{sp,Ag_2CrO_4}}{[Ag^+]^2}=\frac{9.0\times10^{-12}}{(1.25\times10^{-5})^2}\ mol\cdot L^{-1}=5.8\times10^{-2}\ mol\cdot L^{-1}$$

由于 K_2CrO_4 溶液为黄色,这样的浓度使滴定溶液颜色太深影响终点观察,所以实际一般控制 K_2CrO_4 的浓度为 5.0×10^{-3} $mol\cdot L^{-1}$,即如果被滴定溶液为 50 mL,则加入 $50\ g\cdot L^{-1}$ 的 K_2CrO_4 溶液 1 mL,实践证明由此产生的终点误差小于 0.1%。对于较稀溶液的测定,如用 $0.010\ 00\ mol\cdot L^{-1}$ 的 $AgNO_3$ 标准溶液滴定 $0.010\ 00\ mol\cdot L^{-1}$ 的 Cl^- 时,终点误差可达0.6%,此时应做指示剂空白试验对测定结果进行校正。

2. 溶液的酸度

在酸性溶液中 CrO_4^{2-} 转化为 $Cr_2O_7^{2-}$,使 CrO_4^{2-} 浓度降低,影响 Ag_2CrO_4 沉淀的形成,降低了指示剂的灵敏度。

$$2H^++2CrO_4^{2-}\rightleftharpoons 2HCrO_4^-\rightleftharpoons Cr_2O_7^{2-}+H_2O$$

如果溶液的碱性太强,将析出 Ag_2O 沉淀:

$$2Ag^++2OH^-\rightleftharpoons 2AgOH\downarrow\longrightarrow Ag_2O\downarrow+H_2O$$

也不能在氨性溶液中进行滴定,因为易生成 $Ag(NH_3)_2^+$,从而使 AgCl 沉淀溶解:

$$AgCl+2NH_3\rightleftharpoons Ag(NH_3)_2^++Cl^-$$

因此,莫尔法只能在中性或弱碱性(pH＝6.5～10.5)溶液中进行。如果 pH 很高可用稀 HNO_3 溶液中和,pH 过低可用 NaOH 或 $NaHCO_3$、$CaCO_3$、硼砂等中和。当有 NH_4^+ 存在时,滴定的 pH 应控制在 6.5～7.2。

想一想 2

莫尔法调节溶液 pH 时能用盐酸或氨水吗?

3. 消除干扰

莫尔法选择性较差。在试液中如有能与 CrO_4^{2-} 生成沉淀的 Ba^{2+},Pb^{2+} 等阳离子,能与 Ag^+ 生成沉淀的 PO_4^{3-},AsO_4^{3-},SO_3^{2-},S^{2-},CO_3^{2-},$C_2O_4^{2-}$ 等阴离子,以及在中性或弱碱性溶液中能发生水解的 Fe^{3+},Al^{3+},Bi^{3+},Sn^{4+} 等离子存在,都应预先分离。大量 Cu^{2+},Ni^{2+},Co^{2+} 等有色离子存在,也会影响滴定终点的观察。

4. 减少吸附

由于生成的 AgCl、AgBr 沉淀容易吸附 Cl^-、Br^-,导致终点提前,所以滴定时要剧烈摇动锥形瓶,使被吸附的 Cl^-、Br^- 释放出来,以获得正确的终点。

三、莫尔法的测定对象

莫尔法可用于测定 Cl^- 或 Br^-,但不能用于测定 I^- 和 SCN^-,因为 AgI,AgSCN 的吸

文本

想一想 2
解答

附能力太强,滴定到终点时有部分 I^- 或 SCN^- 被吸附,将引起较大的负误差。

 小贴士

莫尔法不能用 NaCl 标准溶液直接滴定 Ag^+。因为溶液中的 Ag^+ 与 CrO_4^{2-} 在滴定前就会生成沉淀,而 Ag_2CrO_4 沉淀转化为 AgCl 沉淀的速率缓慢,滴定终点难以确定。若用莫尔法测定 Ag^+,应采用返滴定方式进行。

第三节　佛尔哈德法

佛尔哈德法是以 $NH_4Fe(SO_4)_2$ 作指示剂的银量法。按其滴定方式不同分为直接滴定法和返滴定法两种。直接滴定法用于测定 Ag^+,返滴定法用于测定 Cl^-、Br^-、I^- 和 SCN^-。

一、直接滴定法

在含有 Ag^+ 的 HNO_3 溶液中,以 $NH_4Fe(SO_4)_2$ 作指示剂,用 NH_4SCN(或 NaSCN、KSCN)标准溶液进行滴定,首先产生白色 AgSCN 沉淀,达到化学计量点之后,稍过量的 SCN^- 与 Fe^{3+} 生成 $Fe(SCN)^{2+}$ 红色配合物,指示滴定终点的到达。有关反应为

滴定反应　　　　　　　$Ag^+ + SCN^- \Longrightarrow AgSCN \downarrow$(白色)
终点反应　　　　　　　$Fe^{3+} + SCN^- \Longrightarrow Fe(SCN)^{2+}$(红色)

AgSCN 会吸附溶液中的 Ag^+,所以在滴定时必须剧烈摇动,避免指示剂过早显色,减小测定误差。直接滴定法的溶液中 $[H^+]$ 一般控制在 $0.3 \sim 1\ mol \cdot L^{-1}$。若酸性太低,$Fe^{3+}$ 将水解,生成棕色的 $Fe(OH)_3$ 或者 $Fe(H_2O)_5(OH)^{2+}$,影响终点的观察。此法的优点在于可以在酸性溶液中直接测定 Ag^+。

二、返滴定法

1. 测定原理

在含有卤素离子或硫氰酸根离子(SCN^-)的 HNO_3 溶液中,加入定量且过量的 $AgNO_3$ 标准溶液,再以 $NH_4Fe(SO_4)_2$ 为指示剂,用 NH_4SCN 标准溶液返滴剩余的 Ag^+。有关反应为

沉淀反应　　　$Ag^+ + X^- \Longrightarrow AgX \downarrow$($X^-$:$Cl^-$、$Br^-$、$I^-$、$SCN^-$)
滴定反应　　　　　　　$Ag^+ + SCN^- \Longrightarrow AgSCN \downarrow$
终点反应　　　　　　　$Fe^{3+} + SCN^- \Longrightarrow Fe(SCN)^{2+}$(红色)

2. 测定条件

(1) 溶液的酸度　滴定应在酸度为 $0.3 \sim 1\ mol \cdot L^{-1}$ 的稀硝酸溶液中进行。
(2) 指示剂的用量　终点时 Fe^{3+} 的浓度一般控制在 $0.015\ mol \cdot L^{-1}$。

3. 注意事项

(1) 返滴定法测定 Cl^- 时,由于 $AgCl$ 的溶解度大于 $AgSCN$ 的溶解度,所以在临近终点时加入的 SCN^- 将与 $AgCl$ 发生反应,使 $AgCl$ 沉淀转化为 $AgSCN$ 沉淀:

$$AgCl\downarrow + SCN^- \Longrightarrow AgSCN\downarrow + Cl^-$$

从而使已经出现的红色褪去,产生较大终点误差,为此,可选用以下方法进行处理:

① 在加完 $AgNO_3$ 标准溶液后,将溶液煮沸,使 $AgCl$ 沉淀凝聚。滤去沉淀并用稀 HNO_3 洗涤沉淀,洗涤液并入滤液中,然后用 NH_4SCN 标准溶液返滴滤液中的 Ag^+。

② 在生成 $AgCl$ 沉淀后加入有机溶剂,如硝基苯或 1,2 - 二氯乙烷,充分摇动,使 $AgCl$ 沉淀表面覆盖一层有机溶剂,避免与滴定溶液接触,防止沉淀转化。此法简单,但有机溶剂对人体有害,使用时需注意。

(2) 用返滴定法测定 Br^- 和 I^- 时,由于 $AgBr$ 和 AgI 的溶解度小于 $AgSCN$ 的溶解度,不会发生沉淀的转化反应。

4. 消除干扰

由于佛尔哈德法是在酸性溶液中进行滴定的,许多阴离子如 CN^-、CrO_4^{2-} 等不会与 Ag^+ 发生沉淀反应,所以滴定的选择性较高,只有强氧化剂、氮的低价氧化物及铜盐、汞盐等能与 SCN^- 反应干扰滴定。大量的 Cu^{2+}、Ni^{2+}、Co^{2+} 等有色离子存在会影响终点观察,必须预先除去。

第四节　法扬斯法

法扬斯法是以 $AgNO_3$ 为标准溶液,用吸附指示剂确定终点的银量法。

一、法扬斯法测定原理

吸附指示剂是一类有机染料,在溶液中能被胶体沉淀表面吸附而发生结构的改变,从而引起颜色的变化。现以 $AgNO_3$ 滴定 Cl^- 为例,说明吸附指示剂的作用原理。

以 $AgNO_3$ 标准溶液滴定 Cl^- 时,可用荧光黄吸附指示剂来指示滴定终点。荧光黄吸附指示剂是一种有机弱酸,用 HFIn 表示,它在溶液中解离出黄绿色的 FIn^- 阴离子:

$$HFIn \Longrightarrow H^+ + FIn^-$$

在化学计量点前,溶液中有剩余的 Cl^- 存在,$AgCl$ 沉淀吸附 Cl^- 而带负电荷,因此 FIn^- 留在溶液中呈黄绿色。滴定进行到化学计量点后,$AgCl$ 沉淀吸附 Ag^+ 而带正电荷,这时溶液中 FIn^- 被吸附,溶液颜色由黄绿色变为粉红色,指示滴定终点到达。其过程可以示意如下:

Cl^- 过量时:　　　　　$AgCl \cdot Cl^- + FIn^-$（黄绿色）

Ag^+ 过量时:$AgCl \cdot Ag^+ + FIn^- \longrightarrow AgCl \cdot Ag^+ | FIn^-$（粉红色）

**相关知识**　　　　吸附指示剂的变色原理

沉淀滴定中生成的胶体微粒沉淀具有强烈的吸附作用,这种胶体沉淀的吸附作用具有一定的选择性,它优先吸附的是沉淀的构晶离子,形成带电荷的胶粒。由于静电引力,胶粒又吸附带相反电荷的指示剂离子,使指示剂的结构发生改变,从而引起颜色的变化。

二、吸附指示剂的选择

不同指示剂被沉淀吸附的能力不同,滴定时应选用沉淀对指示剂的吸附能力略小于对待测离子吸附能力的指示剂,否则终点会提前。但是指示剂的吸附能力也不能太小,否则终点滞后且变色不敏锐。卤化银沉淀对卤离子和几种吸附指示剂的吸附能力的次序如下:

$$I^- > SCN^- > Br^- > 曙红 > Cl^- > 荧光黄$$

因此,滴定 Cl^- 不能选用曙红,而应选用荧光黄。现将几种常用吸附指示剂列于表 7-1 中。

表 7-1　常用吸附指示剂

指 示 剂	被测离子	滴 定 剂	滴 定 条 件
荧光黄	Cl^-,Br^-,I^-	$AgNO_3$	pH=7~10
二氯荧光黄	Cl^-,Br^-,I^-	$AgNO_3$	pH=4~10
曙红	Br^-,SCN^-,I^-	$AgNO_3$	pH=2~10
甲基紫	Ag^+	NaCl	酸性溶液

三、法扬斯法测定条件

1. 控制溶液酸度

常用吸附指示剂大多是弱酸,而起指示作用的是它们的阴离子,酸度大时,H^+ 与指示剂阴离子结合成不被吸附的指示剂分子,无法指示终点。例如,荧光黄的 $pK_a \approx 7.0$,适用于 pH=7~10 的条件下进行滴定。若 pH<7,荧光黄主要以 HFIn 形式存在,不被吸附。

2. 保持沉淀呈胶体状态

由于吸附指示剂的颜色变化发生在沉淀微粒表面上,因此应尽可能使卤化银沉淀呈胶体状态,以增大胶粒的比表面积,增强其吸附能力。为此,在滴定前常加入糊精、淀粉等胶体保护剂,防止卤化银凝聚,使终点变色明显。

3. 避免强光照射

滴定过程中应避免强光照射,以防止卤化银沉淀分解变为灰黑色,影响终点观察。

4. 溶液中被测离子的浓度

溶液中被测离子的浓度不应太低,否则沉淀量太少,终点指示剂变色不易观察。如

用荧光黄作指示剂,用 $AgNO_3$ 滴定 Cl^- 时,要求 Cl^- 浓度在 $0.005 \text{ mol} \cdot L^{-1}$ 以上,而滴定 Br^-、I^- 和 SCN^- 时灵敏度稍高,溶液浓度在 $0.001 \text{ mol} \cdot L^{-1}$ 以上即可准确滴定。

四、法扬斯法测定对象

法扬斯法可以用于测定 Cl^-、Br^-、I^- 和 SCN^- 及生物碱盐类(如盐酸麻黄碱)等。

> **相关知识**　　沉淀滴定中标准溶液的配制和标定
>
> 沉淀滴定中常用的标准溶液主要有硝酸银标准溶液和硫氰酸铵(或硫氰酸钾、硫氰酸钠)标准溶液等。
>
> 硝酸银($AgNO_3$)标准溶液:可以采用工作基准试剂直接配制,但更多的是采用间接法配制。根据所需标准溶液的浓度和体积,称取一定质量的分析纯硝酸银试剂,溶于不含 Cl^- 的蒸馏水中,混匀后将溶液转入棕色试剂瓶中。标定 $AgNO_3$ 标准溶液的基准物质是已在 $500\sim600 \text{ ℃}$ 灼烧至恒重的工作基准试剂 NaCl。根据 GB/T 601—2016 规定,标定 $AgNO_3$ 标准溶液用电位滴定法。
>
> 硫氰酸铵(NH_4SCN)标准溶液:采用间接法配制。根据所需标准溶液的浓度和体积,称取一定质量的分析纯 NH_4SCN 试剂,溶于不含 Cl^- 的蒸馏水中,混匀后将溶液转入棕色试剂瓶中。标定 NH_4SCN 标准溶液的基准物质是已在浓硫酸干燥器中干燥至恒重的工作基准试剂 $AgNO_3$(因 $AgNO_3$ 受热易分解,故不能用烘干法干燥)。根据 GB/T 601—2016 规定,标定 NH_4SCN 标准溶液用电位滴定法。

本章主要知识点

以沉淀反应为基础的滴定分析法称为沉淀滴定法。目前使用较多的是利用生成难溶银盐的反应进行的沉淀滴定法,称为银量法。银量法主要用于测定 Cl^-、Br^-、I^-、Ag^+、SCN^-、CN^- 等离子及含卤素的有机化合物。

一、银量法

根据确定终点的方法不同,银量法分为莫尔法,佛尔哈德法和法扬斯法。

1. 莫尔法

莫尔法是以 K_2CrO_4 为指示剂,在中性或者弱碱性条件下,以 $AgNO_3$ 标准溶液为滴定剂,主要用于测定 Cl^-、Br^- 的方法。

2. 佛尔哈德法

佛尔哈德法是以 $NH_4Fe(SO_4)_2$ 作为指示剂的银量法。按滴定方式不同分为直接滴定法和返滴定法两种。直接滴定法用于测定 Ag^+,返滴定法用于测定 Cl^-、Br^-、I^- 和 SCN^-。

3. 法扬斯法

法扬斯法是以 $AgNO_3$ 标准溶液为滴定剂,用吸附指示剂确定终点的银量法。可以用于测定 Cl^-、Br^-、I^- 和 SCN^- 及生物碱盐类等。

二、标准溶液的配制和标定

沉淀滴定中常用的标准溶液主要是 $AgNO_3$ 标准溶液和 NH_4SCN 标准溶液。这两种标准溶液一般都采用间接法配制,再分别以 NaCl 基准试剂和 $AgNO_3$ 基准试剂标定。

动画

沉淀滴定法比较

思考与练习

文本

第七章思考与练习参考答案

一、思考题

1. 应用银量法测定下列试样中 Cl^- 含量时,选用哪种指示剂指示终点较为适宜?

(1) $BaCl_2$ (2) $CaCl_2$ (3) $FeCl_2$ (4) $NaCl+H_3PO_4$ (5) $NaCl+Na_2SO_4$

2. 为什么佛尔哈德法的选择性比莫尔法高?

3. 法扬斯法使用吸附指示剂时应注意哪些问题?

二、单项选择题

1. 能用莫尔法测定的组分是(　　)。

A. F^- B. Br^- C. I^- D. SCN^-

2. 佛尔哈德法的滴定剂是(　　),指示剂是(　　)。

A. NH_4SCN B. $AgNO_3$ C. Fe^{3+} D. Fe^{2+}

3. 佛尔哈德法的滴定介质是(　　)。

A. HCl   B. HNO_3 C. H_2SO_4 D. HOAc

4. 在佛尔哈德法中,指示剂能够指示滴定终点是由于(　　)。

A. 生成 Ag_2CrO_4 沉淀   B. 指示剂吸附在沉淀上

C. Fe^{3+} 被还原   D. 生成有色配合物

5. 法扬斯法指示剂变色的原理是(　　)。

A. AgCl 沉淀吸附 Cl^-

B. AgCl 沉淀吸附 Ag^+

C. $AgCl\cdot Cl^-$ 带负电荷,再吸附指示剂阳离子而变色

D. $AgCl\cdot Ag^+$ 带正电荷,再吸附指示剂阴离子而变色

三、多项选择题

1. 莫尔法测定 Cl^- 的含量,应在中性或弱碱性介质中进行,理由是(　　)。

A. H_2CrO_4 是弱酸,存在酸效应

B. pH 较高会有 Ag_2O 沉淀生成

C. 碱性较强会有 $Ag(NH_3)_2^+$ 生成

D. 酸性溶液中,CrO_4^{2-} 将转化为 $Cr_2O_7^{2-}$,从而影响滴定终点的指示

2. 下列叙述中,沉淀滴定反应必须符合的条件是(　　)

A. 沉淀反应要迅速、定量地完成   B. 沉淀的溶解度要不受外界条件的影响

C. 要有确定滴定反应终点的方法   D. 沉淀要有颜色

四、计算题

1. 称取纯 NaCl 0.116 9 g,加水溶解后,以 K_2CrO_4 为指示剂,用 $AgNO_3$ 标准溶液滴定时共用去 20.00 mL,求该 $AgNO_3$ 溶液的浓度。

2. 称取 KCl 与 KBr 的混合物 0.320 8 g,溶于水后进行滴定,用去 0.101 4 $mol \cdot L^{-1}$ $AgNO_3$ 标准溶液 30.20 mL,试计算该混合物中 KCl 和 KBr 的质量分数。

3. 称取纯试样 KIO_x 0.500 0 g,经还原为碘化物后,以 0.100 0 $mol \cdot L^{-1}$ $AgNO_3$ 标准溶液滴定,消耗 23.36 mL。求该盐的化学式。

4. 将 40.00 mL 0.102 0 $mol \cdot L^{-1}$ $AgNO_3$ 溶液加到 25.00 mL $BaCl_2$ 溶液中,剩余的 $AgNO_3$ 溶液,需用 15.00 mL 0.098 00 $mol \cdot L^{-1}$ NH_4SCN 溶液返滴定,问 25.00 mL $BaCl_2$ 溶液中含 $BaCl_2$ 质量为多少?

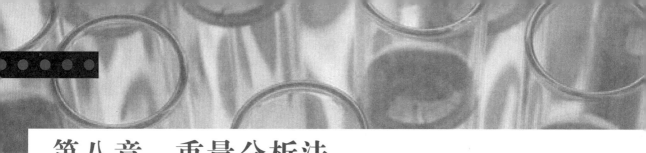

第八章 重量分析法

学习目标

知识目标
- 了解重量分析法的分类和方法特点。
- 理解重量分析法中沉淀形式和称量形式的意义。
- 理解影响沉淀溶解度和纯度的因素。
- 掌握不同类型沉淀的形成条件。

能力目标
- 能正确选择沉淀剂和沉淀条件。
- 能正确计算沉淀重量法的分析结果。

知识结构框图

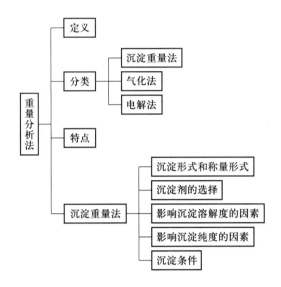

第一节 概　　述

一、重量分析法的分类和特点

重量分析法是用适当的方法先将试样中的待测组分与其他组分分离,然后用称量的方法测定该组分的含量。根据分离方法的不同,重量分析法常分为如下三类。

1. 沉淀重量法

沉淀重量法是重量分析法中的主要方法,这种方法是利用试剂与待测组分生成溶解度很小的沉淀,经过滤、洗涤、烘干或灼烧成为组成一定的物质,然后称其质量,再计算待测组分的含量。例如,测定试样中 SO_4^{2-} 含量时,在试液中加入过量 $BaCl_2$ 溶液,使 SO_4^{2-} 完全生成难溶的 $BaSO_4$ 沉淀,经过滤、洗涤、烘干、灼烧后,称量 $BaSO_4$ 的质量,再计算试样中 SO_4^{2-} 的含量。

2. 气化法

气化法(又称为挥发法)是利用物质的挥发性质,通过加热或其他方法使试样中的待测组分挥发逸出,然后根据试样质量的减少计算该组分的含量;或者用吸收剂吸收逸出的组分,根据吸收剂质量的增加计算该组分的含量。例如,测定氯化钡晶体($BaCl_2 \cdot 2H_2O$)中结晶水的含量,可将一定质量的氯化钡试样加热,使水分逸出,根据氯化钡质量的减轻计算试样中水分的含量。也可以用吸湿剂(高氯酸镁)吸收逸出的水分,根据吸湿剂质量的增加计算水分的含量。

3. 电解法

利用电解的方法使待测金属离子在电极上还原析出,然后称量,根据电极增加的质量求得其含量。

重量分析法是经典的化学分析法,它通过直接称量得到分析结果,不需要从容量器皿中引入数据,也不需要标准试样或基准物质。对高含量组分的测定,重量分析法比较准确,一般测定的相对误差不大于 $\pm 0.1\%$。对高含量的硅、磷、钨、镍、稀土元素等试样的精确分析,至今仍常使用重量分析法。重量分析法的不足之处是操作较烦琐,耗时多,不适于生产中的控制分析,对低含量组分的测定误差较大。

本章主要学习沉淀重量法。

二、沉淀重量法对沉淀形式和称量形式的要求

利用沉淀重量法进行分析时,首先将试样分解制成试液,然后加入适当的沉淀剂,使其与待测组分发生沉淀反应,并以"沉淀形式"(precipitation form)沉淀出来。沉淀经过过滤、洗涤,在适当的温度下烘干或灼烧,转化为"称量形式"(weighing form),再进行称量。根据称量形式的质量计算待测组分在试样中的含量。沉淀形式和称量形式可能相同,也可能不同。例如:

$$Ba^{2+} \xrightarrow{\text{沉淀}} BaSO_4 \xrightarrow{\text{灼烧}} BaSO_4$$

待测组分　　　　沉淀形式　　　　称量形式

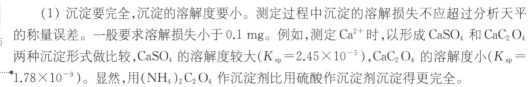

$$Fe^{3+} \xrightarrow{\text{沉淀}} Fe(OH)_3 \xrightarrow{\text{灼烧}} Fe_2O_3$$

待测组分　　　　沉淀形式　　　　称量形式

在重量分析法中,为获得准确的分析结果,沉淀形式和称量形式必须满足一定要求。

1. 对沉淀形式的要求

(1) 沉淀要完全,沉淀的溶解度要小。测定过程中沉淀的溶解损失不应超过分析天平的称量误差。一般要求溶解损失小于 0.1 mg。例如,测定 Ca^{2+} 时,以形成 $CaSO_4$ 和 CaC_2O_4 两种沉淀形式做比较,$CaSO_4$ 的溶解度较大($K_{sp}=2.45\times10^{-5}$),CaC_2O_4 的溶解度小($K_{sp}=1.78\times10^{-9}$)。显然,用 $(NH_4)_2C_2O_4$ 作沉淀剂比用硫酸作沉淀剂沉淀得更完全。

(2) 沉淀纯净,易于过滤洗涤。颗粒较大的晶体沉淀(如 $MgNH_4PO_4\cdot6H_2O$)比表面积较小,吸附杂质的机会较少,因此沉淀较纯净,易于过滤和洗涤。颗粒细小的晶形沉淀(如 CaC_2O_4,$BaSO_4$),其比表面积较大,吸附杂质较多,洗涤次数也相应增多。非晶形沉淀[如 $Al(OH)_3$,$Fe(OH)_3$]体积庞大疏松,吸附杂质多,过滤费时且不易洗净,对于这类沉淀必须选择适当的沉淀条件,以满足对沉淀形式的要求。

(3) 沉淀形式应易于转化为称量形式。沉淀经烘干、灼烧时,应易于转化为称量形式。如 Al^{3+} 的测定,若沉淀为 8-羟基喹啉铝{$Al(C_9H_6NO)_3$},在 130 ℃ 烘干后即可称量;而沉淀为 $Al(OH)_3$,则必须在 1 200 ℃ 灼烧才能转变为无吸湿性的 Al_2O_3,方可称量。因此,测定选用前者比后者好。

2. 对称量形式的要求

(1) 称量形式的组成必须与化学式相符,这是定量计算的基本依据。例如,测定 PO_4^{3-},可以形成磷钼酸铵沉淀,但组成不固定,无法利用它作为测定 PO_4^{3-} 的称量形式。若采用磷钼酸喹啉法测定 PO_4^{3-},则可得到组成与化学式相符的称量形式。

(2) 称量形式要有足够的稳定性,不易吸收空气中的 CO_2,H_2O。例如,测定 Ca^{2+} 时,若将 Ca^{2+} 沉淀为 $CaC_2O_4\cdot H_2O$,灼烧后得到 CaO,易吸收空气中的 H_2O 和 CO_2,因此,CaO 不宜作为称量形式。

(3) 称量形式的摩尔质量应尽可能大,这样可增大称量形式的质量,以减小称量误差。例如,在铝的测定中,分别用 Al_2O_3 和 8-羟基喹啉铝{$Al(C_9H_6NO)_3$}两种称量形式进行测定,若待测组分铝的质量为 0.100 0 g,则可分别得到 0.188 8 g Al_2O_3 和 1.704 0 g $Al(C_9H_6NO)_3$。两种称量形式由称量误差所引起的相对误差分别为 ±1% 和 ±0.1%。显然,以 $Al(C_9H_6NO)_3$ 作为称量形式比用 Al_2O_3 作为称量形式测定铝的准确度高。

三、沉淀剂的选择

根据上述对沉淀形式和称量形式的要求,选择**沉淀剂**(precipitant)时应考虑以下几点。

1. 选用具有较好选择性的沉淀剂

所选的沉淀剂最好只和待测组分生成沉淀,而与试液中的其他组分不起作用。例如,丁二酮肟和 H_2S 都可以沉淀 Ni^{2+},但在测定 Ni^{2+} 时常选用前者。又如,沉淀锆离子时,选用在 HCl 溶液中与锆有特效反应的苦杏仁酸作沉淀剂,这时即使有钛、铁、钡、铝、铬等十几种离子存在,也不发生干扰。

2. 选用能与待测离子生成溶解度最小沉淀的沉淀剂

所选的沉淀剂应能使待测组分沉淀完全。例如,生成的难溶的钡化合物有 $BaCO_3$,$BaCrO_4$,BaC_2O_4 和 $BaSO_4$,根据其溶解度可知 $BaSO_4$ 溶解度最小,因此以 $BaSO_4$ 的形式沉淀 Ba^{2+} 比生成其他难溶化合物好。

3. 尽可能选用易挥发或经灼烧易除去的沉淀剂

这样沉淀中带有的沉淀剂即便未洗净,也可以借烘干或灼烧除去。一些铵盐和有机沉淀剂都能满足这项要求。例如,在氯化物溶液中沉淀 Fe^{3+} 时,选用氨水而不用 NaOH 作沉淀剂。

4. 选用溶解度较大的沉淀剂

用此类沉淀剂可以减少沉淀对沉淀剂的吸附作用。例如,利用生成难溶钡化合物沉淀 SO_4^{2-} 时,应选 $BaCl_2$ 作沉淀剂,而不用 $Ba(NO_3)_2$。这是因为 $Ba(NO_3)_2$ 的溶解度比 $BaCl_2$ 小,$BaSO_4$ 吸附 $Ba(NO_3)_2$ 比吸附 $BaCl_2$ 严重。

四、重量分析法的主要操作过程

重量分析法的主要操作过程如下:

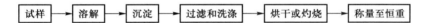

（1）**溶解**　将试样溶解制成溶液。根据不同性质的试样选择适当的溶剂。对于不溶于水的试样,一般采取酸溶法、碱溶法或熔融法。

（2）**沉淀**　加入适当的沉淀剂,使与待测组分迅速定量反应生成难溶化合物沉淀。

（3）**过滤和洗涤**　过滤使沉淀与母液分开。根据沉淀的性质不同,过滤沉淀时常采用无灰滤纸或玻璃砂芯坩埚。洗涤沉淀是为了除去不挥发的盐类杂质和母液。洗涤时要选择适当的洗液,以防沉淀溶解或形成胶体。洗涤沉淀要采用少量多次的洗法。

（4）**烘干或灼烧**　烘干可除去沉淀中的水分和挥发性物质,同时使沉淀组成达到恒定。烘干的温度和时间随着沉淀不同而异。灼烧可除去沉淀中的水分和挥发性物质外,还可使初始生成的沉淀在高温度下转化为组成恒定的沉淀。灼烧温度一般在 800 ℃ 以上。以滤纸过滤的沉淀,常置于瓷坩埚中进行烘干或灼烧。若沉淀需加氢氟酸处理,应改用铂坩埚。使用玻璃砂芯坩埚过滤的沉淀,应在电烘箱里烘干。

（5）**称量至恒重**　即将沉淀反复烘干或灼烧,经冷却后称量,直至两次称量的质量相差不大于 0.2 mg。

第二节　沉淀的溶解度及其影响因素

利用沉淀反应进行重量分析时,要求沉淀反应进行完全。沉淀反应是否完全,可以根据沉淀溶解度的大小来衡量。溶解度小,沉淀完全;溶解度大,沉淀不完全。沉淀的溶解度,可以根据沉淀的溶度积常数 K_{sp} 来计算。影响沉淀溶解度的因素很多,如同离子效应、盐效应、酸效应、配位效应等。此外,温度、介质、沉淀结构和颗粒大小等对沉淀的溶解度也有影响。现分别进行讨论。

一、同离子效应

组成沉淀晶体的离子称为**构晶离子**。当沉淀反应达到平衡后,如果向溶液中加入适当过量的含有某一构晶离子的试剂或溶液,则沉淀的溶解度减小,这种现象称为**同离子效应**。

例如,在 25 ℃时,$BaSO_4$ 在水中的溶解度为

$$s = [Ba^{2+}] = [SO_4^{2-}] = \sqrt{K_{sp}} = \sqrt{1.07 \times 10^{-10}} = 1.03 \times 10^{-5} (mol \cdot L^{-1})$$

如果使溶液中的 $[SO_4^{2-}]$ 增加至 $0.10\ mol \cdot L^{-1}$,此时 $BaSO_4$ 的溶解度为

$$s = [Ba^{2+}] = \frac{K_{sp}}{[SO_4^{2-}]} = \frac{1.07 \times 10^{-10}}{0.10} = 1.07 \times 10^{-9} (mol \cdot L^{-1})$$

即 $BaSO_4$ 的溶解度减少至原来的万分之一。

因此,在实际分析中,常加入过量沉淀剂,利用同离子效应使待测组分沉淀完全。但沉淀剂过量太多,可能引起盐效应、酸效应及配位效应等副反应,反而使沉淀的溶解度增大。一般情况下,沉淀剂过量 50%~100% 是合适的,如果沉淀剂是不易挥发的,则以过量 20%~30% 为宜。

二、盐效应

沉淀反应达到平衡时,由于强电解质的存在或加入其他强电解质,使沉淀的溶解度增大,这种现象称为**盐效应**。因此,利用同离子效应降低沉淀的溶解度时应考虑盐效应的影响,即沉淀剂不能过量太多。例如,在 $PbSO_4$ 饱和溶液中加入 Na_2SO_4,就同时存在着同离子效应和盐效应,而哪种效应占优势,取决于 Na_2SO_4 的浓度。表 8-1 为 $PbSO_4$ 溶解度随 Na_2SO_4 浓度变化的情况。从表中可知,初始时由于同离子效应,使 $PbSO_4$ 溶解度降低,可是当加入 Na_2SO_4 浓度大于 $0.04\ mol \cdot L^{-1}$ 时,盐效应超过同离子效应,使 $PbSO_4$ 溶解度反而逐步增大。

表 8-1　$PbSO_4$ 在 Na_2SO_4 溶液中的溶解度

Na_2SO_4 浓度/$(mol \cdot L^{-1})$	0	0.001	0.01	0.02	0.04	0.100	0.200
$PbSO_4$ 溶解度/$(mg \cdot L^{-1})$	45	7.3	4.9	4.2	3.9	4.9	7.0

可见,同离子效应与盐效应对沉淀溶解度的影响恰恰相反,所以进行沉淀时应避免加入过多的沉淀剂。如果沉淀的溶解度本身很小,一般来说,可以不考虑盐效应。

三、酸效应

溶液酸度对沉淀溶解度的影响称为**酸效应**。酸效应的发生主要是由于溶液中 H^+ 浓度的大小对弱酸、多元酸或难溶酸解离平衡的影响。因此,酸效应对于不同类型沉淀的影响情况不一样,若沉淀是强酸盐(如 $BaSO_4$,$AgCl$ 等),其溶解度受酸度影响不大,但对

弱酸盐(如 CaC_2O_4、氢氧化物、难溶酸等)则酸效应影响就很显著。如 CaC_2O_4 沉淀在溶液中有下列平衡:

$$CaC_2O_4 \rightleftharpoons Ca^{2+} + C_2O_4^{2-}$$
$$-H^+ \big\Updownarrow +H^+$$
$$HC_2O_4^- \underset{-H^+}{\overset{+H^+}{\rightleftharpoons}} H_2C_2O_4$$

当溶液中的 H^+ 浓度增大时,平衡向生成 $HC_2O_4^-$ 和 $H_2C_2O_4$ 的方向移动,破坏了 CaC_2O_4 的沉淀溶解平衡,致使 $C_2O_4^{2-}$ 浓度降低,CaC_2O_4 沉淀的溶解度增加。

为了防止沉淀溶解损失,对于弱酸盐沉淀,如碳酸盐、草酸盐、磷酸盐等,通常应在较低的酸度下进行沉淀。如果沉淀本身是弱酸,如硅酸($SiO_2 \cdot nH_2O$)、钨酸($WO_3 \cdot nH_2O$)等,易溶于碱,则应在强酸性介质中进行沉淀。

四、配位效应

进行沉淀反应时,若溶液中存在能与构晶离子生成可溶性配合物的配位剂,则可使沉淀溶解度增大,甚至不产生沉淀,这种现象称为**配位效应**。

配位剂主要来自两方面:一是沉淀剂本身就是配位剂,二是外加的配位剂。

例如,用 Cl^- 沉淀 Ag^+ 时,得到 AgCl 白色沉淀,若向此溶液中加入氨水,则因 NH_3 能与 Ag^+ 配位形成 $[Ag(NH_3)_2]^+$,使 AgCl 的溶解度增大,甚至全部溶解。如果在沉淀 Ag^+ 时加入过量的 Cl^-,因 Cl^- 能与 AgCl 沉淀进一步形成 $AgCl_2^-$ 和 $AgCl_3^{2-}$ 等配离子,也会使 AgCl 沉淀逐渐溶解,这时沉淀剂 Cl^- 本身也是配位剂。由此可见,在用沉淀剂进行沉淀时,应严格控制沉淀剂的用量,同时注意外加试剂的影响。

在实际工作中应根据具体情况考虑哪种效应是主要的。对无配位反应的强酸盐沉淀,主要考虑同离子效应和盐效应;对弱酸盐或难溶酸、氢氧化物的沉淀,多数情况主要考虑酸效应;对于有配位反应且沉淀的溶度积又较大,易形成稳定配合物时,则应主要考虑配位效应。

五、其他影响因素

除上述因素外,温度和其他溶剂的存在、沉淀颗粒大小和结构等,也对沉淀的溶解度产生影响。

(1) 温度的影响　沉淀的溶解一般是吸热过程,其溶解度随温度升高而增大。因此,对于一些在热溶液中溶解度较大的沉淀,在过滤洗涤时必须在室温下进行,如 $MgNH_4PO_4$、CaC_2O_4 等。对于一些溶解度小、冷时又较难过滤和洗涤的沉淀,则采用趁热过滤,并用热的洗涤液进行洗涤,如 $Fe(OH)_3$、$Al(OH)_3$ 等。

(2) 溶剂的影响　无机物沉淀大部分是离子型晶体,它们在有机溶剂中的溶解度一般比在纯水中小。例如,$PbSO_4$ 沉淀在水中的溶解度为 1.5×10^{-4} $mol \cdot L^{-1}$,而在 50% 乙醇溶液中的溶解度为 7.6×10^{-6} $mol \cdot L^{-1}$。

(3) 沉淀颗粒大小和结构的影响　同一种沉淀,在质量相同时,颗粒越小,其总比表面积越大,溶解度越大。由于小晶体比大晶体有更多的角、边和表面,处于这些位置的离子受晶体内离子的吸引力小,又受到溶剂分子的作用,容易进入溶液中。因此,小颗粒沉淀的溶解度比大颗粒沉淀的溶解度大。所以,在实际分析中,要尽量创造条件,以利于形成大颗粒晶体。

第三节　沉淀的形成和沉淀的条件

一、沉淀的形成

沉淀按其物理性质的不同,可粗略地分两类:一类是晶形沉淀,如 $BaSO_4$、CaC_2O_4、$MgNH_4PO_4$ 等;另一类是无定形沉淀,如 $Fe_2O_3 \cdot nH_2O$ 等。而介于二者之间的是凝乳状沉淀,如 $AgCl$。它们之间的主要差别是沉淀颗粒大小不同,如晶形沉淀的颗粒直径为 $0.1 \sim 1\ \mu m$,无定形沉淀的颗粒直径一般小于 $0.02\ \mu m$,凝乳状沉淀的颗粒大小介于二者之间。

生成的沉淀属于哪一种类型,首先取决于沉淀本身的性质,其次与沉淀形成的条件也有密切关系。在沉淀的形成过程中,存在两种速率:当沉淀剂加入待测溶液中,形成沉淀的离子互相碰撞形成晶核,晶核长大生成沉淀微粒的速率称为聚集速率;同时,构晶离子在晶格内的定向排列速率称为定向速率。当定向速率大于聚集速率时,形成晶形沉淀,反之,则形成非晶形沉淀。定向速率主要取决于沉淀的性质,而聚集速率主要取决于沉淀时的反应条件。聚集速率的经验公式如下:

$$u = K \cdot \frac{Q-s}{s}$$

式中:u 为聚集速率;Q 为加入沉淀剂瞬间生成沉淀物质的浓度;s 为沉淀的溶解度;$Q-s$ 为沉淀物质的过饱和度;$\frac{Q-s}{s}$ 为相对过饱和度;K 为比例常数,与沉淀的性质、温度有关,也受溶液中其他组分的影响。

从上式可知,聚集速率与相对过饱和度成正比。因此,通过控制溶液的相对过饱和度,可以改变形成沉淀颗粒的大小,甚至有可能改变沉淀的类型。

二、影响沉淀纯度的因素

重量分析法要求制备纯净的沉淀,但从溶液中析出沉淀时,一些杂质会或多或少地夹杂于沉淀内,使沉淀沾污。因此,有必要了解沉淀过程中杂质混入的原因,从而找出减少杂质混入的方法。

1. 共沉淀现象

在进行沉淀反应时,溶液中某些可溶性杂质混杂于沉淀中一起析出,这种现象称为共沉淀。例如,在 Na_2SO_4 溶液中加入 $BaCl_2$ 时,若从溶解度来看,Na_2SO_4,$BaCl_2$ 都不应沉淀,但由于共沉淀现象,有少量的 Na_2SO_4 或 $BaCl_2$ 被带入 $BaSO_4$ 沉淀中。产生共沉淀现象大致有如下两个原因。

(1) 表面吸附　在沉淀晶体表面的离子或分子与沉淀晶体内部的离子或分子所处的状况是有所不同的。例如,$BaSO_4$ 晶体表面吸附杂质如图 8-1 所示。在晶体内部,每个

Ba^{2+} 周围有六个 SO_4^{2-} 包围着，每个 SO_4^{2-} 的周围也有六个 Ba^{2+}，它们的静电引力相互平衡而稳定。但是，在晶体表面上的离子只能被五个带相反电荷的离子包围，至少有一面未被带相反电荷的 Ba^{2+} 或 SO_4^{2-} 相吸，因此表面上的离子就有吸附溶液中带相反电荷离子的能力。处在边角上的离子，它们的吸附能力更大。

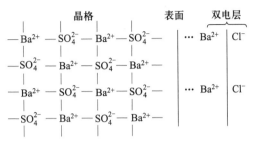

图 8-1 $BaSO_4$ 晶体的表面吸附示意图

晶体表面的静电引力是沉淀发生吸附现象的根本原因。从图 8-1 看，将 H_2SO_4 溶液与过量 $BaCl_2$ 溶液混合时，$BaCl_2$ 有剩余，$BaSO_4$ 晶体表面首先吸附溶液中过剩的 Ba^{2+}，形成第一吸附层，第一吸附层又吸附 Cl^- 形成第二吸附层(扩散层)，二者共同组成包围沉淀颗粒表面的双电层，处于双电层中的正、负离子总数相等，形成了被沉淀表面吸附的化合物 $BaCl_2$，因而使沉淀被污染。

显然，沉淀的表面积越大，吸附杂质的量也越多；溶液浓度越高，杂质离子的价态越高，越易被吸附。由于吸附作用是一个放热过程，使溶液温度升高，可减少杂质的吸附。

因为表面吸附现象是在沉淀表面发生的，所以，洗涤沉淀就是减少吸附杂质的有效方法之一。

(2) 包夹作用　在进行沉淀时，除了表面吸附外，杂质还可以通过其他渠道进入沉淀内部，由此引起的共沉淀现象称为包夹作用。包夹作用主要有下面两种。

一种是形成混晶。当杂质离子的半径与沉淀的构晶离子半径相似并能形成相同的晶体结构时，它们就很容易形成混晶。例如，Pb^{2+}，Ba^{2+} 不仅有相同的电荷而且两种离子的大小相似，因此，Pb^{2+} 能取代 $BaSO_4$ 晶体中的 Ba^{2+} 而形成混晶，使沉淀受到严重的污染。减少或消除混晶的最好方法是将这些杂质预先分离除去。

另一种是包藏。在过量 $BaCl_2$ 溶液中沉淀 $BaSO_4$ 时，$BaSO_4$ 晶体表面就要吸附构晶离子 Ba^{2+}，并吸附 Cl^- 作为抗衡离子，如果抗衡离子来不及被 SO_4^{2-} 交换，就被沉积下来的离子所覆盖而包在晶体里，这种现象称为包藏，也称为吸留。因此，在进行沉淀时，要注意沉淀剂浓度不能太大，沉淀剂加入的速度不要太快。包藏在沉淀内的杂质只能通过沉淀陈化或重结晶的方法予以减少。

2. 后沉淀现象

在沉淀过程结束后，当沉淀与母液一起放置时，溶液中某些杂质离子可能慢慢地沉积到原沉淀上，放置的时间越长，杂质析出的量越多，这种现象称为后沉淀。例如，以 $(NH_4)_2C_2O_4$ 沉淀 Ca^{2+}，若溶液中含有少量 Mg^{2+}，由于 $K_{sp,MgC_2O_4} > K_{sp,CaC_2O_4}$，当 CaC_2O_4 沉淀时，MgC_2O_4 不沉淀，但是在 CaC_2O_4 沉淀放置过程中，CaC_2O_4 晶体表面吸附大量的 $C_2O_4^{2-}$，使 CaC_2O_4 沉淀表面附近 $C_2O_4^{2-}$ 的浓度增加，这时 $[Mg^{2+}][C_2O_4^{2-}] > K_{sp,MgC_2O_4}$，在 CaC_2O_4 表面上就会有 MgC_2O_4 析出。要避免或减少后沉淀的产生，主要是缩短沉淀与母液共置的时间。

三、沉淀的条件

重量分析法中，为了获得准确的分析结果，要求沉淀完全、纯净，而且易于过滤和洗涤。为此,必须根据不同类型沉淀的特点,选择适宜的沉淀条件,采取相应的措施,以期达到重量分析法对沉淀形成的要求。

1. 晶形沉淀的沉淀条件

为了形成颗粒较大的晶形沉淀,采取以下沉淀条件。

（1）在适当稀、热溶液中进行　在稀、热溶液中进行沉淀,可使溶液的相对过饱和度保持较低,以利于生成晶形沉淀,同时也有利于得到纯净的沉淀。对于溶解度较大的沉淀,溶液不能太稀,否则沉淀溶解损失较多,影响结果的准确度。在沉淀完全后,应将溶液冷却后再进行过滤。

（2）快搅慢加　在不断搅拌的同时缓慢滴加沉淀剂,可使沉淀剂迅速扩散,防止局部相对过饱和度过大而产生大量小晶粒。

（3）陈化　陈化是指沉淀完全后,将沉淀连同母液放置一段时间,使小晶粒变为大晶粒,不纯净的沉淀转变为纯净沉淀的过程。

2. 无定形沉淀的沉淀条件

无定形沉淀的特点是结构疏松,比表面积大,吸附杂质多,溶解度小,易形成胶体,不易过滤和洗涤。无定形沉淀的沉淀条件如下。

（1）在较浓的溶液中进行沉淀　在浓溶液中进行沉淀,离子水化程度小,结构较紧密,体积较小,容易过滤和洗涤。但在浓溶液中杂质的浓度也较高,沉淀吸附杂质的量也较多。因此,在沉淀完毕后,应立即加入热水稀释搅拌,使被吸附的杂质离子转移到溶液中。

（2）在热溶液中及电解质存在下进行沉淀　在热溶液中进行沉淀可防止生成胶体,并减少杂质的吸附。电解质的存在可促使带电荷的胶体粒子相互凝聚沉降,加快沉降速率。

（3）趁热过滤洗涤,不需陈化　沉淀完毕后,趁热过滤,不要陈化,这是因为沉淀放置后逐渐失去水分,聚集得更为紧密,使吸附的杂质更难洗去。

洗涤无定形沉淀时,一般选用热、稀的电解质溶液作洗涤液,主要是防止沉淀重新变为胶体,难以过滤和洗涤。常用的洗涤液有 NH_4NO_3,NH_4Cl 或氨水。

无定形沉淀吸附杂质较严重,一次沉淀很难保证纯净,必要时需进行再沉淀。

3. 均匀沉淀法

为改善沉淀条件,避免因加入沉淀剂所引起的溶液局部相对过饱和的现象发生,采用均匀沉淀法。这种方法是通过某一化学反应使沉淀剂从溶液中缓慢地、均匀地产生出来,使沉淀在整个溶液中缓慢地、均匀地析出,获得颗粒较大、结构紧密、纯净、易于过滤和洗涤的沉淀。例如,沉淀 Ca^{2+} 时,如果直接加入$(NH_4)_2C_2O_4$,尽管按晶形沉淀条件进行沉淀,仍得到颗粒细小的 CaC_2O_4 沉淀。若在含有 Ca^{2+} 的溶液中以 HCl 酸化,之后加入$(NH_4)_2C_2O_4$,溶液中主要存在的是 $HC_2O_4^-$ 和 $H_2C_2O_4$,此时向溶液中加入尿素,并加热至 90 ℃,尿素逐渐水解产生 NH_3。

$$CO(NH_2)_2 + H_2O \Longrightarrow 2NH_3 + CO_2 \uparrow$$

水解产生的 NH_3 均匀地分布在溶液的各个部分,溶液的酸度逐渐降低,$C_2O_4^{2-}$ 浓度逐渐增大,CaC_2O_4 均匀而缓慢地析出,形成颗粒较大的晶形沉淀。

第四节　重量分析法应用示例

一、可溶性硫酸盐中硫的测定(氯化钡沉淀法)

通常将试样溶解酸化后,以 $BaCl_2$ 溶液为沉淀剂,将试样中的 SO_4^{2-} 沉淀成 $BaSO_4$:

$$Ba^{2+} + SO_4^{2-} = BaSO_4 \downarrow$$

陈化后,沉淀经过滤、洗涤和灼烧至恒重。根据所得 $BaSO_4$ 称量形式的质量,可计算试样中硫的质量分数。如果对结果要求不必十分精确,可采用玻璃砂芯坩埚抽滤 $BaSO_4$ 沉淀,烘干,称量。可缩短实验操作时间,适用于工业生产过程的快速分析。

$BaSO_4$ 是一种细晶形沉淀,必须在热的稀盐酸溶液中,在不断搅拌下缓缓滴加沉淀剂 $BaCl_2$ 稀溶液,陈化后,得到较粗颗粒的 $BaSO_4$ 沉淀。若试样是可溶性硫酸盐,用水溶解时,有水不溶残渣,应该过滤除去。试样中若含有 Fe^{3+} 等将干扰测定,应在加 $BaCl_2$ 沉淀剂之前,加入 1%EDTA 溶液进行掩蔽。

二、钢铁中镍含量的测定(丁二酮肟重量法)

丁二酮肟又名镍试剂。该试剂难溶于水,通常使用乙醇溶液或氢氧化钠溶液。在弱酸性(pH>5)或氨性溶液中丁二酮肟与 Ni^{2+} 生成组成恒定的 $Ni(C_4H_7O_2N_2)_2$ 沉淀。在有掩蔽剂(酒石酸或柠檬酸)存在下可使 Ni^{2+} 与 Fe^{3+},Cr^{3+} 等离子分离,因此,丁二酮肟是对 Ni^{2+} 具有较高选择性的试剂。

测定钢铁中的 Ni 时,将试样用酸溶解,然后加入酒石酸,并用氨水调节成 pH=8~9 的氨性溶液,加入丁二酮肟有机沉淀剂,就生成丁二酮肟镍红色螯合物沉淀,其反应为

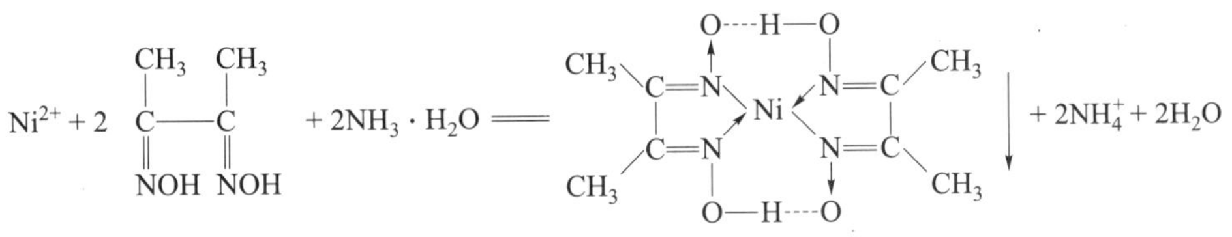

(鲜红色)

该沉淀溶解度很小,经过滤、洗涤后,在 110 ℃烘干,称量,直至恒重。根据所得沉淀的质量计算出 Ni 的含量。

三、重量分析法结果的计算

重量分析法是根据称量形式的质量来计算待测组分含量的。
例如,欲采用重量分析法测定试样中硫含量或镁含量,操作过程可用下图表示:

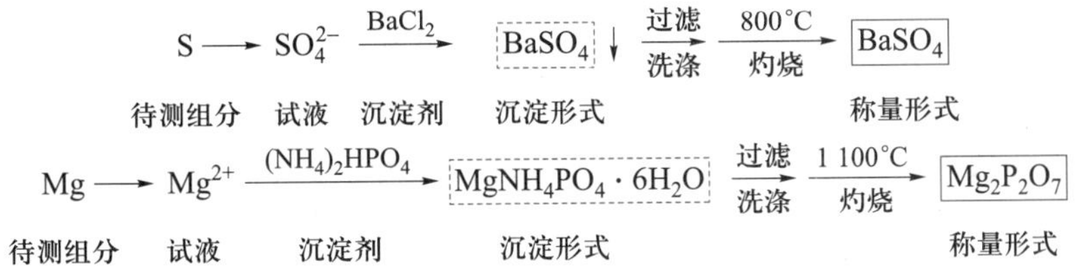

通过简单的化学计算，即可求出待测组分的质量：

$$m_S = m_{BaSO_4} \times \frac{M_S}{M_{BaSO_4}}$$

$$m_{Mg} = m_{Mg_2P_2O_7} \times \frac{2M_{Mg}}{M_{Mg_2P_2O_7}}$$

式中：m_{BaSO_4}，$m_{Mg_2P_2O_7}$ 为称量形式的质量，随试样中 S，Mg 含量的不同而变化；M_S/M_{BaSO_4} 和 $2M_{Mg}/M_{Mg_2P_2O_7}$ 为待测组分与称量形式的摩尔质量的比值，是个常数，称为化学因数（或称换算因数），用 F 表示。在计算化学因数时，要注意使分子与分母中待测元素的原子数目相等，所以在待测组分的摩尔质量和称量形式的摩尔质量之前有时需乘以适当的系数。

例 1 称取某矿样 0.400 0 g，经化学处理后，称得 SiO_2 的质量为 0.272 8 g，计算矿样中 SiO_2 的质量分数。

解： 因为称量形式和待测组分的化学式相同，因此 F 等于 1。

$$w_{SiO_2} = \frac{0.272\,8\ g}{0.400\,0\ g} \times 100\% = 68.20\%$$

例 2 称取某铁矿石试样 0.250 0 g，经处理后，沉淀形式为 $Fe(OH)_3$，称量形式为 Fe_2O_3，质量为 0.249 0 g，求 Fe 和 Fe_3O_4 的质量分数。

解： 先计算试样中 Fe 的质量分数，因为称量形式为 Fe_2O_3，1 mol 称量形式相当于 2 mol 待测组分，所以

$$w_{Fe} = \frac{0.249\,0\ g}{0.250\,0\ g} \times \frac{2M_{Fe}}{M_{Fe_2O_3}} \times 100\% = \frac{0.249\,0\ g}{0.250\,0\ g} \times \frac{2 \times 55.85\ g \cdot mol^{-1}}{159.7\ g \cdot mol^{-1}} \times 100\% = 69.66\%$$

计算试样中 Fe_3O_4 的质量分数，因为 1 mol 称量形式 Fe_2O_3 相当于 2/3 mol 待测组分 Fe_3O_4，所以

$$w_{Fe_3O_4} = \frac{0.249\,0\ g}{0.250\,0\ g} \times \frac{2M_{Fe_3O_4}}{3M_{Fe_2O_3}} \times 100\% = \frac{0.249\,0\ g}{0.250\,0\ g} \times \frac{2 \times 231.54\ g \cdot mol^{-1}}{3 \times 159.7\ g \cdot mol^{-1}} \times 100\%$$
$$= 96.27\%$$

本章主要知识点

一、重量分析法

1. 定义

用适当的方法先将试样中的待测组分与其他组分分离，然后用称量的方法测定该组分含量的分析方法称为重量分析法。

2. 分类

重量分析法分为沉淀重量法、气化法和电解法，其中比较重要的是沉淀重量法。

3. 特点

重量分析法准确度较高，一般测定的相对误差不大于±0.1%，但重量分析法操作繁琐，费时多。重量分析法主要用于高含量的硅、磷、钨、镍及几种稀土元素的精确分析。

二、沉淀重量法

1. 定义

利用试剂与待测组分反应,生成溶解度很小的沉淀,经过滤、洗涤、烘干或灼烧成为组成一定的物质,然后称其质量,再计算待测组分含量的分析方法。

2. 沉淀形式和称量形式

利用沉淀重量法分析时,首先向试液中加入沉淀剂,使其与待测组分发生沉淀反应,并以"沉淀形式"沉淀出来,沉淀经过滤、洗涤、在适当温度下烘干或灼烧,转化为"称量形式",再进行称量。

3. 沉淀剂的选择

要求:① 选择性好;② 与待测离子生成沉淀的溶解度小;③ 易挥发或经灼烧易除去;④ 本身溶解度较大。

4. 影响沉淀溶解度的因素

主要包括同离子效应、盐效应、酸效应、配位效应等,另外温度、溶剂、沉淀颗粒大小也会影响沉淀的溶解度。

5. 影响沉淀纯度的因素

(1) 共沉淀现象　当沉淀从溶液中析出时,溶液中其他可溶性组分也同时沉淀下来的现象称为共沉淀。主要包括表面吸附、形成混晶和包藏(吸留)等。

(2) 后沉淀现象　沉淀析出后,在沉淀与母液一起放置过程中,溶液中本来难以析出的某些离子可能慢慢沉淀到原沉淀表面上的现象称为后沉淀。

6. 沉淀的条件

(1) 晶形沉淀的沉淀条件　"稀、热、慢、搅、陈",即在稀、热溶液中,在不断搅拌下缓慢滴加沉淀剂,沉淀完全后将沉淀连同母液放置一段时间。

(2) 无定形沉淀的沉淀条件　"浓、热、快、搅、盐",即在浓、热溶液中,加入电解质作凝聚剂,迅速加入沉淀剂,并不断搅拌,沉淀完全后趁热过滤。

思考与练习

一、思考题

1. 重量分析法有什么特点?

2. 沉淀重量法对沉淀形式和称量形式各有什么要求?

3. 什么是同离子效应?什么是盐效应?沉淀剂过多有什么不好?

4. 什么是共沉淀?什么是后沉淀?引起共沉淀的原因是什么?

5. 晶形沉淀的沉淀条件为什么是"稀、热、慢、搅、陈"?

二、单项选择题

1. 重量分析法中,沉淀表面吸附杂质而引起沉淀沾污,沉淀表面最优先吸附的离子是(　　)。

A. 构晶离子　　　B. 高价离子　　　C. 极化程度大的离子　　　D. 浓度大的离子

2. 能使沉淀溶解度减小的是(　　)。

A. 同离子效应　　B. 盐效应　　　C. 酸效应　　　　　D. 配位效应

文本

第八章思考与练习参考答案

思考与练习

3. 用过量 $BaCl_2$ 作沉淀剂,测定可溶性硫酸盐中 S 的含量,$BaSO_4$ 晶体表面第一吸附层的离子是( )。

A. SO_4^{2-} B. Cl^- C. Ba^{2+} D. H^+

4. 洗涤 $Fe(OH)_3$ 沉淀应选择稀( )作洗涤剂。

A. H_2O B. $NH_3 \cdot H_2O$ C. NH_4Cl D. NH_4NO_3

5. 高锰酸钾法测定钙,是在一定条件下使 Ca^{2+} 与 $C_2O_4^{2-}$ 完全反应生成草酸钙沉淀,经过滤洗涤后,沉淀溶于热的稀 H_2SO_4 溶液中,再用 $KMnO_4$ 标准溶液滴定,CaC_2O_4 沉淀形成的适宜 pH 是( )。

A. $1.5 \sim 2.5$ B. $3.5 \sim 4.5$ C. $7.5 \sim 8.5$ D. $9.5 \sim 10.5$

6. 以重量分析法测定某试样中砷含量,首先使之形成 Ag_3AsO_4 沉淀,然后转化成 AgCl 沉淀,以 AgCl 的质量计算试样中 As_2O_3 含量时使用的化学因数是( )。

A. $\dfrac{M_{As_2O_3}}{M_{AgCl}}$ B. $\dfrac{M_{As_2O_3}}{3M_{AgCl}}$

C. $\dfrac{M_{As_2O_3}}{6M_{AgCl}}$ D. $\dfrac{6M_{AgCl}}{M_{As_2O_3}}$

7. 丁二酮肟重量法测定钢中镍,用酒石酸掩蔽 Fe^{3+},Al^{3+},Ti^{4+} 等的干扰,用氨水调节溶液的 pH。氨水、掩蔽剂、沉淀剂加入的顺序是( )。

A. 氨水、掩蔽剂、沉淀剂 B. 掩蔽剂、氨水、沉淀剂

C. 掩蔽剂、沉淀剂、氨水 D. 无须考虑试剂加入顺序

三、多项选择题

1. 要获得较粗颗粒的 $BaSO_4$,沉淀的条件是( )。

A. 在稀的 HCl 溶液中进行 B. 不断搅拌下缓慢滴加沉淀剂

C. 陈化 D. 不陈化

2. 沉淀被沾污的原因有( )。

A. 表面吸附 B. 混晶 C. 包藏 D. 后沉淀

3. 以下待测组分与称量形式间化学因数正确的是( )。

A. $\dfrac{M_{Al}}{M_{Al_2O_3}}$ B. $\dfrac{M_{MgO}}{M_{Mg_2P_2O_7}}$

C. $\dfrac{M_{Cr_2O_3}}{2M_{PbCrO_4}}$ D. $\dfrac{M_{P_2O_5}}{M_{Mg_2P_2O_7}}$

四、计算题

1. 称取某可溶性盐 0.1616 g,用 $BaSO_4$ 重量分析法测定其含硫量,称得 $BaSO_4$ 沉淀为 0.1491 g,计算试样中 SO_3 的质量分数。

2. 称取磁铁矿试样 0.1666 g,经溶解后将 Fe^{3+} 沉淀为 $Fe(OH)_3$,最后灼烧为 Fe_2O_3(称量形式),其质量为 0.1370 g,求试样中 Fe_3O_4 的质量分数。

3. 某一含 K_2SO_4 及 $(NH_4)_2SO_4$ 混合试样 0.6490 g,溶解后加 $Ba(NO_3)_2$,使全部 SO_4^{2-} 都形成 $BaSO_4$ 沉淀,总质量为 0.9770 g,计算试样中 K_2SO_4 的质量分数。

4. 称取磷矿石试样 0.4530 g,溶解后以 $MgNH_4PO_4$ 形式沉淀,灼烧后得 $Mg_2P_2O_7$ 0.2825 g,计算试样中 P 及 P_2O_5 的质量分数。

5. 测定硅酸盐中 SiO_2 的含量,称取试样 0.4817 g,经实验处理得到不纯 SiO_2 0.2630 g,再用 HF 和 H_2SO_4 处理后,剩余氧化物残渣的质量为 0.0013 g,计算试样中 SiO_2 的质量分数。若不用 HF 处理,其分析结果的误差有多少?

第九章 吸光光度法

学习目标

知识目标

- 了解吸光光度法的分类和特点。
- 掌握吸收定律的成立条件、表达式及物理意义。
- 理解分光光度计的基本结构和工作原理。
- 掌握定量分析方法和测量条件的选择。

能力目标

- 能绘制吸收曲线。
- 能正确选择显色条件和光度测量条件。
- 能应用吸光光度法对试样中的微量成分进行定量分析。

知识结构框图

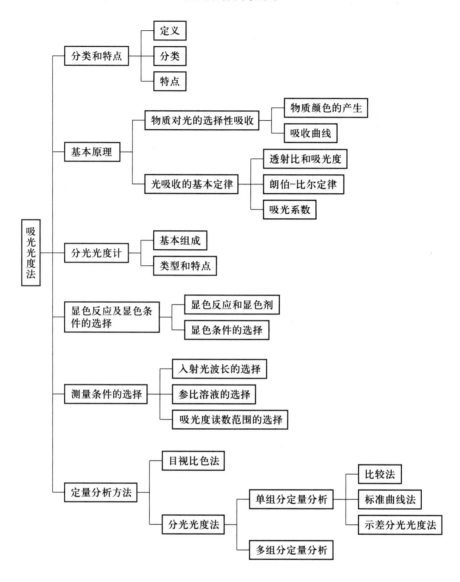

第一节 概　　述

前面几章讨论的滴定分析法和重量分析法都属于化学分析方法,它们适用于测定试样中含量大于 1% 的常量组分,而对于含量小于 1% 的微量组分则不适宜。例如,欲测定含铁量仅为 0.001% 试样中的铁,称取试样 1g,则含铁 0.000 01 g,若采用氧化还原滴定,即使 $K_2Cr_2O_7$ 标准溶液浓度很稀(1.6×10^{-3} mol·L^{-1}),也仅需 0.02 mL 即达终点,与一般滴定管的读数误差(0.02 mL)相当,显然无法准确测定。本章讨论的吸光光度法可使许多微量组分的测定问题迎刃而解。例如上述的试样,将其进行适当预处理,在一定条件下,以邻二氮菲作显色剂,使之与 Fe(Ⅱ) 形成橙红色配合物,就可以用吸光光度法进行测定。

吸光光度法是一种光学分析法,它是基于物质对光的选择性吸收建立起来的分析方法。

一、吸光光度法的分类

许多物质是有颜色的,如高锰酸钾在水溶液中呈紫红色,Cu^{2+} 在水溶液中呈蓝色。当含有这些物质的溶液的浓度发生变化时,溶液颜色的深浅也会随之变化,浓度越大,颜色越深。因此可以通过比较溶液颜色的深浅来测定物质的浓度,这种测定方法称为**比色法**。对于本身没有颜色的物质可加入某种试剂使其变为有色的物质,然后用比色法测定。随着测试仪器的发展,目前普遍使用分光光度计,以测定物质对光的吸收程度来代替比较颜色的深浅。应用分光光度计的分析方法称为**分光光度法**,分光光度法是在比色法的基础上发展起来的一种仪器分析方法,它根据物质对不同波长的单色光的吸收程度不同进行定性和定量分析。按照所研究光的波谱区域不同,分光光度法可以分为紫外分光光度法(200～400 nm)、可见分光光度法(400～780 nm)和红外吸收光谱法(780～3.0×10^4 nm)。一般而言,吸光光度法特指包括比色法在内的可见分光光度法。

二、吸光光度法的特点

与化学分析法相比,吸光光度法具有以下特点:

(1) 灵敏度高　测定下限可达 10^{-6}～10^{-5} mol·L^{-1},可直接用于微量组分的测定。

(2) 准确度高　测定的相对误差一般为 2%～5%,精密仪器的可达 1%～2%,能够满足微量组分测定的准确度要求。

(3) 仪器简单,操作简便

(4) 应用广泛　几乎所有的无机离子和许多有机化合物都可以直接或间接用吸光光度法测定。因此吸光光度法广泛用于化工、医药、地矿、冶金、环保、食品分析等诸多领域。

第二节　吸光光度法的基本原理

一、物质对光的选择性吸收

(一)光的基本特性

1. 电磁波谱

光是一种电磁波,具有波动性和粒子性。波动性可用波长或频率等参数描述,粒子

性可用能量来描述,二者之间的关系可由下式表示:

$$E = h\nu = h\frac{c}{\lambda}$$

式中:λ 为波长(cm);ν 为频率(Hz);c 为光速,真空中约为 3×10^{10} cm·s^{-1};E 为光子能量(J);h 为普朗克常量(6.626×10^{-34} J·s)。

可见,不同波长(或频率)的光,其能量不同,短波的能量大,长波的能量小。若将各种光按其波长大小顺序排列即得到电磁波谱,如图 9-1 所示。

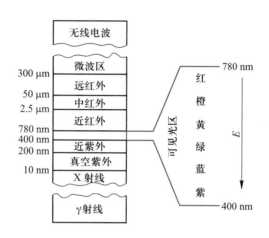

图 9-1 电磁波谱图

2. 可见光、单色光和互补色光

人的眼睛能感觉到的光称为可见光,可见光区的波长范围是 400~780 nm。在可见光范围内,不同波长的光会让人感觉到不同的颜色。具有单一波长的光称为单色光,由不同波长的光组成的光称为复合光,人们日常所熟悉的白光,如日光、白炽灯光都是复合光。

若把两种适当颜色的单色光按一定强度比例混合可得到白光,则这两种颜色的光称为互补色光,如绿色光与紫色光互补,黄色光与蓝色光互补等,因此日光等白光实际上是由一对对互补色光按适当强度比例混合而成的。

(二)物质对光的选择性吸收

1. 物质颜色的产生

当一束白光通过某透明溶液时,如果该溶液对可见光区各波段的光都不吸收,即入射光全部通过溶液,则此时的溶液是无色透明的;当溶液对各种波段的光全部吸收时,则溶液呈黑色;若溶液选择性地吸收了某波段的可见光,则溶液呈现该波段光的互补色,如当一束白光通过 $KMnO_4$ 溶液时,该溶液选择性地吸收了 500~560 nm 的绿色光,而其他色光两两互补成白光而通过,只剩下紫红色光未被互补,所以高锰酸钾溶液呈紫红色,同样道理,硫酸铜溶液选择性地吸收了白光中的黄色光,所以呈现蓝色。表 9-1 列出了物质颜色和吸收光颜色之间的关系。

表 9-1 物质颜色和吸收光颜色的关系

物质颜色	吸收光	
	颜　色	波长范围/nm
黄绿	紫	400～450
黄	蓝	450～480
橙	绿蓝	480～490
红	蓝绿	490～500
紫红	绿	500～560
紫	黄绿	560～580
蓝	黄	580～600
绿蓝	橙	600～650
蓝绿	红	650～750

2. 物质的吸收曲线

为了更准确地描述物质对光的选择性吸收情况,可以用不同波长的单色光依次照射某一固定浓度和液层厚度的溶液,并测量每一波长下溶液对光的吸收程度(称为吸光度,用 A 表示)。以 A 为纵坐标,相应波长 λ 为横坐标作图,所得 $A-\lambda$ 曲线称为**吸收曲线**,也称**吸收光谱**。图 9-2 是四种不同浓度 $KMnO_4$ 溶液的吸收曲线。从图中可以看出:

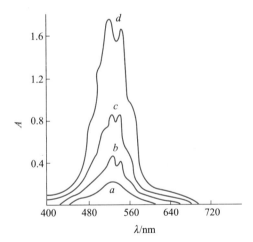

视频

吸收曲线的
制作

图 9-2　四种不同浓度 $KMnO_4$ 溶液的吸收曲线

(溶液浓度 $a<b<c<d$)

① $KMnO_4$ 溶液对不同波长光的吸收程度不同,对波长 525 nm 绿色光的吸收最多,吸光度最大,此处所对应波长称为**最大吸收波长**,用 λ_{max} 表示。

② 四种不同浓度的 $KMnO_4$ 溶液对应的四条吸收曲线形状相似,λ_{max} 相同。但在同一波长处的吸光度随溶液的浓度增加而增大,这个特性是**吸光光度法定量分析的依据**。

若在最大吸收波长下测定,高锰酸钾浓度的微小变化可使吸光度产生较大变化,测定的灵敏度高,因此,吸收曲线是吸光光度法中选择测量波长的依据。定量分析时,需先绘制被测溶液的吸收曲线,在没有干扰的情况下,通常选择在 λ_{max} 处测定。

3. 物质对光产生选择性吸收的原因

物质对可见光的吸收与物质分子中电子能级及分子振动、转动能级的跃迁有关。由于这些能级是量子化的,所以分子在这些能级之间的跃迁也只能吸收一定的能量。即只有当入射光的光子能量与分子内两能级之间的能量差相等时,分子才能吸收该光子,分子从基态被激发到激发态。不同物质分子的激发态和基态的能量差不同,选择性吸收的光子波长也不同,此即物质对光产生选择性吸收的原因。

由图 9-2 可见,分子吸收光谱为带状的连续光谱,这是由于可见光在引起分子从基态电子能级跃迁到激发态电子能级的同时,可能跃迁至同一电子能级的不同振动能级和转动能级,振动能级之间以及转动能级之间的能量差都很小,使得各吸收波长的差异很小,而目前使用的仪器无法分辨如此小的波长差异,因此分子吸收光谱为带状光谱,这一点不同于原子吸收光谱的线状光谱(参见第十章)。

二、光吸收的基本定律——朗伯-比尔定律

1. 透射比和吸光度

当一束平行单色光垂直照射溶液时,其中的吸光物质吸收了光能,光的强度就要减弱,如图 9-3 所示。

动画

光吸收原理

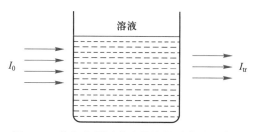

图 9-3　单色光通过盛有溶液的吸收池示意图

设入射光强度为 I_0,透过溶液的光强度为 I_{tr},则 I_{tr} 与 I_0 的比值称为**透射比**,也称为**透光率**,用 T 表示为

$$T = \frac{I_{tr}}{I_0} \tag{9-1}$$

T 的取值范围为 $0 \sim 1.0$。T 越大,物质对光的吸收越少,透过越多;T 越小,物质对光的吸收越多,透过越少。$T=0$ 表示光全部被吸收;$T=1.0$ 表示光全部透过。

透射比有时也用百分数来表示。

溶液对光的吸收程度还可用吸光度 A 表示:

$$A = -\lg T = \lg \frac{I_0}{I_{tr}} \tag{9-2}$$

A 的取值范围为 $0 \sim \infty$。A 越小,物质对光的吸收越少;A 越大,物质对光的吸收越多。$A=0$ 表示光全部透过;$A \to \infty$ 表示光全部被吸收。

2. 朗伯-比尔定律

吸光光度法的定量依据是朗伯-比尔定律。该定律是通过总结实验事实而得来的。

早在 1729 年,波格(Bouguer)发现物质对光的吸收与液层厚度有关。1760 年朗伯(Lambert)进一步研究指出,如果溶液的浓度一定,则光的吸收程度与液层厚度成正比,此关系称为**朗伯定律**,即

$$A = \lg \frac{I_0}{I_{tr}} = K_1 b \tag{9-3}$$

式中:A 为吸光度;K_1 为比例常数;b 为吸收池(亦称比色皿)液层厚度。

1852 年,比尔(Beer)进行了大量研究工作后指出:如果吸收池液层厚度一定,吸光度与物质浓度成正比,这种关系称为**比尔定律**,即

$$A = \lg \frac{I_0}{I_{tr}} = K_2 c \tag{9-4}$$

式中:c 为吸光物质的浓度;K_2 为比例常数。

如果同时考虑吸光物质的浓度及液层厚度对光吸收的影响,可将式(9-3)和式(9-4)结合起来,称为**物质对光吸收的基本定律**,即**朗伯-比尔定律**,其数学表达式为

$$A = \lg \frac{I_0}{I_{tr}} = Kbc \tag{9-5}$$

朗伯-比尔定律是吸光光度法进行定量分析的理论依据,其物理意义是:当一束平行单色光垂直照射并通过均匀的、非散射的吸光物质的溶液时,溶液的吸光度与吸光物质浓度 c 和液层厚度 b 的乘积成正比。

3. 吸光系数

式(9-5)中的比例常数 K 称为吸光系数,吸光系数的大小取决于吸光物质的性质、入射光的波长、溶液温度和溶剂性质等,与吸光物质浓度大小和液层厚度无关。但 K 的取值随溶液浓度所采用的单位的不同而异,常用的有摩尔吸收系数和质量吸收系数。

(1)摩尔吸收系数　当溶液的浓度单位以物质的量浓度 $mol \cdot L^{-1}$ 表示,液层厚度单位以 cm 表示时,相应的吸光系数称为摩尔吸收系数,以 κ 表示,单位为 $L \cdot mol^{-1} \cdot cm^{-1}$。其物理意义是:浓度为 1 $mol \cdot L^{-1}$ 溶液于液层厚度为 1 cm 的吸收池中,在一定波长下测得的吸光度。此时,吸收定律可表示为

$$A = \kappa bc \tag{9-6}$$

摩尔吸收系数是吸光物质的重要参数之一,κ 越大,表示该物质对某波长光的吸收能力越强,测定的灵敏度也就越高。

(2)质量吸收系数　若溶液浓度单位以质量浓度 $g \cdot L^{-1}$ 表示,液层厚度单位以 cm 表示,相应的吸光系数则为质量吸收系数,以 a 表示,其单位为 $L \cdot g^{-1} \cdot cm^{-1}$。此时,吸收定律可表示为

$$A = ab\rho \tag{9-7}$$

a 与 κ 关系可用下式计算:

$$\kappa = aM \tag{9-8}$$

式中:M 为所测物质的摩尔质量。

吸光系数可以通过实验测得。

三、偏离朗伯-比尔定律的原因

根据朗伯-比尔定律,对于厚度一定的溶液,以吸光度对溶液浓度作图,得到的应该是一条通过原点的直线,即二者之间应呈线性关系。但在实际工作中,吸光度与浓度之间常常偏离线性关系,如图 9-4 所示。这种现象称为**朗伯-比尔定律的偏离**。偏离的主要原因如下。

1. 非单色光影响

严格地说,朗伯-比尔定律只适用于单色光,实际上仪器提供的入射光是波长范围较窄的复合光,即单色光的纯度不够,由于吸光物质对不同波长的光吸收程度不同,就会发生对朗伯-比尔定律的偏离。

通常选择吸光物质的最大吸收波长 λ_{max} 为入射光,这不仅可获得最高的灵敏度,而且吸收光谱在此处有一个较小的平坦区,吸光度变动很小,因此能够得到较好的线性关系。

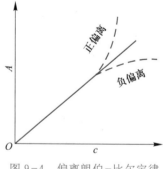

图 9-4 偏离朗伯-比尔定律

2. 化学因素

溶液中的吸光物质常因解离、缔合、形成新化合物或互变异构等化学变化而改变其浓度,导致偏离朗伯-比尔定律。

3. 比尔定律的局限性

比尔定律是一个有限制性的定律,它假定吸光质点(分子或离子)之间是无相互作用的,因此仅在稀溶液的情况下才适用。在高浓度(通常 $c > 0.01\ mol \cdot L^{-1}$)时,由于吸光质点间的平均距离缩小,使相邻的吸光质点的电荷分布互相影响,从而改变了它对光的吸收能力,因而导致了 A 与 c 之间线性关系的偏离。因此在实际工作中,待测溶液浓度应控制在 $0.01\ mol \cdot L^{-1}$ 以下。

第三节　分光光度计

一、分光光度计的基本组成部件

用于测定溶液吸光度的仪器称为分光光度计。分光光度计的种类和型号很多,但它们的基本结构都是由五个部分组成,即光源、单色器、吸收池、检测器和信号显示系统等,其组成框图见图 9-5。

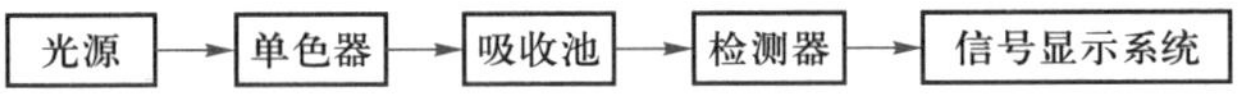

图 9-5　分光光度计的基本结构框图

由光源发出的连续光,经单色器分光后获得一定波长的单色光,照射到试样溶液上,部分被吸收,透射的光则照在检测器上并被转换为电信号,并经信号显示系统调制放大后,显示出吸光度 A 或透射比 T,从而完成测定。

（1）光源　要求能发出在使用波长范围内具有足够强度的连续辐射光,并在一定时间内保持稳定。

可见分光光度计使用钨灯(或卤钨灯)作光源。

（2）单色器　其作用是把光源发出的连续光分解为按波长顺序排列的单色光,并能通过出射狭缝分离出所需波长的单色光,它是分光光度计的核心部分。单色器主要由狭缝、色散元件和透镜组成,其关键部件是色散元件,即能使复合光变成单色光的器件,目前常用的色散元件主要是光栅。

（3）吸收池　吸收池也叫比色皿,用于盛放试液和决定透射液层厚度的器件。可见光区光度法使用光学玻璃制成的吸收池,紫外光区光度法则须用石英制成的吸收池。吸收池规格按光程划分,常用的有 $0.5\ cm$,$1\ cm$,$2\ cm$,$3\ cm$ 和 $5\ cm$ 等,使用时根据需要选择。同一规格的吸收池彼此之间的透射比误差应小于 0.5%。使用时应保持吸收池的光洁,特别要注意透光面不受沾污或磨损。

（4）检测器　测量吸光度时,并非直接测量透过吸收池的光强度,而是将光强度转换成光电流进行测量,这种光电转换器件称为检测器。检测器对测定波长范围内的光要有快速、灵敏的响应,产生的光电流应与照射在检测器上的光强度成正比。在分光光度计中多用光电管或光电倍增管作为检测器。

（5）信号显示系统　该系统的作用是放大信号并以适当的方式显示或记录下来。目前,分光光度计多采用数字显示装置,直接显示吸光度或透射比,有些分光光度计还配有计算机和相关软件,一方面可以对仪器进行控制,另一方面可以进行图谱储存和数据处理。

二、分光光度计的类型

根据分光光度计的光源所提供波长的范围,分光光度计可分为可见分光光度计(波长范围 400～780 nm)和紫外-可见分光光度计(波长范围 200～1 000 nm);根据光路设计分为单光束分光光度计和双光束分光光度计;根据测量中提供的波长数分为单波长分光光度计和双波长分光光度计。

1. 单光束分光光度计

单光束分光光度计的特点是从光源到检测器只有一条光路,如图 9-5 所示。光源发出的光经单色器分光后获得一束单色光,通过吸收池后照在检测器上。测量时需首先将参比池推入光路,调节仪器使吸光度示值为零,再将试样池推入光路,读取吸光度。这种分光光度计结构简单,价格低,适用于常规定量分析。缺点是不具备自动波长扫描功能,每换一次波长需要调节一次吸光度零点,测量结果受光源强度波动等因素影响较大。

722s 型分光光度计是一种典型的单光束分光光度计,能在 380～800 nm 波长范围进行透射比、吸光度和浓度直读测定。

2. 双光束分光光度计

图 9-6 为双光束分光光度计的光路示意图。图中 A 为旋转镜,B 为反射镜。通过旋转装置使两个旋转镜交替处于反射和透过位置,因而从单色器出来的入射光交替通过参比池和样品池,再进入检测器。双光束分光光度计可自动扣除参比,自动扫描得到吸收光谱,能消除光源强度变化所带来的误差,工作稳定性好,但仪器价格较贵。

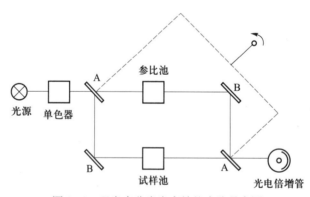

图 9-6 双光束分光光度计的光路示意图

3. 双波长分光光度计

双波长分光光度计的光路设计如图 9-7 所示。光源发出的光经过两个单色器后得到两束不同波长的单色光,利用切光器使两束光交替照射同一吸收池,即可测得两个波长下的吸光度之差。双波长分光光度计可测定高浓度试样、多组分混合试样,而且还可测定混浊试样,有较高的灵敏度和准确度;在存在背景干扰或共存组分吸收干扰的情况下,有利于提高方法的选择性。双波长分光光度计价格贵。

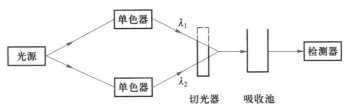

图 9-7 双波长分光光度计的光路示意图

第四节 显色反应及显色条件的选择

利用吸光光度法进行定量分析时,要求待测物质溶液能吸收可见光区内某种波长的单色光,即有色物质才能直接测定。对于没有颜色或颜色很浅的待测组分,需要首先将其转变为有色物质,然后再进行测定。将待测组分转变为有色化合物的反应叫**显色反应**,与待测组分形成有色化合物的试剂称为**显色剂**。在吸光光度法定量分析中,选择合适的显色反应,严格控制反应条件是十分重要的实验技术。

一、对显色反应的要求

对于显色反应,一般应满足下列要求。

(1) 灵敏度高 吸光光度法一般用于微量组分的测定,因此反应生成的有色物质的 κ 应大于 $10^4 \ \mathrm{L \cdot mol^{-1} \cdot cm^{-1}}$。

(2) 选择性好 显色剂最好只与待测组分发生显色反应,若与试样中的其他组分也反应,须有易行的措施消除干扰。

(3) 对比度大 生成的有色物质与显色剂之间的颜色差别要大,即显色剂对光的吸收与有色物质的吸收有明显区别,一般要求两者的最大吸收波长之差 $\Delta \lambda$(称为对比度)大于 60 nm。

(4) 反应生成的有色物质组成恒定、颜色稳定,显色条件易于控制。

二、显色条件的选择

吸光光度法是通过测定有色物质的吸光度确定待测组分含量的方法,为了得到准确的结果,必须控制适当的条件,使显色反应完全、稳定。

1. 显色剂用量

显色反应(多为配位反应)一般可用下式表示:

$$\underset{\text{待测组分}}{M} \quad + \quad \underset{\text{显色剂}}{R} \quad \Longleftrightarrow \quad \underset{\text{有色配合物}}{MR}$$

为了使反应尽可能地进行完全,应加过量的显色剂。但是过量的显色剂有时会引起副反应,如空白值增大、配合物组成改变等。在实际工作中,显色剂的适宜用量是通过实验来确定的:将待测组分的浓度及其他条件固定,然后加入不同量的显色剂,分别测定其吸光度,绘制吸光度(A)–浓度(c_R)关系曲线,一般可得到如图 9-8 所示三种不同的曲线。

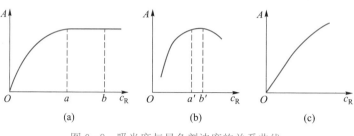

图 9-8 吸光度与显色剂浓度的关系曲线

(a) 中曲线表明,当显色剂浓度 c_R 在 $0\sim a$ 范围内时,显色剂用量不足,待测组分没有完全转变成有色配合物,随着 c_R 增大,吸光度 A 增大。$a\sim b$ 范围内吸光度最大且稳定,因此可在 $a\sim b$ 范围内选择合适的显色剂用量。这类反应生成的有色配合物稳定,对显色剂浓度控制要求不太严格。

(b) 中曲线表明,当 c_R 在 $a'\sim b'$ 这一较窄的范围内时,吸光度值才较稳定,其余范围吸光度都下降,因此必须严格控制 c_R 的大小。

(c) 中曲线表明,随着显色剂浓度增大,吸光度不断增大。这种情况下必须十分严格控制显色剂的用量或另换其他显色剂。

2. 溶液的酸度

许多显色剂都是有机弱酸(碱),溶液的酸度变化,将直接影响显色剂的解离程度和显色反应是否能进行完全。多数金属离子也会因溶液的酸度降低而发生水解,形成各种形态的羟基配合物,甚至析出沉淀。

$$M \quad + \quad nR \Longleftrightarrow MR_n$$

$$\begin{array}{cc} \Updownarrow \text{OH} & \Updownarrow \text{H} \\ M(\text{OH}) & HR \\ M(\text{OH})_2 & H_2R \\ \vdots & \vdots \end{array}$$

另外,某些能形成逐级配合物的显色反应,产物的组成也会随溶液酸度变化而改变,如磺基水杨酸与 Fe^{3+} 的显色反应,在 pH 为 $2\sim 3$ 时,生成红紫色 $1:1$ 的配合物;在 pH 为 $4\sim 7$ 时,生成橙红色 $1:2$ 的配合物;在 pH 为 $8\sim 10$ 时,生成黄色 $1:3$ 的配合物。可见,酸度对显色反应的影响是多方面的。显色反应的适宜酸度也是通过实验来确定的:固定待测组分的浓度及显色剂的浓度,改变溶液的 pH,配制一系列显色溶液,分别测定各溶液的吸光度 A,以 pH 为横坐标,吸光度 A 为纵坐标,得到 A-pH 关系曲线,如图 9-9 所示,曲线平坦部分对应的 pH 即为适宜的酸度范围。

3. 温度

显色反应通常在室温下进行,但有些反应必须加

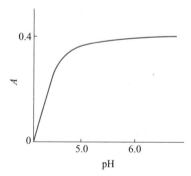

图 9-9 吸光度 A 与溶液 pH 关系曲线

热才能反应完全。例如,钢铁分析中用硅钼蓝法测定硅含量,需在沸水浴中加热 30 s 先形成硅钼黄,然后经还原形成硅钼蓝;如果在室温下则要 10 min 才能显色完全。具体实验中,可绘制吸光度与温度的关系曲线来选择适宜的温度。

4. 显色时间

显色反应有的可瞬间迅速完成,但有的则要放置一段时间才能反应完全。有些有色物质在放置时,受到空气氧化或发生光化学反应,颜色会逐渐减弱。因此适宜的显色时间也要通过实验得到吸光度与时间的关系曲线后进行选择。

5. 溶剂

有时在显色体系中加入有机溶剂,可降低有色物质的解离度,从而提高显色反应的灵敏度。例如,三氯偶氮氯膦与 Bi^{3+} 在 H_2SO_4 介质(或 $HClO_4$ 介质)中显色时,κ 为 $9.0 \times 10^4\ L \cdot mol^{-1} \cdot cm^{-1}$,加入乙醇则可使 κ 提高到 $1.1 \times 10^5\ L \cdot mol^{-1} \cdot cm^{-1}$,灵敏度提高 22%。

6. 溶液中共存离子的影响

待测试液中往往存在多种离子,若共存离子本身有色,或共存离子能与显色剂反应生成有色物质,均会影响测定的准确度。消除共存离子干扰的常用方法如下。

(1) 控制溶液的酸度   例如,用二苯硫腙法测定 Hg^{2+} 时,Cu^{2+},Zn^{2+},Pb^{2+},Bi^{3+},Co^{2+},Ni^{2+} 等都能与显色剂反应而显色,但在强酸条件下,这些干扰离子与二苯硫腙不能形成稳定的有色配合物,因此可通过调节酸度消除干扰。

(2) 加入掩蔽剂   例如,用偶氮氯膦类显色剂测定 Bi^{3+} 时,Fe^{3+} 有干扰,可加入 NH_4F 使之形成 FeF_6^{3-} 无色配合物来消除干扰。

(3) 利用氧化还原反应,改变干扰离子的价态   例如,用铬天青 S 测定铝时,Fe^{3+} 有干扰,加入抗坏血酸将 Fe^{3+} 还原为 Fe^{2+} 后,可消除干扰。

(4) 利用参比溶液消除显色剂和某些共存离子的干扰   关于参比溶液的选择,参阅本章第五节。

(5) 采用适当的分离方法消除干扰。

三、显色剂

1. 无机显色剂

无机显色剂与金属离子生成的配合物大多不够稳定,灵敏度不高,选择性也不太好,目前在吸光光度分析中应用不多。尚有实用价值的有:硫氰酸盐用于测定铁、钼、钨、铌等元素;钼酸铵用于测定硅、磷、钒,与之形成杂多酸。如磷肥中磷的测定,利用 $(NH_4)_2MoO_4$ 与 PO_4^{3-} 形成 $(NH_4)_2H[PMo_{12}O_{40}] \cdot H_2O$ 杂多酸。还有利用 H_2O_2 与 Ti^{4+} 在 $1 \sim 2\ mol \cdot L^{-1} H_2SO_4$ 介质中,形成的 $TiO[H_2O_2]^{2+}$ 黄色化合物,用于测定矿石中的钛等。

2. 有机显色剂

大多数有机显色剂能与金属离子生成稳定的螯合物。显色反应的选择性和灵敏度都较无机显色剂高,因此被广泛地应用于吸光光度分析中。高灵敏度和高选择性的有机显色剂的研制和应用,促进了吸光光度分析的发展,目前也仍然是吸光光度法研究方向之一。现将几种常用的有机显色剂列于表 9-2 中。

表 9-2　常用的有机显色剂

试 剂		测定离子*	显色条件	λ_{max}/nm	κ/(L·mol^{-1}·cm^{-1})
偶氮类	PAN	Zn(Ⅱ)	pH=5~10	550	5.6×10^4
	偶氮肿(Ⅲ)	Th(Ⅳ)	8 mol·L^{-1} HClO$_4$	660	5.1×10^4
			8 mol·L^{-1} HCl	665	1.3×10^5
三苯甲烷类	铬天青 S	Al(Ⅲ)	pH=5.0~5.8	530	5.9×10^4
其他类型	磺基水杨酸	Ti(Ⅳ)	pH=4	375	1.5×10^4
	丁二酮肟	Ni(Ⅱ)	pH=8~10	470	1.3×10^4
	邻二氮菲	Fe(Ⅱ)	pH=5~6	508	1.1×10^4
	二苯硫腙	Pb(Ⅱ)	pH=8~10	520	6.6×10^4

* 测定离子未全部列出,仅举一个作代表。

相关知识　　　　　三元配合物

　　三元配合物是指由三种组分形成的配合物,通常由一种金属离子和两种配体形成。应用较多的有三元混配化合物、离子缔合物和三元胶束配合物等。三元配合物比二元配合物的选择性好,灵敏度高,有的三元配合物的稳定性也有所提高,因此在吸光光度分析中得到广泛研究和应用。

第五节　测量条件的选择

　　为了使光度分析有较高的灵敏度和准确度,除了要注意控制合适的显色条件外,还必须选择适宜的光度测量条件,如入射光波长、参比溶液及吸光度读数范围等。

一、入射光波长的选择

　　入射光波长的选择应根据吸收曲线,通常选择最大吸收波长 λ_{max} 作为入射光波长。因为在 λ_{max} 处 κ 值最大,测定的灵敏度高,同时在 λ_{max} 附近,吸光度变化不大,不会造成对吸收定律的偏离,因而测定的准确度也较高。

　　如果干扰物质在 λ_{max} 处也有吸收,则应选用其他峰值波长或曲线的相对平坦处对应的波长进行测定。例如,测定镍时,以丁二酮肟为显色剂,丁二酮肟镍配合物的 λ_{max} 为 470 nm,若待测试液中有 Fe^{3+} 存在时,需加酒石酸作为掩蔽剂,形成酒石酸铁配合物,但酒石酸铁配合物在 470 nm 处也有吸收,对镍的测定产生干扰,如图9-10所示。此时若在 520 nm 处测定,虽灵敏度有所降低,但酒石酸铁不会干扰,提高了测定的选择性和准确度。

二、参比溶液的选择

　　吸光光度法测定吸光度时,是将待测溶液盛放于比色皿内,放入分光光度计光路中,测量入射光的减弱程度。由于比色皿对入射光的反射、吸收，以及溶剂、试剂等对入射光的吸收也会使光强度减弱，为了使光强度的减弱仅与待测组分的浓度有关，需要选择合适组成的参比溶液，将其放入比色皿内并置于光路中，调节仪器，使 $T=100\%$（$A=0$），然后再测定盛放于另一相同规格比色皿中的试液吸光度，这样就消除了由于比色皿、溶剂及试剂等对入射光的反射和吸收带来的误差。

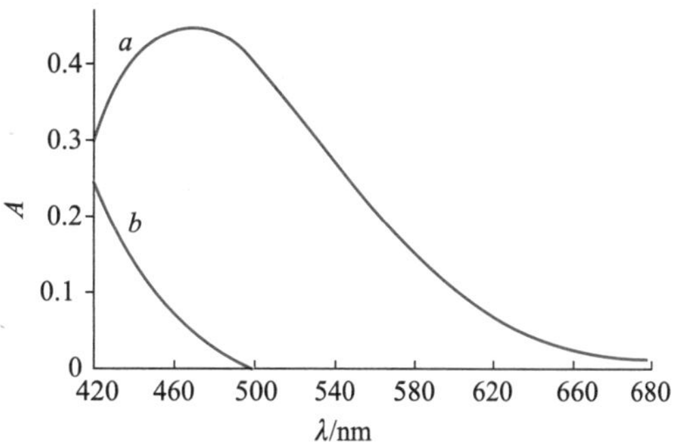

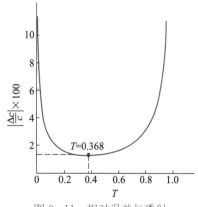

图 9-10　丁二酮肟镍（a）和酒石酸铁（b）的吸收曲线

选择参比溶液的原则是：使试液的吸光度真正反映待测组分的浓度。常用的参比溶液有以下几种。

（1）溶剂空白　当试液、显色剂及所用的其他试剂在测量波长处均无吸收，仅待测组分与显色剂的反应产物有吸收时，可用溶剂作参比溶液，以消除溶剂和比色皿等因素的影响。

（2）试剂空白　如果显色剂或加入的其他试剂在测量波长处略有吸收，应采用试剂空白（不加试样而其余试剂全加的溶液）作参比溶液，以消除试剂因素的影响。

（3）试液空白　如显色剂在测量波长处无吸收，但待测试液中共存离子有吸收，如 Co^{2+}，MnO_4^- 等，此时可用不加入显色剂的试液为参比溶液，以消除有色离子的干扰；当显色剂和试液中共存离子都有吸收时，可在试液中加入适当掩蔽剂将待测组分掩蔽后再加显色剂，并以此作为参比溶液。

三、吸光度读数范围的选择

在光度测定中，除了各种化学因素所引起的误差外，还存在着仪器测量误差。对于一台特定的分光光度计，其透射比的读数误差 ΔT 为一常数（通常为 $\pm(0.2\%\sim2\%)$），ΔT 与测定结果的相对误差 $\Delta c/c$ 之间的关系为

$$\frac{\Delta c}{c} = \frac{0.434}{T\lg T}\Delta T \qquad (9-9)$$

设 $\Delta T=\pm0.5\%$，代入式（9-9），可算出不同透射比（或吸光度）读数时浓度的相对误差，结果列于表 9-3 并图示于图 9-11 中。

由表 9-3 和图 9-11 可知，测定结果的相对误差不仅与仪器精度 ΔT 有关，还和透射比或吸光度读数范围有关，当 $T=36.8\%$ 即 $A=0.434$ 时，测量的相对误差最小。当 T 为 $70\%\sim15\%$，即 A 在 $0.2\sim0.8$ 范围内时，测量的相对误差 $\leqslant\pm2\%$。吸光度过高或过低，误差都很大，一般吸光度在 $0.2\sim0.8$ 之间为测量的适宜范围。

图 9-11　相对误差与透射比的关系

表 9-3　不同 T 时的 $\Delta c/c$($\Delta T = \pm 0.5\%$)

T	A	$\dfrac{\Delta c}{c} \times 100$	T	A	$\dfrac{\Delta c}{c} \times 100$
0.95	0.022	± 10.2	0.40	0.399	± 1.363
0.90	0.046	± 5.30	0.368	0.434	± 1.359
0.85	0.071	± 3.62	0.350	0.456	± 1.360
0.80	0.097	± 2.80	0.30	0.523	± 1.38
0.75	0.125	± 2.32	0.25	0.602	± 1.44
0.70	0.155	± 2.00	0.20	0.699	± 1.55
0.65	0.187	± 1.78	0.15	0.824	± 1.76
0.60	0.222	± 1.63	0.10	1.000	± 2.17
0.55	0.260	± 1.52	0.05	1.301	± 3.34
0.50	0.301	± 1.44	0.02	1.699	± 6.4
0.45	0.347	± 1.39	0.01	2.000	± 10.9

实际工作中可以通过改变待测溶液的浓度和使用不同厚度的比色皿来调整吸光度，使其在合适的吸光度范围内。

第六节　定量分析方法及应用示例

吸光光度法主要用于微量组分的定量测定，也可以用于某些高含量组分或多组分的测定，还可以用于配合物的组成和稳定常数的测定等。

一、定量分析方法

(一) 目视比色法

用眼睛观察、比较待测物质溶液颜色的色度以测定其含量的方法，称为**目视比色法**。常用的目视比色法是标准系列法。这种方法要使用一套由同种玻璃材料制成的形状、大小相同的平底玻璃管(亦称比色管)，依次分别在比色管中加入不同量的待测组分标准溶液和一定量的显色剂及其他辅助试剂，并用溶剂稀释到相同体积，配成一套颜色逐渐加深的标准色阶。将一定量待测试液在相同条件下显色、定容，然后从管口上方垂直向下观察颜色深浅，将待测试液与标准系列色阶比较，颜色深浅相同者，其待测物质含量亦相同。如果颜色深浅介于相邻两标准溶液之间，则待测溶液浓度为这两标准溶液浓度的平均值。

目视比色法的优点是仪器简单，操作简便，比色管中的液层较厚，而人眼具有辨别很稀的有色溶液颜色的能力，故测定的灵敏度高，适宜于稀溶液中微量组分的测定。它的缺点是准确度较差，相对误差为 $5\% \sim 20\%$。

目视比色法主要用于限界分析(确定试样中待测杂质含量是否在规定的最高限界以下)。

(二) 分光光度法

1. 单一组分的定量分析

(1) 标准曲线法　**标准曲线法**又称**校准曲线法**，是分光光度法最常用的定量分析方法。选取待测物质的标准品，配制一系列不同浓度的标准溶液，按所需条件显色后，选择测定波长和适当的比色皿,分别测定它们的吸光度 A。以 A 为纵坐标,浓度 c 或 ρ 为横坐标,绘制吸光度与浓度的关系曲线,称为**标准曲线**。在相同条件下测定试液的吸光度,从标准曲线上查出试液的浓度,再计算试样中待测组分的含量,如图 9-12 所示。

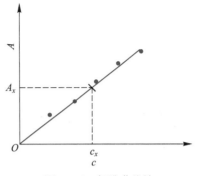

图 9-12 标准曲线法

标准曲线法准确、简便,尤其适用于批量试样的常规分析。

由于受到各种因素的影响,实验测出的各点可能不完全在一条直线上,手工绘制的标准曲线或多或少带有主观性,若根据最小二乘法原理对实验数据进行线性回归处理,确定的回归直线会更准确。

设有 n 个实验点 (x_i, y_i),其回归直线方程可表示为

$$y = a + bx \qquad (9\text{-}10)$$

式中:x 为标准溶液的浓度;y 为相应的吸光度;a,b 为回归系数,a 表示直线的截距,b 表示斜率。则

$$b = \frac{\sum_{i=1}^{n}(x_i - \overline{x})(y_i - \overline{y})}{\sum_{i=1}^{n}(x_i - \overline{x})^2} \qquad (9\text{-}11)$$

$$a = \overline{y} - b\,\overline{x} \qquad (9\text{-}12)$$

其中:

$$\overline{x} = \frac{\sum_{i=1}^{n} x_i}{n} \quad , \quad \overline{y} = \frac{\sum_{i=1}^{n} y_i}{n}$$

当 a 和 b 确定之后,一元线性回归方程及回归直线就确定了,利用该方程可以求得线性范围内试样吸光度所对应的浓度。

标准曲线线性的好坏可用回归方程的线性相关系数 r 来表示:

$$r = b \cdot \sqrt{\frac{\sum_{i=1}^{n}(x_i - \overline{x})^2}{\sum_{i=1}^{n}(y_i - \overline{y})^2}} \qquad (9\text{-}13)$$

r 越接近于 1,说明线性越好,分光光度法一般要求 $r \geqslant 0.999$。

例 2 以亚甲基蓝-二氯甲烷萃取分光光度法测定硼的结果如下:

编号	标液 1	标液 2	标液 3	标液 4	标液 5	标液 6	试样
硼的含量/($\mu g \cdot mL^{-1}$)	1.00	2.00	3.00	4.00	5.00	6.00	?
吸光度	0.135	0.275	0.395	0.546	0.671	0.792	0.428

求标准曲线的线性回归方程并计算试样中硼的含量。

解：设标液中硼的含量为 x，吸光度为 y，由于

$$n=6, \overline{x}=3.50, \overline{y}=0.469$$

按式(9-11)、式(9-12)计算回归系数 a、b 值：

$$b=\frac{\sum\limits_{i=1}^{n}(x_i-\overline{x})(y_i-\overline{y})}{\sum\limits_{i=1}^{n}(x_i-\overline{x})^2}=0.132$$

$$a=\overline{y}-b\,\overline{x}=0.007$$

回归方程为

$$y=0.007+0.132x$$

相关系数：

$$r=b\cdot\sqrt{\frac{\sum\limits_{i=1}^{n}(x_i-\overline{x})^2}{\sum\limits_{i=1}^{n}(y_i-\overline{y})^2}}=0.9995$$

$r>0.999$，实验所作标准曲线符合要求，即硼的含量与吸光度之间有较好的线性关系。

将试样的吸光度代入回归方程，求得试样中硼的含量为

$$x_{\text{试}}=\frac{0.428-0.007}{0.132}=3.19(\mu g\cdot mL^{-1})$$

小贴士

实际工作中，采用计算器或计算机可直接计算出 a、b 和 r，列出回归直线方程，省略中间计算步骤。一般 a 保留到小数点后第三位，b 保留三位有效数字，r 保留小数点后全部数字 9 和一位非 9 数字($r\leqslant 1$)。

---

(2) 比较法　在实际工作中，对于个别试样的测定，有时也采用比较法。这种方法是用一种已知准确浓度的标准溶液 c_s，在一定条件下测定其吸光度 A_s，然后在相同条件下测定试液 c_x 的吸光度 A_x，当试液和标准溶液完全符合朗伯-比尔定律时：

$$c_x=\frac{A_x}{A_s}\cdot c_s \tag{9-14}$$

使用这种方法要求 c_s 与 c_x 很接近，且都符合吸收定律。

(3) 示差光度法　分光光度法一般适用于含量为 $10^{-2}\sim 10^{-6}$ $mol\cdot L^{-1}$ 浓度范围的测定。当待测组分含量较高，其吸光度值往往超出适宜的读数范围，引起较大的测量误差，甚至无法直接测定，此时可采用示差光度法。

采用示差光度法测定常量组分时，用一个比待测试液浓度稍低的标准溶液作为参比溶液，设参比标准溶液浓度为 c_s，待测试液浓度为 c_x，且 $c_x>c_s$，根据朗伯-比尔定律得到：

$$A_x = \kappa b c_x \quad , \quad A_s = \kappa b c_s$$

两式相减得
$$A_x - A_s = \kappa b (c_x - c_s)$$

$$\Delta A = \kappa b \Delta c \qquad (9-15)$$

由式(9-15)可知,吸光度差值 ΔA(称为相对吸光度)与浓度差值 Δc 成正比关系,这是示差光度法的基本关系式。以浓度为 c_s 的标准溶液作参比溶液,测定一系列浓度已知的标准溶液的相对吸光度 ΔA,作 $\Delta A - \Delta c$ 标准曲线,由待测试液的 ΔA_x 在标准曲线上查出相应的 Δc,则

$$c_x = c_s + \Delta c \qquad (9-16)$$

由于采用浓度 c_s 的标准溶液作参比,测得的相对吸光度的数值将处于 $0.2 \sim 0.8$ 的适宜读数范围内,因而示差光度法测定高含量的组分时,其测定的相对误差仍然较小,即提高了测定的准确度。

使用示差光度法要求仪器光源强度足够大,检测器足够灵敏,以保证将标准参比溶液的 T 调到 100%。

2. 多组分的定量分析

多组分是指在待测溶液中含有两种或两种以上的吸光组分,假设溶液中同时存在两种组分 x 和 y,且它们的吸收光谱相互重叠,如图 9-13 所示,可首先在 λ_1 处测定混合物吸光度 $A_{\lambda_1}^{x+y}$ 和纯组分 x 及 y 的 $\kappa_{\lambda_1}^{x}$,$\kappa_{\lambda_1}^{y}$,然后在 λ_2 处测定混合物吸光度 $A_{\lambda_2}^{x+y}$ 和纯组分 x 及 y 的 $\kappa_{\lambda_2}^{x}$,$\kappa_{\lambda_2}^{y}$。根据吸光度的加和性原则,即在同一波长下,总的吸光度等于各组分吸光度的总和,可列出方程:

$$\begin{cases} A_{\lambda_1}^{x+y} = \kappa_{\lambda_1}^{x} b c_x + \kappa_{\lambda_1}^{y} b c_y \\ A_{\lambda_2}^{x+y} = \kappa_{\lambda_2}^{x} b c_x + \kappa_{\lambda_2}^{y} b c_y \end{cases}$$

由上述联立方程即可求得两组分的浓度 c_x, c_y。对于更复杂的体系(多组分)可用计算机处理测定的结果。

二、吸光光度法的应用示例

1. 邻二氮菲法测定微量铁

试样经溶解、分离干扰物质后,在试液中加入盐酸羟胺将铁离子全部还原为 Fe^{2+},加入邻二氮菲显色剂,并加入 HOAc-NaOAc 缓冲溶液,将 pH 控制在 5.0 左右,显色 $3 \sim 5$ min 后,以空白试剂为参比溶液,于 510 nm 波长处测定吸光度,在标准曲线上查得其含量,即可求得测定结果。

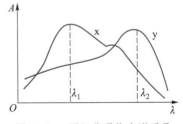

图 9-13　两组分吸收光谱重叠

2. 钢铁中锰的分析

锰是钢铁中有益元素,在炼钢中是良好的脱氧剂和脱硫剂。它以金属固熔体 MnS 状态存在。试样用 HNO_3 溶解,用 H_3PO_4 与 Fe^{3+} 配合成无色的 $Fe(HPO_4)_2^{-}$,在催化剂 $AgNO_3$ 作用下,以 $(NH_4)_2S_2O_8$ 为氧化剂,加热煮沸使 Mn^{2+} 氧化为紫红色的 MnO_4^{-},于

525 nm 波长下测定吸光度,在标准曲线上查得含量,即可计算出试样中锰的含量。

3. 二苯碳酰二肼法测定铬

Cr(Ⅵ)在环境分析中很重要,六价铬对人体是有害元素。地表水、地下水或工业废水中常要求测定其含量。方法是在弱酸性介质中,Cr(Ⅵ)与二苯碳酰二肼形成紫红色化合物,于 540 nm 波长处测定吸光度,在标准曲线上查得相应的浓度,再计算试样中铬的含量。

4. 有机物的测定

含有共轭双键的有机物一般都可用紫外分光光度法测定。紫外分光光度法定量分析方法与可见分光光度法一样,只是不需要加入显色剂。某些有机物也可以通过化学反应使它们变为有色物质,再用可见分光光度法测定。例如,氨基酸与茚三酮反应生红色物质,可用于氨基酸的定量测定;考马斯亮蓝 G250 与蛋白质反应使试剂颜色发生变化,可用于蛋白质的定量测定。

本章主要知识点

一、吸光光度法的分类和特点

1. 定义

基于物质对光的选择性吸收建立起来的分析方法称为吸光光度法。

2. 分类

一般而言吸光光度法包括比色法和可见分光光度法。

3. 特点

灵敏度高、准确度高、仪器简单、应用广泛,主要用于微量组分的定量测定。

二、基本原理

1. 物质对光的选择性吸收

(1) 物质颜色的产生

物质呈现颜色是由于对入射光产生选择性吸收的结果。只有当入射光的光子能量与物质分子内两能级之间的能量差相等时,才能被物质所吸收。不同物质分子结构不同,选择性吸收光子的波长也不同。

(2) 吸收曲线

用不同波长的单色光依次照射某一固定浓度和液层厚度的有色溶液,并测量每一波长下溶液的吸光度 A,以 A 对相应波长 λ 作图,所得曲线称为吸收曲线。吸收曲线是选择测量波长的依据。

2. 吸收定律

当一束平行单色光垂直照射并通过均匀的、非散射的吸光物质的溶液时,溶液的吸光度 A 与吸光物质浓度 c 和液层厚度 b 的乘积成正比,即

$$A = \lg \frac{I_0}{I_{tr}} = Kbc$$

其中 $\dfrac{I_{tr}}{I_0}$ 称为透射比,也称为透光率,用 T 表示。

吸光度 A 与透射比的关系为:$A=-\lg T$。

式中的 K 称为吸光系数,其大小主要取决于吸光物质的性质、入射光波长、溶液温度和溶剂性质。根据浓度使用单位的不同,吸光系数 K 分为质量吸收系数 α 和摩尔吸收系数 κ。

吸收定律也称朗伯-比尔定律,适用于浓度在 $0.01\ mol\cdot L^{-1}$ 以下的稀溶液。

三、分光光度计

1. 基本组成

分光光度计由光源、单色器、吸收池、检测器和信号显示系统五部分组成。

2. 分类和特点

(1) 单光束分光光度计

结构简单,价格低,适用于常规定量分析。缺点是不具备自动波长扫描功能,每换一次波长需要调节一次吸光度零点,测量结果受光源强度波动等因素影响较大。

(2) 双光束分光光度计

可自动扣除参比、自动扫描得到吸收光谱,能消除光源强度变化所带来的误差,工作稳定性好,但仪器价格较贵。

(3) 双波长分光光度计

可测定高浓度试样、多组分混合试样,而且还可测定混浊试样,有较高的灵敏度和准确度,尤其适用于存在背景干扰或共存组分吸收的情况,但仪器价格贵。

四、显色反应及显色条件的选择

1. 显色反应和显色剂

将待测组分转变为有色化合物的反应叫显色反应,与待测组分形成有色化合物的试剂称为显色剂。有机显色剂应用较多。

2. 显色条件

需考虑溶液酸度、显色剂用量、温度、显色时间、溶剂和溶液中共存组分的影响。合适的显色条件应通过实验来确定。

五、测量条件的选择

1. 入射光波长的选择

根据吸收曲线,通常选择最大吸收波长 λ_{max} 作为测量波长。

2. 参比溶液的选择

使用参比溶液调节仪器使 $A=0$,用于消除因吸收池对入射光的反射、吸收及溶剂、试剂、共存组分等对光吸收所带来的影响。根据试样和试剂的组成,可选择纯溶剂、试剂空白或试液作参比,选择原则是使吸光度真实反映待测组分浓度。

3. 吸光度读数范围的选择

当 A 在 0.2~0.8 范围内时,光度测量的相对误差较小。实际工作中可以通过改变待测溶液的浓度或更换不同规格的吸收池来调整吸光度,使其尽量在上述范围内。

六、定量分析方法

1. 目视比色法

用眼睛观察、比较待测物质溶液颜色的色度以测定其含量的方法,称为目视比色法,常采用标准系列法定量。

2. 分光光度法

(1) 单一组分的定量分析

① 标准曲线法:准确、简便,尤其适用于批量试样的常规分析。

用回归直线方程代替手工绘图,结果更准确。

② 比较法:用于个别试样的测定,要求 c_s 与 c_x 很接近。

③ 示差光度法:用于含量较高组分的测定。

(2) 多组分定量测定

在多个波长下分别测定吸光度,用解联立方程组方法求出各组分浓度。

思考与练习

一、思考题

1. 物质为什么会有颜色? 物质对光产生选择性吸收的本质是什么?

2. 什么是吸收曲线? 什么是标准曲线? 光度分析中为什么要绘制吸收曲线和标准曲线?

3. 当溶液浓度发生改变时,最大吸收波长是否会改变? 吸光系数是否会改变?

4. 吸收定律成立的前提条件是什么?

5. 光度测定时为什么要使用参比溶液?

6. 当吸光度在什么范围时,光度测量误差较小? 怎样调整吸光度的大小?

7. 分光光度计由哪几部分组成? 各部分的作用是什么?

二、单项选择题

1. 人眼能感觉到的光称为可见光,其波长范围是(　　)。

A. 400~780 nm

B. 400~780 μm

C. 200~600 nm

D. 200~780 nm

2. (　　)为互补色。

A. 黄与蓝　　　　B. 红与绿　　　　C. 橙与青　　　　D. 紫与青蓝

3. 硫酸铜溶液呈蓝色是由于它吸收了白光中的(　　)。

A. 红色光　　　　B. 橙色光　　　　C. 黄色光　　　　D. 蓝色光

4. 某溶液的吸光度 $A=0.500$,其透射比为(　　)。

A. 69.4%　　　B. 50.0%　　　C. 31.6%　　　D. 15.8%

5. 一束(　　)通过有色溶液时,溶液的吸光度与溶液浓度和液层厚度的乘积成正比。

A. 平行可见光　　B. 平行单色光　　C. 白光　　　　D. 紫外光

6. 摩尔吸收系数的单位为(　　)。

A. $mol \cdot cm \cdot L^{-1}$ 　　　　　　　　　　　　B. $L \cdot mol^{-1} \cdot cm^{-1}$

C. $mol \cdot L^{-1} \cdot cm^{-1}$ 　　　　　　　　　　D. $cm \cdot mol^{-1} \cdot L^{-1}$

7. 下列说法正确的是(　　)。

A. 透射比与浓度呈直线关系

B. 摩尔吸收系数随波长而改变

C. 摩尔吸收系数随待测溶液的浓度而改变

D. 光学玻璃吸收池适用于紫外光区

8. 某有色溶液在某一波长下用 2 cm 吸收池测得其吸光度为 0.750,若改用 0.5 cm 和 3 cm 吸收池,则吸光度各为(　　)。

A. 0.188/1.125　　　B. 0.108/1.105　　　C. 0.088/1.025　　　D. 0.180/1.120

9. 在吸光光度法测定中,如试样溶液有色,显色剂本身无色,溶液中除待测离子外,其他共存离子与显色剂不生色,此时应选(　　)为参比。

A. 溶剂空白　　　B. 试液空白　　　C. 试剂空白　　　D. 褪色参比

10. 如果显色剂或其他试剂在测定波长有吸收,此时的参比溶液应采用(　　)。

A. 溶剂参比　　　B. 试剂参比　　　C. 试液参比　　　D. 褪色参比

11. 在目视比色法中,常用的标准系列法是比较(　　)。

A. 入射光的强度　　　　　　　　　　B. 透过溶液后光的强度

C. 吸收光的强度　　　　　　　　　　D. 一定厚度溶液的颜色深浅

12. 722s 型分光光度计主要适用于(　　)。

A. 可见光区　　　B. 紫外光区　　　C. 红外光区　　　D. 都适用

13. 吸光光度分析中一组合格的吸收池透射比之差应该小于(　　)。

A. 1%　　　B. 2%　　　C. 0.1%　　　D. 0.5%

14. 下述操作中正确的是(　　)。

A. 比色皿外壁有水珠　　　　　　　　B. 手捏比色皿的透光面

C. 手捏比色皿的毛面　　　　　　　　D. 用报纸去擦比色皿外壁的水

15. 当未知样中含 Fe 量约为 $10\ \mu g \cdot L^{-1}$ 时,采用直接比较法定量时,标准溶液的质量浓度应为(　　)。

A. $20\ \mu g \cdot L^{-1}$　　　B. $15\ \mu g \cdot L^{-1}$　　　C. $11\ \mu g \cdot L^{-1}$　　　D. $5\ \mu g \cdot L^{-1}$

16. 在示差分光光度法中,需要配制一个标准溶液作参比用来(　　)。

A. 扣除空白吸光度　　　　　　　　　B. 校正仪器的漂移

C. 扩展标尺　　　　　　　　　　　　D. 扣除背景吸收

17. 用邻二氮菲法测定锅炉水中的铁,pH 需控制在 4~6,通常选择(　　)缓冲溶液较合适。

A. 邻苯二甲酸氢钾　　　　　　　　　B. $NH_3 - NH_4Cl$

C. $NaHCO_3 - Na_2CO_3$　　　　　　　D. $HOAc - NaOAc$

三、多项选择题

1. 影响摩尔吸收系数的因素是(　　)。

A. 比色皿厚度　　　B. 入射光波长　　　C. 有色物质的浓度　　　D. 溶液温度

2. 若摩尔吸收系数很大,则表明(　　)。

A. 该物质的浓度很大　　　　　　　　B. 光通过该物质溶液的光程长

C. 该物质对某波长的光吸收能力很强　　D. 测定该物质的方法的灵敏度高

3. 控制适当的吸光度范围的途径可以是(　　)。

A. 调整称样量　　　B. 控制溶液的浓度　　　C. 改变光源　　　D. 改变定容体积

4. ( )的作用是将光源发出的连续光谱分解为单色光。

A. 石英窗　　　　　B. 棱镜　　　　　　C. 光栅　　　　　　D. 吸收池

5. 下列属于紫外–可见分光光度计组成部分的有( )。

A. 光源　　　　　　B. 单色器　　　　　C. 吸收池　　　　　D. 检测器

6. 在吸光度法的测定中,测量条件的选择包括( )。

A. 选择合适的显色剂　　　　　　　　　　B. 选择合适的测量波长

C. 选择合适的参比溶液　　　　　　　　　D. 选择吸光度的读数范围

四、计算题

1. 用双硫腙光度法测定 Pb^{2+} 时,Pb^{2+} 的浓度为 0.08 mg/50 mL,用2 cm比色皿于 520 nm 下测得 $T=53\%$,求摩尔吸收系数。

2. 某试液用 2 cm 的比色皿测得 $T=60.0\%$,若改用 1 cm 比色皿,则 T 及 A 各等于多少?

3. 称取 0.499 4 g $CuSO_4 \cdot 5H_2O$,溶于 1 L 水中,取此标准铜溶液 1 mL,2 mL,3 mL,4 mL,…,10 mL,放入 10 支目视比色管中,加水稀释到 25 mL,制成一组标准色阶。称取含铜试样 0.418 g,溶于 250 mL水中,吸取 5 mL 试液,放入相同的比色管中,加水稀释到 25 mL,其颜色深度与第四支比色管的标准溶液相当,求试样中铜的质量分数。

4. 用吸光光度法测定某试样中磷的含量,测定结果如下:

编号	标液 1	标液 2	标液 3	标液 4	标液 5	试样
磷的含量/($\mu g \cdot mL^{-1}$)	2.00	4.00	6.00	8.00	10.0	?
吸光度	0.172	0.320	0.491	0.622	0.820	0.450

用线性回归方程表示磷含量与吸光度的关系,并计算试样中磷的含量。

5. 利用生成丁二酮肟镍比色测定镍。标准镍溶液质量浓度为 10 $\mu g \cdot mL^{-1}$。为了绘制工作曲线,吸取标准溶液及有关试剂后,于 100 mL 容量瓶中稀释至刻度,测得下列数据:

标准镍溶液体积/mL	0.0	2.0	4.0	6.0	8.0	10.0
吸光度 A	0.000	0.120	0.234	0.350	0.460	0.590

测定含镍矿渣中镍的含量时,称取试样 0.626 1 g,分解后移入 100 mL 容量瓶,吸取 2.0 mL 试液置于 100 mL 容量瓶中,在与工作曲线相同条件下显色,测得溶液的吸光度 $A=0.300$,求矿渣中镍的质量分数。

6. 称取 0.500 g 钢样,溶于酸后,使其中的锰氧化成高锰酸根,在容量瓶中将溶液稀释至 100 mL。稀释后的溶液用 2 cm 厚度的比色皿,在波长 520 nm 处测得吸光度为 0.620,高锰酸根离子在波长 520 nm处的摩尔吸收系数为 2 235 $L \cdot mol^{-1} \cdot cm^{-1}$,计算钢样中锰的质量分数。

第十章　原子吸收分光光度法

学习目标

知识目标

- 了解原子吸收分光光度法的特点。
- 理解原子光谱产生的原理,掌握原子吸收与元素浓度的定量关系。
- 理解原子吸收分光光度计的工作原理。
- 理解原子吸收测定条件的选择。
- 掌握原子吸收定量分析方法。

能力目标

- 能正确使用原子吸收分光光度计。
- 能正确选择测定条件。
- 能用原子吸收法对试样中待测元素进行定量分析。

知识结构框图

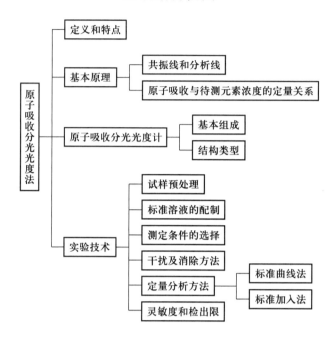

第一节　概　述

根据原子外层电子跃迁产生的光谱进行分析的方法称为**原子光谱法**,包括原子吸收分光光度法、原子发射光谱法、原子荧光光谱法。本章主要学习原子吸收分光光度法。

原子吸收分光光度法又称**原子吸收光谱法**,它是基于气态基态原子对特征谱线的吸收进行元素定量的分析方法。

原子吸收分光光度法和吸光光度法一样,也遵循光的吸收定律——朗伯-比尔定律。但它们的吸收物质的状态不同,吸光光度法是基于溶液分子、离子对光的吸收,属于带宽为几个纳米到几十个纳米的宽带分子吸收光谱,因此,可以用连续光源(如钨灯、氢灯)。而原子吸收光谱法是基于基态原子对光的吸收,属于带宽仅有 10^{-3} nm 数量级的窄带原子吸收光谱,因而它所使用的光源必须是锐线光源(如空心阴极灯),测量时必须将试样中的待测元素转化为基态原子,这就是两种方法的根本区别。由于这种区别,它们的仪器、分析方法和特点有许多不同。由图10-1可以大致看出两种方法在设备及分析流程方面的异同。

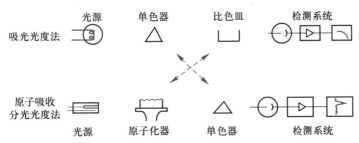

图10-1　吸光光度法与原子吸收分光光度法设备比较

原子吸收分光光度法具有如下特点:

(1) 选择性高、干扰少　分析不同元素需选择不同元素的灯,谱线重叠概率小,一般试样经处理后不需要分离共存元素就可以直接进行测定。

(2) 灵敏度高　用火焰原子化法可测到 10^{-9} g·mL^{-1} 数量级,用无火焰原子化法可测到 10^{-13} g·mL^{-1} 数量级。

(3) 测定的范围广　可以直接测定 70 多种元素,既可做痕量组分分析,又可进行常量组分测定。

(4) 操作简便,分析速度快　已在冶金、地质、采矿、石油、轻工、农药、医药、食品及环境监测等多个领域得到广泛应用。

原子吸收分光光度法也有一些不足之处。例如:测定不同元素必须使用不同元素灯,不甚方便;多元素同时测定尚有困难;对于大多数非金属元素还不能直接测定。

第二节　原子吸收分光光度法基本原理

一、共振线和分析线

所有元素的原子都是由原子核和围绕原子核运动的电子组成的。这些电子按其能量高低分层排布,具有不同的能级状态,因此一个原子可具有多种能级状态。在正常情况下,原子处于最低能态,这个能态最稳定,称为**基态**。处于基态的原子称为**基态原子**。当基态原子受到外界能量(如热能、光能)作用时,外层电子会吸收一定的能量跃迁到不同的高能态,称为**激发态**,其中能量最低的激发态称为**第一激发态**。当电子吸收一定频率的辐射光从基态跃迁到第一激发态时所产生的谱线称为**共振吸收线**,简称共振线。当电子从第一激发态跃回基态时,则会发射出相同频率的光辐射,其对应的谱线称为**共振发射线**,也简称为**共振线**。如图10-2所示。

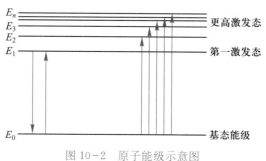

图 10-2 原子能级示意图

不同元素的原子结构不同,能级状态也不同。只有当外界提供的辐射能量等于激发态和基态之间的能量差时,即

$$\Delta E = E_j - E_0 = h\nu = h\,\frac{c}{\lambda} \tag{10-1}$$

该辐射才能被基态原子所吸收,产生相应的吸收线。式中 E_j 和 E_0 分别为激发态和基态的能量。

不同元素的吸收线或发射线频率(或波长)各不相同,因此具有特征性。由于原子从基态到第一激发态的跃迁最容易发生,因此对于大多数元素来说,共振线也是元素的最灵敏线。原子吸收分光光度法就是利用基态原子对从光源辐射的共振发射线的吸收来进行定量分析的,此时元素的共振线又称为**分析线**。

二、基态与激发态原子的分配

在原子吸收分光光度法中,一般需要利用热能使试样蒸发、解离产生待测元素的原子蒸气,其中绝大部分是基态原子,也有少量激发态原子。在一定温度下,两种状态的原子数目的比值可用**玻耳兹曼方程**表示,即

$$\frac{N_j}{N_0} = \frac{g_j}{g_0} e^{-\frac{E_j - E_0}{kT}} \tag{10-2}$$

式中:N_j,N_0 分别为激发态和基态的原子数;E_j,E_0 分别为激发态和基态原子的能量;T 为热力学温度;k 为玻耳兹曼常数;g_j,g_0 分别为激发态和基态的统计权重。

对共振线来说,电子是从基态($E_0 = 0$)跃迁到第一激发态的,式(10-2)可以写成

$$\frac{N_j}{N_0} = \frac{g_j}{g_0} e^{-\frac{E_j}{kT}} \tag{10-3}$$

对一定波长的谱线，g_j/g_0 和 E_j 都是已知值，只要火焰温度 T 确定，就可求得 N_j/N_0 值。表10-1列出了几种元素共振线的 N_j/N_0 值。

表 10-1　几种元素共振线的 N_j/N_0 值

共振线的波长/nm	$\dfrac{g_j}{g_0}$	N_j/N_0			
		$T=2\,000$ K	$T=3\,000$ K	$T=4\,000$ K	$T=5\,000$ K
Cs　852.1	2	4.44×10^{-4}	7.24×10^{-3}	2.98×10^{-2}	6.82×10^{-2}
Na　589.0	2	9.86×10^{-6}	5.88×10^{-4}	4.44×10^{-3}	1.51×10^{-2}
Ca　422.7	3	1.21×10^{-7}	3.69×10^{-5}	6.03×10^{-4}	3.33×10^{-3}
Zn　213.9	3	7.29×10^{-15}	5.58×10^{-10}	1.43×10^{-7}	4.32×10^{-6}

从表10-1可以看出，第一激发态的原子数与基态原子数的比值很小，只在高温下和共振线波长较长时变得稍大。由于大多数元素的共振线波长都小于 600 nm，且通常原子蒸气的温度都在3 000 K 以下，所以 N_j/N_0 值都很小（$<10^{-3}$），N_j 可以忽略。因此可用基态原子数 N_0 代表吸收辐射的原子总数。

三、原子吸收分光光度法的定量基础

原子对光的吸收也具有选择性，图10-3为透射光强度 I_ν 随入射光频率 ν 的变化情况。由图可知，在频率 ν_0 处，透射光最少，即吸收最大，称原子蒸气在频率 ν_0 处有吸收线。原子吸收线具有一定的频率（或波长）范围，这在光谱学中称为**吸收线（或谱线）轮廓**，常用吸收系数 K_ν 随频率 ν 的变化曲线来描述，如图10-4所示。

动画

吸收线轮廓
与表征

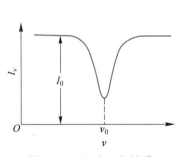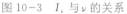

图10-3　I_ν 与 ν 的关系

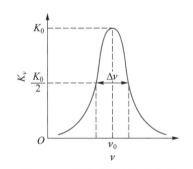

图10-4　吸收线轮廓与半宽度

由图10-4可见，当频率为 ν_0 时吸收系数有极大值，称为**最大吸收系数**或**峰值吸收系数**，以 K_0 表示。最大吸收系数所对应的频率 ν_0 称为**中心频率**。

最大吸收系数一半处 $\left(\dfrac{K_0}{2}\right)$ 的频率范围 $\Delta\nu$ 称为**吸收线的半宽度**，折合成波长约为 0.005 nm。

图10-4中吸收线下面所包围的整个面积，是原子蒸气所吸收的全部能量，称为**积分吸收**。但目前的仪器还不能准确地测出半宽度如此小的吸收线的积分吸收值，需采用锐线光源，以测量谱线峰值吸收来代替。

为了测量峰值吸收,必须使光源发射线的中心频率与吸收线的中心频率一致,而且发射线的半宽度($\Delta\nu_e$)必须比吸收线的半宽度($\Delta\nu_a$)小得多,如图10-5所示。在实际工作中,用一个由待测元素的金属或合金制成的空心阴极灯作光源,这样既可获得很窄的发射线,又可使发射线与吸收线的中心频率一致。

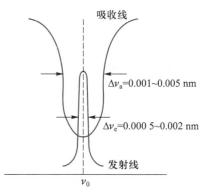

图10-5　峰值吸收测量示意图

在使用锐线光源的情况下,原子蒸气对入射光的吸收程度和吸光光度法一样,符合朗伯-比尔定律。设入射光的强度为I_0,所透过原子蒸气的厚度为b,被原子蒸气吸收后透射光的强度为I,则吸光度A与待测元素吸收辐射的原子总数成正比,即

$$A = \lg \frac{I_0}{I} = kN_0 b \tag{10-4}$$

在确定的实验条件下,$N_0 \propto c$(c为试样中待测元素的浓度),因此

$$A = K \cdot c \tag{10-5}$$

式中:K在一定实验条件下是常数。式(10-5)即为原子吸收分光光度法进行定量分析的基本公式。

实际工作中,谱线变宽现象会影响测定的准确度。

相关知识　　　　什么是谱线变宽?

原子吸收定量关系式的成立与发射线和吸收线的宽度有很大的关系,因此影响谱线变宽的因素是我们应该关注的问题。

影响谱线变宽的主要因素如下。

1. 温度(多普勒变宽)

这是由于原子在空间做无规则的热运动导致的,又称为热变宽或多普勒变宽。

一个运动着的原子发出的光,如果运动方向离开观测者,则在观测者看来,其频率较静止原子所发出的光频率低;反之,如果向着观测者运动,则其频率较静止原子所发出的光频率高,这就是多普勒变宽。待测元素的相对原子质量越小,温度越高,多普勒变宽越大。一般元素的多普勒变宽在10^{-3} nm 数量级。

2. 压力(劳伦兹变宽)

由于原子与蒸气中其他原子或分子相互碰撞引起能级微小变化,使发射或吸收频率改变而导致谱线变宽。压力越大,压力变宽越严重。压力变宽使谱线变宽、漂移(即中心频率位移)。在原子吸收的测量条件下,一般元素的压力变宽在10^{-3} nm 数量级。

第三节　原子吸收分光光度计

一、原子吸收分光光度计的主要部件

原子吸收分光光度计主要由光源、原子化系统、分光系统和检测系统四个部分组成,如图 10-6 所示。

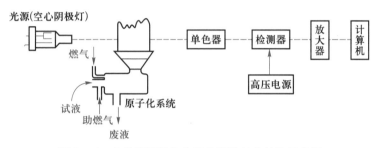

图 10-6　火焰原子吸收分光光度计基本结构示意图

由锐线光源发出的待测元素的特征谱线被原子化器中待测元素的基态原子吸收后,进入分光系统,经单色器分光后照在检测器上,由检测器转化为电信号,最后经放大在读数系统读出。

(一) 光源——空心阴极灯

光源的作用是发射待测元素的特征光谱,以供测量之用。

1. 对光源的要求

为了获得较高的灵敏度和准确度,所使用的光源必须满足如下要求:

(1) 发射待测元素的特征谱线;

(2) 发射的特征谱线为锐线;

(3) 特征谱线必具有足够的强度,稳定且背景小。

空心阴极灯、蒸气放电灯及高频无极放电灯均符合上述要求。最通用的是空心阴极灯。

2. 空心阴极灯

普通空心阴极灯是一种气体放电管,它包括一个阳极和一个空心圆筒形阴极。两电极密封于带有石英窗的玻璃管中,管中充有低压惰性气体。结构如图 10-7 所示。

当在正、负电极间施加适当电压时,阴极会产生辉光放电,电子从空心阴极射向阳极,在电子通路上与惰性气体原子碰撞而使之电离。在电场作用下,带正电荷的惰性气体离子向阴极内壁猛烈轰击,使阴极表面的金属原子溅射出来。溅射出来的金属原子再与电子、惰性气体原子及离子发生碰撞而被激发,于是阴极内的辉光中便出现了阴极材料和内充惰

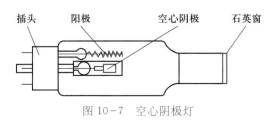

图 10-7　空心阴极灯

性气体的光谱。

空心阴极灯发射的主要是阴极元素的特征光谱,因此用不同的元素作阴极材料,可制作相应待测元素的空心阴极灯。空心阴极灯的光强度与灯的工作电流有关,增大灯的工作电流,可以增加光强度。空心阴极灯的优点是只有一个操作参数(即电流),发射的谱线强度大且稳定,谱线宽度窄;缺点是使用不太方便,每测定一个元素均需更换相应的空心阴极灯。

(二) 原子化系统

原子化系统的作用是将试样中的待测元素转变成气态的基态原子。待测元素由试样中的化合物解离为基态原子的过程,称为**原子化**。元素的原子化过程可以示意如下:

$$
\begin{array}{c}
\text{M}^*(\text{激发态原子}) \\
\Big\Updownarrow \text{激发} \\
\text{MX(试样)} \underset{\text{脱溶剂}}{\rightleftharpoons} \text{MX(气态)} \rightleftharpoons \text{M(基态原子)} + \text{X(气态)} \\
\Big\Updownarrow \text{电离} \\
\text{M}^+(\text{离子}) + e^-
\end{array}
$$

实现原子化的方法分为两类:火焰原子化法和无火焰原子化法。前者具有简单、快速,对大多数元素有较高的灵敏度和较低的检出限等优点,所以至今仍使用广泛。但是近年来无火焰原子化技术有了很大改进,它比火焰原子化技术具有更高的原子化效率、灵敏度和更低的检出限,因而发展很快。

1. 火焰原子化装置

火焰原子化装置包括雾化器和燃烧器两部分。

(1) 雾化器　其作用是将试液雾化,并除去较大的雾滴,使试液的雾滴均匀化。对雾化器的要求是喷雾稳定和雾化效率高。目前普遍采用的是同心型雾化器(见图 10-8)。在雾化器的喷嘴处,由于助燃气和燃气高速通过,形成负压区,从而将试液沿毛细管吸入,并被高压气流分散成雾滴,喷出的雾滴撞击到撞击球上,进一步分散为更细小的雾滴。

(2) 燃烧器　图 10-9 为预混合型燃烧器。试液雾化后在预混合室(也叫雾化室)与燃气(如乙炔、丙烷等)充分混合。其中较大的雾滴凝结在壁上,经预混合室下方废液管排出,而细小的雾滴则进入火焰中。预混合型燃烧器的主要优点是产生的原子蒸气多,火焰稳定,背景较小而且比较安全,所以目前应用最多,缺点是雾化效率低。

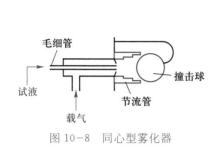

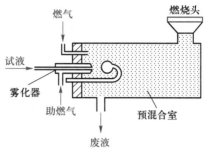

动画

雾化室结构
与雾化过程

图 10-8　同心型雾化器　　　　图 10-9　预混合型燃烧器示意图

（3）火焰　火焰的作用是提供一定的能量,促使试液雾滴蒸发、干燥并经过热解离或还原作用,产生大量基态原子。因此,要求火焰的温度能使待测元素解离成基态原子即可,如果温度过高,激发态原子将增加,基态原子减少,不利于原子吸收测量。各种火焰的燃烧速率和温度列于表 10-2。

209

表 10-2　各种火焰的燃烧速率和温度

气体混合物	燃烧速率/(cm·s^{-1})	温 度/K
空气-丙烷	82	2 198
空气-氢气	320	2 318
空气-乙炔	160	2 573
氧气-氢气	900	2 973
氧气-乙炔	1 130	3 333
氧化亚氮-乙炔	180	3 248

原子吸收分析中最常用的火焰有空气-乙炔火焰和氧化亚氮-乙炔火焰两种。前者最高使用温度约 2 600 K,是用途最广的一种火焰,能用于测定 35 种以上的元素;后者温度高达 3 300 K 左右,这种火焰不但温度高,而且形成强还原性气氛,能用于测定 70 种以上的元素,尤其是能测定空气-乙炔火焰所不能分析的难解离元素,如铝、硅、硼、钨等,并且可以消除在其他火焰中可能存在的化学干扰现象。

对于同一种类型的火焰,随着燃气和助燃气的流量不同,火焰的燃烧状态也不同,在实际测定中经常要通过控制不同的燃助比来选择火焰的燃烧状态。下面以应用最多的空气-乙炔火焰为例,介绍火焰的三种燃烧状态。

① 贫燃火焰　这种火焰使用的燃气量较少,助燃气量较多,火焰燃烧显得"贫弱",燃烧不稳定,但是燃烧完全,火焰温度较低,氧化性较强,火焰原子化区域窄。这种火焰适用于碱金属元素的测定。

② 化学计量火焰　这种火焰也称为中性火焰。火焰的燃气量与助燃气量基本上符合燃烧反应的化学计量比,这是日常分析中最常用的一种火焰状态。此种火焰燃烧时层次清晰,稳定,干扰少,背景低,火焰温度较高,适用于多种元素的测定。

第三节　原子吸收分光光度计

③ 富燃火焰　这种火焰的燃助比大于化学计量比。由于燃气过量,所以燃烧不完全,火焰中含有大量 CN,CH,C 等成分,具有较强的还原作用,适用于测定较易形成难熔氧化物的元素,如钼、铬和稀土元素等。

火焰原子化法的优点是:操作简便,重现性好,有效光程大,对大多数元素有较高灵敏度,应用广泛。缺点是:原子化效率低,灵敏度不够高,而且一般不能直接分析固体试样。

2. 无火焰原子化装置

无火焰原子化装置主要包括石墨炉原子化器、氢化物原子化器、冷原子化器等,应用较多的是石墨炉原子化器。

石墨炉原子化器如图 10-10 所示。在石墨管上有三个小孔,直径 1~2 mm,试样溶液加入量为 1~100 μL,从中央小孔注入。为了防止试样及石墨氧化,要在不断地通入惰性气体(如氩气)的情况下进行测定。气体从三个小孔进入石墨管,再从两端排出。用 10~15 V,400~600 A 的电流通过石墨管进行加热。测定过程分干燥、灰化、原子化和净化四个阶段,如图 10-11 所示。干燥的目的是蒸发除去试样中的溶剂;灰化的作用是在不损失待测元素的前提下,进一步除去有机物或低沸点无机物,以减少基体组分对待测元素的干扰;原子化就是使待测元素转变为基态原子;高温除残或净化是进一步提高温度,以除去石墨管中残留物质,消除记忆效应,便于下一个试样的测定。

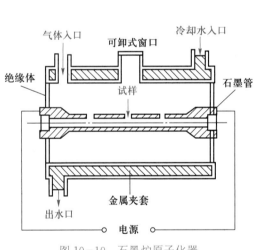

图 10-10　石墨炉原子化器

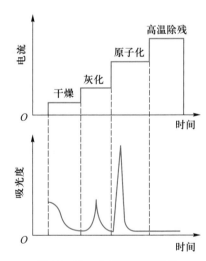

图 10-11　电热高温石墨管
原子化的四个阶段

石墨炉原子化法的优点是:采用直接进样和程序升温方式,原子化效率高,在可调的高温下试样利用率达 100%,灵敏度高,试样用量少,适用于难熔元素的测定。缺点是:试样组成不均匀性的影响较大,测定精密度较低,共存化合物的干扰比火焰原子化法大,背景干扰比较严重,需要校正背景。

(三) 分光系统

原子吸收分光光度计中分光系统的作用和组成元件,与吸光光度法中的分光系统基本相同。不过在紫外-可见分光光度计中,分光系统位于光源辐射被吸收之前,而原子吸收分光光度计的分光系统却在光源辐射被吸收之后,参阅图10-1。分光系统主要由色散元件、凹面镜和狭缝所组成,这样的系统简称为**单色器**,它的作用是将待测元素的共振线与邻近谱线分开。单色器的色散元件目前多用衍射光栅。分光系统如图 10-12 所示。从光源辐射的光经入射狭缝 S_1 射入,被凹面镜 M 反射准直成平行光束射到光栅 G 上,经光栅衍射分光后,再被凹面镜 M 反射聚焦在出射狭缝 S_2 处,经出射狭缝得到平行的光束。通过转动光栅,可以使各种波长的光按顺序从出射狭缝射出。

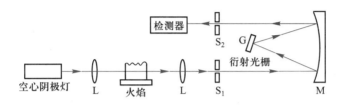

M—反射镜;L—透镜;S—狭缝

图 10-12　分光系统示意图

(四) 检测系统

检测系统主要由检测器、放大器和计算机组成。

原子吸收分光光度计采用光电倍增管作检测器,其作用是将单色器分出的光信号转换为电信号,经放大器放大后显示在计算机上。

现代原子吸收分光光度计多采用计算机光谱工作站,具有自动调零、自动校准、积分读数、曲线校正等功能,应用软件绘制校准曲线、处理实验数据。操作者只需设定测量参数、输入校正标准和试样信息即可自动进行结果计算。若配以自动进样装置,整个测定程序便会自动进行,大大简化人工操作,提高工作效率。

二、原子吸收分光光度计的类型

原子吸收分光光度计按照光束形式分为单光束、双光束两类,按波道数目分为单波道、双波道和多波道三类。目前应用较多的是单波道单光束和单波道双光束原子吸收分光光度计,如图 10-13 所示。

单波道单光束仪器结构简单,操作方便,价格低,能满足一般原子吸收分析的需要,缺点是不能消除由于光源发射光不稳定引起的基线漂移,且噪声较大。使用时需预热光源,并在测量时经常校正零点。

目前生产的仪器多为单波道双光束。与单光束仪器相比,双光束仪器的光路将光源发出的光切成两束后交替通过原子蒸气和空气,再交替通过检测器,以两者的强度之比作为透射比,这样可以自动校正光源强度变化对测定的影响。空心阴极灯不需预热便可进行测定。缺点是参比光束不通过火焰,因此不能消除火焰背景的影响。

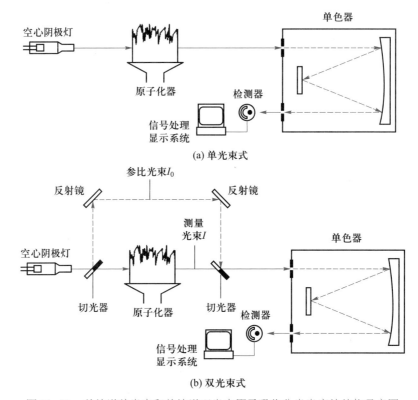

图 10-13　单波道单光束和单波道双光束原子吸收分光光度计结构示意图

第四节　原子吸收分析的实验技术

一、试样预处理

在火焰原子化中,需要将试样转化成溶液,特别是水溶液。但是,很多待测试样,如动物的组织、植物、石油产品和矿物等不能直接溶于一般溶剂中,常常需要预处理,使试样变成溶液形式。常用的方法有:用热的无机酸、液体氧化剂,如硫酸、硝酸或高氯酸等溶解;在氧瓶或其他封闭的容器中燃烧灰化;用氧化硼、碳酸钠或过氧化钠等试剂高温熔融。

石墨炉原子化法可以直接进样,避免了溶解或分解这一步。对液体试样,如血液、石油产品及有机溶剂等可以直接在石墨管中灰化及原子化;对固体试样,如植物的叶、动物组织和某些无机物,也可以称量后直接放入石墨管中。

二、标准溶液的配制

标准溶液的组成要尽可能接近试样的组成。配制标准溶液通常使用各元素合适的盐类来配制,当没有合适的盐类可供使用时,也可直接溶解相应的高纯(99.99%)金属丝、棒、片于合适的溶剂中,然后稀释成所需浓度的标准溶液,但不能使用海绵状金属或金属粉末来配制。金属在溶解之前，要磨光后再用稀酸清洗，以除去表面氧化层。

所需标准溶液的质量浓度低于 $0.1\ mg\cdot mL^{-1}$ 时，应先配成比使用的浓度高 1～3 个数量级的浓溶液（$\geqslant 1\ mg\cdot mL^{-1}$）作为储备液，然后经稀释配成。储备液配制时一般要维持一定酸度（可以用 1% 的稀硝酸或盐酸），以免被器皿表面吸附。配好的储备液应储于聚四氟乙烯、聚乙烯或硬质玻璃容器中。质量浓度很小（$<1\ \mu g\cdot mL^{-1}$）的标准溶液不稳定，使用时间不应超过 2 天。

三、测定条件的选择

原子吸收测定条件的选择对能否得到准确的结果非常重要，应该在选定的最佳测定条件下进行定量分析。

1. 分析线的选择

每种元素都有若干条特征谱线，常选择最灵敏的共振线作为分析线。当存在光谱干扰、待测元素浓度过高或最灵敏线位于远紫外或红外区时，也可选用次灵敏线或其他谱线进行测定。

2. 灯电流的选择

灯电流过小时放电不稳定，过大时谱线变宽，均影响测量，应通过实验选择灵敏度高、光强适当、稳定性好的最小电流作为工作电流。

3. 原子化条件的选择

（1）火焰原子化条件　在火焰原子化法中，火焰类型和特性是影响原子化效率的主要因素。对多数较易解离的元素，宜采用空气-乙炔火焰；对难以解离的元素，宜采用氧化亚氮-乙炔高温火焰；对分析线位于短波区（200 nm 以下）的元素，采用空气-氢火焰是合适的。对于确定类型的火焰，燃助比不同，火焰的温度、氧化还原气氛等特性也不同。为了获得所需特性的火焰，需要调节燃气与助燃气的比例。另外，由于不同元素基态原子浓度在火焰中随火焰高度不同而各不相同，在测定时必须仔细调节燃烧器的高度，使测量光束从基态原子浓度最大的火焰区通过，以获得最佳的灵敏度。

（2）石墨炉原子化条件　在石墨炉原子化法中，合理选择干燥、灰化、原子化及高温除残的温度与时间是十分重要的。干燥应在稍低于溶剂沸点的温度下进行，以防止试样飞溅。灰化的目的是除去试样中易挥发的基体物和有机物，在保证待测元素没有损失的前提下，应尽可能使用较高的灰化温度。原子化温度的选择原则是选用达到最大吸收信号的最低温度作为原子化温度。原子化时间的选择，应以保证完全原子化为准。在原子化阶段停止通入保护气，以延长原子在石墨炉内的平均停留时间。高温除残的目的是消除试样残留产生的记忆效应，除残温度应高于原子化温度。

4. 光谱通带的选择

在原子吸收分光光度计中，分光系统的入射狭缝和出射狭缝是联动的，即它们的开启宽度相同。狭缝开启的宽度决定了从出射狭缝射出光的波长范围，该范围称为**光谱通带**，因此选择光谱通带就是选择狭缝的宽度。狭缝宽度的选择主要考虑分析线附近有无干扰谱线。如有干扰谱线，应减小狭缝宽度，使干扰谱线不能从狭缝射出；如果没有干扰谱线，可适当放宽狭缝，使光强度增大，便于检测。

5. 进样量的选择

进样量过小,吸收信号弱,不便于测量;进样量过大,在火焰原子化法中,对火焰产生冷却效应,在石墨炉原子化法中,会增加除残的困难。在实际工作中,应测定吸光度随进样量的变化,达到最适宜的吸光度的进样量,即为应选择的进样量。

四、干扰及消除方法

尽管原子吸收分光光度法由于使用锐线光源,光谱干扰较小,但在某些情况下干扰的问题还是不容忽视的,原子吸收分光光度法中干扰及其消除、抑制的方法主要有以下几种。

1. 物理干扰及消除

物理干扰是指试样在转移、蒸发和原子化过程中,由于试样任何物理特性(如黏度、表面张力、密度等)的变化而引起的原子吸收强度下降的效应。物理干扰是非选择性干扰,对试样各元素的影响基本是相似的。

配制与待测试样组成相似的标准试样,是消除物理干扰最常用的方法。在不知道试样组成或无法匹配标准试样时,可采用标准加入法或稀释法来减小或消除物理干扰。

2. 化学干扰及其抑制

化学干扰是由于在试样处理及原子化过程中,待测元素与试样中共存组分或火焰成分发生化学反应而引起的。例如,在盐酸介质中测定 Ca,Mg 时,若存在 PO_4^{3-} 则会对测定产生干扰,这是由于 PO_4^{3-} 在高温时与 Ca,Mg 生成难解离的磷酸盐或焦磷酸盐,使 Ca,Mg 的基态原子数减少而造成的。化学干扰是原子吸收分析中的主要干扰来源。它是一种选择性干扰,消除方法如下:

① 使用高温火焰,使在较低温度火焰中稳定的化合物在较高温度下解离。如在空气–乙炔火焰中 PO_4^{3-} 对 Ca 的测定有干扰,Al 对 Mg 的测定有干扰,如使用氧化亚氮–乙炔火焰,则可以提高火焰温度,这样干扰就被消除了。

② 加入释放剂,使其与干扰元素形成更稳定、更难解离的化合物,而将待测元素从原来难解离化合物中释放出来。例如,上述 PO_4^{3-} 干扰 Ca 的测定,当加入 $LaCl_3$ 后,由于 PO_4^{3-} 与 La^{3+} 生成更稳定的 $LaPO_4$,而将钙从 $Ca_3(PO_4)_2$ 中释放出来。

③ 加入保护剂,使其与待测元素反应生成稳定配合物,因而保护了待测元素,避免了干扰。例如,加入 EDTA 可以消除 PO_4^{3-} 对 Ca 测定的干扰,这是由于 Ca^{2+} 与 EDTA 配位后不再与 PO_4^{3-} 反应的结果。

④ 在石墨管原子化过程中加入基体改进剂,使其与基体形成易挥发的化合物,在原子化前除去。例如,测定海水中 Cu,Fe,Mn 时,NaCl 基体会产生干扰,此时加入 NH_4NO_3,使 NaCl 转变成易挥发 NH_4Cl 和 $NaNO_3$,在原子化前低于 500 ℃ 的灰化阶段即可除去。

如果以上方法都不能有效消除化学干扰,则可采用离子交换、沉淀分离、有机溶剂萃取等方法,将干扰组分与待测元素分离开来,然后再进行测定。分离方法中,以有机溶剂萃取方法用得最多。

3. 光谱干扰及其抑制

光谱干扰是指与光谱发射和吸收有关的干扰,主要来自光源和原子化器,包括谱线干扰和背景干扰。

(1) 谱线干扰　当光源产生的共振线附近存在有非待测元素的谱线或试样中待测元素共振线与另一元素吸收线十分接近时,均会产生谱线干扰。可用减小狭缝或另选分析线的方法来抑制这种干扰。

(2) 背景干扰　包括分子吸收和光散射引起的干扰。分子吸收是指在原子化过程中生成的气态分子、氧化物和盐类分子等对光源共振辐射产生吸收。光散射则是在原子化过程中产生的固体粒子对光产生散射。在现代原子吸收分光光度计中多采用氘灯扣除背景和塞曼效应扣除背景的方法来消除这种干扰。

4. 电离干扰

在高温条件下,原子电离成离子,使基态原子的数目减少,引起原子吸收信号降低,这种干扰称为**电离干扰**。电离干扰主要发生在电离电位较低的碱金属和碱土金属中。消除电离干扰的有效方法是在试液中加入比待测元素电离电位更低的碱金属元素,称为消电离剂,以抑制待测元素的电离。例如,测定 Ba 时,加入适量钾盐可消除 Ba 的电离干扰。

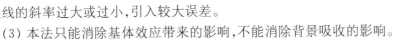

五、定量分析方法

1. 标准曲线法

配制一组浓度合适的标准溶液,在最佳测定条件下由低浓度到高浓度依次测定其吸光度 A。以 A 为纵坐标,待测元素的浓度 c 为横坐标,绘制 $A-c$ 标准曲线。在相同的实验条件下,测定试样溶液的吸光度,由 $A-c$ 标准曲线以内插法求出试样中待测元素的含量。

标准曲线法简便、快速,适用于组成比较简单的批量试样的分析。

2. 标准加入法

若试样的基体组成复杂,且对测定有明显的干扰时,可用标准加入法测定。

取若干份(如四份)等体积的试液,从第二份开始分别按比例加入不同量的待测元素的标准溶液,然后用溶剂稀释至相同的体积,则各份试液中待测元素的浓度分别为 $c_x, c_x + c_0, c_x + 2c_0, c_x + 4c_0$,分别测定其吸光度为 A_0, A_1, A_2 及 A_3,以 A 对加入的标准溶液浓度 c 作图,得到如图 10-14 所示的直线,延长该直线至与横坐标交于一点,该点即为所测试液中待测元素的浓度 c_x。

使用标准加入法时应注意以下几点:

(1) 待测元素的浓度与其对应的吸光度应呈线性关系。

(2) 为了得到较为准确的外推结果,最少应采用四个点(包括试样溶液本身)来作外推直线,并且第一份加入的标准溶液与试样溶液的浓度之比要适当,即要求第一份加入量产生的吸光度约为试样原吸光度的一半,以免直线的斜率过大或过小,引入较大误差。

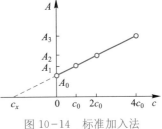

图 10-14　标准加入法

(3) 本法只能消除基体效应带来的影响,不能消除背景吸收的影响。

六、原子吸收分析的灵敏度和检出限

1. 灵敏度

国际纯粹与应用化学联合会(IUPAC)规定:某种分析方法在一定条件下的灵敏度是表示待测物质浓度或含量改变一个单位时所引起的测量信号的变化程度。在原子吸收分光光度法中人们更习惯用特征浓度表示灵敏度。特征浓度是指产生1％吸收(透射比 $T = 99\%$,吸光度 $A = 0.004\ 4$)时所对应的待测元素的质量浓度。在火焰原子吸收分光光度法中,特征浓度 ρ_c 单位用 $\mu g \cdot (mL \cdot 1\%)^{-1}$ 表示。计算式为

$$\rho_c = \frac{0.004\ 4\ \rho_B}{A}$$

式中:ρ_B 为待测试液的质量浓度($\mu g \cdot mL^{-1}$);A 为待测试液的吸光度。

特征浓度的数值越小,原子吸收分光光度分析的灵敏度越高。

在石墨炉原子吸收分光光度分析中,常用特征质量 m_c 表示灵敏度,单位用 $g \cdot (1\%)^{-1}$ 表示。计算式为

$$m_c = \frac{0.004\ 4\ \rho_B V}{A}$$

式中:ρ_B 为待测试液的质量浓度($g \cdot mL^{-1}$);V 为待测试液的体积(mL)。

2. 检出限

检出限是原子吸收分光光度计的综合性技术指标,它既反映仪器的质量和稳定性,也反映仪器对某元素在一定条件下的检出能力。

根据 IUPAC 规定,检出限 D 是指待测元素产生 3 倍于空白标准偏差时所需要的浓度或质量。对于火焰原子化法,则

$$D_c = \frac{\rho_B}{A} 3\sigma$$

式中:σ 是用空白溶液进行 10 次以上的吸光度测量所计算得到的标准偏差;D_c 为相对检出限,单位为 $mg \cdot L^{-1}$。石墨炉法中常用绝对检出限 D_m 表示,单位为 g。

$$D_m = \frac{\rho_B V}{A} 3\sigma$$

显然,检出限与特征浓度相比有更明确的意义。因为当试样测量信号小于 3 倍仪器噪声时,将会被噪声所掩盖而检测不出。检出限越低,说明仪器的性能越好,对元素的检出能力越强。

在考虑试样中某元素能否应用原子吸收分光光度法分析时,首先要查看该元素的灵敏度和检出限,试样中的含量能达到要求时,再进行工作条件的选择。

本章主要知识点

一、原子吸收分光光度法的定义和特点

1. 定义

基于气态基态原子对特征谱线的吸收进行元素定量的分析方法称为原子吸收分光光度法。

2. 特点

选择性高,干扰少;灵敏度高,可用于痕量元素分析;测定范围广,能用于测定70多种元素;操作简便,分析速度快,应用领域广泛。

二、基本原理

1. 共振线与分析线

基态原子受到外界光辐射作用,外层电子从基态跃迁到第一激发态所产生的吸收谱线称为共振吸收线;当原子从第一激发态回到基态时,会发射出相同频率的光辐射,其对应的谱线称为共振发射线,二者皆简称为共振线。共振线灵敏度最高,原子吸收分光光度法就是利用基态原子对从光源辐射的共振发射线的吸收来进行定量测定的,此时,元素的共振线又称为分析线。

不同元素的原子结构不同,所发射或吸收的谱线也不同,具有特征性,即每种元素都有各自对应的特征谱线。

2. 原子吸收与待测元素浓度的定量关系

当使用能发射待测元素特征谱线的锐线光源时,基态原子对特征谱线的吸收程度与试样中待测元素的浓度成正比,即

$$A = Kc$$

三、原子吸收分光光度计

1. 基本组成

原子吸收分光光度计主要由光源、原子化系统、分光系统和检测系统四个部分组成,其中最重要的是光源和原子化系统。

(1)光源　必须使用锐线光源,发射半宽度很窄的待测元素的特征谱线。常用部件是空心阴极灯。

(2)原子化系统　将待测元素转变为基态原子。常用的有火焰原子化法和石墨炉原子化法。前者操作简便,重现性好,但灵敏度不够高,适用于大多数元素的测定;后者灵敏度高,试样用量少,但重现性差,适用于难熔元素的测定。

2. 结构类型

目前应用较多的是单波道单光束和单波道双光束原子吸收分光光度计。

四、实验技术

1. 试样预处理

火焰原子化法需要将试样转化成溶液,所用方法包括溶解、熔融、灰化等,在处理过程中需注意不能造成待测元素损失或由试剂、溶剂、器皿等引入待测元素而影响测定结果。

2. 标准溶液的配制

使用待测元素合适的盐类来配制,也可直接溶解高纯(99.99%)金属丝、棒、片于合适的溶剂中配制。当所需标准溶液的质量浓度低于 $0.1\ \mathrm{mg \cdot mL^{-1}}$ 时,应先配成比使用的浓度高 $1\sim3$ 个数量级的浓溶液($\geqslant 1\ \mathrm{mg \cdot mL^{-1}}$)作为储备液,然后经稀释配成。

3. 测定条件的选择

原子吸收测定条件的选择对能否得到准确的结果非常重要,主要测定条件包括分析线、灯电流、原子化条件、光谱通带、进样量等。最佳测定条件一般需要通过实验来确定。

4. 干扰及消除方法

原子吸收的干扰主要分为物理干扰、化学干扰、光谱干扰和电离干扰,其中最主要的是化学干扰和光谱干扰。

5. 定量分析方法

(1)标准曲线法 最常用,适用于组成简单的批量试样测定。

(2)标准加入法 适用于基体组成复杂或基体组成未知的试样。

6. 灵敏度和检出限

(1)灵敏度 原子吸收的灵敏度常用特征浓度或特征质量表示。特征浓度或特征质量是指产生1%吸收时所对应的待测元素的质量浓度或质量,特征浓度或特征质量越低,说明分析的灵敏度越高。

(2)检出限 检出限指待测元素能产生3倍于空白标准偏差的信号时所对应的质量浓度或质量。检出限既反映仪器的质量和稳定性,也反映仪器对某元素在一定条件下的检出能力。

文本

第十章思考
与练习参考
答案

第
十
章
　
原
子
吸
收
分
光
光
度
法

思考与练习

一、思考题

1. 原子吸收分光光度法和可见分光光度法相比有什么异同?

2. 空心阴极灯为什么发出的是锐线光?

3. 什么是原子化?常用哪些原子化方法?

4. 火焰原子化过程中为什么要选择不同的燃气、助燃气和燃助比?

5. 石墨炉原子化法有什么特点?原子化过程分哪几个阶段?

6. 原子吸收分析时,应考虑哪几个方面的测定条件?

7. 怎样消除化学干扰?

二、单项选择题

1. 原子吸收由(   )产生的。

A. 气态物质中基态原子的外层电子

B. 气态物质中激发态原子的外层电子

C. 气态物质中基态原子的内层电子

D. 液态物质中激发态原子的外层电子

2. 在原子吸收光谱法的理论中,吸收值测量的关键条件是(　　)。

A. 光源辐射的特征谱线与原子吸收谱线比较,中心频率一样,而半峰宽要小得多

B. 光源辐射的特征谱线与原子吸收谱线比较,中心频率和半峰宽均一样

C. 光源辐射的特征谱线与原子吸收谱线比较,中心频率一样,而半峰宽要较大

D. 光源辐射的特征谱线与原子吸收谱线比较,只要中心频率一样,半峰宽大小都没影响

3. 在原子吸收光谱法中,目前常用的光源是(　　),其主要操作参数是(　　)。

A. 氙弧灯;内充气体的压力　　　　　　　B. 氙弧灯;灯电流

C. 空心阴极灯;内充气体的压力　　　　　D. 空心阴极灯;灯电流

4. 在原子吸收光谱法分析中,原子化器的作用是(　　)。

A. 把待测元素转变为气态激发态原子

B. 把待测元素转变为气态激发态离子

C. 把待测元素转变为气态基态原子

D. 把待测元素转变为气态基态离子

5. 原子吸收分光光度计单色器的作用为(　　)。

A. 获得单色光　　　　　　　　　　　　　B. 将待测元素的共振线与邻近谱线分开

C. 获得连续光　　　　　　　　　　　　　D. 以上都不是

三、多项选择题

1. 测量峰值吸收的条件是(　　)。

A. 单色光

B. 锐线光

C. 发射线中心频率与吸收线中心频率相同

D. 有大量的基态原子

2. 原子化的方法有(　　)。

A. 火焰原子化法　　　　　　　　　　　　B. ICP 法

C. 非火焰原子化法　　　　　　　　　　　D. 化学法

3. 原子吸收线的宽度主要由(　　)决定。

A. 自然宽度　　　　　　　　　　　　　　B. 热变宽

C. 压力变宽　　　　　　　　　　　　　　D. 磁变宽

4. 原子吸收的背景吸收主要是(　　)。

A. 分子吸收　　　　　　　　　　　　　　B. 火焰中待测元素发射的谱线

C. 光散射　　　　　　　　　　　　　　　D. 火焰中干扰元素发射的谱线

四、计算题

1. 质量浓度为 $0.2~\mu g \cdot mL^{-1}$ 的镁溶液,在原子吸收分光光度计上测得吸光度为 0.200,试计算镁元素的特征浓度。

2. 用标准加入法测定某水样中 Mg^{2+} 的含量,分别取试样 5 份,再各加入不同量的 $100~\mu g \cdot mL^{-1}$ 镁标准溶液,定容至 $25~mL$,测得其吸光度如下表所示,求水样中 Mg^{2+} 的质量浓度(结果以 $mg \cdot L^{-1}$ 表示)。

序 号	试液的体积/mL	加入 Mg^{2+} 标准溶液的体积/mL	吸光度
1	20	0.00	0.091
2	20	0.25	0.181
3	20	0.50	0.282
4	20	0.75	0.374
5	20	1.00	0.470

3. 用原子吸收分光光度法测定某厂废液中 Cd 的含量,从废液排放口准确量取水样 100.0 mL,经适当酸化处理后,准确加入 10 mL 甲基异丁酮溶液萃取浓缩,待测元素在波长 228.8 nm 下进行测定,测得吸光度为 0.182,在同样条件下,测得 Cd 的标准系列吸光度如下:

Cd 的质量浓度/($\mu g \cdot mL^{-1}$)	0.0	0.1	0.2	0.4	0.6	0.8	1.0
吸光度 A	0.00	0.052	0.104	0.208	0.312	0.416	0.520

求该厂废液中 Cd 的含量(以 $mg \cdot L^{-1}$ 表示)。

第十一章 电位分析法

 学习目标

知识目标

- 掌握电位分析法的基本原理。
- 了解参比电极的结构、作用及使用注意事项。
- 掌握 pH 玻璃电极和氟电极的结构及使用注意事项。
- 掌握直接电位法和电位滴定法测量原理。
- 了解离子选择性电极的性能指标。
- 掌握直接电位法的定量方法。

能力目标

- 能根据电极的选择性系数估计干扰离子引起的误差。
- 能用电位分析法测定溶液的 pH。
- 能用计算法确定电位滴定的终点,测定物质的含量。
- 能合理选用指示电极和参比电极。

知识结构框图

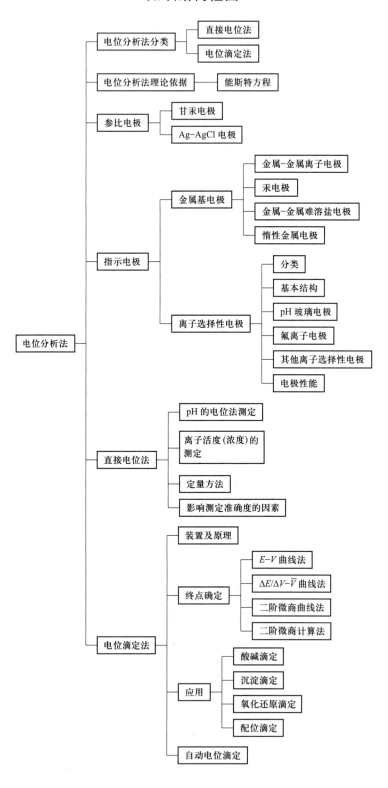

第一节 概 述

一、电位分析法的分类和特点

电位分析法是电化学分析的一个重要分支,可分为直接电位法和电位滴定法。其测量装置是将指示电极和参比电极插入待测溶液中组成的原电池,也称**工作电池**,如图11-1所示。

直接电位法是通过测量电池电动势即两电极间的电位差,来确定被测物质含量的方法。该方法的特点是简便、快速、灵敏度高、应用广泛,常用于测定溶液的 pH 及一些离子的浓度,在工业生产的连续自动分析和环境监测等方面具有独特的应用。

电位滴定法是通过测量电池电动势的变化来确定滴定终点的分析方法。其测定结果的准确度高,易于实现自动控制,能进行连续和自动滴定,广泛用于酸碱滴定、配位滴定、沉淀滴定和氧化还原滴定终点的确定。

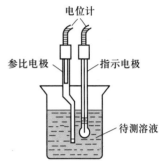

图 11-1 电位分析法
测量电池示意图

二、电位分析法的理论依据

将一金属片 M 插入该金属离子 M^{n+} 溶液中,在金属与溶液界面间发生电子的转移,两相间产生电位差,即**电极电位**。该电极电位 $\varphi_{M^{n+}/M}$ 与溶液中该金属离子的活度 $a_{M^{n+}}$ (或浓度 $c_{M^{n+}}$)的定量关系可用能斯特方程表示如下:

$$\varphi_{M^{n+}/M} = \varphi_{M^{n+}/M}^{\ominus} + \frac{RT}{nF} \ln a_{M^{n+}} \tag{11-1}$$

25 ℃时的电极电位可表示为

$$\varphi_{M^{n+}/M} = \varphi_{M^{n+}/M}^{\ominus} + \frac{0.0592\ \text{V}}{n} \lg a_{M^{n+}} \tag{11-2}$$

 想一想 1

能否直接测出单支电极的电位 $\varphi_{M^{n+}/M}$,再由式(11-2)计算待测离子 M^{n+} 的活度?

文本

想一想 1
解答

在图11-1中,假设参比电极的电位比指示电极的电位高,该工作电池的组成可表示为

$$(-)M \mid M^{n+} \ \| \ 参比电极(+)$$

此电池的电动势 E 为正极电位与负极电位之差。即

$$E = \varphi_{参比} - \varphi_{M^{n+}/M} = \varphi_{参比} - \varphi_{M^{n+}/M}^{\ominus} - \frac{0.0592\ \text{V}}{n} \lg a_{M^{n+}} \tag{11-3}$$

在一定温度下,式中 $\varphi_{参比}$ 和 $\varphi_{M^{n+}/M}^{\ominus}$ 均为常数,只要测出工作电池的电动势,由式(11-3)

可求得 M^{n+} 的活度 $a_{M^{n+}}$。当溶液浓度很稀,或加入总离子强度调节缓冲剂时,可用 M^{n+} 的浓度 $c_{M^{n+}}$ 代替其活度。式(11−3)是电位分析法定量的依据。

三、参比电极

在工作电池中,电位恒定的电极称为**参比电极**。常用的参比电极有甘汞电极和银−氯化银电极。

1. 甘汞电极

(1) 电极结构 甘汞电极由金属汞、氯化亚汞(即甘汞)和氯化钾溶液组成。它有两个玻璃套管,内套管中封接一根铂丝,铂丝插入汞液面下 0.5~1.0 cm,下置一层甘汞和汞的糊状物;外套管中装有 KCl 溶液(即内参比溶液);电极下端与待测溶液接触部分是熔结陶瓷芯或玻璃砂芯等多孔物质。单盐桥甘汞电极的结构见图 11−2。

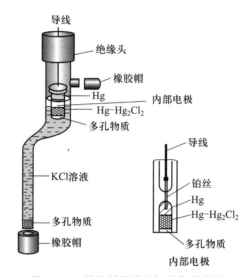

图 11−2 单盐桥甘汞电极结构示意图

(2) 电极组成表示式 $Hg, Hg_2Cl_2(s) \mid KCl(c)$。

(3) 电极反应 $Hg_2Cl_2 + 2e^- \rightleftharpoons 2Hg + 2Cl^-$

(4) 电极电位(25 ℃)

$$\varphi_{Hg_2Cl_2/Hg} = \varphi^{\ominus}_{Hg_2Cl_2/Hg} + \frac{0.0592\ V}{2} \lg \frac{a_{Hg_2Cl_2}}{a^2_{Hg} \cdot a^2_{Cl^-}} \tag{11−4}$$

$$= \varphi^{\ominus}_{Hg_2Cl_2/Hg} - (0.0592\ V) \lg a_{Cl^-}$$

式(11−4)表明,当温度一定时,甘汞电极的电极电位取决于电极中 KCl 溶液的浓度。KCl 溶液浓度不同时,甘汞电极的电极电位见表 11−1。因饱和 KCl 溶液的浓度易于控制,所以在电位分析法中最常用的参比电极是饱和甘汞电极。

(5) 使用注意事项

① 使用前应取下电极上侧加液口和下端口的橡胶帽,不用时要及时套上。

② 电极内饱和 KCl 溶液的液位要保持足够的高度,以浸没内电极为度,不足时要及时从加液口补加。

表 11-1　25 ℃时甘汞电极的电极电位[对标准氢电极(NHE)]

电极类型	KCl 溶液浓度	电极电位/V
$0.1\ mol\cdot L^{-1}$甘汞电极	$0.1\ mol\cdot L^{-1}$	$+0.3365$
标准甘汞电极(NCE)	$1.0\ mol\cdot L^{-1}$	$+0.2828$
饱和甘汞电极(SCE)	饱和溶液	$+0.2438$

③ 安装电极时,电极要垂直置于溶液中,并使内参比溶液液面高于待测溶液液面,以防待测溶液向电极内渗透。

④ 使用饱和甘汞电极时,电极内 KCl 溶液中应保持少量 KCl 晶体,否则必须由上加液口补加少量 KCl 晶体,以保证 KCl 溶液饱和。

⑤ 使用前要检查玻璃弯管处是否有气泡。若有气泡要及时排出,否则会引起电路短路或仪器读数不稳定。

⑥ 使用前要检查电极下端陶瓷芯毛细管是否畅通。检查的方法是:先将电极外部擦干,再用滤纸紧贴陶瓷芯下端片刻,若滤纸上出现湿印,则表示毛细管未堵塞,可以使用。若滤纸上太潮湿,表明电极漏液,必须更换电极。

⑦ 当待测溶液中含有 Ag^+、S^{2-}、Cl^-、高氯酸等物质或进行沉淀滴定时,应加置 KNO_3 溶液盐桥,即使用双盐桥甘汞电极(见图 11-3)。

⑧ 饱和甘汞电极在温度改变时存在滞后效应(如温度改变 8 ℃时,3 h 后电极电位仍偏离平衡电位 $0.2\sim0.3\ mV$),因此不宜在温度变化太大的环境中使用。若使用双盐桥甘汞电极,可减小温度滞后效应所引起的电位漂移。在 80 ℃以上时,饱和甘汞电极的电位不稳定,因此使用温度不得超过 80 ℃。

2. 银-氯化银电极

(1) 电极结构　将银丝表面镀上一层氯化银,浸入用氯化银饱和的一定浓度的氯化钾溶液中,即构成银-氯化银电极,其结构如图 11-4 所示。

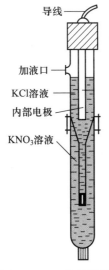

图 11-3　双盐桥甘汞
电极结构示意图

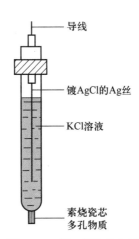

图 11-4　银-氯化银电极
结构示意图

（2）电极组成表示式　　　$Ag, AgCl(s) \mid KCl(c)$。

（3）电极反应　　　$AgCl + e^- \rightleftharpoons Ag + Cl^-$

（4）电极电位(25 ℃)

$$\varphi_{AgCl/Ag} = \varphi_{AgCl/Ag}^{\ominus} - (0.059\,2\ V)\lg a_{Cl^-} \tag{11-5}$$

在不同浓度的 KCl 溶液中,银-氯化银($Ag-AgCl$)电极的电极电位见表 11-2。

表 11-2　25 ℃时银-氯化银电极的电极电位(对 NHE)

电极类型	KCl 溶液浓度	电极电位/V
$0.1\ mol \cdot L^{-1}$ $Ag-AgCl$ 电极	$0.1\ mol \cdot L^{-1}$	$+0.288\,0$
标准 $Ag-AgCl$ 电极	$1.0\ mol \cdot L^{-1}$	$+0.222\,3$
饱和 $Ag-AgCl$ 电极	饱和溶液	$+0.200\,0$

（5）特点

① 银-氯化银电极的体积小,常用作离子选择性电极的内参比电极。

② 因 AgCl 在 KCl 溶液中有一定的溶解度,故银-氯化银电极所用的 KCl 溶液必须事先用 AgCl 饱和,否则会使电极上的 AgCl 溶解。

③ 银-氯化银电极作外参比电极时,使用前必须除去电极内的气泡,内参比溶液的液面要有足够的高度。

④ 银-氯化银电极不像甘汞电极那样有较大的温度滞后效应,在温度高达 275 ℃左右时仍可使用,且有足够的稳定性。因此,可在高温下替代甘汞电极使用。

四、指示电极

在工作电池中,电位随待测离子活度的变化而改变的电极称为**指示电极**。按测定原理的不同,可将指示电极分为**金属基电极**和**离子选择性电极**。

金属基电极是以金属为基体的电极,其电极电位主要来源于电极表面的氧化还原反应,即存在电子的转移。主要包括金属-金属离子电极、金属-金属难溶盐电极、汞电极及惰性金属电极等。

1. 金属-金属离子电极

金属-金属离子电极是将金属片或棒 M 浸入含有该金属离子 M^{n+} 的电解质溶液中组成的电极,简称**金属电极**,也称**第一类电极**。电极组成的表示式如下:

$$M \mid M^{n+}(a)$$

电极反应为　　　　　　　　$M^{n+} + ne^- \rightleftharpoons M$

25 ℃时的电极电位为

$$\varphi = \varphi_{M^{n+}/M}^{\ominus} + \frac{0.059\,2\ V}{n}\lg a_{M^{n+}} \tag{11-6}$$

例如,Ag 与 Ag^+ 组成的电极,其电极组成表示式为

$$Ag \mid Ag^+(a)$$

电极反应为
$$Ag^+ + e^- \rightleftharpoons Ag$$

25 ℃时的电极电位为

$$\varphi = \varphi_{Ag^+/Ag}^{\ominus} + (0.059\,2\ V)\lg a_{Ag^+} \tag{11-7}$$

式(11-7)表明,银电极的电极电位仅与 Ag^+ 的活度有关。该电极不仅可用来测定 Ag^+ 活度,还可用于电位滴定。常用来组成这类电极的金属有锌、铜、铅、汞等,铁、钴、镍等金属不能构成这类电极。金属电极使用前应彻底清洗金属表面。清洗的方法是:先用砂纸打磨金属表面,再分别用自来水和蒸馏水清洗干净。

2. 金属-金属难溶盐电极

金属-金属难溶盐电极是将金属表面覆盖一层该金属的难溶盐,再将其浸入该金属难溶盐的相同阴离子溶液中组成的电极,也称为**第二类电极**。其电极电位取决于溶液中能与该金属离子生成难溶盐的阴离子的活度,所以又**称阴离子电极**。此类电极作指示电极时,可用于测定不参与电子转移的金属难溶盐的同种阴离子的活度。由于这类电极电位稳定、重现性好,因而常用作参比电极,如前面所述的甘汞电极和 Ag-AgCl 电极均属于该类电极。

3. 汞电极

汞电极是由金属汞浸入含少量 HgY^{2-} 配合物及待测金属离子 M^{n+} 的溶液中所组成的电极,也称为**第三类电极**。

电极组成表示式为
$$Hg\,|\,HgY^{2-}, MY^{n-4}, M^{n+}$$

25 ℃时的电极电位为
$$\varphi = \varphi_{Hg^{2+}/Hg}^{\ominus} + \frac{0.059\,2\ V}{2}\lg a_{M^{n+}} \tag{11-8}$$

式(11-8)表明,在一定条件下,汞电极电位仅与溶液中待测金属离子的活度有关,因此可用作 EDTA 滴定 M^{n+} 的指示电极。汞电极适用的 pH 范围是 2～11,恰是配位滴定通用的适宜酸度范围,能用于 30 多种金属离子的电位滴定。

4. 惰性金属电极

惰性金属电极是由化学性质稳定的惰性材料(如铂、金、石墨等)做成棒状或片状,插入含有氧化还原电对(如 Fe^{3+}/Fe^{2+}、Ce^{4+}/Ce^{3+}、I_3^-/I^- 等)物质离子的溶液中构成的,也称为**零类电极**。这类电极本身不参与电极反应,仅起传导电子的作用,最常用的是金属铂电极。例如,将铂片插入含有 Fe^{2+}、Fe^{3+} 的溶液中,其电极组成表示式为

$$Pt\,|\,Fe^{3+}(a_1), Fe^{2+}(a_2)$$

电极反应为

$$Fe^{3+} + e^- \rightleftharpoons Fe^{2+}$$

25 ℃时的电极电位为

$$\varphi = \varphi_{Fe^{3+}/Fe^{2+}}^{\ominus} + (0.059\,2\ V)\lg \frac{a_{Fe^{3+}}}{a_{Fe^{2+}}} \tag{11-9}$$

式(11-9)表明,虽然铂电极本身不参与电极反应,但其电极电位能反映溶液中 Fe^{3+} 和 Fe^{2+} 的活度比的大小,即惰性金属电极的电位取决于溶液中进行电极反应金属的氧化

态与还原态的活度比。基于此特性,这类电极常被选作氧化还原电位滴定中的指示电极。

想一想 2

铂电极是如何传导电子的?

第二节　离子选择性电极

一、离子选择性电极的分类

离子选择性电极(ISE)都有一个敏感膜,故又称为膜电极。根据国际纯粹与应用化学联合会(IUPAC)的推荐,按照敏感膜组成和结构的不同,将离子选择性电极分类如下:

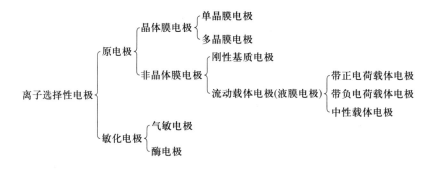

二、离子选择性电极的基本结构

离子选择性电极种类繁多,各种电极的结构、形状也不尽相同,但其基本结构大致相似,一般是由内参比电极、内参比溶液和敏感膜三部分组成,基本结构如图 11-5 所示。电极管由玻璃或高分子聚合材料制成。内参比电极一般是银-氯化银电极。内参比溶液由电极响应离子(即待测离子的同种离子)的强电解质和内参比电极的难溶盐的阴离子(如 Cl^-)组成。敏感膜由不同敏感材料(如单晶、混晶、液膜、功能膜及生物膜等)制成,用胶黏剂或机械方法固定于电极管底部,它是离子选择性电极的关键元件。在敏感膜与待测溶液间通过离子的交换与扩散产生膜电位,其膜电位与溶液中响应离子活度间的关系符合能斯特方程。各种离子选择性电极都能选择性测定对该电极有电位响应的特定离子的浓度,是电位分析中最常用的一类指示电极。

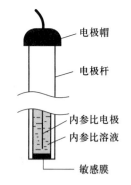

图 11-5　离子选择性电极结构示意图

三、pH 玻璃电极

pH 玻璃电极是世界上使用最早的离子选择性电极,属于非晶体刚性基质膜电极。

1. pH 玻璃电极结构

pH 玻璃电极由银-氯化银(内参比电极)、$0.1 \text{ mol} \cdot \text{L}^{-1}$ HCl 溶液(内参比溶液)、玻璃管底端用特殊玻璃吹制成的对 H^+ 有选择性响应的球状敏感玻璃膜组成,其结构如图 11-6所示。

想一想 3

pH 玻璃电极中为什么要用 HCl 溶液作为内参比溶液?

文本

想一想 3
解答

2. pH 玻璃电极的膜电位

pH 玻璃电极的敏感膜是在 SiO_2 基质中加入 Na_2O、Li_2O 和 CaO 烧结而成的特殊玻璃膜,厚度为 $80 \sim 100 \ \mu m$,硅氧键间相互结合形成网状结构,各阳离子中只有体积较小的 Na^+ 可在晶格的空穴中自由移动,其结构见图 11-7。当用纯水或稀酸溶液浸泡玻璃膜的内、外表面时,由于—Si—O^- 与 H^+ 的结合力远大于与 Na^+ 的结合力,仅溶液中的 H^+ 能进入硅酸盐晶格,而发生如下交换反应:

$$—Si—O^- Na^+ + H^+ \rightleftharpoons —Si—O^- H^+ + Na^+$$

229

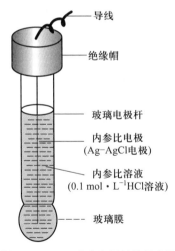

图 11-6　pH 玻璃电极结构示意图

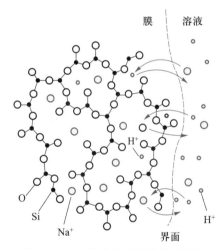

图 11-7　硅酸盐玻璃的结构示意图

动画

玻璃电极

玻璃膜表面的 Na^+ 几乎全部被溶液中的 H^+ 取代,而形成水化硅胶层,越往玻璃膜里面被 H^+ 取代的 Na^+ 越少。当交换达到平衡时,在玻璃膜内、外两个水化硅胶层之间存在一干玻璃层。因此,浸泡后的玻璃膜由三部分组成,即膜内、外表面两个水化硅胶层(厚度为 $0.05 \sim 1 \ \mu m$)及它们之间的干玻璃层(厚度为 $80 \sim 100 \ \mu m$),其结构如图 11-8 所示。

将浸泡好的 pH 玻璃电极插入待测溶液(即试液)时,膜外表面的水化硅胶层即与试液接触。由于水化硅胶层表面与试液中的 H^+ 活度不同而形成活度差,H^+ 便从活度大的一方向活度小的一方扩散迁移,并建立平衡,在试液和玻璃膜外界面间形成相界电位。设试液和玻璃膜外表面水化硅胶层的 H^+ 活度分别为 $a_{H^+外}$、$a'_{H^+外}$,则试液和玻

第二节　离子选择性电极

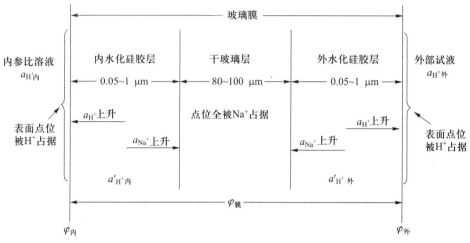

图 11-8 浸泡后的玻璃膜示意图

璃膜外表面的相界电位 $\varphi_{外}$ 为

$$\varphi_{外} = k_1 + \frac{RT}{F}\ln\frac{a_{H^+外}}{a'_{H^+外}} \tag{11-10}$$

同理,玻璃膜内表面的水化硅胶层与内参比溶液接触也形成相界电位。设内参比溶液和玻璃膜内表面水化硅胶层的 H^+ 活度分别为 $a_{H^+内}$、$a'_{H^+内}$,则在内参比溶液和玻璃膜内表面界面间的相界电位 $\varphi_{内}$ 为

$$\varphi_{内} = k_2 + \frac{RT}{F}\ln\frac{a_{H^+内}}{a'_{H^+内}} \tag{11-11}$$

干玻璃层与内、外两个水化硅胶层之间由于离子的扩散作用会产生扩散电位,分别用 $\varphi_{扩散内}$、$\varphi_{扩散外}$ 表示。

玻璃膜内、外表面的结构及性质基本相同,故 $k_1 = k_2$,$a'_{H^+内} = a'_{H^+外}$。此外,由于内、外水化硅胶层基本相同,使内、外水化硅胶层与干玻璃层间产生的两个扩散电位相等,但是符号相反。所以,跨越玻璃内、外两侧溶液间的电位差,即膜电位($\varphi_{膜}$)为

$$\varphi_{膜} = \varphi_{外} - \varphi_{内} = \frac{RT}{nF}\ln\frac{a_{H^+外}}{a_{H^+内}} \tag{11-12}$$

又因为,内参比溶液的 H^+ 活度是固定的,即 $a_{H^+内}$ 为一常数,故

$$\varphi_{膜} = K + \frac{RT}{nF}\ln a_{H^+外} \tag{11-13}$$

25 ℃时
$$\varphi_{膜} = K + (0.0592\ \text{V})\lg a_{H^+外} = K - (0.0592\ \text{V})pH_外 \tag{11-14}$$

当玻璃膜内、外溶液中 H^+ 浓度相同时,理论上膜电位应为零,实际上此时仍存在很小的膜电位,称为**不对称电位**。不对称电位是由玻璃膜的内、外表面结构、表面张力及机械和化学损伤等微小差异所致。不同电极或同一电极使用状况及使用时间不同,都会使不对称电位不一样,所以不对称电位难以测量和确定。但玻璃电极使用前用蒸馏水长时

间(24 h 以上)浸泡,可使不对称电位达到最小且有一恒定值(为 1~30 mV)。因此,pH 玻璃电极的电极电位 $\varphi_{玻璃}$ 为

$$\varphi_{玻璃} = \varphi_{膜} + \varphi_{AgCl/Ag} + \varphi_{不对称} \tag{11-15}$$

将式(11-14)代入式(11-15),并用符号 K'' 表示常数项,25 ℃时 pH 玻璃电极的电位为

$$\varphi_{玻璃} = K'' + (0.059\,2\ V)\lg a_{H^+ 外} = K'' - (0.059\,2\ V)pH_{外} \tag{11-16}$$

式(11-16)表明,当温度等实验条件一定时,pH 玻璃电极的电位与待测溶液的 pH 呈线性关系,故常用作溶液 pH 测定的指示电极。

适当改变玻璃敏感膜的组成,可制作成 pNa,pK,pAg 等玻璃电极,分别用于测定 Na^+,K^+,Ag^+ 等离子的活度。

3. pH 玻璃电极的特点及使用注意事项

(1) 测定速度快,准确度高。

(2) 使用 pH 玻璃电极测定溶液 pH 时,不受溶液性质(如氧化剂、还原剂、颜色、沉淀及杂质)的影响,不易中毒,不沾污试液,有较高的选择性,适用范围广。

(3) 玻璃电极本身内阻很高,必须辅以电子放大装置才能测定,其电阻又随温度而变化,一般只能在 5~60 ℃范围内使用。

(4) pH 玻璃电极的测量范围一般为 1~10。当试液 pH<1 时,因 H^+ 浓度过高,溶液离子强度增大,导致水分子活度下降,而使测定结果偏高,产生的误差称为"**酸差**"。当试液 pH >10 时,由于 a_{H^+} 太小,其他阳离子在溶液和膜界面间可能进行交换,而使 pH 偏低,尤其是 Na^+ 的干扰较为显著,引起的误差称为"**碱差**"或"**钠差**"。如果在玻璃膜中添加 Li_2O 以取代部分 Na_2O,由于锂玻璃晶格中的空穴小,阻止了 Na^+ 等其他阳离子的交换,可有效减少钠差。在商品 pH 玻璃电极中,231 型玻璃电极在 pH >13 时才产生较显著的碱差,其适用 pH 范围为 1~13;221 型玻璃电极适用 pH 范围为 1~10。锂玻璃电极的适用 pH 范围可扩大至 1~13.5。因此,应根据待测溶液的性质选择合适型号的 pH 玻璃电极。

(5) 电极玻璃膜球泡很薄,易因碰撞或受压而破裂,使用时需非常小心。

(6) 玻璃电极使用期一般为一年,长期使用或贮存中会"老化",老化的电极不能使用。

(7) 玻璃电极使用前需在蒸馏水中浸泡 24 h 以上。不能用浓硫酸、铬酸洗液或浓乙醇洗涤,也不能用于含氟较高的溶液中,否则电极将失去功能。

(8) 玻璃球泡沾湿时可用滤纸吸去水分,但不能擦拭。

(9) 电极导线绝缘部分及电极插杆应保持清洁干燥。

四、氟离子电极

1. 氟离子电极的结构

氟离子电极是典型的单晶膜电极,其结构如图 11-9 所示,内参比电极为银-氯化银电极;内参比溶液是 0.1 mol·L^{-1} NaF 和 0.1 mol·L^{-1} NaCl 混合溶液;电极杆为硬质塑料管,下端封有 LaF_3 单晶膜,单晶膜中掺入了少量的 EuF_2 和 CaF_2,以改善电极的导

电性。

2. 氟离子电极的电极电位

与 pH 玻璃电极相似,将氟离子电极插入含有 F^- 的溶液时,F^- 在 LaF_3 单晶膜表面交换。溶液中的 F^- 活度较高时,F^- 可以进入单晶的空穴,单晶表面的 F^- 也可进入溶液,当单晶内、外表面与溶液中的 F^- 交换达到平衡时,也产生膜电位。在 25 ℃ 时,其膜电位与试液中被测 F^- 活度 $a_{F^--试}$ 间的关系也符合能斯特方程,即

$$\varphi_{膜}=K-(0.059\,2\text{ V})\lg a_{F^--试}=K+(0.059\,2\text{ V})\text{pF}_试 \tag{11-17}$$

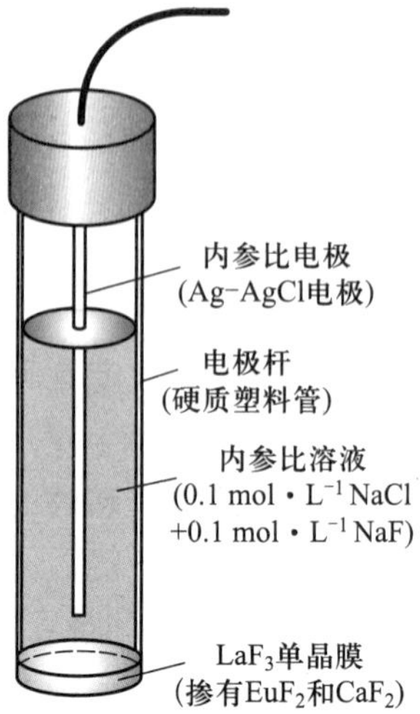

内参比电极
(Ag–AgCl电极)

电极杆
(硬质塑料管)

内参比溶液
(0.1 mol · L^{-1}NaCl
+0.1 mol · L^{-1}NaF)

LaF_3单晶膜
(掺有EuF_2和CaF_2)

图 11-9　氟离子电极结构示意图

氟离子电极的电极电位 φ_{F^-} 为

$$\varphi_{F^-}=\varphi_{膜}+\varphi_{AgCl/Ag}+\varphi_{不对称} \tag{11-18}$$

将式(11-17)代入式(11-18),并用符号 K'' 表示常数项,25 ℃ 时氟离子电极的电位为

$$\varphi_{F^-}=K''-(0.059\,2\text{ V})\lg a_{F^--试}=K''+(0.059\,2\text{ V})\text{pF}_试 \tag{11-19}$$

依据式(11-19),可用氟离子电极为指示电极测定待测溶液中的氟离子活度。

3. 氟离子电极的特点

(1) 选择性较高。当 Cl^-,Br^-,I^-,SO_4^{2-},NO_3^- 等的含量为 F^- 含量的 1 000 倍时,无明显干扰。

(2) 线性范围宽,为 $1\sim 10^{-6}$ $mol\cdot L^{-1}$。

(3) 适宜的 pH 范围为 $5\sim 6$。pH 过低时,试液中的 F^- 部分形成 HF 或 HF_2^-,降低了 F^- 的活度;pH 过高时,LaF_3 单晶膜与 OH^- 发生交换,在晶体表面形成 $La(OH)_3$,而释放出 F^- 干扰测定。

(4) 当待测溶液中含有能与 F^- 生成稳定配合物或难溶化合物的阳离子(如 Al^{3+},Fe^{3+},Ca^{2+} 等)时,会干扰测定,需加入掩蔽剂消除。

五、其他离子选择性电极

1. 多晶膜电极

将难溶盐晶体(如 AgCl,AgBr,AgI 等)与 Ag_2S 压成膜片,可制成混晶或多晶膜电极,膜电位由 K_{sp} 控制,对相应的 X^-,S^{2-} 及 Ag^+ 有选择性响应。如氯化银电极,25 ℃ 时其膜电位为

$$\varphi_{膜}=K+(0.059\,2\text{ V})\lg\frac{K_{sp(AgCl)}}{a_{Cl^-}}=K'-(0.0592\text{ V})\lg a_{Cl^-}$$

多晶膜电极测定浓度范围一般为 $10^{-1}\sim 10^{-5}$ $mol\cdot L^{-1}$。

2. 流动载体电极

电极膜由待测离子的盐类、螯合物等溶解在不与水混溶的有机溶剂中,再使这种有

机溶剂渗入惰性多孔物质制成。如 Ca^{2+} 电极,25 ℃时其膜电位为

$$\varphi_{膜} = K + \frac{0.059\,2\ V}{2}\lg a_{Ca^{2+}} \tag{11-20}$$

Ca^{2+} 电极适用的 pH 范围为 5～11,Ca^{2+} 的最低检测浓度是 10^{-5} mol·L^{-1}。

3. 敏化电极

敏化电极是在主体电极上覆盖一层膜或一层物质而制成的,以提高或改变电极的选择性。敏化电极主要有气敏电极、酶电极和生物电极等。

(1) 气敏电极

气敏电极是测定溶液中气体含量的一类电极,也称**气敏探针**或**气体传感器**,其结构如图 11-10 所示。由离子选择性电极(如 pH 玻璃电极等)作为指示电极,与参比电极一起插入电极管中组成复合电极,电极管中充满对参比电极有响应的离子及待测离子组成的溶液,称为**中介液**,电极管底部用由醋酸纤维等特殊材料制成的憎水性透气膜把中介液与待测试液隔开。

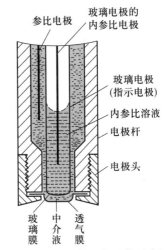

图 11-10 气敏电极结构示意图

测量时,试液中的气体通过透气膜进入中介液并发生反应,引起中介液中某化学平衡的移动,使得对指示电极有响应的离子活度发生变化,电极电位也相应发生变化,从而可以指示试样中气体的浓度。

如气敏氨电极,以 pH 玻璃电极为指示电极,$Ag-AgCl$ 电极为参比电极组成复合电极,复合电极置于 0.1 mol·L^{-1} NH_4Cl 中介液中,底部用一极薄的透气膜与试液隔开。测定试样中 NH_3 时,向溶液加入强碱,使其中的 NH_4^+ 转化为 NH_3,NH_3 穿过透气膜进入 NH_4Cl 中介液,引起下列平衡的移动:

$$NH_3 + H_2O \rightleftharpoons NH_4^+ + OH^-$$

由于 NH_3 与中介液的反应,使中介液中 OH^- 的活度发生变化,即中介液的 pH 发生变化。pH 的变化由内部 pH 复合电极测出,其电位与 a_{NH_3} 的关系符合能斯特方程。即 25 ℃时

$$\varphi_{氨} = K - (0.059\,2\ V)\lg a_{NH_3} \tag{11-21}$$

除气敏氨电极外,常用的气敏电极还有 CO_2、NO_2、SO_2、H_2S、HF、HCN 等电极。

(2) 酶电极

酶电极是在离子选择性电极的敏感膜上覆盖一层活性酶物质,通过酶的界面催化作用,使待测物质在电极敏感膜上定量、快速地发生化学反应生成电极能响应的分子或离子,从而间接测定待测物质。例如,将脲酶固定在氨电极上制成的脲酶电极,可以检测血浆和血清中 0.05～5 mmol·L^{-1} 的尿素。

(3) 生物电极

生物电极是将动物或植物组织覆盖于主体电极上构成。如用猪肾切片贴在氨电极表面制成的生物电极,可测定谷氨酰胺含量。用刀豆浆液涂在氨电极表面制成的生物电

极可测定尿素含量。

六、离子选择性电极的性能

评价离子选择性电极的性能,主要考虑电极的选择性、线性范围、检测下限、响应速率和响应时间等。

1. 电位及选择性

(1) 离子选择性电极的电位   25 ℃时,一般离子选择性电极的膜电位为

$$\varphi_{膜} = K + \frac{0.059\,2\ \text{V}}{n} \lg a_{阳离子} \tag{11-22}$$

$$\varphi_{膜} = K - \frac{0.059\,2\ \text{V}}{n} \lg a_{阴离子} \tag{11-23}$$

式中:n 为待测离子所带电荷数。

理想的离子选择性电极应只对待测离子有选择性响应,但事实上,任何一支离子选择性电极不可能只对某一特定离子响应,对溶液中的某些共存离子也能产生响应,即共存离子也对电极电位产生贡献。

 **想一想4**

离子选择性电极的膜电位是怎样产生的?

(2) 离子选择性电极的选择性   当有共存干扰离子 j 存在时,i 离子选择性电极的膜电位应表示为

$$\varphi_{膜} = K \pm \frac{0.059\,2\ \text{V}}{n_i} \lg [a_i + K_{ij}(a_j)^{n_i/n_j}] \tag{11-24}$$

式中:n_i 和 n_j 分别为待测离子和共存的干扰离子所带电荷数;a_i 和 a_j 分别为待测离子和干扰离子的活度,$\text{mol} \cdot \text{L}^{-1}$;$K_{ij}$ 称为待测离子 i 对干扰离子 j 的电极选择系数。

注意:式(11-24)中,对阳离子响应的电极,K 后面一项取"+"号,对阴离子响应的电极,K 后面一项取"−"号。

电极选择系数 K_{ij} 表示在相同的测定条件下,待测离子和干扰离子产生相同电位时,a_i 与 a_j 的比值,即

$$K_{ij} = \frac{a_i}{(a_j)^{n_i/n_j}} \tag{11-25}$$

当 $n_i = n_j = 1$,$K_{ij} = 0.001$ 时,则说明 a_j 是 a_i 的 1000 倍时,两者产生的电位相等。即电极对 i 离子的敏感程度是对 j 离子的 1000 倍。例如,一支 pH 玻璃电极对 Na^+ 的选择系数 $K_{H^+,Na^+} = 10^{-11}$,表明该电极对 H^+ 的响应比对 Na^+ 的响应灵敏 10^{11} 倍,此时 Na^+ 对 H^+ 的测定没有干扰。$K_{ij} < 1$ 时,电极对 i 离子有选择性响应;$K_{ij} = 1$ 时,电极对 i 离子和 j 离子有同等程度的响应;$K_{ij} > 1$ 时,电极对 j 离子有选择性响应。显然 K_{ij} 越

小,电极的选择性越高,干扰越小,通常要求 $K_{ij} \ll 1$。

K_{ij} 的大小取决于电极材料,并随实验条件、实验方法和共存离子的不同而有差异,其数值虽在手册中可查到,但不能用 K_{ij} 的文献值作分析测试时的干扰校正。通常商品电极都会提供经实验测定的 K_{ij},用此值可估算干扰离子对测定产生的误差,判断某种离子存在时测定方法是否可行。测量误差 E_r 的计算公式为

$$E_r = \frac{K_{ij}(a_j)^{n_i/n_j}}{a_i} \times 100\% \tag{11-26}$$

例1 已知 K^+ 选择性电极对 Na^+ 的选择系数 $K_{K^+, Na^+} = 5.0 \times 10^{-4}$,用该电极测活度为 1.0×10^{-4} $mol \cdot L^{-1}$ 的 K^+ 试液时,若试液中 Na^+ 活度为 1.0×10^{-2} $mol \cdot L^{-1}$,试计算由 Na^+ 引起的测量误差。

解: $E_r = \dfrac{K_{K^+, Na^+} \cdot a_{Na^+}}{a_{K^+}} \times 100\% = \dfrac{5.0 \times 10^{-4} \times 1.0 \times 10^{-2}}{1.0 \times 10^{-4}} \times 100\% = 5.0\%$

2. 线性范围和检测下限

以离子选择性电极的电位 φ 对响应离子活度的对数 $\lg a_i$(或 pa_i)作图,所得的曲线称为**校准曲线**,如图 11-11 所示。校准曲线的直线部分 AB 所对应的离子活度(或浓度)范围称为**离子选择性电极响应的线性范围**。图中 AB 与 CD 延长线的交点 M 所对应的离子的活度(或浓度)称为**电极的检测下限**,它表明离子选择性电极能够检测该待测离子的最低浓度。离子选择性电极的线性范围越宽、检测下限越低,电极性能越好。

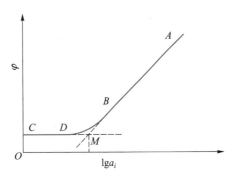

图 11-11　离子选择性电极校准曲线

3. 电极的响应斜率

校准曲线直线部分 AB 的斜率 S 称为**离子选择性电极的实际响应斜率**,是指离子活度变化 10 倍时所引起的电位变化值,又称为**级差**,在一定温度下为一常数。25 ℃时的斜率应为 0.059 2 V/n,称为**离子选择性电极的理论响应斜率**。一价离子,$S = 0.059 2$ V,二价离子的 $S = 0.029 6$ V。在实际测量中,电极斜率与理论值有一定偏差,只有实际值达到理论值的 95% 以上的电极,才可进行准确测定。

4. 电极的响应时间

电极的响应时间又称**电位平衡时间**,是指从离子选择性电极和参比电极一起接触试液到电极电位达到稳定值(上下波动在 1 mV 以内)所需的时间。实际中,是指经过多长时间才能读数和记录结果。显然,电极的响应时间越短越好。一般,电极的响应时间应在 1 min 以内。影响响应时间的因素很多,归纳起来主要有以下几点。

(1) 响应离子溶液的活度和测量顺序。活度越小,响应时间越短。由低浓度到高浓度的测定响应时间短。若测定浓溶液后再测定稀溶液,则应用纯水洗涤电极数次后再测定,以恢复电极的正常响应时间。

（2）响应离子的性质（如电荷的多少、扩散速率等）。离子扩散速率越快，响应时间越短。测量时搅拌可加速离子的扩散，从而缩短响应时间。

（3）测定条件（如溶液温度、共存离子种类等）。温度越高，响应时间越短。

（4）敏感膜的厚度、组成和性质、表面的光洁度及参比电极电位的稳定性等。

5. 电极的稳定性

电极的稳定性是指一定时间（如 8 h 或 24 h）内，电极在同一溶液中电位响应值的漂移（mV）。电极表面的沾污或物理性质的变化，影响电极的稳定性。电极的良好洗涤、浸泡处理等能改善其影响。电极密封不好、胶黏剂的选择不当或内部导线接触不良等也导致电位不稳定。漂移的大小与膜稳定性、电极结构、绝缘性能有关。稳定性较差的电极需在测定前后对响应值进行校正。

6. 溶液温度和 pH 范围

溶液温度的变化，不仅影响测定的电位值，还会影响电极正常响应性能。各类离子选择性电极都有一定的温度使用范围，电极允许使用的温度范围与膜的类型有关。一般使用温度下限约为 −50 ℃，上限为 80～100 ℃，有些液膜电极只能在 50 ℃ 左右使用。

第三节　直接电位法

直接电位法应用最多的是 pH 的电位法测定和离子选择性电极直接电位法测定离子活度或浓度。

一、pH 的电位法测定

1. 测定装置

电位法测定溶液 pH 时，通常是用 pH 玻璃电极为指示电极（负极），饱和甘汞电极作参比电极（正极），与待测溶液组成工作电池，用精密 pH 计（或称酸度计）测量电池电动势，测量装置如图 11-12 所示。

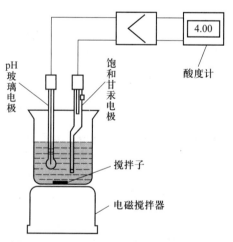

图 11-12　pH 的电位法测定装置示意图

2. 测定原理

上述测量电池组成可表示为

$$(-)Ag|AgCl|HCl(0.1\,mol \cdot L^{-1})|玻璃膜|试液 \vdots KCl(饱和)|Hg_2Cl_2|Hg(+)$$

25 ℃时,该电池的电动势为

$$E = \varphi_+ - \varphi_- = \varphi_{参比电极} - \varphi_{指示电极}$$

即

$$E = \varphi_{Hg_2Cl_2/Hg} - \varphi_{玻璃} + \varphi_L \qquad (11-27)$$

pH 计的使用与校准

式(11-27)中的 φ_L 为**液体接界电位**,简称**液接电位**。当两种组成不同(如上述电池的试液与甘汞电极的饱和 KCl 溶液)或浓度不同的溶液相接触时,由于正、负离子扩散速率的不同,在两种溶液的界面上电荷分布不同,从而产生电位差,即为液接电位。在电池中通常用盐桥连接两种电解质溶液,使 φ_L 减至最小,并趋于稳定,在一定条件下为常数。其他离子选择性电极也同样如此。

将式(11-16)代入式(11-27),并合并常数项用 K' 表示,即得 25 ℃时上述电池的电动势为

$$E = K' - (0.059\,2\ V)\lg a_{H^+ 试} \qquad (11-28)$$

或

$$E = K' + (0.059\,2\ V)pH_{试} \qquad (11-29)$$

pH 的测量

式(11-28)和式(11-29)是电位法测 pH 的定量依据。式中的 K' 虽然为一常数,但其中含有难以测量和计算的 φ_L 和 $\varphi_{不对称}$。在实际中不是用式(11-29)直接计算溶液的 pH,而是用已知 pH 的标准缓冲溶液作为基准,在相同条件下,分别测定由待测溶液和标准缓冲溶液组成电池的电动势 E_x 和 E_s,并代入式(11-29)得

$$E_x = K' + (0.059\,2\ V)pH_x$$
$$E_s = K' + (0.059\,2\ V)pH_s$$

式中 pH_x 和 pH_s 分别为待测溶液和标准缓冲溶液的 pH。合并上两式可得

$$pH_x = pH_s + \frac{E_x - E_s}{0.059\,2\ V} \qquad (11-30)$$

在同一条件下,采用同一支 pH 玻璃电极和甘汞电极分别测出 E_x 和 E_s,由式(11-30)即可求出待测溶液的 pH_x。在实际测定中,通常是将 pH 玻璃电极和饱和甘汞电极(或 pH 复合电极)插入标准缓冲溶液中,通过调节酸度计上的"定位"旋钮,使仪器显示测量温度下的 pH_s,即可消除 K'。然后再将两支电极插入待测溶液中,可直接读取试液的 pH_x。为了减小测量误差,所用标准缓冲溶液的 pH_s 与待测溶液的 pH_x 要相近,一般要求相差 3 个 pH 单位以内。

3. pH 标准缓冲溶液

标准缓冲溶液是 pH 测定的基准,故标准缓冲溶液的配制及 pH 的确定至关重要。我国标准计量局颁布了六种 pH 标准缓冲溶液及其在 0~60 ℃时的 pH(见表 11-3)。

表 11-3　不同温度下标准缓冲溶液的 pH

温度 ℃	0.05 mol·L⁻¹ 四草酸氢钾	25 ℃饱和 酒石酸氢钾	0.05 mol·L⁻¹ 邻苯二甲酸氢钾	0.025 mol·L⁻¹磷酸二氢钾＋0.025 mol·L⁻¹磷酸氢二钠	0.01 mol·L⁻¹ 硼砂	25 ℃饱和 Ca(OH)₂
0	1.668		4.006	6.981	9.458	13.416
5	1.669		3.999	6.949	9.391	13.210
10	1.671		3.996	6.921	9.330	13.011
15	1.673		3.996	6.898	9.276	12.820
20	1.676		3.998	6.879	9.226	12.637
25	1.680	3.559	4.003	6.864	9.182	12.460
30	1.684	3.551	4.010	6.852	9.142	12.292
35	1.688	3.547	4.019	6.844	9.105	12.130
40	1.694	3.547	4.029	6.838	9.072	11.975
50	1.706	3.555	4.055	6.833	9.015	11.697
60	1.721	3.573	4.087	6.837	8.968	11.426

二、离子选择性电极直接电位法测定离子活度(浓度)

1. 测定装置

　　与 pH 的电位法测定相似,离子活度(浓度)的直接电位法测定是将待测离子的选择性电极与参比电极插入待测溶液中组成工作电池,并测量该电池的电动势。例如,用氟电极为指示电极,饱和甘汞电极为参比电极,测量试液中 F⁻ 的装置如图 11-13 所示。

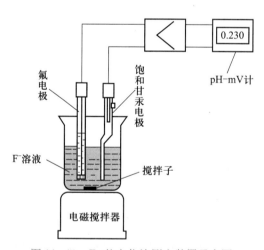

图 11-13　F⁻ 的电位法测定装置示意图

2. 测定原理

　　F⁻ 的电位法测定电池的组成可表示为

$$(-)Hg \mid Hg_2Cl_2 \mid KCl(饱和) \vdots 试液 \mid LaF_3 \mid NaF+NaCl(0.1\ mol·L^{-1}) \mid AgCl \mid Ag(+)$$

该电池的电动势为

$$E = \varphi_{F^-} - \varphi_{Hg_2Cl_2/Hg} + \varphi_L \tag{11-31}$$

将式(11-19)代入式(11-31),并用符号 K' 表示常数项,25 ℃时 F^- 的电位法测定电池的电动势为

$$E = K' - (0.059\,2\ V)\lg a_{F^-_{试}} \tag{11-32}$$

或

$$E = K' + (0.059\,2\ V)pF_{试} \tag{11-33}$$

以各种离子选择性电极为指示电极与参比电极组成电池,测定与其响应的相应离子活度时的电池电动势,可用下列通式表示(25 ℃时):

$$E = K' \pm \frac{0.059\,2\ V}{n_i}\lg a_i \tag{11-34}$$

式(11-34)中,当离子选择性电极作正极,对阳离子响应的电极,电池常数 K' 后一项取"+"号;对阴离子响应的电极,K' 后一项取"-"号。

与 pH 的测定同理,K' 也是一个复杂的项,也需要用一已知离子活度的标准溶液为基准,通过比较待测溶液和标准溶液构成电池的电动势,来确定待测溶液的离子活度。但目前能提供校准离子选择性电极用的标准活度溶液,除用于校准 Cl^-,Na^+,Ca^{2+},F^- 电极用的 NaCl,KF,CaCl$_2$ 外,其他离子活度标准溶液尚无标准。通常,在要求不高,并保持离子活度系数不变的情况下,可用浓度代替活度而进行测定。

3. 定量方法

(1) 离子选择性电极测定离子浓度的条件   离子选择性电极响应的是离子的活度,离子的活度 a_i 与浓度 c_i 的关系为

$$a_i = \gamma_i c_i \tag{11-35}$$

式中:γ_i 为 i 离子的活度系数,$\gamma_i \leqslant 1$。

因此,用离子选择性电极测定离子浓度的条件是:在用标准溶液校准电极和用此电极测定试液的两个步骤中,必须保持离子的活度系数不变。由于离子的活度系数是离子强度的函数,所以要求保持溶液的离子强度不变。为此,常用的方法是在试液和标准溶液中加入相同量的惰性电解质,即离子强度调节剂。常用的离子强度调节剂有 NaCl,KCl 溶液等。有时将离子强度调节剂、pH 缓冲溶液和消除干扰的掩蔽剂预先混合在一起加入。此混合溶液称为**总离子强度调节缓冲剂**(TISAB)。总离子强度调节缓冲剂的作用是:维持试液和标准溶液的离子强度恒定;保持试液在离子选择性电极适宜的 pH 范围内,避免 H^+ 或 OH^- 的干扰;掩蔽干扰离子,将被测离子释放成可检测的游离离子。例如,用氟电极测定水中的 F^- 时,加入的总离子强度调节缓冲剂的组成为 1 mol·L^{-1}NaCl,0.25 mol·L^{-1}HOAc,0.75 mol·L^{-1}NaOAc 及 0.001 mol·L^{-1}柠檬酸钠溶液。其中 NaCl 用于调节溶液的离子强度;HOAc-NaOAc 组成缓冲体系,使溶液的 pH 保持在氟电极适宜的 pH 范围(5~6)内;柠檬酸钠作为掩蔽剂消除 Al^{3+},Fe^{3+} 的干扰。

(2) 标准曲线法   配制一系列待测离子的标准溶液,向标准溶液和待测溶液中加入等量的 TISAB,在同一条件下依次测定各标准溶液的电动势。以各标准溶液的电动势为纵坐标,离子活度(或浓度)的对数(或负对数)为横坐标,绘制标准曲线。在同样条件下

测量待测溶液的电动势，从标准曲线上查得待测溶液中离子的活度(或浓度)。图 11-14 所示为 F^- 的标准曲线。

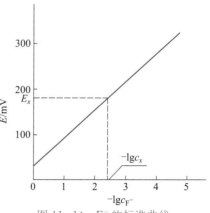

图 11-14 F^- 的标准曲线

标准曲线法适用于组成简单并已知的同种批量试样的测定。对于要求不高的少数试样，可用与试液浓度 c_x 相近的标准溶液(浓度为 c_s)，在相同条件下分别测出 E_x 和 E_s，再用测 pH 的相似公式计算组分的浓度。即

$$\lg c_x = \lg c_s + \frac{E_x - E_s}{S} \qquad (11-36)$$

式中：S 为电极斜率，可对两份不同浓度的标准

240

溶液，在相同条件下测出 E，再用公式 $S = \dfrac{E_1 - E_2}{\lg c_1 - \lg c_2}$ 求得。

(3) 标准加入法　在一定条件下，向一定体积的待测溶液中准确加入少量离子活度(或浓度)已知的标准溶液，分别测定加入标准溶液前后待测溶液的电动势，根据能斯特方程计算出待测离子的活度(或浓度)。

设某一试液的体积为 V_x，待测离子的浓度为 c_x；加入的标准溶液的体积为 V_s，浓度为 c_s(要求 V_s 约为 V_x 的 1%，而 c_s 约为 c_x 的 100 倍)；加入标准溶液前后待测溶液的电池电动势分别为 E_x 和 E_{x+s}。在 25 ℃时，则有

$$E_x = K' + \frac{0.0592\ \text{V}}{n} \lg(x_1 \gamma c_x) \qquad (11-37)$$

式中：γ 为加入标准溶液前离子的活度系数；x_1 为加入标准溶液前游离离子的摩尔分数。

$$E_{x+s} = K + \frac{0.0592\ \text{V}}{n} \lg[x_2 \gamma'(c_x + \Delta c)] \qquad (11-38)$$

式中：γ' 为加入标准溶液后离子的活度系数；x_2 为加入标准溶液后游离离子的摩尔分数；Δc 为加入标准溶液后待测离子浓度的增量。

$$\Delta c = \frac{c_s V_s}{V_x + V_s} \qquad (11-39)$$

由于 c_s 约为 c_x 的 100 倍，V_s 约为 V_x 的 1%，因而

$$\Delta c = \frac{c_s V_s}{V_x} \qquad (11-40)$$

因 $V_s \ll V_x$，加入标准溶液前后待测溶液的活度系数基本保持恒定，即 $\gamma \approx \gamma'$，假定 $x_1 \approx x_2$，则加入标准溶液前后待测溶液的电动势变化值 ΔE 为

$$\Delta E = \frac{0.0592\ \text{V}}{n} \lg \frac{c_x + \Delta c}{c_x}$$

令 $S = \dfrac{0.0592\ \text{V}}{n}$，则

$$c_x = \Delta c (10^{\Delta E/S} - 1)^{-1} \qquad\qquad (11\text{-}41)$$

式(11-41)对阴离子和阳离子的测定都适用，只要测出 ΔE 和 S，计算出 Δc，即可求出 c_x。

响应斜率 S 可通过计算获得，但理论值和实际值常有偏差。为了减小误差，最好在实验条件下自行测定。简便的测定方法是：在测定待测溶液的电动势 E_x 后，将待测溶液稀释一倍，再测其电动势 E'_x，则实际响应斜率

$$S = \frac{|E'_x - E_x|}{\lg 2}$$

> **例 2**　在 25 ℃时，取 100.0 mL 某 F^- 试样溶液，插入氟电极和饱和甘汞电极，测得电池电动势为 0.752 V，加入 1.00 mL 5.00×10^{-2} mol·L^{-1} F^- 标准溶液后，测得电池电动势为 0.684 V。计算试液中 F^- 的浓度。
>
> **解**　$\Delta E = 0.752\ \text{V} - 0.684\ \text{V} = 0.068\ \text{V}$
>
> $\quad\ \ S = 0.0592\ \text{V}/1 = 0.0592\ \text{V}$
>
> $c_{F^-} = \Delta c (10^{\Delta E/S} - 1)^{-1} = \dfrac{5.00 \times 10^{-2}\ \text{mol·L}^{-1} \times 1.00\ \text{mL}}{100.0\ \text{mL}} (10^{0.068/0.0592} - 1)^{-1} = 3.82 \times 10^{-5}\ \text{mol·L}^{-1}$

标准加入法只需一种标准溶液，且操作简便，适用于组成复杂的个别试样的测定，能较好消除试样基体干扰（基体效应），测定准确度高。

（4）浓度直读法　与用酸度计测量溶液 pH 相似，测定溶液中待测离子的活度或浓度，也可由经过标准溶液校准后的测量仪器上直接读出待测溶液的 pX 或 c_x，此方法简便快速，所用仪器为离子计。

想一想 5

什么是基体效应，标准加入法为什么能消除基体效应？

想一想 5
解答

文本

4. 影响测定准确度的因素

影响电位法测量准确度的因素主要有温度、电动势的测量、共存离子的干扰、溶液的离子强度和酸碱度，以及测量过程中的搅拌情况等。

（1）温度　温度不仅影响直线的斜率，也影响直线的截距 K'[式(11-34)]。因为 K' 所包括的参比电极的电位、液接电位及不对称电位等都与温度有关。此外，温度还影响待测离子的活度系数、电极的响应时间等。因此，在测定过程中必须保持温度恒定，并使试液与标准溶液的温度一致，才能保证测定的准确度。

例如，用酸度计测量溶液 pH 时，由于同一种标准缓冲溶液在不同温度下具有不同的 pH，因而必须先调节温度补偿旋钮至测量溶液的温度，然后再将仪器显示的 pH 调至该溶液在测量温度下的实际 pH，以补偿温度不同对测量结果的影响。

（2）电动势的测量　电动势的测量误差直接影响测定结果的准确度。电动势测量误

差 $\Delta E(\text{mV})$ 与分析结果相对误差 E_r 的关系是

$$E_r = \frac{\Delta c}{c} = 0.039n \cdot \Delta E \qquad (11-42)$$

式(11-42)中 n 为待测离子电荷数。可见,当电动势测量误差为 $\pm 1\ \text{mV}$ 时,对于一价离子,浓度相对误差可达 $\pm 3.9\%$,对于二价离子,则高达 $\pm 7.8\%$。因此,测量电动势的仪器必须有较高的准确度,通常要求测量误差小于 $0.1\ \text{mV}$。

(3) 共存离子的干扰　溶液中共存离子的影响主要表现在两方面。一是共存离子与待测离子一样也能对指示电极产生响应,如用 Na^+ 选择性电极测溶液中的 Na^+ 浓度时,共存的 K^+ 会产生干扰;另一方面共存离子可能与待测离子反应生成一种对指示电极没有响应的物质,如用氟电极测溶液中 F^- 浓度时,溶液中如果同时存在 Al^{3+},Fe^{3+},将会与 F^- 反应生成对电极没有响应的配离子。

消除干扰离子影响的常用方法是加入掩蔽剂。另外,还可根据具体情况采用加入氧化剂或还原剂、调节溶液 pH 的方法来消除干扰离子的影响。必要时,可通过分离除去干扰离子。

(4) 溶液的离子强度　严格讲,电位法测出的实际上是溶液中待测离子的活度,但习惯上将分析结果以浓度表示。离子活度一般小于浓度,离子强度越大,活度系数越小,测量误差越大。由于配制标准活度溶液比较困难,在实际工作中,往往通过加入总离子强度调节缓冲剂的方法来控制待测溶液和标准溶液的离子强度基本一致,以消除由于两者待测离子活度系数不一致造成的误差。

(5) 溶液的酸碱度　溶液的酸碱度也会影响某些测定,因而测量不同离子往往需要将溶液 pH 控制在一定的范围内才能得到准确的结果。如用氟电极测溶液中 F^- 时,需用缓冲溶液将待测溶液 pH 控制在 5~6。

(6) 搅拌情况　测量过程中搅拌溶液,可加速离子的扩散,缩短电极响应时间。但搅拌速度过快,会使电池电动势读数不稳定。可在溶液搅拌均匀停止搅拌后再读数。此外,应根据具体情况选择合适的搅拌速度。特别是测量低浓度溶液时,即使缓慢搅拌,电池电动势读数也不稳定,此时可采用定时搅拌、静止读数或定时读数。同时应注意,标准溶液和试液必须在相同条件下测定,以减小误差。

第四节　电位滴定法

一、电位滴定装置及基本原理

1. 电位滴定装置

电位滴定法是根据滴定过程中指示电极电位(或电池电动势)的突变来确定滴定终点的一种滴定分析方法。

电位滴定装置如图 11-15 所示,主要由滴定管、滴定池、指示电极、参比电极、搅拌器和电池电动势测量装置等组成。

(1) 滴定管　用于盛装滴定剂。可根据待测物质含量的高低,选用常量滴定管、微量

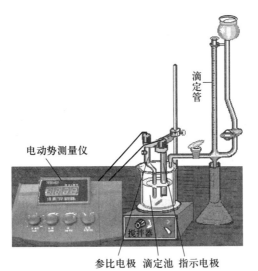

电动势测量仪

滴定管

参比电极 滴定池 指示电极

图 11-15 电位滴定装置示意图

滴定管或半微量滴定管。

（2）指示电极 用于指示被滴定离子浓度的变化,应根据被滴定物质的性质合理选择。

（3）参比电极 电位滴定中,一般选用饱和甘汞电极作参比电极。

实际工作中应使用产品分析标准规定的指示电极和参比电极。

（4）滴定池 用于存放被滴定溶液,应根据滴定剂和被滴定物质的性质选择玻璃或塑料等材料的滴定池。

（5）电池电动势测量装置 为高阻抗毫伏计,可用酸度计或离子计替代。

2. 基本原理

将指示电极和参比电极插入待测溶液组成电池,用手动滴定管或电磁阀控制的自动滴定管向待测溶液中滴加滴定剂,使之与待测离子发生定量化学反应。随着滴定反应的进行,溶液中待测离子的浓度不断发生变化,导致指示电极电位及电池电动势的相应改变。当滴定到达终点时,待测离子浓度的突变引起电池电动势的突跃,由精密毫伏计的电池电动势(或 pH)读数的突跃可判断滴定终点的到达。根据滴定剂和待测组分反应的化学计量关系,由滴定过程中消耗的滴定剂的量即可计算待测组分的含量。

小贴士

电位滴定法与化学滴定分析法即容量分析法的根本区别,就在于判断滴定终点的方法不同。与用指示剂确定滴定终点的化学滴定分析法相比,电位滴定法判断终点更为准确、可靠,可用于无法用指示剂判断终点的浑浊或有色溶液的滴定,并可用于常量滴定和微量滴定。

二、电位滴定终点的确定方法

1. 实验方法

进行电位滴定时,先称取一定量试样制成试液,用移液管移取一定体积置于滴定池中,插入指示电极和参比电极,将标准溶液(滴定剂)装入滴定管中,按图 11-15 组装好装置。开启电磁搅拌器和毫伏计,读取滴定前试液的电池电动势(读数前要关闭电磁搅拌器,待读数稳定后再读数),并记录,然后开始滴定。滴定过程中,每加一次一定量的滴定剂就要测量一次电动势(或 pH)。滴定刚开始时,可滴定快一些,测量间隔大一些(如每滴入 5 mL 滴定剂测量一次电动势)。当滴定剂加入约为所需总体积的 90% 时,测量间隔要小一些。滴定至化学计量点附近,应每滴加 0.1 mL 滴定剂测量一次电动势,直至电动势变化不大为止。必须记录每次滴入滴定剂的体积及其对应的电池电动势。根据测得的一系列电动势(或 pH)及其相应的消耗滴定剂的体积确定滴定终点。表 11-4 列出了以银电极为指示电极,双盐桥饱和甘汞电极为参比电极,用 $0.1000\ mol \cdot L^{-1}\ AgNO_3$ 标准溶液滴定20.00 mL NaCl溶液的实验数据。

表 11-4　$0.1000\ mol \cdot L^{-1}\ AgNO_3$ 标准溶液滴定 NaCl 溶液的实验数据

$\dfrac{V(AgNO_3)}{mL}$	$\dfrac{E}{mV}$	$\dfrac{\Delta E}{mV}$	$\dfrac{\Delta V}{mL}$	$\dfrac{\Delta E/\Delta V}{mV \cdot mL^{-1}}$	$\dfrac{\overline{V}}{mL}$	$\dfrac{\Delta^2 E/\Delta V^2}{mV \cdot mL^{-2}}$
5.00	62					
		23	10.00	2	10.00	
15.00	85					
		22	5.00	4	17.50	
20.00	107					
		16	2.00	8	21.00	
22.00	123					
		15	1.00	15	22.50	
23.00	138					
		8	0.50	16	23.25	
23.50	146					
		15	0.30	50	23.65	
23.80	161					
		13	0.20	65	23.90	
24.00	174					
		9	0.10	90	24.05	
24.10	183					200
		11	0.10	110	24.15	
24.20	194					2 800
		39	0.10	390	24.25	
24.30	233					4 400
		83	0.10	830	24.35	
24.40	316					−5 900
		24	0.10	240	24.45	
24.50	340					−1 300
		11	0.10	110	24.55	
24.60	351					
		7	0.10	70	24.65	
24.70	358					
		15	0.30	50	24.85	
25.00	373					
		12	0.50	24	25.25	
25.50	385					

2. 终点确定方法

电位滴定法确定终点的方法有 E-V 曲线法、$\Delta E/\Delta V$-$\overline{V}$ 曲线法和二阶微商法。

(1) E-V 曲线法 以滴定过程中测得的电池电动势为纵坐标,滴定消耗滴定剂的体积为横坐标绘制 E-V 曲线。E-V 曲线上的拐点(即曲线斜率最大处)所对应的体积即为终点体积 V_{ep}。确定拐点的方法是:作两条与横坐标成 45° 角的 E-V 曲线的平行切线,并在两条切线间作一与两切线等距离的平行线,该线与 E-V 曲线的交点即为拐点,如图 11-16 所示。

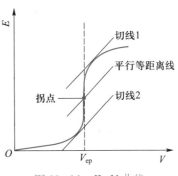

图 11-16 E-V 曲线

(2) $\Delta E/\Delta V$-$\overline{V}$ 曲线法 $\Delta E/\Delta V$-$\overline{V}$ 曲线法又称一阶微商法,若 E-V 曲线较平坦,突跃不明显,则可绘制 $\Delta E/\Delta V$-$\overline{V}$ 曲线。$\Delta E/\Delta V$ 是 E 的变化值与相应的加入滴定剂体积的增量之比。如表 11-4 中,当加入 $AgNO_3$ 溶液 24.10~24.20 mL,相应的 E 由 183 mV 变至 194 mV,则

$$\frac{\Delta E}{\Delta V} = \frac{(194-183)\ \text{mV}}{(24.20-24.10)\ \text{mL}} = 110\ \text{mV} \cdot \text{mL}^{-1}$$

其对应的体积平均值

$$\overline{V} = \frac{(24.10+24.20)\ \text{mL}}{2} = 24.15\ \text{mL}$$

将 $\Delta E/\Delta V$ 对 $\overline{V}$ 作图,可得一峰形曲线(如图 11-17 所示),曲线最高点由实验点连线外推所得,其对应的体积即为终点体积 V_{ep}。用此法作图确定滴定终点较为准确,但较烦琐。

(3) 二阶微商法 此方法是基于 $\Delta E/\Delta V$-$\overline{V}$ 曲线的最高点正是 $\Delta^2 E/\Delta V^2$ 为零的点。二阶微商法有作图法和计算法两种。

① $\Delta^2 E/\Delta V^2$-V 曲线法(作图法) 以 $\Delta^2 E/\Delta V^2$ 对 V 作图可得二阶微商曲线,曲线的最高点和最低点的连线与横坐标的交点即为终点体积 V_{ep},如图 11-18 所示。

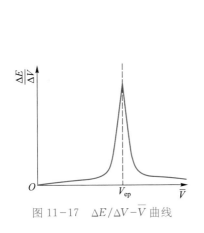

图 11-17 $\Delta E/\Delta V$-$\overline{V}$ 曲线

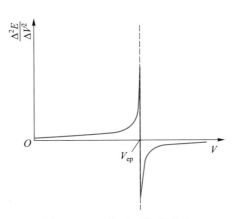

图 11-18 $\Delta^2 E/\Delta V^2$-V 曲线

② 二阶微商计算法 电位滴定法确定终点可用 $\Delta^2 E/\Delta V^2$-V 曲线法,也可用计算

动画

电位滴定曲线

法,但实际中一般多采用二阶微商计算法。

在表 11-4 中,加入 $AgNO_3$ 标准溶液 24.30 mL 时,$\Delta^2 E/\Delta V^2$ 为

$$\frac{\Delta^2 E}{\Delta V^2}=\frac{\left(\dfrac{\Delta E}{\Delta V}\right)_{24.35}-\left(\dfrac{\Delta E}{\Delta V}\right)_{24.25}}{\Delta V}=\frac{(830-390)\ \text{mV}\cdot\text{mL}^{-1}}{(24.35-24.25)\ \text{mL}}=4\,400\ \text{mV}\cdot\text{mL}^{-2}$$

同理,加入 $AgNO_3$ 标准溶液 24.40mL 时,$\Delta^2 E/\Delta V^2$ 为

$$\frac{\Delta^2 E}{\Delta V^2}=\frac{\left(\dfrac{\Delta E}{\Delta V}\right)_{24.45}-\left(\dfrac{\Delta E}{\Delta V}\right)_{24.35}}{\Delta V}=\frac{(240-830)\ \text{mV}\cdot\text{mL}^{-1}}{(24.45-24.35)\ \text{mL}}=-5\,900\ \text{mV}\cdot\text{mL}^{-2}$$

则终点体积必在 $\Delta^2 E/\Delta V^2$ 为 $4\,400$ mV·mL^{-2} 和 $-5\,900$ mV·mL^{-2} 所对应的体积之间,可用内插法计算而得,即

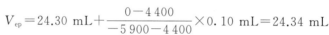

$$\frac{V_{ep}-24.30\ \text{mL}}{(0-4\,400)\ \text{mV}\cdot\text{mL}^{-2}}=\frac{(24.40-24.30)\ \text{mL}}{(-5\,900-4\,400)\ \text{mV}\cdot\text{mL}^{-2}}$$

解得

$$V_{ep}=24.30\ \text{mL}+\frac{0-4\,400}{-5\,900-4\,400}\times0.10\ \text{mL}=24.34\ \text{mL}$$

想一想 6

为什么实际电位滴定中一般多采用二阶微商计算法,而不用作图法确定滴定终点?

三、电位滴定法的应用

电位滴定法可用于酸碱滴定、沉淀滴定、配位滴定及氧化还原滴定。不同类型滴定中的滴定反应不同,因此需根据具体滴定反应的特点选择合适的指示电极和参比电极。表 11-5 列出了各类滴定常用的指示电极和参比电极,以供参考。

表 11-5　各类滴定常用的电极

序号	滴定类型	指示电极	参比电极
1	酸碱滴定	pH 玻璃电极、锑电极	甘汞电极
2	沉淀滴定	银电极、硫化银膜电极等离子选择性电极	双盐桥甘汞电极、玻璃电极
3	氧化还原滴定	铂电极	甘汞电极、玻璃电极
4	配位滴定	汞电极、离子选择性电极	甘汞电极

1. 酸碱滴定

酸碱滴定中,通常选用 pH 玻璃电极作指示电极,饱和甘汞电极作为参比电极。目前应用最多的是由 pH 玻璃电极和 Ag-AgCl 合为一体的 pH 复合电极,使用极为方便。

传统的指示剂法无法准确测定的 $c_a \cdot K_a < 10^{-8}$ 或 $c_b \cdot K_b < 10^{-8}$ 的弱酸或弱碱,用电位滴定法则可以测定。太弱的酸和碱,或不易溶于水而溶于有机溶剂的酸和碱,不能在水溶液中滴定,可在非水溶剂中进行电位滴定。例如,在冰醋酸介质中可用 $HClO_4$ 溶液滴定吡啶;在乙醇介质中可用 HCl 溶液滴定三乙醇胺;在异丙醇和乙二醇混合介质中可以滴定苯胺和生物碱;在丙酮介质中可以滴定高氯酸、盐酸、水杨酸的混合物等。

2. 沉淀滴定

沉淀滴定中,应根据不同的沉淀反应选用不同的指示电极,常用的有银电极、铂电极和离子选择性电极等。参比电极应选用双盐桥饱和甘汞电极或玻璃电极。例如,以银电极为指示电极,可用 $AgNO_3$ 滴定 Cl^-,Br^-,I^-,SCN^-,S^{2-},CN^- 等及一些有机阴离子。用铂电极作指示电极,可用 $K_4Fe(CN)_6$ 滴定 Pb^{2+},Cd^{2+},Zn^{2+},Ba^{2+} 等金属离子,还可间接滴定 SO_4^{2-}。

3. 氧化还原滴定

氧化还原滴定需用不参与氧化还原反应的电极,通常用惰性电极如铂电极作为指示电极,饱和甘汞电极或钨电极作为参比电极。可用 $KMnO_4$ 溶液滴定 I^-,NO_2^-,Fe^{2+},V^{4+},Sn^{2+},$C_2O_4^{2-}$ 等,用 $K_2Cr_2O_7$ 溶液滴定 Fe^{2+},Sn^{2+},I^-,Sb^{2+} 等。

为了保证指示电极的灵敏度,铂电极应保持光亮,如被沾污或氧化,可用 10% 硝酸浸洗以除去杂质。

用指示剂法判断滴定终点的氧化还原滴定中,要求滴定剂电对和被测物质电对的条件电极电位之差 $\Delta\varphi^{\ominus'} \geqslant 0.4$ V($n_1 = n_2 = 1$),而电位滴定中只需 $\Delta\varphi^{\ominus'} \geqslant 0.2$ V,即能准确测定待测物质的含量。

4. 配位滴定

使用汞电极作指示电极,可用 EDTA 滴定 Cu^{2+},Zn^{2+},Ca^{2+},Mg^{2+},Al^{3+} 等多种离子。配位滴定还可用离子选择性电极作指示电极。例如,用钙离子电极作指示电极,可用 EDTA 滴定 Ca^{2+};以氟离子电极作指示电极,可用 La^{3+} 滴定氟化物。可见,电位滴定法扩大了离子选择性电极的应用范围。

 想一想7

测定 Fe^{2+} 可用哪些电位滴定法,如何测定?

想一想 7
解答

四、自动电位滴定法

上述电位滴定中,是用手动滴定,并随时测量、记录滴定剂体积和电池电动势,然后通过绘图或计算来确定滴定终点,此方法烦琐而费时。如果使用自动电位滴定仪即可解决上述问题。目前使用的自动电位滴定仪主要有三种类型。

第一种为保持滴定速度恒定,在记录仪上自动记录完整的 $E-V$ 滴定曲线,然后根据前面介绍的方法确定终点。

第二种是将滴定电池两极间的电位差与预设电位差(即用上述手动方法确定的终点电位)相比较,两信号的差值经放大后用来控制滴定速度,近终点时滴定速度降低,终点时,即滴定至预定终点电位时,自动停止滴定。

第三种是基于化学计量点时,滴定电池两极间电位差的二阶微商由大降至最小,从而启动继电器,并通过电磁阀自动关闭滴定管滴定通路。此仪器不需要预设终点电位,自动化程度较高。

商品自动电位滴定仪有多种型号,如 DZ−2,DZ−3,DZ−4 型自动电位滴定仪和 MIA−3−DAB−B 全自动电位滴定仪等。目前使用较为普遍的是 DZ−2 型自动电位滴定仪。

DZ−2 型自动电位滴定仪,是由 DZ−2 型滴定计和 DZ−1 型滴定装置通过双头连接插塞线组合而成。它是根据"终点电位补偿"原理设计的。仪器能自动控制滴定速度,终点时会自动停止滴定,其结构如图 11−19 所示。

插在试液中的指示电极和参比电极与自动滴定控制器相连,自动滴定控制器与滴定管的电磁阀相连接。进行自动电位滴定前,先将仪器的比较电位调到预先用手动方法测得的终点电位,滴定开始至终点前设定的终点电位与滴定池两电极的电位差不相等,控制器向电磁阀发出吸通信号,电磁阀自动打开,使滴定剂滴入试液中。当接近终点时,两者的电位差逐渐减小,电磁阀吸通时间逐渐缩短,滴定剂滴入速度逐渐减慢。到达滴定终点时,设定的电位与滴定池两电极的电位差相等,控制器无电位差信号输出,电磁阀自动关闭,终止滴定。DZ−2 型滴定计单独使用时可作为 pH 计或毫伏计,DZ−1 型滴定装置单独使用时可作为电磁搅拌器。

现在的自动电位滴定已广泛采用计算机控制。计算机对滴定过程中的数据自动采集、处理,并利用滴定反应化学计量点前后电位突变的特性,自动寻找滴定终点、控制滴定速度,到达终点时自动停止滴定,因此更加自动而快速。

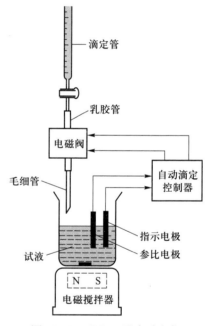

图 11−19　DZ−2 型自动电位滴定装置示意图

本章主要知识点

一、电位分析法的分类

1. 直接电位法

通过测量电池电动势即两电极间的电位差确定待测物质含量的方法。

2. 电位滴定法

通过测量电池电动势的变化确定滴定终点来计算物质含量的方法。

二、电位分析法的理论依据

能斯特方程。

三、参比电极

1. 甘汞电极（外参比电极）

$$\varphi_{Hg_2Cl_2/Hg} = \varphi^{\ominus}_{Hg_2Cl_2/Hg} - (0.059\,2\ \text{V})\lg a_{Cl^-} \quad (25\ ℃)$$

2. 银－氯化银电极（内参比电极）

$$\varphi_{AgCl/Ag} = \varphi^{\ominus}_{AgCl/Ag} - (0.059\,2\ \text{V})\lg a_{Cl^-} \quad (25\ ℃)$$

四、指示电极

1. 金属－金属离子电极

$$\varphi = \varphi^{\ominus}_{M^{n+}/M} + \frac{0.059\,2\ \text{V}}{n}\lg a_{M^{n+}} \quad (25\ ℃)$$

2. 汞电极

$$\varphi = \varphi^{\ominus}_{Hg^{2+}/Hg} + \frac{0.059\,2\ \text{V}}{2}\lg a_{M^{n+}} \quad (25\ ℃)$$

3. 惰性金属电极

$$\varphi = \varphi^{\ominus}_{Fe^{3+}/Fe^{2+}} + (0.059\,2\ \text{V})\lg \frac{a_{Fe^{3+}}}{a_{Fe^{2+}}} \quad (25\ ℃)$$

4. 离子选择性电极（ISE）

（1）pH 玻璃电极

① 跨越玻璃内、外两侧溶液间的电位差为膜电位，是由离子的交换扩散而产生的。

② $\varphi_{膜} = K + (0.059\,2\ \text{V})\lg a_{H^+试} = K - (0.059\,2\ \text{V})\text{pH}_{试} \quad (25\ ℃)$

③ $\varphi_{玻璃} = K'' + (0.059\,2\ \text{V})\lg a_{H^+试} = K'' - (0.059\,2\ \text{V})\text{pH}_{试} \quad (25\ ℃)$

（2）氟离子电极

① $\varphi_{膜} = K - (0.059\,2\ \text{V})\lg a_{F^-试} = K + (0.059\,2\ \text{V})\text{pF}_{试} \quad (25\ ℃)$

② $\varphi_{F^-} = K'' - (0.059\,2\ \text{V})\lg a_{F^-试} = K'' + (0.059\,2\ \text{V})\text{pF}_{试} \quad (25\ ℃)$

（3）离子选择性电极选择性

① $\varphi_{膜} = K \pm \dfrac{0.059\,2\ \text{V}}{n_i}\lg[a_i + K_{ij}(a_j)^{n_i/n_j}] \quad (25\ ℃)$

② $K_{ij} = \dfrac{a_i}{(a_j)^{n_i/n_j}}$

③ 测量误差 $E_r = \dfrac{K_{ij}(a_j)^{n_i/n_j}}{a_i} \times 100\%$

五、直接电位法

1. pH 的电位法测定

（1）电池组成

$(-)Ag|AgCl|HCl(0.1\ mol\cdot L^{-1})|$玻璃膜|试液$\vdots$KCl(饱和)$|Hg_2Cl_2|Hg(+)$

（2）$E=K'+(0.059\ 2\ V)pH_{试}$　（25 ℃）

（3）$pH_x=pH_s+\dfrac{E_x-E_s}{0.059\ 2\ V}$　（25 ℃）

2. 离子活度（浓度）的测定

（1）电池的组成　以测定 F^- 为例。

$(-)Hg|Hg_2Cl_2|KCl(饱和)\vdots$试液$|LaF_3|NaF+NaCl(0.1mol\cdot L^{-1})|AgCl|Ag(+)$

（2）$E=K'+(0.059\ 2\ V)pF_{试}$　（25 ℃）

（3）电池电动势通式

$$E=K'\pm\frac{0.059\ 2\ V}{n_i}\lg a_i\quad（25\ ℃）$$

3. 定量方法

（1）ISE 测定离子浓度的条件　加入总离子强度调节缓冲剂（TISAB），维持试液和标准溶液的离子强度恒定，控制溶液 pH，掩蔽干扰离子。

（2）标准曲线法

配制一系列待测离子的标准溶液，向标准溶液和待测溶液中加入等量的 TISAB，在相同条件下依次测定各标准溶液的电动势 E 和待测溶液的电动势 E_x。以 E 为纵坐标，离子活度（或浓度）的对数（或负对数）为横坐标，绘制标准曲线，从标准曲线上查得待测溶液中离子的活度（浓度）。

标准曲线法适用于组成简单并已知的同种批量试样的测定。

（3）标准加入法　在一定条件下，向一定体积的待测溶液中准确加入少量离子活度（或浓度）已知的标准溶液，分别测定加入标准溶液前后待测溶液的电动势，根据下式计算出待测离子的活度（或浓度）。

$$c_x=\Delta c(10^{\Delta E/S}-1)^{-1}$$

六、电位滴定法

1. 电位滴定装置

主要由滴定管、滴定池、指示电极、参比电极、搅拌器和电池电动势测量装置等组成。

2. 终点确定方法

（1）作图法　电位滴定法确定终点的方法有 E-V 曲线法、$\Delta E/\Delta V$-$\overline{V}$ 曲线法和 $\Delta^2 E/\Delta V^2$-V 曲线法。E-V 曲线的拐点、$\Delta E/\Delta V$-$\overline{V}$ 曲线的最高点及 $\Delta^2 E/\Delta V^2$ 为零的点所对应的体积为终点体积 V_{ep}。

（2）二阶微商计算法（内插法）

3. 电位滴定法的应用及电极选择

见表 11—5

4. 自动电位滴定法

利用自动电位滴定仪，自动寻找滴定终点，控制滴定速率，到达终点时，自动停止滴定，并进行数据处理和结果计算。

思考与练习

一、思考题

1. 为什么实际测量溶液 pH 时必须使用 pH 标准缓冲溶液？

2. 如何估量离子选择性电极的选择性？

3. 哪些因素影响直接电位法测定的准确度？

4. 测定 F^- 浓度时，为什么要在溶液中加入 TISAB？

二、单项选择题

1. 25 ℃时，某一价金属离子活度从 $1\ mol \cdot L^{-1}$ 降低到 $1 \times 10^{-5}\ mol \cdot L^{-1}$ 时，其电位的变化为（　　）。

A. 0.296 V　　　　　B. 0.059 2 V　　　　　C. 0.118 V　　　　　D. 0.177 V

2. 当金属插入其盐溶液中时，金属表面和溶液界面间形成双电层，产生了电位差，这个电位差叫（　　）。

A. 液接电位　　　　B. 电极电位　　　　C. 电动势　　　　D. 膜电位

3. 银-氯化银电极的电极电位取决于溶液中（　　）。

A. Ag^+ 浓度　　　　　　　　　　B. AgCl 浓度

C. Ag^+ 浓度和 AgCl 浓度总和　　　D. Cl^- 活度

4. 用离子选择性电极测定离子活度时，与测定的相对误差无关的是（　　）。

A. 待测离子价态　　　　　　　　B. 电池电动势本身是否稳定

C. 温度　　　　　　　　　　　　D. 溶液体积

5. 玻璃膜钠离子选择性电极对氢离子的选择性系数为 100，现测浓度为 $1 \times 10^{-5}\ mol \cdot L^{-1}\ Na^+$ 溶液时，要使测定的相对误差小于 $\pm 1\%$，则试液的 pH 应大于（　　）。

A. 3.0　　　　　　B. 5.0　　　　　　C. 7.0　　　　　　D. 9.0

6. KCl 溶液的浓度增加，25 ℃时甘汞电极的电极电位（　　）。

A. 增加　　　　　B. 减小　　　　　C. 不变　　　　　D. 不能确定

7. 以下表述正确的是（　　）。

A. Ag 与 Ag^+ 组成电极的电极反应是 $Ag^+ + e^- \rightleftharpoons Ag$

B. 汞电极可以写成：$Hg\ /\ HgY^{2-}$，MY^{n-4}，M

C. 25 ℃时，汞电极的电极电位是：$\varphi_{Hg^{2+}/Hg} = \varphi^{\ominus}_{Hg^{2+}/Hg} + \dfrac{0.059\,2\ V}{2}\lg\ [M^{n+}]$

D. 玻璃电极膜电位的能斯特方程表示为：$\varphi_{膜} = k + (0.059\,2\ V)pH_{试}$

三、多项选择题

1. 要进行电位分析，至少要用下面电极中的（　　）。

A. 铂电极　　　　B. 参比电极　　　　C. 指示电极　　　　D. 辅助电极

文本

第十一章思考与练习参考答案

2. 常用的参比电极是(　　)。

A. 玻璃电极　　　B. 甘汞电极　　　C. 银－氯化银电极　D. 气敏电极

3. 用离子选择性电极进行测量时,用磁力搅拌器搅拌溶液是为了(　　)。

A. 减小浓差极化　　　　　　　　B. 加快响应速度

C. 使电极表面保持干净　　　　　D. 降低电极内阻

4. 电位滴定确定终点的方法有(　　)。

A. $E-V$ 曲线法　　　　　　　　B. $\Delta E/\Delta V$ 曲线法

C. 指示剂变色　　　　　　　　　D. 二阶微商计算法

5. 要准确进行电位分析测量应考虑的因素有(　　)。

A. 温度　　　　B. 电动势的测量　　　C. 待测离子含量　　D. 能斯特方程

6. 金属基电极作为指示电极的基本原理是(　　)。

A. 电极的电位能随待测离子活度的变化而变化

B. 电极的电位能随待测离子浓度的变化而变化

C. 电极上有氧化还原反应发生

D. 电极电位呈能斯特响应

7. 以下说法正确的是(　　)。

A. ISE 是通过电极上的敏感膜对某种特定离子具有选择性的电位响应而作为指示电极的

B. ISE 所指示的电极电位与相应离子活度的关系符合能斯特方程

C. 在 ISE 电极的薄膜处有氧化还原反应发生

D. ISE 电极对共存的离子也有一定的响应

四、计算题

1. 用硝酸根离子选择性电极测定含有 NO_3^- 和 HPO_4^{2-} 水样中的 NO_3^-,若水样中 HPO_4^{2-} 浓度为 2.0 $mol \cdot L^{-1}$,测定时要使相对误差小于±2%,水样中的 NO_3^- 浓度至少不低于多少($K_{NO_3^-,HPO_4^{2-}}=1.4\times10^{-4}$)?

2. 当下列电池中的溶液是 pH=4.00 的标准缓冲溶液时,在 25 ℃测得电池的电动势为 0.209 V:

$$玻璃电极 | H^+(a=x) \| SCE$$

当缓冲溶液由未知溶液代替时,测得电池电动势如下:(1) 0.312 V;(2) 0.088 V;(3) -0.017 V。试计算每种未知试液的 pH。

3. 以 SCE 作正极,氟离子电极作负极,插入浓度为 0.0010 $mol \cdot L^{-1}$ 的氟离子标准溶液中,测得 $E_1=-0.159$ V,换用含氟离子试液,测得 $E_2=-0.218$ V,计算试液中氟离子浓度。

4. 在 25 ℃时用标准加入法测定 Cu^{2+} 浓度,于 100 mL 铜盐溶液中添加 0.100 $mol \cdot L^{-1} Cu(NO_3)_2$ 溶液1 mL,电动势增加 4 mV,求原溶液的 Cu^{2+} 的浓度。

5. 用钙离子选择性电极和 SCE 置于 100 mL Ca^{2+} 试液中,测得电池电动势为 0.415 V,加入 2 mL 浓度为 0.218 $mol \cdot L^{-1}$ 的 Ca^{2+} 标准溶液后,测得电池电动势为 0.430 V,计算 Ca^{2+} 的浓度。

6. 用氟离子选择性电极作负极,SCE 作正极,取不同体积的含 F^- 标准溶液($c_{F^-}=2.0\times10^{-4}$ $mol \cdot L^{-1}$),加入一定量的 TISAB,稀释至 100 mL,进行电位法测定,测得数据如下:

F^- 标准溶液的体积 V/mL	0.00	0.50	1.00	2.00	3.00	4.00	5.00
测得电池电动势 E/mV	-400	-301	-382	-365	-347	-330	-314

取试样 20 mL,在相同条件下测定,$E_x=-359$ V。

(1) 计算标准曲线的回归方程;

(2) 计算试液中 F^- 的浓度。

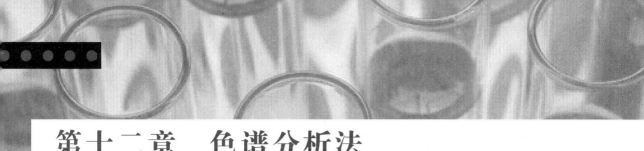

第十二章 色谱分析法

学习目标

知识目标

- 理解色谱分析基本术语。
- 理解气相色谱分析和高效液相色谱分析的流程及应用的异同点。
- 理解色谱柱柱效能及分离度的影响因素。
- 掌握色谱定量方法。
- 掌握热导检测器、氢火焰离子化检测器性能指标及应用。
- 掌握梯度洗脱、程序升温的相似性及应用区别。

能力目标

- 能选择适宜的固定相,并判断出峰顺序。
- 能选择适宜的载气种类、流速、色谱柱温等分离操作条件。
- 能根据色谱图评价柱效能。

知识结构框图

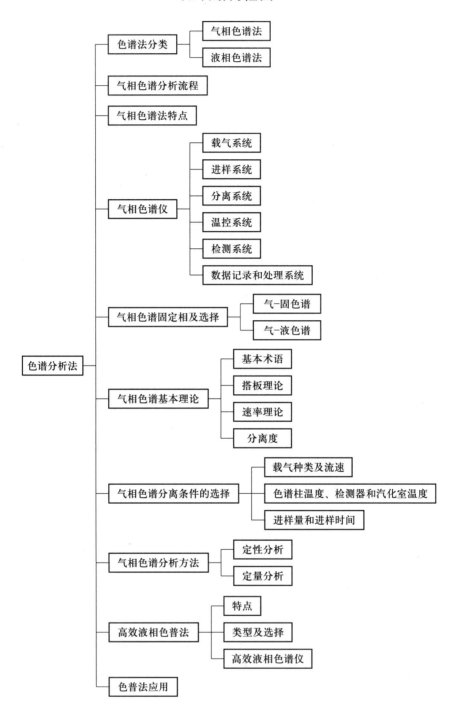

第一节　概　　述

一、色谱分析法起源和分类

1. 色谱分析法起源

1906 年,俄国植物学家茨维特(M.Tswett)使用如图 12–1 所示的装置进行植物叶子的色素分离实验。他用石油醚浸取植物叶子的色素,并将提取液注入填有碳酸钙固体颗粒的玻璃管的上端,色素被碳酸钙固体表面吸附。再用纯的石油醚溶剂从上向下流动淋洗,玻璃管上端的色素混合溶液从碳酸钙固体表面脱附下来,并向下移动,又被下方的碳酸钙固体表面吸附。随着石油醚溶剂的不断向下淋洗,色素混合溶液不断在碳酸钙固体表面吸附、脱附、向下移动,如此反复地进行此过程;一段时间后,形成了具有一定间隔的不同颜色的清晰的谱带,经分析得知,一种谱带即为一种色素。根据此分离现象,将这种分离方法命名为**色谱法**,固定在玻璃管中的碳酸钙颗粒称为**固定相**,淋洗用的不断流动着的石油醚溶剂称为**流动相**,装有固定相的玻璃管称为**色谱柱**,用流动相将被分离的各组分(即色素)从固定相表面淋洗下来的过程称为**洗脱**,此分离手段与分析技术联用即为**色谱分析法**。在上述分离过程中,由于不同的色素性质不同,在同一固定相碳酸钙表面的吸附能力不同,其吸附停留的时间不同,向下移动的速度也不同,因此可在碳酸钙表面得到分离。

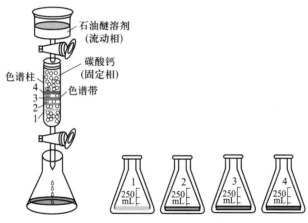

图 12–1　茨维特植物叶子的色素分离示意图

2. 色谱分析法分类

色谱分析法通常按照流动相和固定相的状态及分离原理进行分类。

(1) 按流动相和固定相的状态分类　现代色谱分析的流动相是气体和液体,固定相为固体和液体。根据所用流动相和固定相的不同可对色谱分析法进行如下分类:

$$\text{色谱分析法}\begin{cases}\text{气相色谱分析法}\\ \text{(流动相为气体,GC)}\end{cases}\begin{cases}\text{气-固色谱分析法(固定相为固体)}\\ \text{气-液色谱分析法(固定相为液体)}\end{cases}$$
$$\begin{cases}\text{液相色谱分析法}\\ \text{(流动相为液体,LC)}\end{cases}\begin{cases}\text{液-固色谱分析法(固定相为固体)}\\ \text{液-液色谱分析法(固定相为液体)}\end{cases}$$

(2) 按分离原理分类　按组分和固定相的作用原理的不同,可将色谱分析法分为吸附色谱法和分配色谱法。

① 吸附色谱法　在气-固色谱和液-固色谱中,组分与固定相间的作用是吸附和脱附作用,故该固定相称为固体吸附剂,对应的色谱则称为吸附色谱。组分在固体吸附剂上的吸附能力越强,在色谱柱内停留的时间越长,流过色谱柱需要的时间越长,反之则越短。不同的组分在同种固体吸附剂上吸附能力不同,流过色谱柱需要的时间也不同,因此不同组分先后流出色谱柱而得以分离。

② 分配色谱法　在气-液色谱和液-液色谱中,固定相由一种惰性固体(即载体或称担体)和表面涂渍的高沸点有机化合物液体(称为固定液)组成,而能与被分离的组分起作用的是固定液。组分随流动相进入色谱柱后,会溶解在固定液中,然后又从固定液中挥发出来,再进入流动相。即组分在固定液中反复地进行溶解、挥发、再溶解、再挥发的过程,不断在流动相和固定相两相间进行分配并达到平衡。故气-液色谱和液-液色谱分别称为气-液分配色谱和液-液分配色谱。

二、气相色谱分析流程

如图 12-2 所示,在气相色谱分析(gas chromatography,GC)中,由载气系统的高压钢瓶(或气体发生器)提供的流动相气体即载气(如 H_2、He、N_2 及 Ar 等),经减压阀减压、净化器净化、干燥,稳压阀或稳流阀精确调节其压力后,以稳定的压力和流量连续流经进样系统的试样气化室,将从进样口注入的气体试样(或在气化室瞬间气化的液体试样蒸气)运载进入色谱柱进行分离。分离后的试样组分随载气依次进入检测器,最后放空。检测器将组分的浓度(或质量)转变为电信号。电信号经放大后,由记录器记录下来,即得**色谱图**(也称**色谱流出曲线**),如图 12-3 所示为某白酒的色谱图。依据色谱图提供的信息可进行定性分析和定量分析。

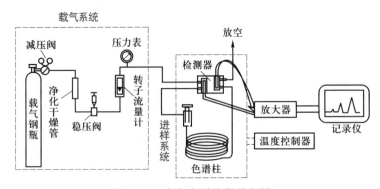

图 12-2　气相色谱流程示意图

256

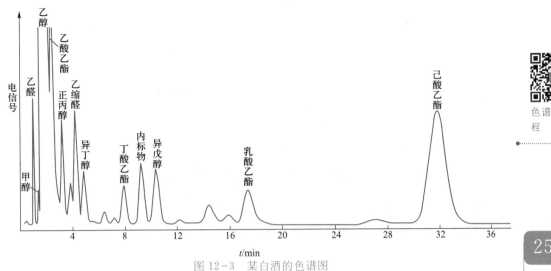

图 12-3　某白酒的色谱图

三、气相色谱法的特点

气相色谱法具有如下特点：

（1）分离效能高　试样中各组分在色谱柱中的分离过程,是各组分与固定相的作用力差异的积累过程,能使性质极为相似的物质得到分离,甚至可分离同位素和同分异构体。其分离效能是其他分离方法无法比拟的。

（2）准确度高、分析速度快　色谱定量分析的准确度较高。试样的分离、定性和定量分析同步进行,缩短了分析时间,一般试样几分钟到几十分钟,有的甚至不到 1 分钟即可完成分析。

（3）选择性高　有较多选择性好的固定相,可供色谱分离选用。

（4）灵敏度高　有高灵敏度的检测器,能检测微量组分。

（5）试样用量少　气体试样仅需要 1 mL,液体试样仅需 1 μL。

（6）定性分析效果差　色谱分析法的不足之处是不能直接对未知物定性,必须用已知纯物质的色谱图对照定性。但当与质谱、红外光谱、核磁共振等方法联用时,不仅可以确切定性,而且更能显现色谱法的高分离效能。

（7）自动化程度高,应用广泛　色谱法与现代新型检测技术和计算机技术联用,出现了许多带有工作站的自动化新型色谱仪,使检测水平有了很大提高,解决了众多的技术难题。目前,色谱法已广泛应用于工农业生产、医药卫生、经济贸易、石油化工、环境保护、生理生化、食品质量与安全等行业的检验中,并实现了化工生产的在线分析。

第二节　气相色谱仪

一、气相色谱仪基本结构

如图 12-4 所示,气相色谱仪是由载气系统、进样系统、分离系统、温控系统、检测系

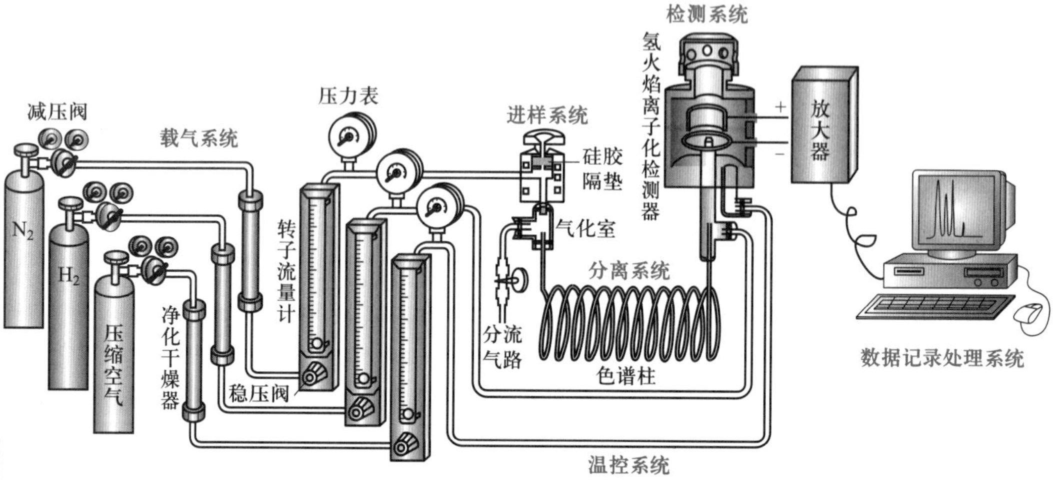

図12-4の上部ラベル：
检测系统
氢火焰离子化检测器
放大器
减压阀
载气系统
压力表
进样系统
硅胶隔垫
气化室
N₂
转子流量计
分流气路
分离系统
H₂
压缩空气
净化干燥器
稳压阀
色谱柱
数据记录处理系统
温控系统

图 12-4　气相色谱仪结构示意图

统、数据记录和处理系统组成。

1. 载气系统

载气系统是指流动相连续运行的密闭管路系统。它包括气源、净化器、气体流速控制和测量装置。通过该系统可获得纯净的、流量(或压力)稳定的载气。为了获得较好的色谱分析结果,载气系统的气密性要好、载气要纯净、流量要稳定且能准确测量。

(1) 载气和辅助气　常用的载气有氢气(H_2)、氦气(He)、氮气(N_2)、氩气(Ar)等。载气可以储存于相应的高压钢瓶中,也可由气体发生器产生。载气的作用是携带试样通过色谱柱,提供试样在柱内运行的动力。载气的选择主要是依据检测器的性质和分离要求。如热导检测器(TCD)常用 H_2 或 He 作载气,氢火焰离子化检测器(FID)可用 N_2 或 He 作载气,电子捕获检测器(ECD)以 N_2 作载气。有些检测器还需要燃气和助燃气作辅助气体,如氢火焰离子化检测器和火焰光度检测器都需要 H_2 作燃气、空气作助燃气。

(2) 净化干燥器　载气在进入色谱仪前,必须经过净化处理。净化干燥器(如图 12-5 所示)中装有净化干燥剂,如活性炭、硅胶和分子筛等,可用于除去载气中的烃类物质、水分和氧气等。采用钢瓶气时,载气的纯度要求为 99.999％。

(3) 稳压、恒流装置　高压钢瓶气需经过减压后才能使用。载气的流速是影响色谱分离和定性分析的重要参数之一,因此其流速必须稳定。载气流速由稳压阀或稳流阀调节控制。稳压阀的作用是通过改变输出气压来调节气体流量的大小,并稳定输出气压。在恒温色谱分析中,当操作条件不变时,整个系统阻力不变,单独使用稳压阀便可使色谱柱入口压力稳定,从而保持稳定的流速。但在程序升温色谱分析中,由于柱内阻力随温度升高而不断增加,载气的流量逐渐减少,因此需要在稳压阀后连接一个稳流阀,以保持恒定的流量。

图 12-5　净化干燥器

图 12-4 是装有毛细管柱、氢火焰离子化检测器的典型气路图。毛细管柱与填充柱气路系统的主要区别是:毛细管柱在柱前有一路载气分流气路,以免色谱柱过载。柱后检测器前有一路尾吹气,用来减少柱后死体积,以防色谱峰的柱后展宽,尾吹气通常从载气源处获得。先进的气相色谱仪,从气源流出的气体经减压后直接进入电子压力流量控制器(EPC)转化成数字控制,流量和压力控制用 EPC 代替了一般的阀件,控制精度有了很大提高,由此也就提高了色谱定性、定量的精度和准确度,如安捷伦、热电等品牌气相色谱仪的气路系统均采用了 EPC 控制。

2. 进样系统

进样系统包括进样器和气化室(见图 12-6),其作用是将由此进入的待测气体或液体试样快速且定量地引入色谱柱分离。进样量的大小、进样时间及试样气化速度等都会影响色谱分离效率和分析结果的准确性及重现性。

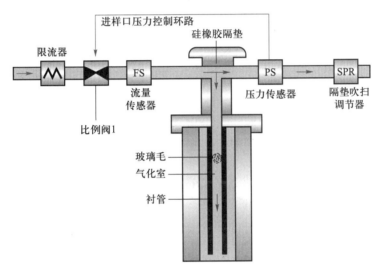

图 12-6　色谱进样口结构示意图

(1) 气化室　液体试样在进入色谱柱前必须在气化室转变成蒸气。气化室位于进样口的下端,为了使试样能瞬间气化而不分解,要求气化室热容量大,温度足够高且无催化效应。因此,气化室由一块金属制成,外套加热块,在气化室内衬有石英套管以消除金属表面的催化作用。气化室注射孔用厚度为 5 mm 的硅橡胶隔垫密封,由散热式压管压紧,采用长针头注射器将试样注入热区,以减少气化室死体积,提高柱效。气化室的不锈钢套管中插有石英管(称为衬管),衬管内壁应保持干净,使用一段时间后应进行清洗或更换,衬管中放有石英玻璃毛,能起到保护色谱柱的作用。进样口硅橡胶隔垫的作用是防止漏气,硅橡胶在使用一段时间后会失去密封作用,应及时更换。进入进样口的载气会分成两路,一路进行隔垫吹扫,用少量的载气清除在进样中产生的隔垫流失物;另一路进入衬管,并由此携带试样进入色谱柱。

(2) 进样器　进样器主要有微量注射器、六通阀进样器和自动进样器。

① 微量注射器。液体进样一般用微量注射器(见图 12-7),常用的规格是 1 μL、5 μL、10 μL 和 25 μL 等,一般不超过 10 μL。

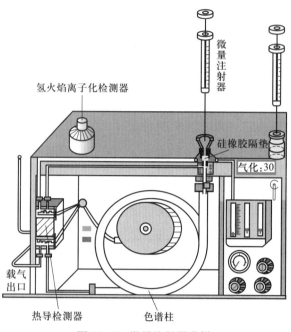

图 12-7　微量注射器进样

② 六通阀进样。气体进样常用的是旋转式六通阀进样,如图 12-8 所示,当六通阀处于取样位时,用注射器或球胆将试样压入定量管中;转至进样位时,流动相将试样带入色谱柱,气体进样量一般不超过 10 mL。

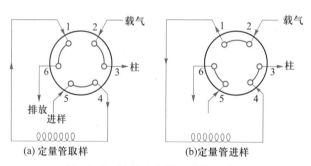

图 12-8　旋转式六通阀进样示意图

③ 自动进样器。图 12-9 所示为自动进样器,适用于大批量液体试样的进样。

（3）毛细管柱的进样方式

① 毛细管柱的分流进样。毛细管柱的柱容量较小,为了保证毛细管柱的低容量和高柱效,多采用分流进样,如图 12-10 所示。采用分流进样时,进入进样口的载气分两路,一路冲洗进样隔垫,另一路以较快的速度进入气化室,与气化后的试样混合,并在毛细管柱入口处进行分流。在分流进样中,气化后的试样大部分经分流管放空,只有极少部分被载气带入色谱柱。分流进样中,由于大部分试样都放空,所以常用于较高浓度试样的分析,也用于不能稀释的试样的分析。在分流进样中分流流量与柱流量的比称为**分流**

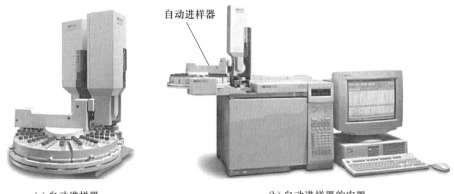

(a) 自动进样器   (b) 自动进样器的安置

图 12-9　HP6890 型气相色谱仪自动进样器

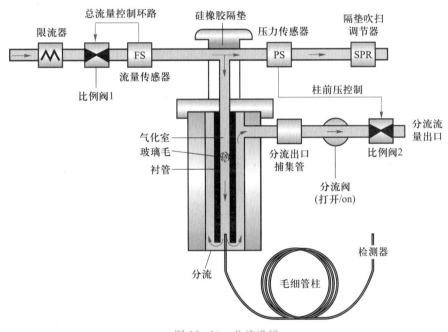

图 12-10　分流进样

比,普通毛细管柱的分流比一般设为 $50:1\sim500:1$。

　　② 毛细管柱的不分流进样。如图 12-11 所示,不分流进样时分流阀关闭,当大部分溶剂和试样进入色谱柱后(一般为 $30\sim90$ s),打开分流阀吹扫衬管中剩余的蒸气,如此可避免由于进样体积大和柱流量小引起的溶剂拖尾。采用这种方式进样几乎所有的试样都进入了色谱柱,所以适用于痕量分析。

　　此外,还有冷柱头进样、程序升温进样、顶空进样等进样方式。

　　3. 分离系统

　　色谱仪的分离系统是安装在柱箱内的色谱柱。如图 12-12(a)所示,色谱柱的入口与气化室相连,其出口连在检测器上,用于分离试样,是色谱仪的核心部分。色谱柱主要有填充柱和毛细管柱两类,如图 12-12(b)和(c)所示。

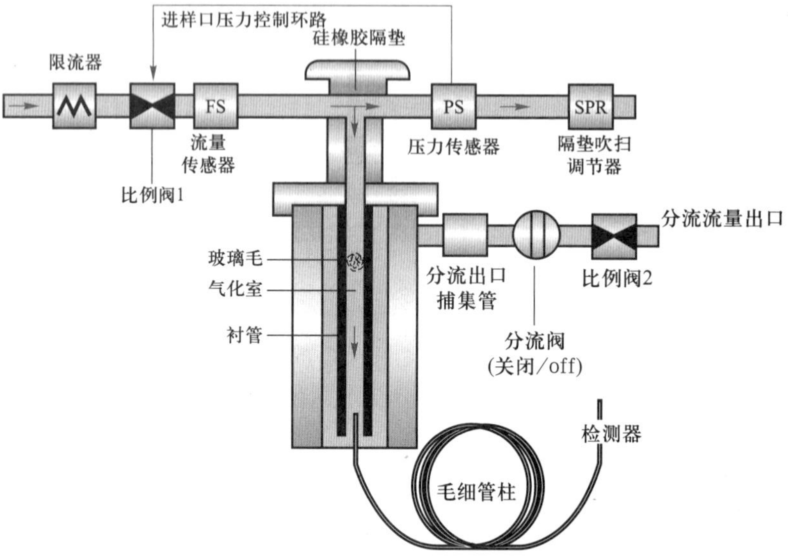

图 12-11　不分流进样

(a) 色谱柱的安置　　　　　(b) 填充柱　　　　　(c) 毛细管柱

图 12-12　色谱柱

（1）填充柱　填充柱由不锈钢或玻璃材料制成,内装固定相,一般内径为 3~4 mm,长1~5 m。形状有 U 形和螺旋形两种,常用的是螺旋形的。填充柱制备简单,可供选择的固定相种类多,柱容量大,分离效能也足够高,应用很广泛。

（2）毛细管柱　毛细管柱又叫空心柱,可分为如下几种:

① 涂壁开管柱（WCOT）,是将固定液均匀地涂在内径为 0.1~0.5mm 的毛细管内壁而成。

② 多孔层开管柱（PLOT）,在管壁上涂一层多孔性吸附剂固体微粒。

③ 载体涂渍开管柱（SCOT）,先在毛细管内壁涂上一层载体,如硅藻土载体,在此载体上再涂以固定液。

④ 键合型开管柱,将固定液用化学键合的方法键合到涂敷硅胶的柱表面或经表面处理的毛细管内壁上,该类柱的固定液流失少,热稳定性高。

常用色谱柱的特点和用途见表 12-1。

表 12-1　常用色谱柱的特点和用途

参数		柱长 m	内径 mm	柱效能 n/m	进样量 ng	液膜厚度 μm	相对压力	主要用途
填充柱	经典柱 微型柱 制备柱	1~5	2~4 ≤1 >4	500~1 000	10~10⁶	10	高	分析试样 分析试样 制备纯化学品
毛细管柱	微径柱 常规柱 大口径柱	1~10 50~100 10~50	≤0.1 0.2~0.32 0.53~0.75	4 000~8 000 3 000~5 000 1 000~2 000	10~1 000	0.1~1	低	快速分析 常规分析 定量分析

实际中最常用的毛细管柱材料是弹性石英。普通毛细管柱的内径一般为 0.32 mm，大口径毛细管柱内径为 0.53 mm。毛细管柱渗透性好，传质阻力小，柱长可达几十米甚至几百米。柱效能高(理论塔板数 n 可达 1.0×10^6)，分析速度快，试样用量小。缺点是柱容量小，对检测器的灵敏度要求高。

4. 温控系统

温控系统的作用是对气相色谱的气化室、色谱柱和检测器进行温度控制。在气相色谱测定中，温度直接影响液体试样的气化程度、色谱柱的分离效能、检测器的灵敏度和稳定性。色谱柱的温度控制方式有恒温和程序升温两种。对于沸点范围很宽的混合物，往往采用程序升温方式进行分析。程序升温是指在一个分析周期内，炉温连续地随时间由低温到高温线性或非线性地变化，使沸点不同的组分在其最佳柱温时流出。程序升温方式具有改进分离、使峰变窄、检测限降低及省时等优点。一般地，气化室温度比柱温高 30~70 ℃，以保证试样能瞬间气化而不分解。检测器温度与柱温相同或略高于柱温，以防止试样在检测器中冷凝。检测器的温度控制精度要求在 ±0.1 ℃ 以内，色谱柱的温度也要求能精确控制。

5. 检测系统、数据记录和处理系统

检测系统和数据记录系统包括检测器、放大器和记录仪。目前气相色谱仪采用了色谱工作站的计算机系统，不仅可对色谱仪进行实时控制，还可自动采集数据和完成数据处理。气相色谱检测器的种类很多，常用的有热导池检测器、氢火焰离子化检测器、电子捕获检测器和火焰光度检测器等。根据检测原理的不同，可将检测器分为浓度型检测器和质量型检测器两类。浓度型检测器(如热导池检测器和电子捕获检测器等)测量的是载气中某组分浓度瞬间的变化，即检测器的响应值与载气中组分的浓度成正比。质量型检测器(如氢火焰离子化检测器和火焰光度检测器等)测量的是载气中某组分进入检测器的速度变化，即检测器的响应值与单位时间内进入检测器某组分的质量成正比。

二、气相色谱固定相及选择

气相色谱固定相包括气-固色谱固定相和气-液色谱固定相。

某一多组分混合物中各组分能否完全分开，主要取决于色谱柱的效能和选择性，后者在很大程度上取决于固定相的选择是否适当，因此，固定相的性质对分离起着关键的作用。

1. 气-固色谱固定相

气-固色谱固定相一般采用固体吸附剂,主要用于分离和分析永久性气体(常温常压下为气体)及气态(低沸点)烃类物质。常用的固体吸附剂主要有强极性的硅胶、弱极性的氧化铝、非极性的活性炭和具有特殊吸附作用的分子筛,可根据它们对各种气体的吸附能力的不同选择适宜的吸附剂。常见的吸附剂及其一般用途见表12-2。

表 12-2　气-固色谱常用的几种吸附剂及性能

吸附剂	主要化学成分	最高使用温度/℃	性质	分离特征
活性炭	C	<300	非极性	永久性气体、低沸点烃类
石墨化炭黑	C	>500	非极性	主要分离气体及烃类
硅胶	$SiO_2 \cdot xH_2O$	<400	极性	永久性气体及低级烃
氧化铝	Al_2O_3	<400	弱极性	烃类及有机异构物
分子筛	$x(MO) \cdot y(Al_2O_3) \cdot z(SiO_2) \cdot nH_2O$	<400	极性	特别适宜分离永久性气体

2. 气-液色谱固定相

气-液色谱是用高沸点的有机化合物涂渍在载体或管壁上作为固定相。由于可供选择的固定液种类很多,故选择性较好,应用广泛。

(1) 载体　载体是固定液的支持骨架,是一种多孔性的、化学惰性的固体颗粒,固定液可在其表面形成一层薄而均匀的液膜,以加大与流动相接触的表面积。

载体可分为硅藻土型和非硅藻土型。气-液色谱一般选用红色或白色硅藻土作载体。

(2) 固定液　固定液一般为高沸点的有机物,均匀地涂在载体或管壁表面,在色谱柱温下呈液膜状态。

① 对固定液的要求。理想的固定液应满足下列要求:

a. 对待测组分呈化学惰性;

b. 热稳定性好,在操作温度下固定液的蒸气压很低,应小于13.3 Pa,超过此限度,固定液易挥发而流失;

c. 对不同的物质具有较高的选择性;

d. 黏度小、凝固点低,对载体表面具有良好浸润性,易涂布均匀;

e. 对试样中各组分有适当的溶解能力。

② 固定液的分类。固定液种类众多,其组成、性质和用途各不相同。主要依据固定液的极性和化学类型来进行分类。固定液的极性可用相对极性(P)来表示。相对极性的确定方法为:规定非极性固定液角鲨烷的极性 $P=0$,强极性固定液 β, β'-氧二丙腈的极性 $P=100$。其他固定液以此为标准,通过实验测出它们的相对极性均为0~100。通常将相对极性值分为五级,每20个相对单位为一级,相对极性在0~+1的为非极性固定液(亦可用"-1"表示非极性);+2为弱极性固定液;+3为中等极性固定液;+4、+5为强极性固定液。表12-3列出了12种常用的固定液,此12种固定液的极性均匀递增,可作为色谱分离的优选固定液。

表 12−3　常用的固定液

固定液名称	型号	相对极性	最高使用温度/℃	溶剂	分析对象
角鲨烷	SQ	−1	150	乙醚、甲苯	气态烃、轻馏分液态烃
甲基硅油或甲基硅橡胶	SE−30 OV−101	1	350 200	氯仿、甲苯	各种高沸点化合物
苯基(10%)甲基聚硅氧烷	OV−3	1	350	丙酮、苯	各种高沸点化合物,对芳香族和极性化合物保留值增大
苯基(25%)甲基聚硅氧烷	OV−7	2	300	丙酮、苯	OV−17+QF−1 可分析含氯农药
苯基(50%)甲基聚硅氧烷	OV−17	2	300	丙酮、苯	
苯基(60%)甲基聚硅氧烷	OV−22	2	300	丙酮、苯	
三氟丙基(50%)甲基聚硅氧烷	QF−1 OV−210	3	250	氯仿、二氯甲烷	含卤化合物、金属螯合物、甾族化合物
β-氰乙基(25%)甲基聚硅氧烷	XE−60	3	275	氯仿、二氯甲烷	苯酚、酚醚、芳胺、生物碱、甾族化合物
聚乙二醇	PEG−20M	4	225	丙酮、氯仿	选择性保留分离含 O、N 官能团及 O、N 杂环化合物
聚己二酸二乙二醇酯	DEGA	4	250	丙酮、氯仿	分离 $C_1 \sim C_{24}$ 脂肪酸甲酯、甲酚异构体
聚丁二酸二乙二醇酯	DEGS	4	220	丙酮、氯仿	分离饱和及不饱和脂肪酸酯、苯二甲酸酯异构体
1,2,3−三(2-氰乙氧基)丙烷	TCEP	5	175	氯仿、甲醇	选择性保留低级含 O 化合物,伯、仲胺,不饱和烃、环烷烃等

（3）固定液的选择　一般可按"相似相溶"原则选择固定液。因为组分与固定液的性质相似,分子间的作用力强,选择性高,分离效果好。

① 分离非极性混合物一般选用非极性固定液。此时试样中各组分按沸点次序流出,沸点低的先流出,沸点高的后流出。如果非极性混合物中含有极性组分,当沸点相近时,极性组分先出峰。

② 分离极性混合物宜选用极性固定液。试样中各组分按极性由小到大的次序流出。

③ 对于非极性和极性的混合物的分离,一般选用极性固定液,非极性组分先流出,极性组分后流出。

④ 能形成氢键的试样,如醇、酚、胺和水等,应选用氢键型固定液,如腈醚和多元醇固

定液等,也可选择极性固定液,各组分按与固定液形成氢键能力或极性的大小顺序流出。

⑤ 对于复杂组分,一般首先选择不同极性固定液进行实验,观察未知物色谱图的分离情况,然后在 12 种常用固定液中,选择极性合适的固定液。

3. 合成固定相

合成固定相又称聚合物固定相,包括高分子多孔微球和键合固定相。其中键合固定相多用于液相色谱。高分子多孔微球是一种合成的有机固定相,可分为极性和非极性两种。非极性聚合固定相由苯乙烯和二乙烯苯共聚而成,如我国的 GDX-1 型和 GDX-2 型及国外的 Chromosorb 系列等。极性聚合固定相是在苯乙烯和二乙烯苯聚合时引入不同极性的基团,即可得到不同极性的聚合物,如我国的 GDX-3 型、GDX-4 型及国外的 Porapak N 等。

聚合物固定相可在活化后直接用于分离,也可作为载体在其表面涂渍固定液后再使用。这类高分子多孔微球的比表面积和机械强度较大,且耐腐蚀,其最高使用温度为 270 ℃,特别适用于有机物中痕量水的分析,也可用于多元醇、脂肪酸、腈类和胺类的分析。

三、气相色谱检测器

(一)常用的气相色谱检测器

1. 热导池检测器

热导池检测器(TCD)的检测依据是不同的物质具有不同的热导系数。由于它结构简单,性能稳定,通用性好,线性范围宽,价格便宜,是应用最广、最成熟的一种检测器。

热导池由池体和热敏元件构成,热敏元件为钨丝或铼钨合金丝。目前普遍使用的是四臂热导池,其中两臂为参比臂,另两臂为测量臂。将参比臂和测量臂接入惠斯通电桥,组成热导池测量线路,如图 12-13 所示。其中 R_2、R_3 为测量臂,R_1、R_4 为参比臂。电源提供恒定电压加热钨丝,当只有载气以恒定速度通入热导池腔体时,载气从热敏元件带走相同的热量,热敏元件温度变化相同,其电阻值变化也相同,电桥处于平衡状态。即 $R_1R_4 = R_2R_3$。此时记录仪或积分仪画出的一条直线即为基线。进样后试样气体和载气混合通过测量臂,由于试样与载气的热导系数不同,测量臂内钨丝表面

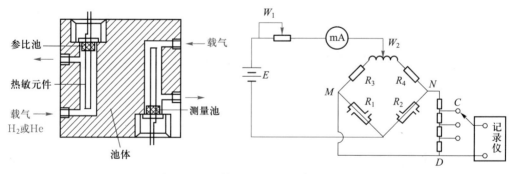

图 12-13　热导池检测器结构示意图

温度发生变化并导致电阻发生改变,电桥失去平衡,记录仪上就有信号产生,即为试样色谱峰。待测组分的热导系数与载气的热导系数相差越大,输出信号就越大,试样的检测灵敏度也就越高,一些常见气体的热导系数见表12-4。

表12-4　一些气体与蒸气的热导系数

气体或蒸气	热导系数/$[10^{-4}J\cdot(cm\cdot s\cdot ℃)^{-1}]$		气体或蒸气	热导系数/$[10^{-4}J\cdot(cm\cdot s\cdot ℃)^{-1}]$	
	0 ℃	100 ℃		0 ℃	100 ℃
氦气	14.57	17.41	正丁烷	1.34	2.34
氢气	17.41	22.4	正己烷	1.26	2.09
氮气	2.43	3.14	苯	0.92	1.84
二氧化碳	1.47	2.22	丙酮	1.01	1.76
甲烷	3.01	4.56	甲醇	1.42	2.30
乙烷	1.80	3.06	氯仿	0.67	1.05
丙烷	1.51	2.64	乙酸乙酯	0.67	1.72

267

从表12-4中可以看出,对大多数试样来说,选择氢气或氦气作载气时,热导池检测器的灵敏度较高。但如果检测氢气或氦气时,则用氮气作载气热导池检测器的灵敏度较高,其原因是氢气、氦气与氮气的热导系数相差较大。

热导池检测器是一种通用型、浓度型检测器,不破坏试样,并可串联其他检测器一起使用。在使用热导池检测器时,应先通入载气或尾吹气吹扫10~15 min,保证没有空气后才能加载检测器的电流,否则检测器中的热丝很容易烧坏。

2. 氢火焰离子化检测器

氢火焰离子化检测器(FID)简称氢焰检测器。其结构如图12-14所示,其主要部件是一个用不锈钢制成的离子室,包括收集极、发射极(极化极)、气体入口和喷嘴。FID需要三种气体,即载气(常用N_2)、燃气(H_2)和助燃气(空气),三者的流量比为载气:氢气:空气为$1:(1\sim1.5):(10\sim15)$。

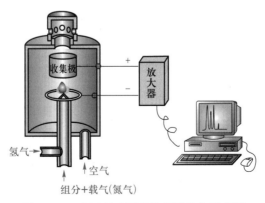

图12-14　氢火焰离子化检测器结构示意图

在离子室下部,待测组分被载气携带从色谱柱流出,与氢气混合后通过喷嘴,再与空气混合后点火燃烧,形成氢火焰。燃烧所产生的高温(约 2 100 ℃)使待测有机物组分电离成正、负离子。在火焰上方收集极(阳极)和发射极(阴极)所形成的静电场作用下,离子流定向运动形成电流,经放大、记录即得色谱峰。如果是毛细管柱,则可把柱子伸到喷嘴下 1～2 mm 处,使死体积减至最小。

氢火焰离子化检测器是气相色谱中最常用的检测器之一,它具有以下优良性能:

① 对大多数有机物,尤其是碳氢化合物有很高的灵敏度,比 TCD 高 2～3 个数量级;

② 线性范围宽;

③ 检测器耐用,噪声小,基线稳定性好;

④ 死体积小,响应快;

⑤ 对温度变化不敏感。

氢火焰离子化检测器的主要缺点是不能检测水、CO、CO_2、氮等永久性气体的氧化物、硫化氢等无机物。

小贴士

在使用氢火焰离子化检测器时,在点火前应将检测器温度升至 100 ℃ 以上(HP6890 气相色谱仪的氢火焰离子化检测器温度应设置为不低于 150 ℃,否则会点不着火),避免水蒸气在检测器中冷凝,从而影响检测器的灵敏度。

---

*3. 电子捕获检测器

电子捕获检测器(ECD)是一种应用广泛的高选择性、高灵敏度的浓度型检测器,它对具有电负性的物质(如含卤素、硫、磷、氮等)的检测有很高的灵敏度。物质的电负性越强,其检测灵敏度越高。检出限最低可达 $10^{-14}\ \mathrm{g \cdot mL^{-1}}$。电子捕获检测器广泛应用于食品、农副产品中农药残留、大气及水质污染分析。

电子捕获检测器的构造如图 12-15 所示,检测器的池体作阴极,圆筒内侧装有 β(^{63}Ni 或 ^{3}H)放射源,一个不锈钢棒作为阳极,在两极间施加直流或脉冲电压,当载气(一般为 N_2 或 Ar)进入检测器时,在 β 粒子的轰击下被电离,形成正离子和低能电子:

$$N_2 \xrightarrow{\ \beta\ \text{射线}\ } N_2^+ + e^-$$

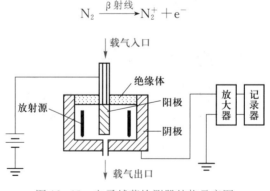

图 12-15　电子捕获检测器结构示意图

这些电子在电场作用下，向阳极运动，形成恒定的电流即基流。当电负性物质进入检测器后，就能捕获这些低能电子，从而使基流下降，产生负信号(即倒峰)，如图 12−16 所示。待测组分的浓度越大，倒峰越大；组分中电负性元素的电负性越强，捕获电子的能力越大，倒峰也越大。实际过程中，常通过改变极性使负峰变为正峰。

电子捕获检测器在气相色谱中是灵敏度最高的一种检测器，载气的纯度和流速对信号值和稳定性有很大的影响，电子捕获检测器一般用 N_2 作载气并彻底除去水和氧气；检测器的温度变化对电子捕获检测器响应值也有较大的影响；电子捕获检测器线性范围(约为 10^3)较窄，进样量不可太大，使用温度为 250～300 ℃。

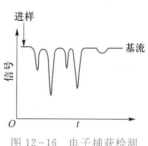

图 12−16　电子捕获检测器产生的色谱图

使用电子捕获检测器时，排出的废气必须接到室外，因为检测器放射源产生的 β 粒子会随载气一起流出检测器外。

*4. 火焰光度检测器

火焰光度检测器(FPD)又称硫、磷检测器，它是对含硫、磷的有机物具有高选择性和灵敏度的质量型检测器。对磷的检出限可达 $10^{-12}\,g\cdot s^{-1}$，对硫的检出限可达 $10^{-11}\,g\cdot s^{-1}$。可用于大气中痕量硫化物及农副产品、水中纳克级有机磷和有机硫农药残留量的测定。

火焰光度检测器是把氢火焰离子化检测器和光度计结合在一起的结构，如图 12−17 所示，其气路与氢火焰离子化检测器相同，火焰光度检测器主要由火焰喷嘴、滤光片和光电倍增管组成。含硫(或磷)的试样进入氢火焰离子室时，在富氢−空气火焰中燃烧，发生下列反应：

$$RS+O_2 \longrightarrow SO_2+CO_2$$
$$SO_2+4H \longrightarrow S+2H_2O$$

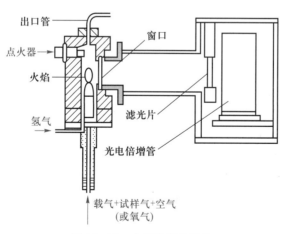

图 12−17　火焰光度检测器

有机硫首先被氧化成 SO_2，然后被氢还原为 S 原子，S 原子在适当的温度下生成激发态的 S_2^* 分子，当 S_2^* 返回基态时发射出特征波长为 350～430 nm 的特征分子光谱。

$$S_2^* \longrightarrow S_2+h\nu$$

含磷的试样燃烧时生成磷的氧化物,然后在富氢的火焰中被氢还原为化学发光的HPO(氢氧磷)碎片,发射出 526 nm 波长的特征光谱。发射光通过滤光片照射到光电倍增管上,将光强度转变为光电流,经放大后由记录仪记录即得化合物色谱图。

(二) 气相色谱检测器的性能指标

对气相色谱检测器性能的要求是通用性强、线性范围宽、稳定性好、响应速度快等。一般可用下列参数进行评价。

1. 检测器的基线噪声与基线漂移

在没有组分进入检测器的情况下,仅因为检测器本身及色谱条件波动(如固定相流失,隔垫流失,载气、温度、电压波动及漏气等因素)使基线在短时间内发生起伏的信号称为基线噪声 N,单位为 mV 或 mA,基线噪声是检测器的本底信号。基线在一定时间内产生的偏离,称为基线漂移 M,其单位为 $mV·h^{-1}$ 或 $mA·h^{-1}$。基线噪声与基线漂移可用以衡量检测器的稳定性。基线噪声与基线漂移的区别见图 12-18。

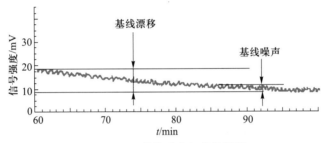

图 12-18　基线噪声与基线漂移

2. 检测器的线性范围

检测器的线性范围是指检测器内载气中的组分含量(进样量)Q 与响应信号 R(峰高或峰面积)成正比的范围,以最大允许进样量与最小进样量的比值表示。检测器的线性范围越宽越好。在试样分析中,尤其是对浓度范围较宽的试样,必须在线性范围内定量,以保证对组分的定量准确。

3. 检测器的灵敏度(S)

当一定浓度或一定质量的试样进入检测器,产生一定响应信号 R。以进样量 Q(单位为 $mg·mL^{-1}$ 或 $g·s^{-1}$)对响应信号 R 作图,可得到一条直线,如图 12-19 所示,直线的斜率即为检测器的灵敏度,以 S 表示。因此,灵敏度就是响应信号对进样量的变化率:

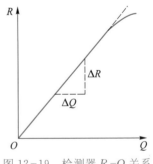

图 12-19　检测器 $R-Q$ 关系

$$S = \frac{\Delta R}{\Delta Q} \qquad (12-1)$$

对于浓度型检测器,液体试样灵敏度的单位是 $mV·mL·mg^{-1}$,即每毫升载气中有 1 mg 试样时在检测器上能产生的响应信号(单位 mV);若试样为气体,则灵敏度单位是 $mV·mL·mL^{-1}$。对于质量型检测器,其响应值取决于单位时间内进入检测器的某组分的量,灵敏度的单位是 $mV·s·g^{-1}$。

4. 检测器的检测限

如图 12-20 所示,当检测器产生的信号是噪声 N 的 2 倍时,用单位体积载气或单位时间内进入检测器的组分量来评价检测器的灵敏度,称为检测器的检测限 D,即

$$D = \frac{2N}{S} \tag{12-2}$$

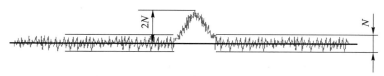

图 12-20　检测器产生两倍噪声的信号

灵敏度和检测限是从两个不同角度表示检测器对物质敏感程度的指标。由式(12-2)可知,检测器的灵敏度越高,检测限越小,则表示检测器性能越好。通常高灵敏度的检测器(如 FID、NPD、ECD 等)用检测限表示检测器的性能。

5. 检测器的响应时间

响应时间是指某一组分进入检测器至输出信号达到其真值的 63% 所需的时间。显然,检测器的响应时间越短,其性能越好。

第三节　气相色谱理论基础

色谱图(如图 12-21 所示),其纵坐标为检测器输出的电信号(电压或电流),它反映流出组分在检测器中的浓度或质量的大小,横坐标为组分流过色谱柱所需的时间,故该曲线也称为**色谱流出曲线**,是选择色谱操作条件、评价色谱分离效能、进行色谱定性分析和定量分析的依据。

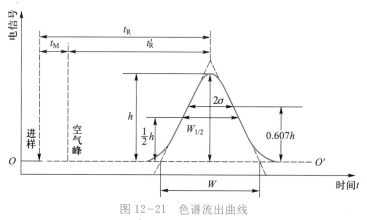

图 12-21　色谱流出曲线

动画
色谱流出曲线

一、气相色谱基本术语

1. 基线

操作条件稳定后,无试样通过检测器时记录到的信号称为**基线**。它反映了检测器系

统噪声随时间的变化情况,稳定的基线是一条水平直线,如图 12-21 中的 OO' 线。

2. 色谱峰

当有组分进入检测器时,色谱流出曲线就会偏离基线,这时检测器输出信号随检测器中的组分浓度而改变,直至组分全部离开检测器,此时绘出的曲线称为**色谱峰**。理论上色谱峰应该是对称的、呈正态分布的曲线。但实际中常出现非对称的色谱峰,如图 12-22 所示。

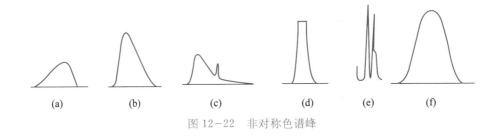

(a)　　　(b)　　　(c)　　　(d)　　　(e)　　　(f)

图 12-22　非对称色谱峰

3. 保留值

保留值是表示试样中各组分在色谱柱中的停留时间或将组分带出色谱柱所需载气的体积数值。在一定的固定相和操作条件下,任何物质都有确定的保留值。因此,保留值是色谱定性分析的参数。

(1) 死时间 t_M 和死体积 V_M　不被固定相吸附或溶解的组分即非滞留组分(如空气或甲烷),从进样开始到色谱峰顶(即浓度极大)所对应的时间,称为**死时间**。死时间与柱前后的连接管道和柱内空隙体积的大小有关。利用死时间可以测定流动相的平均线速 u,即

$$u = \frac{\text{柱长}}{t_M} = \frac{L}{t_M} \qquad (12-3)$$

死时间 t_M 内流动相(即载气)流过的体积,称为**死体积** V_M,它等于 t_M 与操作条件下流动相的体积流量 q_{V0}(mL·min^{-1})的乘积,即

$$V_M = t_M q_{V0} \qquad (12-4)$$

(2) 保留时间 t_R 和保留体积 V_R　组分从进样开始到出现色谱峰顶所需要的时间为**保留时间**,此时间内流过载气的体积称为**保留体积**。

(3) 调整保留时间 t'_R 和调整保留体积 V'_R　扣除死时间后组分的保留时间,称为**调整保留时间**。它表示该组分因在固定相上吸附或溶解,比非滞留组分在柱内多滞留的时间,即

$$t'_R = t_R - t_M \qquad (12-5)$$

同理,调整保留体积 V'_R 为

$$V'_R = V_R - V_M = (t_R - t_M) q_{V0} = t'_R q_{V0} \qquad (12-6)$$

死体积反映了色谱柱的几何特性,与待测物质的性质无关。故调整保留值 t'_R 和 V'_R 更能合理地反映待测组分的保留特性。

（4）相对保留值 γ_{is}　在一定实验条件下，某组分 i 的调整保留值与标准物质 s 的调整保留值之比，称为**相对保留值**，即

$$\gamma_{is}=\frac{t'_{Ri}}{t'_{Rs}}=\frac{V'_{Ri}}{V'_{Rs}} \tag{12-7}$$

γ_{is} 仅与柱温及固定相性质有关，而与其他操作条件（如柱长、柱填充情况及载气的流速等）无关。因此，γ_{is} 是色谱定性分析的重要参数。

（5）选择性因子 α_{21}　相邻两组分调整保留值之比称为**选择性因子**，即

$$\alpha_{21}=\frac{t'_{R2}}{t'_{R1}}=\frac{V'_{R2}}{V'_{R1}} \tag{12-8}$$

α_{21} 的大小反映了色谱柱对难分离组分的选择性。α_{21} 越大，相邻两组分色谱峰间的距离越远，色谱柱对两组分的选择性越高，分离程度越大。当 α_{21} 等于 1 时，相邻两组分不能分离。

（6）相比率 β　相比率是指色谱柱内的流动相与固定相的体积之比，即 $\beta=\dfrac{V_m}{V_s}$，它能反映各种类型色谱柱的不同特点。

对于气–固色谱：

$$\beta=\frac{V_G}{V_S} \tag{12-9}$$

对于气–液色谱：

$$\beta=\frac{V_G}{V_L} \tag{12-10}$$

式中：V_G 为色谱柱内气相空间，mL；V_S 为色谱柱内吸附剂所占的体积，mL；V_L 为色谱柱内固定液所占的体积，mL。

4. 峰高和峰面积

峰高是指从色谱峰顶到基线的垂直距离，用 h 表示。由色谱峰与基线所围成的面积称为峰面积，用 A 表示。峰高和峰面积是色谱定量分析的基本依据。

5. 峰宽、半峰宽与标准偏差

从色谱峰两侧拐点作切线，与基线交点之间的距离称为**峰宽**，也称**基线宽度**或**峰底宽**，用 W 表示。色谱峰的峰高一半处的宽度称为**半峰宽**，用 $W_{1/2}$ 表示。在峰高的 0.607 倍处，峰宽度的一半称为**标准偏差**，用 σ 表示。

6. 分配系数 K

组分在固定相和流动相间的分配处于平衡状态时，组分在两相中的浓度之比，用**分配系数** K 表示，即

$$K=\frac{\text{组分在固定相中的浓度}}{\text{组分在流动相中的浓度}}=\frac{c_s}{c_m}=\frac{\rho_s}{\rho_m} \tag{12-11}$$

组分的分配系数 K 与固定相和柱温有关，K 值小的组分，每次分配达平衡后在流动

相中的浓度较大,因此能较早地流出色谱柱,K 值大的组分则后流出色谱柱。所以,组分分配系数的差异是混合物中各组分分离的基础。

7. 分配比 k

在一定的温度和压力下,组分在流动相和固定相间分配达到平衡时,分配在固定相和流动相中的质量比,称为**分配比**,即

$$k = \frac{\text{组分在固定相中的质量}}{\text{组分在流动相中的质量}} = \frac{m_s}{m_m} = \frac{\rho_s V_s}{\rho_m V_m} = K \frac{V_s}{V_m} = \frac{K}{\beta} = \frac{t_R'}{t_M} \qquad (12-12)$$

k 值越大,说明组分在固定相中的量越多,相当于柱的容量越大,因此 k 又称**分配容量比**或**容量因子**。它是衡量色谱柱对待分离组分保留能力的重要参数。柱中流动相的体积 V_m 近似于死体积 V_M;V_s 在分配色谱中表示固定液的体积,在凝胶色谱中则表示固定相孔穴的体积;相比率 $\beta = V_m/V_s$ 是柱型特征参数,对于填充柱,β 一般为 $6\sim35$,对于毛细管柱,β 一般为 $60\sim600$。

分配系数和分配比都与组分及固定相的热力学性质有关,并随柱温、柱压的变化而变化。分配系数是组分在两相中浓度之比,与两相体积无关;分配比则是组分在两相中分配总量之比,与两相体积有关,组分的分配比随固定相的量而改变。对于给定的色谱体系,组分的分离取决于组分在每一相中的总量大小而不是相对浓度大小,因此分配比更常用于衡量色谱柱对组分的保留能力。

二、塔板理论

如图 12-23 所示,塔板理论模型是将一根色谱柱视为一个分馏塔,即色谱柱由一系列连续的、相等的水平塔板组成。每一块塔板的高度用 H 表示,称为**塔板高度**,简称**板高**。塔板理论假设:在每一块塔板上,溶质(即待分离组分)在两相间很快达到分配平衡,然后随着流动相按一个一个塔板的方式向前移动。对一根长为 L 的色谱柱,溶质在流动相和固定相间平衡的次数应为

$$n = \frac{L}{H} \qquad (12-13)$$

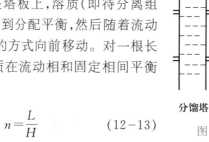
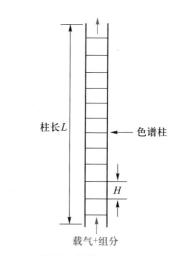

图 12-23 塔板理论模型示意图

n 为**理论塔板数**。与分馏塔一样,色谱柱的柱效能随理论塔板数的增加而增加,随板高 H 的增大而减小。塔板理论指出:

(1) 当溶质在柱中的平衡次数,即理论塔板数 $n > 50$ 时,可得到基本对称的峰形曲线。在色谱柱中,n 一般都很大,如气相色谱柱的 n 一般为 $10^3 \sim 10^5$,因而此时的流出曲线可趋近于正态分布曲线。

(2) 当试样进入色谱柱后,只要各组分在两相间的分配系数有微小差异,经过反复多次的分配平衡后,即可得到良好的分离。

(3) n 与半峰宽度及峰底宽的关系式为

$$n = 5.54 \times \left(\frac{t_R}{W_{1/2}} \right)^2 = 16 \times \left(\frac{t_R}{W} \right)^2 \qquad (12-14)$$

注意:式中 t_R 与 $W_{1/2}$(或 W)应采用同一单位(时间或距离)。从式(12-14)可知,在 t_R 一定时,若色谱峰越窄,则 n 越大,H 越小,柱分离效能越高。因此,n 或 H 可作为评价柱效能的重要指标。

在实际工作中,按式(12-13)和式(12-14)计算的 n 和 H 有时并不能充分地反映色谱柱的分离效能。因为采用 t_R 计算时,未扣除死时间 t_M,所以常用**有效塔板数**$n_{有效}$表示柱效能,即

$$n_{有效} = 5.54 \times \left(\frac{t'_R}{W_{1/2}} \right)^2 = 16 \times \left(\frac{t'_R}{W} \right)^2 \qquad (12-15)$$

有效塔板高度为

$$H_{有效} = \frac{L}{n_{有效}} \qquad (12-16)$$

> **小贴士**
>
> 有效塔板数和有效塔板高度消除了死时间的影响,因而较真实地反映了柱效能的高低。应该注意,同一色谱柱对不同物质的柱效能是不一样的,当用这些指标表示柱效能时,除注明色谱条件外,还应注明待测物质。

图12-24(a)与(b)是 A,B 两种组分在同一操作条件、不同固定相中的分离效果。图 12-24(a)中 A,B 两组分与该固定相的作用力大小相同,有效塔板数和有效塔板高度相同,即此色谱柱对 A,B 两组分无选择性,两峰间的距离为零,所以无法分离。

图 12-24(b)与(c)是 A,B 两种组分在同一固定相、不同操作条件下的分离效果。图 12-24(b)因峰较宽而导致两组分不能完全分离。图 12-24 (c)中两组分峰间有较大距离,且色谱峰都较窄,说明它们在同一色谱柱上的有效塔板数和有效塔板高度相差较大,柱的选择性较好。

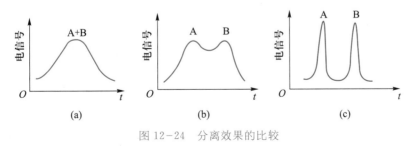

图 12-24 分离效果的比较

三、速率理论

塔板理论不能解释造成谱带扩张的原因和影响柱效能的各种因素,忽视了组分分子在两相中的扩散和传质的动力学过程。1956 年荷兰学者范第姆特等提出了色谱过程的

动力学理论即**速率理论**。该理论吸收了塔板理论中板高的概念，充分考虑组分在两相间的扩散和传质过程，从动力学的角度较好地解释了影响板高的各种因素，对气相色谱和液相色谱都较为适用。**范第姆特方程**的数学简式为

$$H = A + \frac{B}{u} + Cu \tag{12-17}$$

由式(12-17)可知，速率理论认为板高 H 受涡流扩散项 A、分子纵向扩散项 B/u 和传质阻力项 Cu 等因素的影响。式中的 u 为流动相的平均线流速，可由式(12-3)计算得到。常数 A、B、C 分别代表涡流扩散系数、分子纵向扩散系数和传质阻力项系数。当 u 一定时，只有 A、B、C 较小时 H 才能较小，柱效能才会较高。反之，色谱峰将会展宽，柱效能将下降。

1. 涡流扩散项

$$A = 2\lambda d_p \tag{12-18}$$

式中：λ 为填充不规则因子；d_p 为填充物平均直径。涡流扩散项也称为多路径效应项。图12-25所示为涡流扩散示意图，组分随着流动相通过色谱柱时，因固定相颗粒大小不一、排列不均匀，使得颗粒间的空隙有大有小，同一组分的各分子通过色谱柱到达检测器所走过的路径长短不同，因而导致色谱峰变宽。

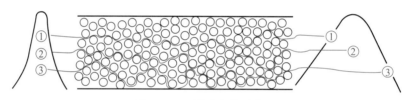

图 12-25 涡流扩散示意图

因此，采用适当细粒度、颗粒均匀的固定相，并尽量填充得均匀紧密，可降低涡流扩散项，提高柱效能。空心毛细管柱由于没有填充物，不存在涡流扩散，$A = 0$。

2. 分子纵向扩散项

由于组分被载气带入色谱柱后是以"塞子"的形式存在于柱的很小一段空间中，在"塞子"的前后(纵向)存在着浓度差而形成浓度梯度，在随流动相向前推进时会自动地沿色谱柱中载气流动的方向前后扩散，造成色谱峰变宽。分子扩散系数为

$$B = 2\gamma D_g \tag{12-19}$$

式中：γ 是柱内流动相扩散路径弯曲因子，它反映固定相颗粒对分子扩散的阻碍情况，为小于1的系数(空心毛细管柱的 $\gamma = 1$)；D_g 为组分在流动相中的扩散系数。组分在气相中的扩散系数约是在液相中的10万倍，所以液相中的分子纵向扩散可以忽略。对气相色谱，采用相对分子质量较大的 N_2、Ar 为流动相，并适当加大流动相流速，可降低分子纵向扩散项的影响。

3. 传质阻力项

传质阻力系数 C 由流动相传质阻力 C_m 和固定相传质阻力 C_s 两项组成，即 $C = C_m +$

动画

涡流扩散

动画

分子扩散

C_s。当组分从流动相移动到固定相表面进行两相间的质量交换时,所受到的阻力称为流动相传质阻力 C_m;组分从两相的界面迁移至固定相内部达到交换分配平衡后,又返回到两相界面的过程中所受到的阻力为固定相传质阻力 C_s。气相色谱的传质阻力系数为

$$C = C_m + C_s = \left(\frac{0.1k}{1+k}\right)^2 \cdot \frac{d_p^2}{D_g} + \frac{2}{3} \cdot \frac{k}{(1+k)^2} \cdot \frac{d_f^2}{D_s} \qquad (12-20)$$

从式(12-20)可知,流动相传质阻力与固定相粒度 d_p 的平方成正比,与组分在气体流动相中的扩散系数 D_g 成反比。所以,用相对分子质量小的气体 H_2、He 作流动相和选用小粒度的固定相可使 C_m 减小,柱效能提高。C_s 与固定相液膜厚度 d_f 的平方成正比,与组分在固定相中的扩散系数 D_s 成反比。所以,固定相液膜越薄,扩散系数越大,固定相传质阻力就越小。但固定相液膜不宜过薄,否则会减少柱容量,降低柱的寿命。

由于组分在两相间的传质速率并不很快,而流动相有比较高的流速,所以色谱柱中的传质过程实际上是不均匀的,有的分子会较早地从固定相中流出,形成色谱峰的前沿变宽,有的分子从固定相中流出较晚,形成色谱峰的拖尾变宽,这种传质阻力导致塔板高度的改变。综上所述,气相色谱中的范第姆特方程为

$$H = A + \frac{B}{u} + Cu = 2\lambda d_p + \frac{2\gamma D_g}{u} + \left[\left(\frac{0.1k}{1+k}\right)^2 \cdot \frac{d_p^2}{D_g} + \frac{2k}{3(1+k)^2} \cdot \frac{d_f^2}{D_s}\right]u \qquad (12-21)$$

若以不同流速下测得的塔板高度 H 对流动相线速作图,可得如图 12-26 所示的曲线,即范第姆特曲线。从图 12-26 可知,$H-u$ 曲线有一最低点,与最低点对应的塔板高度 H 最小,该点对应的线速为最佳线速 $u_{最佳}$,此时可得到最高柱效能。

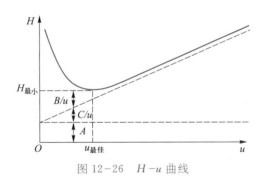

图 12-26 $H-u$ 曲线

动画

传质阻力项

四、分离度

由图 12-24 可知,要使相邻两组分色谱峰分开,两峰间距离必须要大,且峰宽要窄。所以,相邻两组分峰分离程度可以用色谱柱的总分离效能指标即分离度来衡量。

分离度(R)又称**分辨率**,是相邻两组分色谱峰保留值的差值与两峰底宽的平均值之比,即

$$R = \frac{t_{R2} - t_{R1}}{\frac{1}{2}(W_1 + W_2)} = \frac{2(t_{R2} - t_{R1})}{W_1 + W_2} \qquad (12-22)$$

第三节 气相色谱理论基础

分离度 R 越大,表明两组分的分离程度越高。$R=1.0$ 时,分离程度可达 98%;$R<1.0$ 时,两峰有部分重叠;$R=1.5$ 时,分离程度达到 99.7%。所以,通常用 $R=1.5$ 作为相邻两组分色谱峰完全分离的标志。

在一定的条件下,分离度的平方与柱长成正比,即

$$\left(\frac{R_1}{R_2}\right)^2 = \frac{L_1}{L_2} \tag{12-23}$$

由式(12-23)可知,适当增加柱长可以提高色谱柱的分离度。

278

例 1 A,B 两组分在某 1 m 长的色谱柱上的保留时间和峰底宽分别为:$t_{RA}=4.40$ min,$t_{RB}=5.00$ min,$W_A=0.59$ min,$W_B=0.67$ min。试计算 A,B 两组分的分离度,并判断该两组分能否分离完全,如欲使其分离完全,柱长应为多少?

解: 将各测定值代入式(12-22)可得

$$R = \frac{2(t_{RB}-t_{RA})}{W_A+W_B} = \frac{2\times(5.00\ \text{min}-4.40\ \text{min})}{0.59\ \text{min}+0.67\ \text{min}} = 0.95$$

因为,$R<1.5$,故 A,B 两组分不能分离完全。

设 A,B 两组分分离完全即 $R=1.5$ 时的柱长为 L,由式(12-23)得

$$\frac{L}{1\ \text{m}} = \frac{1.5^2}{0.95^2}$$

则 $R=1.5$ 时所需的柱长 L 为

$$L = \frac{1.5^2\times1\ \text{m}}{0.95^2} = 2.5\ \text{m}$$

第四节　气相色谱分离条件的选择

在气相色谱分析中,必须选择合适的固定相和适宜的分离操作条件,才能提高柱效能,增大分离度,满足分离的需要。

一、载气及其流速的选择

1. 载气的选择

载气种类的选择首先应考虑与所用检测器匹配,如 TCD 选用 H_2 或 He 作载气能提高灵敏度。其次要考虑载气对柱效能和分析速度的影响。当载气流速较小时,可采用相对分子质量较大的 N_2 或 Ar 作载气。在载气流速较大时,应采用相对分子质量小的 H_2 或 He 作载气。

2. 载气流速的选择

由范第姆特方程可知,存在一最佳载气流速使板高 H 最小,柱效能最高。最佳流速一般是通过实验来选择。方法是:选择好色谱柱和柱温后,固定其他实验条件,依次改变载气流速,将一定量待测组分纯物质注入色谱仪。出峰后,分别测出在不同载气流速下,该组分的保留时间和峰底宽(或半峰宽)。利用式(12-15)和式(12-16)计算

出不同流速下的有效理论塔板数 $n_{有效}$ 和有效塔板高度 $H_{有效}$。以载气流速 u 为横坐标，有效塔板高度 $H_{有效}$ 为纵坐标，绘制出 $H-u$ 曲线（见图12-26）。曲线的最低点（即 $H_{有效}$ 为最小值）对应的是载气的最佳线速，在最佳线速下可获得最高柱效能。但选用最佳流速分析时间较长。实际中，为加快测定速度，在满足柱效能要求的前提下，一般采用稍高于最佳流速的载气流速（比最佳流速约高 10%）。对于填充柱（内径 3～4 mm）常用的载气流量为 20～100 mL·min^{-1}，而对于毛细管柱（内径0.25 mm），常用的载气流量为 1～2 mL·min^{-1}。

二、柱温的选择

柱温会直接影响分离效能和分析速度。降低柱温可使色谱柱的选择性增大；升高柱温可以缩短分析时间并改善气相和液相的传质速率，有利于提高柱效能。但柱温不能高于色谱柱的最高使用温度，否则会造成固定液的流失，降低柱效能。

在实际中，一般根据试样的沸点选择柱温。沸程较窄的试样可在恒定柱温下分析。宽沸程的多组分混合物应采用程序升温方式，即在分析过程中按一定的速度提高柱温。在分析开始时，柱温较低，低沸点的组分得以分离，中沸点的组分移动很慢，高沸点的组分则停留在柱口附近。随着柱温的升高，中沸点和高沸点的组分也依次得以分离。

程序升温的起始温度、维持起始温度的时间、升温速率、最终温度和维持最终温度的时间，通常都要经过反复实验加以确定。如图 12-27 所示，某试样中含有六种组分，对此试样分别在低柱温、高柱温和中等柱温下进行测定，并通过实验确定了各程序柱温维持的时间和升温速率，最后在适宜的程序升温条件下对试样进行测定，得到分析时间短、柱效能高的分析结果，如图 12-27(d)所示。

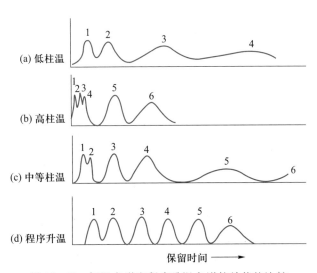

图 12-27　恒温色谱和程序升温色谱柱效能的比较

程序升温能兼顾高、低沸点组分的分离效果和分析时间，使不同沸点的组分由低沸点到高沸点依次分离，因此可以达到用最短的时间获得最佳分离效果的目的。

程序升温分析中,起始温度要足够低,以保证混合物中的低沸点组分能够得到良好的分离。对于含有一组低沸点组分的混合物,起始温度还需维持一定的时间。如果峰间距离较小,则应选择更低的升温速率。

三、进样量和进样时间

进样量与柱容量、固定液配比和检测器的线性范围等因素有关。在实际分析中,最大允许进样量应控制在使半峰宽基本不变,而峰高与进样量呈线性关系的范围内。进样量太大,柱效能会下降,使分离效果变差;进样量太小,微量组分无法被检测器检出。一般液体试样的进样量控制在 $0.1 \sim 10 \ \mu L$,气体试样的进样量控制在 $0.1 \sim 10 \ mL$。适宜的进样量必须通过实验来选择确定。

进样速度必须快,若进样太慢,则试样原始宽度将变大,会导致色谱峰变宽甚至变形。一般来说,进样时间应在 1 s 之内。

第五节 气相色谱分析方法

色谱分析法是分离复杂混合物的重要方法,组分经分离后直接进行定性分析和定量分析。

一、定性分析

色谱定性分析的目的是确定色谱图上每一个峰所代表的组分。在一定的色谱操作条件下,各种物质都有确定的保留值。因此,在相同色谱条件下,通过比较已知物和未知物的保留值,即可对未知物进行定性。如生产中组成简单,来源、性质等明确的试样,常用保留值进行定性。但不同的物质在同一色谱条件下,可能具有相似或相同的保留值,仅凭色谱图难以直接对复杂的未知物进行定性,需要与其他方法联用定性。因此,在实际中要根据试样的性质、来源、分析目的等,选用适宜的定性分析方法。

1. 利用保留值定性

对于简单试样,在同一色谱条件下,对标准物和未知物分别进样,由所得到的色谱图,比较标准物和未知物的保留值,若两者保留值相同,则可视为同种物质。也可在一定条件(如固定液、柱温)下,测定未知物与标准物的相对保留值,再与文献中相同条件下的相对保留值比较定性。

2. 加入纯物质增加峰高定性

当未知试样中组分较多,色谱峰较密,用保留值对照定性不易辨认时,可用加入纯物质增加峰高的方法定性。即先对未知试样进样得色谱图,然后在未知试样中加入某已知物,再进样得色谱图,比较两色谱图,峰高增加的物质即为已知物的同种物质。

3. 利用保留指数定性

保留指数又称柯瓦(Kovats)指数,是将正构烷烃作为基准物质,规定其保留指数为分子中碳数乘以 100,如正己烷的保留指数为 600。选择两个相邻的正构烷烃作为基准

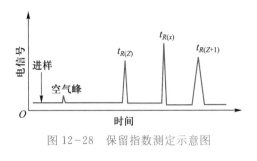

图 12-28 保留指数测定示意图

物质,其碳数分别为 Z 和 $Z+1$。待测物质 X 的调整保留值应介于相邻两个正构烷烃的调整保留值之间,即 $t'_{R(Z)} < t'_{R(x)} < t'_{R(Z+1)}$(见图 12-28)。则待测物质的保留指数 I_x 可按下式计算:

$$I_x = 100\left(\frac{\lg t'_{R(x)} - \lg t'_{R(Z)}}{\lg t'_{R(Z+1)} - \lg t'_{R(Z)}} + Z\right) \tag{12-24}$$

281

> **例 2** 在某色谱柱上测得乙酸正丁酯、正庚烷和正辛烷的调整保留时间分别为:310.0 s,174.0 s 和 373.4 s,求乙酸正丁酯的保留指数。
>
> **解:**按式(12-24)可得
>
> $$I_x = 100 \times \left(\frac{\lg 310.0 - \lg 174.0}{\lg 373.4 - \lg 174.0} + 7\right) = 775.6$$

4. 与质谱、红外光谱等仪器联用定性

对于复杂的试样经色谱柱分离后,再用质谱、红外光谱等仪器定性。其中,色谱-质谱联用(如 GC-MS、LC-MS)应用最为广泛。

二、定量分析

1. 色谱定量分析基本公式

色谱定量分析的依据是:在一定的色谱条件下,组分 i 的质量 m_i 或其在流动相中的浓度与检测器响应信号(峰面积 A_i 或峰高 h_i)成正比,即

$$m_i = f_i A_i \tag{12-25}$$

式中:f_i 为**定量校正因子**。

2. 峰面积的测量

目前气相色谱仪都配备了色谱工作站系统,色谱峰面积由其自动计算。峰面积的大小不易受操作条件如柱温、流动相的流速、进样速度等的影响,比峰高更适合作为定量参数。

3. 定量校正因子的测定

(1) **绝对校正因子** 由式(12-25)可以得到定量绝对校正因子为

$$f_i = \frac{m_i}{A_i} \tag{12-26}$$

绝对校正因子是指某组分 i 通过检测器的量与检测器对该组分的响应信号之比，即单位峰面积所代表的物质的量。m_i 的单位用 g、mol 或 mL 表示时，相应的校正因子分别称为质量校正因子 f_m，摩尔校正因子 f_M 和体积校正因子 f_V。

(2) **相对校正因子**　在定量测定时，由于精确测定绝对进样量比较困难，因此要精确求出绝对校正因子往往较难，故其应用受到限制。在实际定量分析中一般采用相对校正因子 f_i'。相对校正因子是组分 i 的绝对校正因子 f_i 与基准组分 s 的绝对校正因子 f_s 之比，即

$$f_i' = \frac{f_i}{f_s} = \frac{A_s m_i}{A_i m_s} \tag{12-27}$$

相对校正因子只与检测器类型有关，与固定液的性质、色谱操作条件(如柱温、载气流速等)无关。

(3) **定量校正因子的测定**　准确称取待测组分的纯物质和标准物质，混合后，在实验条件下进样分析，分别测出相应的峰面积，由式(12-27)即可计算相对定量校正因子。

4. 定量方法

色谱法常用的定量方法有归一化法、内标法和外标法。

(1) **归一化法**　归一化法是色谱法中常用的定量方法，其适用条件是试样中所有组分经过色谱分离后均能产生可以测量的色谱峰。归一化法简单、准确，不需准确进样，操作条件如进样量、载气流速等的变化对结果影响较小，但该法不适用于痕量分析。该方法是将试样中所有组分的含量之和按 100% 计算，以它们相应的色谱峰面积或峰高为定量参数，各组分的质量分数可用下式计算

$$w_i = \frac{A_i f_i'}{\sum\limits_{i=1}^{n} A_i f_i'} \times 100\% \tag{12-28}$$

对于较窄的色谱峰或峰宽基本相同的色谱峰，可用峰高代替峰面积进行归一化定量。该方法简便易行，但此时 f_i' 应是峰高相对校正因子。

当各组分的 f_i' 相同时，式(12-28)可简化为

$$w_i = \frac{A_i}{\sum\limits_{i=1}^{n} A_i} \times 100\% \tag{12-29}$$

例 3　用归一化法分析苯、甲苯、乙苯和二甲苯混合物中各组分的含量。在一定色谱条件下得到色谱图，如图 12-29 所示。测得各组分的峰高及峰高校正因子如下表。试计算试样中各组分的含量。

组分	苯	甲苯	乙苯	二甲苯
h/mm	103.8	119.0	66.8	44.0
峰高相对校正因子 f_i'	1.00	1.99	4.16	5.21

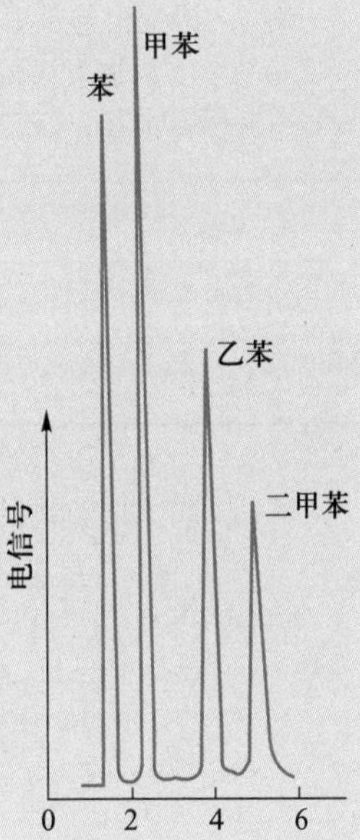

解: 利用式(12-28),将峰高代替峰面积,用峰高归一化法定量

$$w_i = \frac{h_i f_i'}{\sum\limits_{i=1}^{n} h_i f_i'} \times 100\%$$

$$w_{苯} = \frac{103.8 \times 1.00}{103.8 \times 1.00 + 119.1 \times 1.99 + 66.8 \times 4.16 + 44.0 \times 5.21} \times 100\%$$

$$= \frac{103.8}{848} \times 100\% = 12.2\%$$

$$w_{甲苯} = \frac{119.1 \times 1.99}{848} \times 100\% = 27.9\%$$

$$w_{乙苯} = \frac{66.8 \times 4.16}{848} \times 100\% = 32.8\%$$

$$w_{二甲苯} = \frac{44.0 \times 5.21}{848} \times 100\% = 27.0\%$$

图 12-29 苯系混合物色谱图

（2）**内标法** 当只需测定试样中某几种组分,或试样中所有组分不能全部出峰时,可采用内标法。具体做法是:选择一种与待测组分性质相近的纯物质作为内标物,定量加入一定质量的试样中,然后进行色谱分析,测量试样中待测组分和内标物的峰面积或峰高。由色谱定量依据可得

$$\frac{m_i}{m_s} = \frac{f_i' \cdot A_i}{f_s' \cdot A_s}$$

则有

$$m_i = m_s \cdot \frac{f_i' \cdot A_i}{f_s' \cdot A_s}$$

所以

$$w_i = \frac{m_i}{m} \times 100\% = \frac{m_s \cdot f_i' \cdot A_i}{m \cdot f_s' \cdot A_s} \times 100\% \qquad (12-30)$$

式中:m_s、m 分别为内标物质量和试样质量(注意:m 中不包括 m_s);A_i,A_s 分别为待测组分和内标物的峰面积;f_i',f_s' 分别为待测组分和内标物的相对质量校正因子。

在实际中,一般以内标物作为基准物质,即 $f_s'=1$,则式(12-30)可简化为

$$w_i = \frac{m_s \cdot f_i' \cdot A_i}{m \cdot A_s} \times 100\% = \frac{m_s \cdot f_i'}{m} \times \frac{A_i}{A_s} \times 100\% \qquad (12-31)$$

选择内标物时,它应是试样中不存在的纯物质;内标峰位于待测组分峰附近并与其完全分离;内标物性质与试样中待测组分相近并能与试样互溶;内标物浓度应恰当,其峰面积与待测组分相近。

例 4　用气相色谱法测定试样中一氯乙烷、二氯乙烷和三氯乙烷的含量。采用甲苯作内标物,称取试样 2.880 g,加入 0.2400 g 甲苯,混合均匀后进样,测得其校正因子和峰面积如下表所示,试计算试样中各组分的含量。

组分	甲苯	一氯乙烷	二氯乙烷	三氯乙烷
f_i'	1.00	1.15	1.47	1.65
A/cm^2	2.16	1.48	2.34	2.64

解:按式(12-31)可得

$$w_i = \frac{A_i}{A_s} \cdot \frac{m_s}{m} \cdot f_i' \times 100\% = A_i f_i' \times \frac{m_s}{A_s m} \times 100\%$$

$$w_{一氯乙烷} = 1.15 \times 1.48 \times \frac{0.2400}{2.16 \times 2.880} \times 100\% = 6.57\%$$

$$w_{二氯乙烷} = 1.47 \times 2.34 \times \frac{0.2400}{2.16 \times 2.880} \times 100\% = 13.27\%$$

$$w_{三氯乙烷} = 1.65 \times 2.64 \times \frac{0.2400}{2.16 \times 2.880} \times 100\% = 16.81\%$$

（3）外标法　外标法是所有定量分析中最通用的一种方法,也叫**标准曲线法**。它是把待测组分的纯物质配成不同浓度的标准系列溶液,在一定操作条件下分别向色谱仪中注入相同体积的标准试样,测得各峰的峰面积或峰高,绘制 $A-c$ 的标准曲线。在相同的条件下注入相同体积的待测试样,根据峰面积或峰高从标准曲线上查得含量。

在待测试样组分浓度变化范围不大时,可不必绘制标准曲线,而用单点校正法测定。即配制一种与待测组分含量相近的标准溶液,定量进样,待测组分的质量分数为

$$w_i = \frac{A_i}{A_s} w_s \tag{12-32}$$

式中:A_i 和 A_s 分别为待测组分和标准物的峰面积;w_s 为标准物的质量分数。也可以用峰高代替峰面积进行计算。

外标法的优点是操作简便,不需要校正因子,但要求准确进样,适于日常控制分析和大量同类试样分析,结果的准确度取决于进样量的重现性和操作条件的稳定性。

第六节　高效液相色谱法简介

一、高效液相色谱法的特点

高效液相色谱(high performance liquid chromatography, HPLC)是一种以高压输出的液体为流动相的色谱技术。它在经典液相色谱基础上采用了高压流动相、高效固定相和高灵敏度检测器,因而具有分析速度快、效率高、灵敏度高和操作自动化等特点。与气相色谱相比,高效液相色谱的优势在于:

（1）气相色谱法只能分析气体和沸点较低的化合物,可分析的有机化合物仅占有机化合物总数的 20%,对于沸点高、热稳定性差、摩尔质量大的有机化合物,目前主要采用高效液相色谱法进行分离和分析。高效液相色谱法弥补了气相色谱法的不足。

（2）气相色谱法的流动相是惰性气体,仅起运载作用。高效液相色谱法中的流动相可以选择不同极性的液体,对组分有一定的亲和力,使高效液相色谱增加了一个控制和改进分离条件的参数。因此,通过改变固定相和流动相可以提高高效液相色谱的分离效能。

（3）气相色谱法一般都在较高温度下进行分离和测定,其应用范围受到较大的限制。高效液相色谱法一般在室温下进行分离和分析,不受试样挥发性和高温下稳定性的限制。

目前高效液相色谱法已广泛用于化工、农药、医药、环境监测、动植物检验检疫等行业和领域。

由于气相色谱法更快、更灵敏、更方便且耗费低,因此能用气相色谱法分析的试样一般不用高效液相色谱法。

二、高效液相色谱的主要类型及选择

高效液相色谱的主要类型有液-液分配色谱、液-固吸附色谱、键合相色谱、凝胶色谱(空间排阻色谱)及离子色谱等,下面介绍前三种类型。

1. 液-液分配色谱

在液-液分配色谱中,流动相和固定相均为液体,作为固定相的液体涂在颗粒很细的惰性载体上。它适用于各种类型试样的分离和分析。

（1）分离原理　液-液分配色谱的分离原理基本与液-液萃取相同,都是根据物质在两种互不相溶的液体中溶解度的不同,具有不同的分配系数。不同的是,液-液分配色谱的分配是在柱中进行的,可以反复多次进行。试样进入色谱柱后,各组分按照它们各自的分配系数很快在两相间达到分配平衡。这种分配平衡的总结果导致各组分随流动相前进的迁移速度不同,从而实现了组分的分离。

（2）固定相　液-液分配色谱中的固定相与气相色谱相似,由惰性载体和涂在载体上的固定液组成。固定液的选择原则是:对极性试样,选择极性固定液和非极性流动相;对非极性试样,选择非极性固定液和极性流动相。在液-液分配色谱中常用的固定液有强极性 β,β-氧二丙腈、中等极性聚乙二醇、非极性的角鲨烷等。此类固定液,分离重现性好,试样容量高,分离试样范围广。但其最大的缺点是固定液易被流动相洗脱而导致柱效能下降。利用前置预柱虽能减少固定液流失,但不能完全克服。这种缺点的存在妨碍了它的广泛应用,目前已被化学键合相色谱所取代。

（3）流动相　液-液分配色谱中使用溶剂作为流动相。溶剂洗脱组分的能力与溶剂的极性有关,极性增大,溶剂的洗脱强度也会增大,因此,可以通过组成混合溶剂来改善分离的选择性。一般采用与流动相(用固定液饱和)相同的溶剂溶解试样,若试样不溶,则只能使用以固定液饱和的极性较小的溶剂。在液-液分配色谱中的流动相要尽可能地不与固定液互溶。

依据流动相和固定相的相对极性的不同,液-液分配色谱可分为正相分配色谱(即固定相的极性大于流动相的极性)和反相分配色谱(即流动相的极性大于固定相的极性)。

在正相分配色谱中,固定相载体上涂布的是极性固定液,流动相是非极性溶剂。它可用来分离极性较强的水溶性试样,组分中非极性组分先洗脱出来,极性组分后洗脱出来。正相分配色谱中的固定液主体为己烷、庚烷,可加入<20%的极性改性剂,如1-氯丁烷、异丙醇、二氯甲烷、氯仿、乙酸乙酯、四氢呋喃、乙腈等。

在反相分配色谱中,固定相载体上涂布极性较弱或非极性的固定液,而用极性较强的溶剂作流动相。它可用来分离油溶性试样,其洗脱顺序与正相分配色谱相反,即极性组分先被洗脱,非极性组分后被洗脱。反相分配色谱中的流动相主体为水,可加入一定量的改性剂,如乙二醇、甲醇、异丙醇、丙酮、乙腈等。

(4) 应用 液-液分配色谱既能分离极性化合物,又能分离非极性化合物,如烷烃、芳烃、稠环化合物、甾族化合物等。

2. 液-固吸附色谱

液-固吸附色谱是指流动相为液体,固定相为固体的色谱方法。吸附剂通常是多孔性的固体颗粒物质,它们的表面存在吸附中心。分离实质是利用组分在吸附剂(固定相)上吸附能力的不同而获得分离,因此称为吸附色谱法。

(1) 分离原理 当流动相通过固体吸附剂时,在吸附剂表面发生了溶质(组分)分子取代吸附剂上的溶剂(流动相)分子的吸附作用。试样各组分的分离取决于组分分子和吸附剂之间作用力的强弱,也取决于组分分子与流动相分子之间作用力的强弱。组分分子中的基团对吸附剂表面亲和力的大小,决定了组分保留时间的长短。

液-固吸附色谱适用于溶于有机溶剂的非离子型化合物间的分离,尤其是异构体间的分离,以及具有不同极性取代基的化合物间的分离。

(2) 固定相 液-固吸附色谱固定相都是一些吸附活性强弱不等的吸附剂,如硅胶、氧化铝、分子筛、聚酰胺等。试样中组分分子与流动相分子在固定相表面竞争吸附时,官能团极性大且数目多的组分有较大的保留值,反之保留值小。

液-固吸附色谱中对吸附剂的要求如下:

① 不与流动相和待测组分发生化学反应;

② 有较高的吸附容量;

③ 不溶于流动相等。

(3) 流动相 在吸附色谱中,流动相常被称为洗脱剂,其选择比固定相更重要。对于具有不同极性的试样,选择流动相的主要依据仍然是洗脱剂的极性。极性大的试样用极性大的流动相,极性小的试样用极性小的流动相。

在吸附色谱中,常选择二元混合溶剂作为流动相,一般以一种极性强的溶剂和一种极性弱的溶剂按一定比例混合来获得所需的流动相。由于混合溶剂容易分层,因此要使流动相充分连续地流过柱子,直到进入柱内与流出柱外的流动相的组成相同。

(4) 应用 液-固吸附色谱是以表面吸附性能为依据的,所以它常用于分离极性不同的化合物,但也能分离那些具有相同极性基团,但基团数量不同的试样。此外,液-固吸附色谱还适于分离异构体,这主要是因为异构体有不同的空间排列方式,吸附剂对它们的吸附能力有所不同,从而得到分离。

3. 键合相色谱

采用化学键合固定相的液相色谱法简称为键合相色谱。所谓键合固定相就是使固定液通过化学共价键结合在载体表面上,其方法是用化学反应在载体表面形成一层有机基团的单分子层或聚合的多分子层。由于键合固定相非常稳定,在使用中不易流失,因此键合相色谱在高效液相色谱的应用中占到了80%以上。

(1) 分离原理

① 正相键合相色谱的分离原理　正相键合相色谱使用的是极性键合固定相,溶质在此类固定相上的分离原理属于分配色谱。

② 反相键合相色谱的分离原理　反相键合相色谱使用的是极性较小的键合固定相,其分离原理可用疏水溶剂作用理论来解释。键合在硅胶表面的非极性或弱极性基团具有较强的疏水特性,当用极性溶剂为流动相来分离含有极性官能团的有机化合物时,一方面,分子中的非极性部分与疏水基团产生缔合作用,使它保留在固定相中;另一方面,被分离物的极性部分受到极性流动相的作用,促使它离开固定相(解缔),并减小其保留作用(如图 12-30 所示)。两种作用力之差决定了溶质分子在色谱分离过程中的保留值。由于不同溶质分子这种能力的差异是不一致的,所以流出色谱柱的速度是不一致的,从而使得不同组分得以分离。

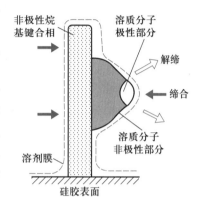

图 12-30　有机分子在烷基键合相上的分离原理

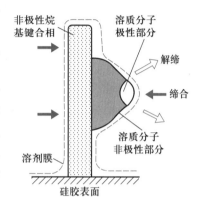（图中文字）非极性烷基键合相　溶质分子极性部分　解缔　缔合　溶剂膜　溶质分子非极性部分　硅胶表面

(2) 键合固定相的类型　用来制备键合固定相的载体几乎都是硅胶。利用硅胶表面的硅醇基(Si—OH)与有机分子之间成键,即可得到各种性能的固定相。一般键合固定相可分三类。

① 疏水基团:如不同链长的烷烃(C_8 和 C_{18})和苯基等。用于反相色谱法。

② 极性基团:如氨丙基、氰乙基、醚和醇等。此类键合相表面分布均匀,吸附活性比硅胶低,可以看成是一种改性的硅胶。常用于正相色谱法,即用比键合相本身极性小的流动相冲洗。

③ 离子交换基团:如作为阴离子交换基团的氨基、季铵盐;作为阳离子交换基团的磺酸基等。

(3) 键合相色谱中固定相和流动相的选择　正相键合相色谱使用的是强极性的键合固定相和非极性或弱极性的流动相,适用于分离极性化合物及异构体等。极性键合相的键型常有 Si—O—Si—C,Si—O—C,Si—O—Si—N,及含有氨基、氰基、羟基和醚基的键型等。在正相键合相色谱中,采用和正相液-液分配色谱相似的流动相,流动相的主体成分为己烷(或庚烷)。为改善分离的选择性,常加入的优选溶剂为质子接受体乙醚或甲基叔丁基醚、质子给予体氯仿、偶极溶剂二氯甲烷等。

反相键合相色谱采用极性较小的键合固定相和极性较强的流动相,适用于分离宽极性范围的试样,包括分离多环芳烃、氨基酸等极性化合物。近年来,反相键合相色谱应用极为广泛,其优点是柱效能高,谱峰无拖尾现象。

反相色谱的键合相使用烃基键合相,应用最多的是十八烷基键合硅烷,通常称为 ODS 固定相。反相色谱的流动相使用极性溶剂及其混合物,常用的有水、乙腈、甲醇、乙醇、丁醇、

四氢呋喃及水–乙腈、水–甲醇、水–四氢呋喃等。其洗脱强度的强弱顺序依次为

$$水(最弱)<甲醇<乙腈<乙醇<四氢呋喃<丙醇<二氯甲烷(最强)$$

选择流动相时,应考虑:

① 如以水为流动相,极性小的溶质组分保留值较大。

② 如以二元混合溶剂为流动相,极性小的溶质组分保留值随非极性溶剂浓度的增加而减小。

③ 在含水流动相中,加入中性盐(如 Na_2SO_4)会增加非极性溶质组分的保留值。在反相键合相色谱中多采用水–甲醇、水–乙腈体系,分离那些不(或微)溶于水但溶于醇类或其他与水混溶的有机溶剂的物质。

(4) 应用　正相键合相色谱多用于分离各类中等极性化合物、异构体等,如染料、炸药、芳香胺、酯、氨基酸、甾类激素、脂溶性维生素和药物等。反相键合相色谱系统由于操作简单,稳定性与重复性好,已成为一种通用型液相色谱分析方法。极性、非极性,水溶性、油溶性,离子性、非离子性,小分子、大分子,具有官能团差别或相对分子质量差别的同系物,均可采用反相液相色谱技术实现分离。

三、高效液相色谱仪及实验技术

1. 高效液相色谱分析流程

高效液相色谱仪种类繁多,但一般都由高压输液系统、进样系统、分离系统、检测系统和数据记录处理系统所组成。此外,还配有辅助装置,如自动进样系统、预柱、流动相在线脱气装置和自动控制系统等。图 12–31 所示是普通配置的带有预柱的高效液相色谱仪的结构示意图。选择好适当的色谱柱和流动相后,将流动相经过脱气、过滤后,开启高压输液泵,冲洗色谱柱。待色谱仪系统稳定(即基线平直)后,用微量注射器把试样注入进样口,试样被流动相带入色谱柱进行分离,分离后的各组分依次流经检测器,最后排入馏分收集器。同时检测器把组分浓度转变为电信号,由信号记录装置记录下来,即得到色谱图。

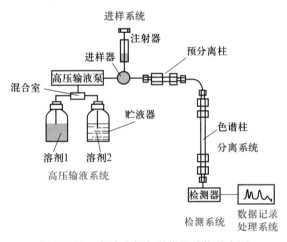

图 12–31　高效液相色谱仪的结构示意图

2. 高效液相色谱仪

(1) 高压输液系统　高压输液系统是由贮液器、高压输液泵、过滤器、梯度洗脱装置等组成。

① 贮液器：用于盛放流动相液体。

② 高压输液泵：用于将流动相以稳定的流速或压力输送到色谱分离系统。最常用往复式恒流泵(适用于梯度洗脱)。

③ 流动相的净化。

a. 过滤。溶剂放入贮液器前须用 $0.45~\mu m$ 滤膜过滤，高压输液泵的进口和出口与进样阀之间安装有过滤器，以除去溶剂中机械杂质(微小的固体颗粒)，防止阻塞输液管道或进样阀。

b. 脱气。用超声波振荡、惰性气体鼓泡或在线脱气，以防流动相从高压色谱柱流向常压检测器时，由于气泡的释放而产生噪声，使基线不稳。

④ 梯度洗脱：在分离过程中，按一定程序间断或连续地改变流动相的种类和比例，使流动相的极性、pH 或离子强度相应地变化的过程为梯度洗脱(类似气相色谱的程序升温)，适于分析极性差异较大的复杂试样。

(2) 进样系统　与气相色谱相同，也是用微量注射器、自动进样器和六通阀进样。

(3) 分离系统　分离系统由预柱、分离柱组成。预柱用于过滤流动相中的机械杂质，并使流动相被固定液饱和，以防分离柱中固定液的流失。液相色谱柱效能很高，色谱柱长度仅为25～30 cm。

(4) 检测系统　液相色谱检测器主要有通用型的示差折光检测器、专用型的紫外检测器、荧光检测器、安培检测器等。最常用的是紫外检测器。

(5) 数据记录处理系统　与气相色谱仪相同。

第七节　色谱法应用示例

气相色谱法柱效能高、分析速度快、操作方便、结果准确，一般用于测定沸点在450 ℃以下、热稳定性好、相对分子质量在 400 以下的物质，在石油化工、医药、食品、环境等领域有着广泛的应用。

一、石油化工中的应用

石油产品包括各种气态烃类物质、汽油、柴油、重油和石蜡等。碳氢化合物的分析是气相色谱用得最多，也是最为成熟的一个应用领域，其背景是对低沸点烃如汽油的分析。图 12-32 是采用 Al_2O_3/KCl PLOT 柱分离 $C_1 \sim C_5$ 烃类物质的色谱图。

二、食品分析中的应用

食品安全越来越被人们重视，气相色谱法可用于测定食品中的各种组分、添加剂及食品中的污染物，尤其是农药残留量、有害色素等。图 12-33 为牛奶中有机氯农药的色谱图。

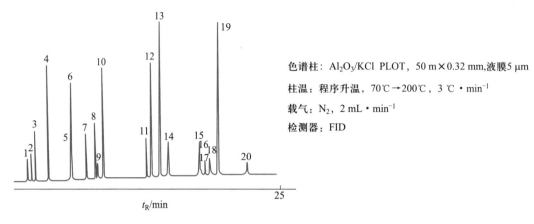

色谱柱：Al₂O₃/KCl PLOT，50 m×0.32 mm，液膜5 μm

柱温：程序升温，70℃→200℃，3 ℃·min⁻¹

载气：N₂，2 mL·min⁻¹

检测器：FID

t_R/min

1—甲烷；2—乙烷；3—乙烯；4—丙烷；5—环丙烷；6—丙烯；7—乙炔；8—异丁烷；9—丙二烯；10—正丁烷；
11—反-2-丁烯；12—1-丁烯；13—异丁烯；14—顺-2-丁烯；15—异戊烷；16—1,2-丁二烯；
17—丙炔；18—正戊烷；19—1,3-丁二烯；20—3-甲基-1-丁烯

图 12-32　C₁~C₅烃类物质分离色谱图

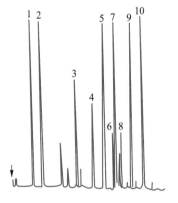

色谱柱：SE-30，25 m×0.32 mm，液膜0.15 μm

柱温：程序升温，
40℃→140℃，20 ℃·min⁻¹→220℃，3 ℃·min⁻¹

载气：N₂，2 mL·min⁻¹

检测器：ECD

1—六氯苯；2—林丹；3—艾氏剂；4—环氧七氯；5—p'-滴滴伊；6—狄氏剂；
7—p,p'-滴滴伊；8—异艾氏剂；9—o,p'-滴滴涕；10—p,p'-滴滴涕

图 12-33　牛奶中有机氯农药色谱图

三、环境分析中的应用

环境是人类生存的物质基础。凡是与人类生存生活有关的试样都可称为环境试样，它包括大气、烟尘、各种工业废气、自然界的各种水质(江河湖海及地下水、地表水等)、各种工业废水和城市污水、土壤等。环境污染也是当前人们非常关心的事情，现代环境污染的重点是有机物污染，因此气相色谱在环境分析中起着非常重要的作用。图 12-34 是废水中卤代烃分析的色谱图。

二噁英是国际环境组织首批公布的 12 种持久性有机污染物中毒性最强、对生态环境影响最大的一类化合物，它们广泛存在于全球环境介质中，不仅对人类具有致癌性，还会降低人体免疫力。苯氧乙酸除草剂生产过程中的副产物氯代二苯并噁英(PCDDs)和氯代二

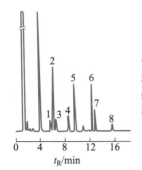

色谱柱：DB-624，30 m×0.55 mm

柱温：45℃→120℃，10℃·min⁻¹

载气：He

检测器：ECD

1—氯仿；2—1,1,1-三氯乙烷；3—四氯化碳；4—三氯乙烯；5—二氯溴甲烷；

6—四氯乙烯；7——氯二溴甲烷；8—溴仿

图 12-34　废水中卤代烃的色谱图

苯并呋喃(PCDFs)是危害很广的环境污染物,特别是其中的2,3,7,8-四氯二苯并噁英(2,3,7,8-TCDD)具有强烈的致畸、致癌性,为已知的剧毒有机氯农药。在 75 种 PCDDs 和 135 种 PCDFs 异构体中,其毒性大小取决于氯原子取代数目和位置,其中 2,3,7,8-TCDD 对多数实验动物的急性毒性约在 $\mu g \cdot kg^{-1}$ 范围内。图 12-35 是四氯二苯并噁英测定色谱图。

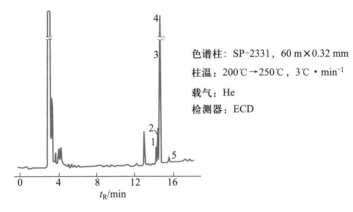

色谱柱：SP-2331，60 m×0.32 mm

柱温：200℃→250℃，3℃·min⁻¹

载气：He

检测器：ECD

1—1,4,7,8-TCDD；2—2,3,7,8-TCDD；3—1,2,3,4-TCDD；

4—1,2,3,7-TCDD；5—1,2,7,8-TCDD

图 12-35　四氯二苯并噁英(TCDD)测定色谱图

四、药物分析中的应用

由于许多药物具有副作用,长期服用药物副作用更明显。因此,为了掌握药物的使用效果,了解其临床活性,控制药害事故和不良反应,研究药物的吸收、分配、代谢和排泄等非常重要。许多中西药在提纯浓缩后,能直接或衍生化后进行气相色谱分析,其中主要有镇静催眠药、镇痛药、兴奋剂、抗生素、磺胺类药及中药中常见的萜烯类化合物等。像巴比妥酸类药物,在血液中浓度接近 $100~\mu g \cdot L^{-1}$ 时即会有一定的危险性,因此需要快速定性定量分析。将巴比妥酸盐制备成 N,N-二烷基衍生物,用氮磷检测器检测血清中巴比妥酸盐,其色谱图如图 12-36 所示。

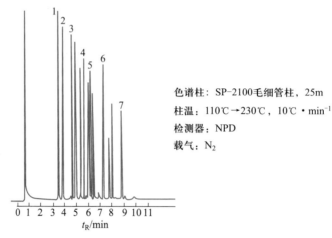

色谱柱：SP-2100毛细管柱，25m

柱温：110℃→230℃，10℃·min⁻¹

检测器：NPD

载气：N₂

1—甲基巴比妥；2—巴比妥；3—异巴比妥；4—氨基巴比妥；5—酒巴比妥；6—己巴比妥；7—庚巴比妥

图12-36　烷基化血清巴比妥酸盐的气相色谱图

五、农药分析中的应用

气相色谱在农药分析中有着广泛的应用，如对含氯、磷、氮等农药的分析。尤其是随着生活质量的提高，蔬菜中农药残留的分析尤其重要，在农药分析中常使用选择性检测器，如ECD、NPD等检测器。图12-37有机氯农药的色谱图。

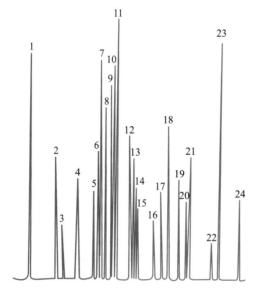

色谱柱：OV-101

柱温：80℃→250℃，4℃·min⁻¹

检测器：ECD

1—氯丹；2—七氯；3—艾氏剂；4—碳氯灵；5—氧化氯丹；6—光七氯；7—光六氯；8—七氯环氧化合物；
9—反氯丹；10—反九氯；11—顺氯丹；12—狄氏剂；13—异狄氏剂；14—二氢灭蚁灵；
15—p,p'-滴滴伊；16—氢代灭蚁灵；17—开蓬；18—光艾氏剂；19—p,p'-滴滴涕；
20—灭蚁灵；21—异狄氏剂醛；22—异狄氏剂酮；23—甲氧DDT；24—光狄氏剂

图12-37　有机氯农药的色谱图

本章主要知识点

一、色谱分析法分类

(1) 按流动相和固定相状态分类

$$色谱分析法\begin{cases}气相色谱分析法\\(流动相—气体,GC)\begin{cases}气—固色谱分析法(固定相—固体)\\气—液色谱分析法(固定相—液体)\end{cases}\\液相色谱分析法\\(流动相—液体,LC)\begin{cases}液—固色谱分析法(固定相—固体)\\液—液色谱分析法(固定相—液体)\end{cases}\end{cases}$$

(2) 按分离原理分为吸附色谱法和分配色谱法。

二、气相色谱分析流程

通载气、进样、分离、检测、数据处理。

三、气相色谱法的优点

分离效能高,分离、定性分析和定量分析同步进行,定量准确。

四、气相色谱仪

(1) 载气系统提供干燥洁净、流量和压力一定的载气。
(2) 填充柱和毛细管柱分离试样组分。
(3) 微量注射器、自动进样器和六通阀进样器进样,液体试样在气化室瞬间气化。
(4) 浓度型检测器　TCD(通用型)、ECD(检测电负性物质)。
(5) 质量型检测器　FID(检测有机化合物)、FPD(检测硫、磷)。
(6) 检测器的性能指标
基线噪声、基线漂移、性线范围、灵敏度、检测限。

五、气相色谱固定相及选择

(1) 气—固色谱依据对组分吸附能力的差异分离。
(2) 气—液色谱固定相为载体和固定液,依据对组分溶解能力的差异分离。
(3) 固定液的选择原则是"相似相溶"。

六、气相色谱基本术语

(1) 保留值是定性的依据。
(2) 选择性因子用于评价色谱柱的选择性。
(3) 色谱峰高和峰面积是定量分析的依据。
(4) 色谱峰的保留值及峰宽度可评价色谱柱的分离效能。

七、塔板理论

$$n_{\text{有效}} = 5.54 \times \left(\frac{t'_R}{W_{1/2}} \right)^2 = 16 \times \left(\frac{t'_R}{W} \right)^2 \quad , \quad H_{\text{有效}} = \frac{L}{n_{\text{有效}}}$$

八、速率理论

(1) 采用适当细粒度、颗粒均匀的固定相,并尽量填充得均匀紧密,可降低涡流扩散项,提高柱效能。

(2) 采用相对分子质量较大的 N_2、Ar 作流动相,适当加大载气流速,降低分子纵向扩散项的影响。

(3) 分离度 R 是色谱柱总分离效能指标,$R = 1.5$ 是相邻两组分色谱峰完全分离的标志。

$$R = \frac{t_{R2} - t_{R1}}{\frac{1}{2}(W_1 + W_2)} = \frac{2(t_{R2} - t_{R1})}{W_1 + W_2}$$

(4) 柱长与分离度的关系为 $\left(\frac{R_1}{R_2} \right)^2 = \frac{L_1}{L_2}$。

九、载气及其流速的选择

(1) 载气与检测器性能匹配,采用相对分子质量较大的 N_2 或 Ar 作载气可降低纵向扩散项。

(2) 通过实验选择载气最佳流速,实际流速较最佳流速稍高些,以缩短分析时间。

十、柱温的选择

沸程窄的试样恒温分析,沸程宽的试样程序升温分析。

十一、定性分析

(1) 简单试样保留值定性,复杂试样加入纯物质增加峰高定性。

(2) 保留指数定性

$$t'_{R(Z)} < t'_{R(x)} < t'_{R(Z+1)} \quad , \quad I_x = 100 \left(\frac{\lg t'_{R(x)} - \lg t'_{R(Z)}}{\lg t'_{R(Z+1)} - \lg t'_{R(Z)}} + Z \right)$$

十二、定量分析

(1) 相对校正因子 f'_i:

$$f'_i = \frac{f_i}{f_s} = \frac{A_s m_i}{A_i m_s}$$

(2) 归一化法的条件是试样中所有组分都出峰,特点是不需准确进样。

$$w_i = \frac{A_i f_i'}{\sum\limits_{i=1}^{n} A_i f_i'} \times 100\%$$

较窄的色谱峰用峰高代替峰面积进行归一化定量。

（3）内标法 只需测定试样中某几种组分，或试样中组分不能全部出峰时用。以试样中不含有的物质为内标物，要求其浓度、性质与待测组分相似。

$$w_i = \frac{m_i}{m} \times 100\% = \frac{m_s \cdot f_i' \cdot A_i}{m \cdot f_s' \cdot A_s} \times 100\%$$

（4）外标法 即标准曲线法，不需要校正因子，但要求准确进样，准确度较低。用于中控分析。

十三、高效液相色谱法

（1）特点 分析速度快、效率高、灵敏度高和操作自动化等。用于测定沸点高、热稳定性差、摩尔质量大的有机化合物，弥补了气相色谱法的不足。

（2）流动相为不同极性的液体，对组分有一定的亲和力，提高了高效液相色谱分离效能。

（3）高效液相色谱类型 液-液分配色谱、液-固吸附色谱、键合相色谱（避免固定液的流失）、凝胶色谱（分析高分子化合物）及离子色谱（测定阴、阳离子）等。

（4）键合相色谱法 十八烷基（ODS）反相键合固定相，应用极为广泛。

（5）流动相要净化、脱气。

（6）液相色谱最常用的检测器是紫外检测器。

思考与练习

一、思考题

1. 简述气相色谱法的特点。

2. 简述气-固色谱和气液-色谱的分离原理，二者有何异同？

3. 气相色谱和液相色谱的应用范围有何不同？

4. 在气相色谱分析中，如何选择适宜的气化室温度、柱温和检测器温度？

5. 在气相色谱分析中，如何选择载气的流速？

二、单项选择题

1. 气相色谱中，和流动相流速有关的保留值是（　　）。

A. 保留体积　　　　B. 调整保留体积　　　　C. 保留时间　　　　D. 保留指数

2. 以下不属于描述色谱峰宽的术语是（　　）。

A. 标准差　　　　B. 半峰宽　　　　C. 峰宽　　　　D. 容量因子

3. 影响两组分相对保留值的因素是（　　）。

A. 载气流速　　　　B. 柱长　　　　C. 固定液性质　　　　D. 检测器类型

文本

第十二章思考与练习参考答案

4. 不是用于衡量色谱柱柱效能的物理量是(　　)。

A. 理论塔板数　　　　　　　　　　　　B. 塔板高度

C. 色谱峰宽　　　　　　　　　　　　　D. 组分的保留体积

5. 使固定液传质阻力减小提高柱效能的方法是(　　)。

A. 增加柱长　　　　　　　　　　　　　B. 适当减小固定液膜厚度

C. 提高载气流速　　　　　　　　　　　D. 增加柱压

6. 关于范第姆特方程,下列说法正确的是(　　)。

A. 最佳流速这一点,塔板高度最大　　　B. 最佳流速这一点,塔板高度最小

C. 塔板高度最小时,流速最小　　　　　D. 塔板高度最小时,流速最大

7. 对于 TCD 下列气体作载气时,灵敏度最高的是(　　)。

A. 氢气　　　　　B. 氦气　　　　　C. 空气　　　　　D. 氮气

8. 对含 S,P 的有机化合物具有高灵敏度和高选择性的检测器是(　　)。

A. 热导池检测器　　　　　　　　　　　B. 氢火焰离子化检测器

C. 电子捕获检测器　　　　　　　　　　D. 火焰光度检测器

三、多项选择题

1. 下列选项中,不是常用于评价色谱分离条件选择是否适宜的物理量是(　　)。

A. 理论塔板数　　　　　　　　　　　　B. 死时间

C. 最后出峰组分的保留时间　　　　　　D. 分离度

2. 范第姆特方程中,不属于影响 A 项的主要因素的是(　　)。

A. 载气流速　　　　　　　　　　　　　B. 柱温

C. 载气分子相对质量　　　　　　　　　D. 固定相颗粒的相对大小

3. 关于热导池检测器以下说法正确的是(　　)。

A. 各种气体或蒸气具有各不相同的导热系数

B. 双臂热导池的两臂同两个等值的固定电阻组成惠斯通电桥

C. 四臂热导池的四臂同两个等值的固定电阻组成惠斯通电桥

D. 热导池检测器是浓度型检测器

4. 关于氢火焰离子化检测器以下说法错误的是(　　)。

A. 氢火焰离子化检测器的灵敏度较热导池检测器高 2～3 倍

B. 氢火焰离子化检测器是质量型检测器

C. 氢火焰离子化检测器对无机化合物基本无响应

D. 氢火焰离子化检测器不适用于痕量有机化合物分析

5. 关于电子捕获检测器以下说法正确的是(　　)。

A. 电子捕获检测器的灵敏度和选择性都较高

B. 电子捕获检测器的灵敏度较高,是由于它只对含有电负性元素的物质有响应

C. 由于强调食品卫生安全,电子捕获检测器的应用变得很重要

D. 电子捕获检测器是质量型检测器

四、计算题

1. 在 1.5 m 长的色谱柱上测得环己烷的调整保留时间为 31.0 mm,峰底宽为 5.4 mm,求有效塔板数及有效塔板高度。

2. 设物质 A 和 B 在 2 m 长的柱上,其保留时间分别为 16.40 min 和 17.63 min,峰底宽度分别为 1.11 min 和 1.21 min,则该柱的分离度为多少?

3. 丙烯和丁烯的混合物进入色谱柱得到如下数据:

组　分	保留时间/min	峰宽/min
空气	0.5	0.2
丙烯	3.5	0.8
丁烯	4.8	1.0

计算:(1) 丁烯在这个柱上的分配比。

(2) 丙烯和丁烯的分离度。

4. 某混合物中只含下列五种化合物,经色谱分析,测得数据如下:

化　合　物	A	B	C	D	E
峰面积/cm²	6.0	8.5	9.8	11.3	4.5
相对校正因子 f_i'	0.64	0.70	0.72	0.75	0.78

计算此五种组分的质量分数。

5. 某甲醛厂的氧化产物中仅含甲醛、甲醇和水,经色谱分析,测得数据如下:

组　分	甲醛	水	甲醇
A_i/cm²	1.9	1.2	0.26
f_i'	1.04	0.70	0.75

计算甲醛和甲醇的质量分数。

6. 分析试样中邻二甲苯、对二甲苯和间二甲苯三种组分,对其他组分不进行定量分析,若选用甲苯为内标物,称取试样质量为 0.438 5 g,甲苯质量为 0.053 0 g,相对校正因子及各组分色谱峰面积如下:

组　分	邻二甲苯	对二甲苯	间二甲苯	甲苯
f_i'	0.87	1.41	1.17	1.00
A_i/cm²	3.58	1.38	0.683	0.95

计算邻二甲苯、对二甲苯和间二甲苯的质量分数。

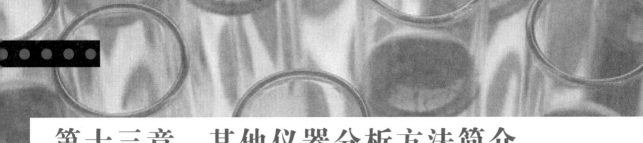

第十三章 其他仪器分析方法简介

 学习目标

知识目标

● 了解原子发射光谱法的特点。
● 理解原子发射光谱定性和定量分析原理。
● 了解电感耦合等离子体发射光谱仪的结构组成和特点。
● 理解火焰光度法的原理和定量分析方法。
● 掌握法拉第电解定律。
● 理解影响电流效率的因素及消除方法。
● 掌握库仑滴定法和微库仑分析法。

能力目标

● 能解释原子发射光谱产生的原因。
● 能用火焰光度法测定碱金属含量。
● 能用法拉第电解定律进行库仑分析结果计算。
● 能合理选择库仑分析方法准确测定物质含量。

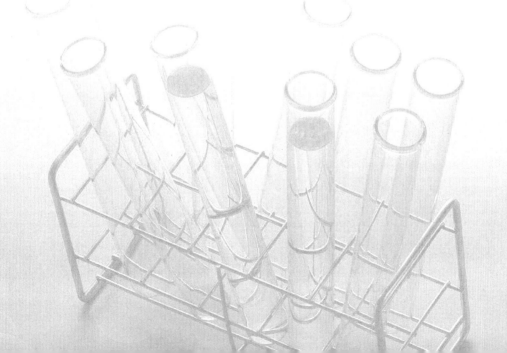

知识结构框图

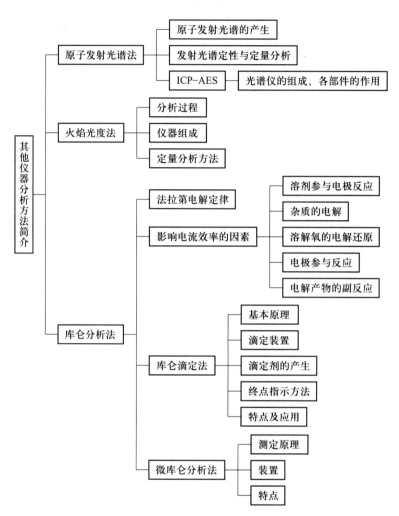

第一节　原子发射光谱法

一、基本原理

原子光谱是由于原子的外层电子在不同能级之间的跃迁而产生的。在正常情况下组成物质的原子处于稳定状态,这种状态称为**基态**,它的能量是最低的。但是,当原子受到外界能量(如电能、热能或光能)的作用时,其外层电子从基态跃迁到更高能级上,处于这种状态的原子称为**激发态**。处于激发态的原子很不稳定,约经 10^{-8} s后,便跃回基态或其他较低的能级,释放出多余的能量,这部分能量以光的形式辐射出来,因此产生发射光谱,如图 13-1 所示。利用原子发射光谱对物质进行定性定量分析的方法,称为**原子发射光谱法**(AES),简称为**发射光谱法**。

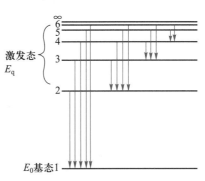

图 13-1　原子电子能级跃迁示意图

1. 定性原理

由于不同元素的原子结构不同,所以一种元素的原子只能发射由其 E_0 与 E_q 决定的特定频率的光,即每一种元素都有其特征光谱。此外,某些离子也可能产生类似的光谱,因此在一定的激发条件下,特定元素的原子或离子可产生一系列不同波长的特征光谱,通过识别待测元素的特征谱线存在与否即可进行定性分析。

2. 定量原理

以电感耦合等离子体原子发射光谱法(ICP-AES)为例。试样由载气带入雾化系统进行雾化(对于溶液进样而言),以气溶胶形式进入炬管轴内通道,在高温和氩气气氛中,气溶胶微粒被充分蒸发、原子化、激发和电离。被激发的原子和离子发射出很强的原子谱线和离子谱线。各元素发射的特征谱线及其强度经过分光、光电转换、检测和数据处理,最后由计算机显示出各元素的含量。

在某个恒定的 ICP 条件下,分配在各激发态和基态的原子数目 N_i、N_0 遵循玻耳兹曼分布定律:

$$N_i = N_0 \times (g_i/g_0) \times e^{(-E_i/kT)}$$

式中:N_i 为单位体积内处于激发态的原子数;N_0 为单位体积内处于基态的原子数;g_i、g_0 为激发态和基态的统计权重;E_i 为激发电位;k 为玻耳兹曼常数;T 为激发温度。i、j 两能级之间的跃迁所产生的谱线强度 I_{ij} 与激发态原子数目 N_i 成正比,即 $I_{ij}=kN_i$。所以,在一定的条件下,谱线强度 I_{ij} 与基态原子数目 N_0 成正比。而基态原子数与试样中该元素浓度成正比。因此,在一定的条件下谱线强度与待测元素浓度成正比,$I_{ij}=kc$,这是原子发射光谱定量分析的依据。

二、发射光谱法的特点

(1) 灵敏度高　一般测量的绝对灵敏度可达 $10^{-10} \sim 10^{-11}$ g,相对灵敏度可达 $0.1\ \mu g \cdot g^{-1}$。

（2）准确度较高　相对误差一般为 $5\%\sim20\%$，若使用 ICP 光源，相对误差可达 1% 以下。

（3）选择性好　利用元素的特征谱线鉴定该元素的存在，干扰小。

（4）试样用量少　进行一次光谱全分析，一般只需几毫克或十分之几毫克的试样。

（5）分析速度快　光谱分析的试样一般不必经过化学处理，几分钟内就可以得到分析结果。

（6）多元素同时检测　可以同时对多种元素进行定性和定量分析，测量高、中、低含量的元素，这是发射光谱分析的最突出的特点。

（7）不适合大多数非金属元素测定。

三、电感耦合等离子体发射光谱仪

以高频电感耦合等离子体（ICP）为光源的原子发射光谱装置称为**电感耦合等离子体发射光谱仪**，简称为 ICP 发射光谱仪或称 ICP。ICP 光谱仪一般包括四个基本单元：等离子体光源系统、进样系统、光学系统、检测和数据处理系统等。全谱直读 ICP 光谱仪结构如图 13-2 所示。

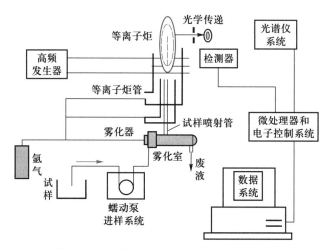

图 13-2　全谱直读 ICP 光谱仪结构示意图

1. 等离子体光源系统

早期的原子发射光谱仪采用电弧和电火花光源，随着等离子体光源的问世，它已成为目前原子发射光谱仪使用最广泛的激发光源，其中以电感耦合等离子体光源应用最为广泛。电感耦合等离子体是一种原子或分子大部分已电离的气体。它是电的良导体，因其中的正、负电荷密度几乎相等，所以从整体来看它是电中性的。ICP 温度可高达 $5\,000\sim10\,000$ K。ICP 光源系统由高频发生器、等离子炬管、气路系统等组成。

高频发生器的作用是通过感应线圈产生交频磁场，为等离子体提供能量，并维持 ICP 光源稳定放电，要求其具有高度的稳定性和不受外界电磁场干扰。根据等离子体炬安装方向与光学系统观测方向的方式不同，ICP-AES 目前主要使用轴向、径向、双向三种观测方式。

等离子炬管是 ICP 光源系统的核心部件,其结构示意图见图 13-3。它是由三层同心石英管组成。工作气体通常是氩气,提供三部分需要。外层石英管通冷却气 Ar 的目的是使等离子体离开外管内壁,以避免它烧毁石英管。采用切向进气,其目的是利用离心作用在炬管中心产生低气压通道,以利于进样。中层石英管出口做成喇叭形,通入的氩气称为辅助气,作用是点燃等离子体。进样稳定后,也可关闭该气体。内层石英管内径一般为 1~2 mm,通入的氩气称为载气,载气将试样气溶胶由内管注入等离子体内。试样气溶胶由气动雾化器或超声雾化器产生。当载气将试样气溶胶通过等离子体时,被后者加热至 6 000~7 000 K,试样中的待测物质很快被蒸发、分解,产生大量的气态原子,气态原子进一步吸收能量而被激发,产生原子发射光谱。

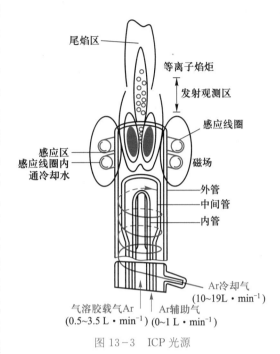

图 13-3 ICP 光源

（图中标注）尾焰区　等离子焰炬　发射观测区　感应线圈　磁场　感应区　感应线圈内通冷却水　外管　中间管　内管　Ar冷却气(10~19L·min⁻¹)　气溶胶载气Ar(0.5~3.5 L·min⁻¹)　Ar辅助气(0~1 L·min⁻¹)

2. 进样系统

目前,ICP 主要是溶液进样,ICP 进样系统由蠕动泵、雾化系统等组成,待测定的溶液首先经蠕动泵进入雾化室,再经雾化器雾化转化成气溶胶,一部分细微颗粒的被氩气载入等离子体,另一部分颗粒较大的则被排出。随载气进入等离子体的气溶胶在高温作用下,经历蒸发、干燥、分解、原子化和电离的过程,所产生的原子和离子被激发,并发射出各种特定波长的光,产生发射光谱。ICP 常用的雾化器有同心(溶液和雾化同轴心方向)雾化器和交叉(溶液和雾化垂直方向)雾化器两种。其中,同心雾化器有较好的雾化效率,精密度较好,但容易发生堵塞,而交叉雾化器虽雾化效率和精度稍低,但可耐高盐,不易发生堵塞,且不易损坏。

除了溶液进样,将固体试样直接引入原子光谱分析系统一直是原子发射光谱研究的热点。目前主要方法有激光烧蚀、电热蒸发试样引入、悬浮体进样、把装有试样的棒头直接插入 ICP 等,但固体进样相对溶液进样一般测定精密度较差。

3. 光学系统

原子发射光谱的分光系统通常由狭缝、准直镜、色散元件、凹面镜等组成。其核心部件是色散元件,如棱镜或光栅。目前一般采用高分辨率的光栅。由于 ICP 有很强的激发能力,发射谱线繁多,谱线干扰也较为严重,因此,提高仪器高分辨率有利于避开一些谱线干扰,ICP 光谱仪平面反射光栅光学系统如图 13-4 所示。

4. 检测和数据处理系统

ICP 中检测器早期主要为光电倍增管(PMT)检测器,目前已逐步被各种固体检测器代替。商品仪器固体检测器主要有电荷耦合检测器（charge-coupled detector,CCD）、电荷注入式检测器（charge-injection detector,CID）、分段式电荷耦合检测器（subsection charge-coupled detector,SCD），这些固体检测器,作为光电元件具有暗电流小、灵敏度高、信噪比高的特点,有很高的量子效率,而且是超小型的、大规模集成的元件,可以制成线阵式和面阵式的检测器,能同时记录成千上万条谱线,并大大缩短了分光系统的焦距,使多元素同时测定功能大为提高,成为全谱直读光谱仪。目前,ICP全谱直读光谱仪可按设定的方法实现多功能数据处理,包括绘制工

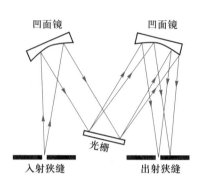

图 13-4　ICP 光谱仪平面反射光栅光学系统

作曲线、进行内标法和标准加入法、自动进行背景扣除,不仅可实时计算,还可改变某些参数进行再处理等。不少软件还带有独特的多元谱图校正功能。

第二节　火焰光度法

一、基本原理

以火焰为激发光源,并将被激发元素所发射的特征谱线强度通过光电检测系统进行测定,称为**火焰发射光谱法**,或称为**火焰光度法**。火焰光度法的基本过程是:将试样溶液通过喷雾器,以气溶胶状态进入火焰光源中燃烧,在火焰热能作用下,试样元素进行蒸发、原子化和激发,发射的复合光经单色器分离出待测元素的特征谱线,然后用光电检测系统(光电池或光电倍增管)测量其强度,如图13-5所示。

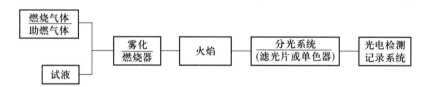

图 13-5　火焰光度分析法基本过程示意图

可见,火焰光度法的基本原理和分析过程与原子发射光谱法类似,仍属于发射光谱分析的范畴。由于火焰光度分析法的光源是火焰,其设备简单,光谱不复杂,稳定性高,可直接分析溶液,且操作简便迅速,所以已经应用于碱金属和碱土金属的定量分析。

二、火焰光度计

火焰光度法所用的仪器称为**火焰光度计**。各种型号的火焰光度计都是由燃烧系统、光学系统、光电检测系统三部分组成。火焰光度计的装置如图13-6所示。

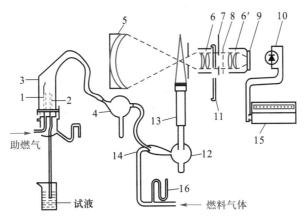

1,2—喷嘴;3—喷雾器;4—冷凝球管;5—凹面反射镜;6,6′—复式透镜;7—可变光阑;8—快门;9—毛玻璃屏;
10—光电池;11—滤光片;12—球形混合管;13—燃烧灯;14—燃料气管;15—检流计;16—气压计

图 13-6　火焰光度计装置示意图

1. 燃烧系统

燃烧系统的作用是使待测元素激发辐射出特征光谱。这一系统内主要有雾化器、燃烧器及燃料气体和助燃气体的供应。火焰就是火焰光度计的光源。为了获得准确的分析结果,所有的火焰必须具有良好的稳定性和足够高的温度,避免发生电离。常用的温度为2 000~3 000 K。要根据分析对象和共存元素的干扰等情况来选用火焰。对于碱金属和碱土金属的分析,常用空气-乙炔、空气-煤气或空气-石油气组成的火焰。

2. 光学系统

光学系统的主要作用是将从燃烧系统发射的复合光经色散分离出待测元素的光谱,并聚焦在光电检测元件上。采用滤光片进行分光的称为火焰光度计。采用光栅或棱镜单色器进行分光的称为火焰分光光度计。

3. 光电检测系统

利用光电池或光电倍增管等光敏元件接收待测元素的谱线,并把接收到的光信号转变成电信号,然后输出并显示读数。

三、定量分析方法

应用火焰光度法进行定量分析时,待测元素辐射的特征谱线强度 I,在一定条件下与待测元素的浓度 c 的关系为 $I = ac^b$。由于火焰光源稳定,所以在实际测量时,系数 a 是一个常数;当谱线的自吸现象可忽略不计时,系数 b 约等于1。所以谱线强度与试样中待测元素的浓度成正比。即

$$I = ac$$

火焰光度分析法就是依据上式进行定量分析的。现介绍几种定量分析方法。

1. 标准曲线法

先配制一系列待测元素的标准溶液,分别测定其光强 I。将测得的光强 I 为纵坐标,其对应的含量或浓度 c 为横坐标,绘制 I-c 标准曲线。在同一实验条件下,测得试样溶液

的光强 $I_{试}$，从标准曲线即可求出试样中待测元素的含量。

2. 标准加入法

对于试样中干扰元素比较复杂的情况，或配制与试样组成相似的标准溶液有困难时，可采用标准加入法。

取同体积试液两份，在一份试液中加入已知量的待测元素，稀释两份试液到相同体积，分别测量其光强，用下式计算待测元素的浓度：

$$c_x = \frac{I_x - I_0}{I_{x+s} - I_x} \cdot c_s$$

式中：c_x 为试液中待测元素的浓度；I_x 为试液中待测元素的光强；I_0 为空白值；I_{x+s} 为添加已知量的待测元素后的光强；c_s 为添加元素在溶液中的浓度。

> **小贴士**
>
> 应用火焰光度法进行定量分析时，要注意干扰问题。例如，进入火焰的某些非待测元素或分子所发射的谱线或谱带将影响谱线强度的测量；若激发条件发生变化，会使火焰温度及辐射强度发生改变，也会增大分析结果的误差；试液中的酸度对待测元素发射光谱的强度也有影响，如硫酸、磷酸的存在能使碱金属和碱土金属的辐射强度减弱。再如滤色片或波长选择是否适宜，光敏元件疲劳现象及环境条件的影响等因素，均要周密考虑。

第三节　库仑分析法

一、概述

1. 库仑分析法

在含有 $0.1\ \mathrm{mol \cdot L^{-1}}$ $CuSO_4$ 和 H_2SO_4 的溶液中插入两支铂电极，两电极通过导线分别与直流电源的正极和负极连接，装置如图 13-7 所示。接通电源后，从电源负极输出的电子，通过导线传送到阴极，使电解液中的 Cu^{2+} 和 H^+ 移向阴极。由于 Cu^{2+} 的得电子能力比 H^+ 强，先在阴极上获得电子而生成金属 Cu，并沉积于铂阴极上。与此同时，溶液中的 SO_4^{2-} 和 OH^- 移向阳极，因 OH^- 较 SO_4^{2-} 易失去电子，而先在阳极上失去电子生成 O_2，在铂阳极上析出。相关反应如下：

阴极反应　　$Cu^{2+} + 2e^- \longrightarrow Cu \downarrow$

阳极反应　　$H_2O - 2e^- \longrightarrow \frac{1}{2}O_2 \uparrow + 2H^+$

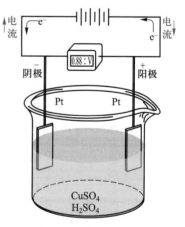

图 13-7　电解 $CuSO_4$ 溶液的装置示意图

电解反应 $2Cu^{2+} + 2H_2O \longrightarrow 4H^+ + O_2\uparrow + 2Cu\downarrow$

通过准确测量电解过程中待测物质(如 Cu)在电极上发生电化学反应所消耗的电荷量,依据法拉第电解定律,可计算待测物质的含量,此方法称为库仑分析法。

2. 法拉第电解定律

库仑分析法定量的依据是法拉第电解定律,即电解过程中,在电极上析出物质的质量与电解消耗的电荷量成正比。即

$$m \propto Q \tag{13-1}$$

$$m = \frac{Q}{F} \cdot \frac{M}{n} = \frac{It}{F} \cdot \frac{M}{n} \tag{13-2}$$

式中:m 为在电极上电解析出物质的质量,g 或 mg;I 为电解时通过电极的电流,A 或 mA;t 为电解的时间,s;Q 为电解过程中消耗的电荷量,C;F 为法拉第常数,即电解1 mol 物质所消耗的电荷量,96 485 $C \cdot mol^{-1}$;M 为待测物质的摩尔质量,$g \cdot mol^{-1}$;n 为电解过程中物质的电子得失数。

例1 某 $CuSO_4$ 溶液通过 0.500 A 电流 28.7 min。如果电流效率为 100%,试计算阴极上析出铜的质量(g),阳极上析出氧的质量(g)。

解:阴极反应 $Cu^{2+} + 2e^- \longrightarrow Cu$

阳极反应 $H_2O - 2e^- \longrightarrow \frac{1}{2}O_2\uparrow + 2H^+$

$$m_{Cu} = \frac{0.500\ A \times 28.7\ min \times 60\ s \cdot min^{-1}}{96\ 485\ C \cdot mol^{-1}} \times \frac{63.5\ g \cdot mol^{-1}}{2} = 0.283\ g$$

$$m_{O_2} = \frac{0.500\ A \times 28.7\ min \times 60\ s \cdot min^{-1}}{96\ 485\ C \cdot mol^{-1}} \times \frac{16.0\ g \cdot mol^{-1}}{2} = 7.14 \times 10^{-2}\ g$$

3. 电流效率的影响因素及消除方法

根据法拉第电解定律,库仑分析的电流效率应为 100%,但实际中常因电极上的副反应而影响电流效率,主要有以下影响因素。

(1) 溶剂参与电极反应消耗电荷量   电解一般是在水溶液中进行,水会参与电极反应而被电解,消耗一定的电荷量。

$$H_2O - 2e^- \longrightarrow \frac{1}{2}O_2\uparrow + 2H^+$$

$$2H^+ + 2e^- \longrightarrow H_2\uparrow$$

水的电化学氧化或还原反应受溶液 pH 和电位的影响。因此,可通过控制适宜的电解电位和溶液的 pH 来防止水的电解。

(2) 杂质的电解消耗电荷量   试剂中的杂质或试样中的共存物质参与电解而消耗电荷量。可通过选择适宜纯度的试剂、提纯试剂或做空白试验扣除,也可对试液中的干扰物质进行分离或掩蔽。

(3) 溶解氧的电解还原消耗电荷量   电解溶液的溶解氧可在阴极上发生还原反应,生成 H_2O_2 或 H_2O。

$$O_2 + 2H^+ + 2e^- \longrightarrow H_2O_2$$

$$\frac{1}{2}O_2 + 2H^+ + 2e^- \longrightarrow H_2O$$

因此,在工作电极为阴极时,可事先向电解溶液中通惰性气体(如高纯 N_2 等)15 min 以上去除 O_2。必要时可在分析过程中始终维持电解池内的 N_2 气氛。也可在中性或弱碱性溶液中加入 Na_2SO_3,通过其与氧的化学反应来去除氧。

(4)电极参与反应消耗电荷量 惰性电极(如 Pt 电极)氧化电位很高,不易被氧化,电极电位高于 1.2 V 时仍很稳定。但当电解质溶液中有配位剂(如大量卤素离子)存在时,会与溶解的微量的铂离子生成很稳定的配合物,使铂电极的氧化电位降至 0.7 V,而使铂电极本身发生氧化,产生电极副反应,而降低电流效率。防止的方法是改变电解溶液的组成或更换电极(如更换为石墨电极)。

(5)电解产物的副反应消耗电荷量 在有些情况下,一个电极上的产物与另一个电极上的产物反应,而影响电流效率。可用多孔陶瓷、玻璃砂或盐桥将两电极隔开,避免两电极上的产物发生副反应。有时电极反应产物与溶液中某物质发生反应,可更换其他电解液而解决。

二、库仑分析法的分类

根据电解方式的不同,可将库仑分析法分为库仑滴定法、控制电位库仑分析法和微库仑分析法。本书仅介绍库仑滴定法和微库仑分析法。

(一)库仑滴定法

1. 库仑滴定基本原理

库仑滴定法又称**恒电流库仑分析法**或**控制电流库仑分析法**。该方法是以恒定的电流通过电解池,以 100% 的电流效率电解,在工作电极上产生一种物质(即电生滴定剂)滴定待测物质,用指示剂法、电位法或永停终点法等确定滴定终点,准确测量通过电解池的电流和从电解开始到电生滴定剂与待测组分完全反应的时间,根据法拉第电解定律计算待测物质的含量。

2. 库仑滴定装置

库仑滴定装置如图 13-8 所示,它是由电解系统和终点指示系统两部分组成。

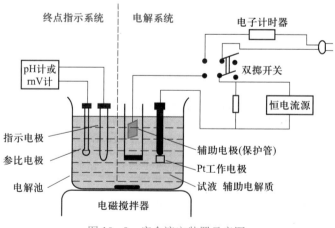

图 13-8 库仑滴定装置示意图

（1）**电解系统**　电解系统提供数值已知的恒电流,产生滴定剂并准确记录从电解开始到电生滴定剂与待测组分完全反应(即滴定终点)的电解时间,由恒电流源、电解池、电子计时器等部件组成。

恒电流源的作用是提供恒定的直流电,电流一般为 $1\sim20$ mA,不超过 100 mA,可用直流稳压器,也可用几个串联的 45 V 碱电池。

电解池(又称库仑池或滴定池)由待测溶液和辅助电解质、工作电极和辅助电极、通 N_2 除 O_2 的通气口组成。工作电极直接插入电解液中,电解产生滴定剂。辅助电极即**对电极**,与工作电极组成电解池。有些情况下,辅助电极的产物会与工作电极的产物反应,如测定碱时,Pt 对电极(阴极)上产生 OH^-,将与 Pt 工作电极(阳极)上产生的 H^+ 发生副反应,影响电流效率。为了避免两电极上的产物发生副反应,干扰滴定反应而影响测定结果,需将辅助电极与工作电极隔开。

电子计时器采用的是精密电子计时器,利用双掷开关可以同时控制电子计时器和电解电路,使电解和计时同步进行,也可用秒表计时。为了保证测量准确度,电解时间一般控制在 $100\sim200$ s 为宜。

（2）**终点指示系统**　终点指示系统用于指示滴定终点的到达,可用指示剂法和电位法或电流法等电化学方法指示滴定终点,具体装置由终点指示方法而定。使用电化学法指示终点时,电解池内要安装指示电极,此方法的特点是易于实现自动化。

3. 库仑滴定剂的产生

库仑滴定剂的产生方法有三种,即内部电生滴定剂法、外部电生滴定剂法和双向中间体电生滴定剂法。

（1）**内部电生滴定剂法**　将辅助电解质直接加入待测溶液中,在待测溶液内部电解产生滴定剂。该方法是在待测溶液中加入大量的辅助电解质,以允许在较高的电流条件下电解,缩短分析时间,是目前常用的电生滴定剂的方法。

（2）**外部电生滴定剂法**　将滴定系统和电生滴定剂系统分开,用恒电流通过外部发生池中的辅助电解质溶液电解产生滴定剂后,再引入滴定池中进行滴定。当电生滴定剂的电极反应和滴定反应不能在同一溶液中进行,或待测溶液中的某些组分会与辅助电解质同时在工作电极上发生电解反应时,可选用此方法产生滴定剂。

（3）**双向中间体电生滴定剂法(库仑返滴定法)**　先在一定条件下电解产生过量的第一种滴定剂,使其与待测物质定量反应;然后改变条件电解产生第二种滴定剂,让其与剩余的第一种滴定剂反应。两次电解消耗的电荷量之差即为滴定待测物质所需的电荷量。当以库仑返滴定法测定待测物质时,需要在不同的条件下分别电解产生两种滴定剂,因而称为双向中间体电生滴定剂法。当滴定反应速率较慢时,可采用此方法产生滴定剂。

4. 终点指示方法

（1）**指示剂法**　在待测溶液中加入指示剂,利用指示剂颜色的突变指示终点的到达。例如,测定 S^{2-} 时,加入辅助电解质 KBr,以甲基橙为指示剂,其相关反应为

工作电极(阳极)　　$2Br^- - 2e^- \longrightarrow Br_2$(滴定剂)

辅助电极(阴极)　　$2H_2O + 2e^- \longrightarrow H_2\uparrow + 2OH^-$（用半透膜与阳极隔开）

滴定反应　　$Br_2 + S^{2-} \xrightarrow{\text{甲基橙(中性/弱酸性)}} S\downarrow + 2Br^-$

化学计量点后,过量的 Br_2 使甲基橙褪色,以指示滴定终点的到达。

文本

想一想1
解答

> **想一想 1**
>
> 辅助电极为什么要用半透膜与电解液隔开?

(2) 电位法 库仑滴定中随着滴定的不断进行,待测组分的浓度不断变化,如果插入合适的指示电极,其电极电位也随之而变化。到达化学计量点时,指示电极的电位会发生突变,从而指示滴定终点的到达。

例如,以 Na_2SO_4 溶液为电解质,铂阴极作为工作电极,铂阳极为辅助电极,pH 玻璃电极为指示电极,甘汞电极为参比电极指示滴定终点,利用库仑滴定法测定溶液中醋酸的含量,其相关反应为

工作电极(阴极)　　$2H_2O + 2e^- \longrightarrow H_2 \uparrow + 2OH^-$(滴定剂)

辅助电极(阳极)　　$H_2O - 2e^- \longrightarrow \dfrac{1}{2}O_2 \uparrow + 2H^+$

滴定反应　　$CH_3COOH + OH^- \longrightarrow CH_3COO^- + H_2O$

根据酸度计上的 pH 的突跃可指示滴定终点的到达。

文本

想一想2
解答

> **想一想 2**
>
> 上例中的辅助电极是否要用半透膜与电解液隔开,为什么?

(3) 永停终点法 其装置如图 13-9 所示。在两支大小相同的 Pt 电极上施加 50～200 mV 的小电压,并串联灵敏的检流计,只有在电解池中可逆电对的氧化态和还原态同时存在时,指示系统回路中才有电流通过,而电流的大小取决于氧化态与还原态浓度的比值。当滴定到达终点时,由于可逆电对的产生或消失,使终点指示回路中的电流迅速增大或减小,引起检流计指针或数值的突变,以指示终点的到达。

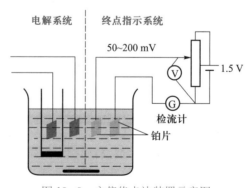

图 13-9　永停终点法装置示意图

以滴定过程检流计电流 I 对相应的电解时间 t 作图,可得永停滴定曲线。几种典型的永停滴定曲线如图 13-10 所示。

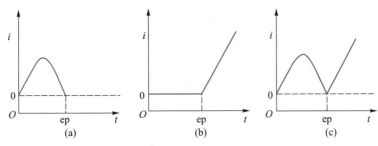

图 13-10　几种典型的永停滴定曲线

在图 13-10(a)中,化学计量点前溶液中存在着可逆电对,化学计量点时可逆电对消失,电流突然降为零。化学计量点后溶液中存在的是不可逆电对,电流一直为零。例如,用 $Na_2S_2O_3$ 滴定 I_2 时,其滴定反应为

$$2S_2O_3^{2-} + I_2 \longrightarrow 2I^- + S_4O_6^{2-}$$

化学计量点前滴定生成的 I^- 与剩余的 I_2 构成了可逆电对 I_2/I^-,化学计量点时 I_2 被滴定完全,I_2/I^- 可逆电对消失,电流突然降至零,而指示滴定终点的到达。化学计量点后,过量的 $S_2O_3^{2-}$ 与滴定生成的 $S_4O_6^{2-}$ 构成的是不可逆电对 $S_4O_6^{2-}/S_2O_3^{2-}$,电流一直为零。

在图 13-10(b)中,化学计量点前溶液中存在着不可逆电对,而没有可逆电对,电流一直为零。化学计量点时,微过量的滴定剂使可逆电对突然产生,电流突然增大。例如,电解 KBr 溶液产生 Br_2 滴定溶液中的 AsO_3^{3-} 时,其滴定反应为

$$Br_2 + AsO_3^{3-} + H_2O \longrightarrow 2Br^- + AsO_4^{3-} + 2H^+$$

化学计量点前滴定生成的 AsO_4^{3-} 与剩余的 AsO_3^{3-} 组成了不可逆电对 AsO_4^{3-}/AsO_3^{3-},电流一直为零。化学计量点时,微过量的 Br_2 与 Br^- 构成了可逆电对,电流突然增大,而指示滴定终点的到达。

在图 13-10(c)中,化学计量点前溶液中存在着一种可逆电对,化学计量点时其可逆电对消失,电流突降至零。化学计量点后,新的可逆电对突然产生,电流突然增大。例如,用电生 Ce^{4+} 滴定 Fe^{2+} 时,滴定反应为

$$Fe^{2+} + Ce^{4+} \longrightarrow Fe^{3+} + Ce^{3+}$$

化学计量点前溶液存在可逆电对 Fe^{3+}/Fe^{2+},化学计量点时 Fe^{3+}/Fe^{2+} 可逆电对消失,电流突然降至零,随后过量的滴定剂 Ce^{4+} 又产生可逆电对 Ce^{4+}/Ce^{3+},电流又突然上升,以指示滴定终点的到达。

例 2　取 3.000 g 含砷试样,溶解后用肼将试液中的砷还原为三价砷,除去过量还原剂,加入 0.2 mol·L^{-1} KI-NaHCO$_3$ 缓冲液后进行电解。在 0.120 A 的恒电流下,用电解产生的 I_2 库仑滴定 AsO_3^{3-},经 560 s 达到滴定终点,计算试样中 As_2O_3 的质量分数。已知:$M(As_2O_3) = 197.84$ g·mol^{-1}。

解: 阳极反应(工作电极,KI-NaHCO$_3$ 溶液)　　$2I^- - e^- \longrightarrow I_2$

阴极反应(辅助电极,Na$_2$SO$_4$ 水溶液)　　$2H_2O + 2e^- \longrightarrow H_2\uparrow + 2OH^-$

滴定反应　　$I_2 + AsO_3^{3-} + H_2O \longrightarrow 2I^- + AsO_4^{3-} + 2H^+$

311

第三节　库仑分析法

化学计量点前,溶液中存在着不可逆电对 AsO_4^{3-}/AsO_3^{3-},无可逆电对,终点指示回路中没有电流流过。化学计量点时,微过量的 I_2 与 I^- 构成了可逆电对 I_2/I^-,使终点指示回路中的电流突然增大,指示滴定终点的到达。试样中 As_2O_3 的质量分数为

$$w(As_2O_3) = \frac{0.120 \text{ A} \times 560 \text{ s} \times 197.84 \text{ g} \cdot \text{mol}^{-1}}{3.000 \text{ g} \times 96\,485 \text{ C} \cdot \text{mol}^{-1} \times 4} \times 100\% = 1.15\%$$

5. 库仑滴定法的特点

　　相对于化学滴定分析法,库仑滴定法有许多独特的优点。

　　(1) 取样量少,且由于时间和电流都可准确测量,其准确度和精密度都较高,检出限可达 $10^{-7} \text{ mol} \cdot \text{L}^{-1}$,既能测定常量物质,又能测定痕量物质。

　　(2) 无须配制标准溶液,消除了因使用标准溶液所引起的误差。有些物质本身不稳定或浓度难以保持恒定,如 Sn^{2+},Cl_2,Br_2 等,在化学滴定分析中不能配成标准溶液,但在库仑滴定中可通过电解产生,因而不受其稳定性的影响。

　　(3) 不需测量滴定剂的体积,因而不存在此方面的测量误差。

　　(4) 易于实现自动化。由于库仑滴定过程的电流和电解时间都可通过仪表精确测量,容易实现自动检测,适合进行动态的流程控制分析。

　　(5) 应用广泛,可用于各类滴定,测定很多无机物和有机物,尤其适合于测定滴定分析中用作基本标准的化学试剂。

(二) 微库仑分析法

1. 微库仑分析装置及测定原理

　　微库仑分析法(又称动态库仑分析法),其装置是由滴定池、电解系统和放大器组成的“零平衡”式闭环负反馈系统,分析原理如图 13-11 所示。

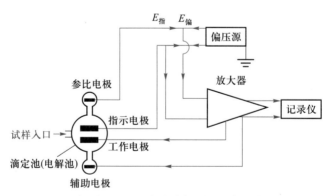

图 13-11　微库仑分析原理示意图

　　(1) 滴定池(或称电解池)　滴定池是微库仑分析装置的“心脏”,由电解质溶液和两对电极组成。一对电极(即指示电极和参比电极)构成原电池,指示滴定终点的到达;另一对是电解电极(即工作电极和辅助电极),电解产生滴定剂。在进样前,滴定池内的电解质(如 KI 等)溶液先电解生成了一定浓度的微量滴定剂(如 I_2 等),指示电极的电极电位为一定值,其与参比电极间电位差即电池的电动势 $E_{指}$ 也为一定值。调节偏压源的偏

压 $E_{偏}$ 与 $E_{指}$ 大小相等,方向相反,两者之差 $\Delta E = 0$,即处于"零平衡"状态。此时,电路中放大器的电流输入和输出均为零。当试样进入电解池后,由于试样中的待测组分与电生滴定剂发生滴定反应,滴定剂的浓度降低,而使 $E_{偏}$ 与 $E_{指}$ 的差值 $\Delta E \neq 0$。此时,库仑放大器有电压输出而施加到电解电极对上,使电解电极产生相对应的电流,从而使工作电极开始电解产生滴定剂,以补充滴定待测组分消耗的滴定剂,直至待测组分滴定完全,滴定剂的浓度恢复至初始浓度,ΔE 也随之恢复为零,以指示滴定终点的到达,电解自动停止。由进样后到恢复"零平衡"状态电解消耗的电荷量,根据法拉第电解定律计算待测组分的含量。

(2) 裂解管和裂解炉　试样中的待测组分(如 S,N,Cl 等)必须先通过裂解反应,使待测组分转化为能与电生滴定剂反应的物质,才能进行测定。裂解反应要在石英裂解管(需用高温管式裂解炉加热)中进行。裂解方法有两种,即氧化法和还原法。氧化法是试样中的待测组分与 O_2 混合燃烧生成氧化物(如 C,H 转化为 CO_2,H_2O;S 转化为 SO_2,SO_3;N 转化为 NO,NO_2;P 转化为 P_2O_5)后进入滴定池。还原法是于裂解管中,在镍或钯的催化作用下,试样中的待测组分被 H_2 还原(如 C,H 还原为 CH_4,H_2O;S 还原为 H_2S;N 还原为 NH_3,HCN;P 还原为 PH_3)后进入滴定池。

(3) 进样器　对于液体试样多采用微量注射器进样,裂解管入口处有耐热的硅橡胶垫密封供进样用。气体试样可用压力注射器,固体或黏稠液体试样可用试样舟进样。

(4) 微库仑放大器　微库仑放大器是一个电压放大器,其放大倍数在数十倍至数千倍间可调。由指示电极对产生的信号与外加偏压反向串联后加到微库仑放大器的输入端,放大器输出端加到滴定池的电解电极对上,使之产生对应的电流流过滴定池,电解产生出滴定剂。微库仑放大器的输出同时输入到记录仪数据处理器上。

(5) 记录仪和积分仪　微库仑放大器的输出信号可用记录仪记录,记录的电流-时间曲线所包围的面积即为消耗的电荷量,可用电子积分仪积分曲线所包围的面积(见图 13-12),结果以数字显示。

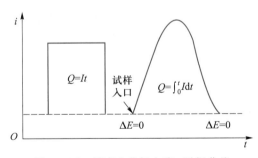

图 13-12　微库仑分析电流-时间曲线

2. 微库仑分析特点

(1) 微库仑分析中,其电位和电流都不是恒定的,而是根据待测物质浓度变化而变化,故又称为**动态库仑分析法**,可用电子技术进行自动调节。

(2) 微库仑分析法灵敏、快速、选择性好,适用于微量和痕量分析,如石油化工分析中对有机溶剂、聚合级烯烃等的微量水分析,有机物中微量硫、氮、卤素、氧等元素的测定,大气监测等。

<h1 style="text-align:center">本章主要知识点</h1>

一、原子发射光谱法

1. 原子发射光谱的产生

原子的外层电子吸收外界能量从基态跃迁到激发态后,很不稳定,回到较低能级时以光辐射形式释放能量形成的谱线称为原子发射光谱。

2. 原子发射光谱定性分析原理

不同元素的原子结构不同,每种元素的原子吸收能量从基态跃迁到激发态需要的能量也不同,回到较低能级时以光辐射形式释放能量形成的谱线波长也不同,具有特征性,通过识别特征谱线就可以确定某元素是否存在。

3. 原子发射光谱定量分析原理

在一定的分析条件下,待测元素特征谱线的强度与基态原子数目成正比,即与试样中待测元素浓度成正比,以此作为定量分析的依据。

4. 电感耦合等离子体发射光谱仪(ICP-AES)

(1) 高频电感耦合等离子体(ICP)光源

(2) 进样系统

(3) 光学系统

(4) 检测和数据处理系统

二、火焰光度法

1. 火焰光度法分析过程

将试样溶液通过喷雾器,以气溶胶状态进入火焰光源中燃烧,在火焰热能作用下,试样中待测元素蒸发、原子化和激发,发射的光谱经单色器分光,分离出待测元素特征谱线,用光电检测系统测定谱线强度来定量。

火焰光度法主要用于碱金属和碱土金属的定量分析。

2. 火焰光度计的组成

火焰光度计主要由燃烧系统、光学系统和光电检测系统三部分组成。

3. 火焰光度法定量分析方法

(1) 标准曲线法

(2) 标准加入法

三、库仑分析法

1. 定义

通过准确测量电解过程中待测物质在电极上发生电化学反应所消耗的电荷量,计算待测物质含量的分析方法称为库仑分析法。

2. 法拉第电解定律

电解过程中,在电极上析出物质的质量与电解消耗的电荷量成正比。

$$m = \frac{It}{F} \cdot \frac{M}{n}$$

根据法拉第电解定律,库仑分析的电流效率应为100%,但实际中常因电极上的副反应等因素而影响电流效率。

3. 库仑分析法的分类

根据电解方式的不同,库仑分析法分为库仑滴定法、控制电位库仑分析法和微库仑分析法。

文本

第十三章思考与练习参考答案

思考与练习

一、思考题

1. 简述原子发射光谱分析的基本原理。

2. 原子发射光谱仪由哪几部分组成? 各有什么作用?

3. 简述火焰光度法的分析过程。

4. 库仑分析法定量的依据是什么? 为什么电流效率是库仑分析的关键问题? 在库仑分析中如何保证电流效率100%?

5. 库仑滴定装置由哪几部分组成,各部分的作用是什么?

6. 在控制电位库仑分析法和库仑滴定中,分别如何测定电量?

7. 简述微库仑分析仪的基本构件及工作原理。

8. 简述微库仑分析法、库仑滴定法、电位滴定法和化学滴定法的异同点。

二、单项选择题

1. 发射光谱仪是由( )提供使试样蒸发、激发的能量。

A. 火焰   B. 电能   C. 磁场   D. 光源

2. 原子发射光谱的分光系统的核心部件是( )。

A. 狭缝   B. 准直镜   C. 色散元件   D. 凹面镜

3. 火焰光度计是由( )提供使试样蒸发、激发的能量。

A. 火焰   B. 电能   C. 光源   D. 磁场

4. 火焰光度法的实质是( )。

A. 原子发射光谱   B. 原子吸收光谱   C. 激发态光谱   D. 基态光谱

5. 法拉第电解定律的数学表达式中,用 m 表示析出物质的质量(g),M 为析出物质的摩尔质量,n 是电极反应中电子转移数,$F = 96\,485\ \mathrm{C \cdot mol^{-1}}$,$t$ 为电解时间(s),电流 I 的单位应为( )。

A. mA   B. μA   C. A   D. V

6. 每当有 $1F$ 电荷量通过电解池时,可以使( )g铜在阴极析出(已知:$M_{Cu} = 63.5\ \mathrm{g \cdot mol^{-1}}$。)

A. 63.5   B. 127   C. 31.8   D. 1

7. 以相同电荷量通过不同电解质溶液时,各种物质所析出的质量与它们的电化学摩尔质量( )。

A. 成正比   B. 成反比   C. 不成正比   D. 比例为1:1

8. 对库仑分析法测定水分所得数据进行数据处理时,其理论依据是( )。

A. 能斯特方程   B. 容量滴定原理

C. 法拉第电解定律   D. 中和反应原理

9. 影响库仑分析电流效率的因素不包括( )。

A. 溶剂   B. 共存元素   C. 电极反应产物   D. 电生滴定剂

10. 用库仑分析法以 10.00 mA 的恒电流,电解生成的 Br_2 滴定 Tl^+ ($Tl^+ + Br_2 \longrightarrow Tl^{3+} + 2Br^-$),到达终点时测得时间为 102.0 s,溶液中铊的质量为( )g(已知:$M_{Tl} = 204.4$ g·mol^{-1}。)

A. 7.203×10^{-4} B. 1.080×10^{-3} C. 2.160×10^{-3} D. 1.808

11. 用 2.00 A 的电流,电解 $CuSO_4$ 的酸性溶液,在阴极沉积 400 mg 铜,电解所需时间为( )s(已知:$M_{Cu} = 63.5$ g·mol^{-1}。)

A. 22.4   B. 59.0   C. 304   D. 607

12. 永停终点法中所用的电极是( )。

A. 两支相同的铂电极   B. 两支有所不同的铂电极

C. 两支相同的银电极   D. 两支有所不同的银电极

13. 下列关于微库仑分析的理解,错误的是( )。

A. 发生电流由指示系统电信号的变化自动调节   B. 不产生电生中间体

C. 是一种动态库仑分析技术   D. 发生电流是变化的

14. 微库仑分析常用于( )物质的测定。

A. 常量   B. 微量   C. 半微量   D. 超微量

三、多项选择题

1. 发射光谱分析利用的是( )发出的光。

A. 分子   B. 原子   C. 激发态原子   D. 激发态离子

2. 发射光谱分析仪分光系统所用的分光元件一般有( )。

A. 光电管   B. 棱镜   C. 光栅   D. 以上都不是

3. 发射光谱分析可以完成的分析有( )。

A. 定性   B. 定量   C. 价态   D. 半定量

4. 关于原子发射光谱以下说法正确的是( )。

A. 原子发射光谱是原子的外层电子从基态跃迁到激发态时产生的谱线

B. 原子发射光谱是原子的外层电子吸收外界能量从基态跃迁到激发态后,很不稳定,回到较低能级时以光辐射形式释放的谱线

C. 原子发射光谱是原子的外层电子吸收外界能量从基态跃迁到激发态后,很不稳定,回到基态时以光辐射形式释放的谱线

D. 基态的原子最稳定,所以回到基态的特征谱线是最强的

5. 对于某一特定的电解反应,在法拉第电解定律的数学表达式中,固定的量包括( )。

A. 电荷量   B. 析出物的质量   C. 电子转移数   D. 法拉第常数

6. 库仑分析法测定试样中水分时,进样量( )。

A. 是固定的   B. 随进样器材改变

C. 随试样水分含量改变   D. 对于同一试样应尽量保持进样量一致

7. 库仑分析过程中的技术要素包括( )。

A. 滴定池处理   B. 气体流速调节

C. 偏压调节   D. 采样电阻调节

8. 湿度对水分测定结果有影响,下列仪器使用注意事项属于防止湿度对测定结果影响的是( )。

A. 保证密封性　　　B. 避免阳光直接照射　　C. 更换干燥硅胶　　D. 更换电极

9. 对微库仑仪滴定池的维护工作包括(　　)。

A. 滴定池的清洗　　B. 电极的清洗　　　C. 滴定池的保存　　D. 操作滴定池

10. 微库仑仪的基本构造包括(　　)。

A. 进样部分　　　B. 裂解部分　　　C. 滴定部分　　　D. 数据处理部分

11. 利用微库仑分析法测定石脑油中硫含量,用 5.0×10^{-6} 的标样测量转化率后,测得试样结果为48,则结果正确的表示为(　　)。

A. 4.8×10^{-6}　　B. $48 \ ng \cdot \mu L^{-1}$　　C. $0.004\ 8\%$　　D. $0.000\ 48\%$

四、计算题

1. 在库仑滴定中,$1 \ mA \cdot s^{-1}$ 相当于下列物质多少克? (1) OH^-;(2) Sb(Ⅲ到Ⅴ价);(3) Cu(Ⅱ到0价);(4) As_2O_3(Ⅲ到Ⅴ价)。

2. 每当有 $1F$ 的电荷量通过电解池时,可以使多少克的银在阴极上析出?已知:$M_{Ag} = 107.87 \ g \cdot mol^{-1}$。

3. 10.00 mL 浓度约为 $0.01 \ mol \cdot L^{-1}$ 的 HCl 溶液,以电解产生的 OH^- 滴定此溶液,用 pH 计指示滴定时 pH 的变化,当到达终点时,通过电流的时间为 6.90 min,滴定时电流为 20 mA,计算此 HCl 溶液的浓度。

4. 用库仑滴定法测定苯酚含量。将 10.0 mL 含苯酚的试液放入烧杯中,再加入一定量的 HCl 和 $0.1 \ mol \cdot L^{-1}$ NaBr 溶液,由电解产生 Br_2 来滴定 C_6H_5OH,电流为 6.43 mA,到达终点所需时间为 112 s,计算试液中苯酚的浓度($mol \cdot L^{-1}$)。

5. 由 Fe^{3+} 溶液电生滴定剂 Fe^{2+},库仑滴定 0.500 mL $K_2Cr_2O_7$ 溶液,用 8.275 mA 恒定电流电解,达化学计量点需 327.5 s,计算 $K_2Cr_2O_7$ 溶液的物质的量浓度。

6. 称取 0.105 5 g 燃料试样,经热裂解,燃烧产物 SO_2 吸收在含碘–碘化物溶液中,用库仑滴定法滴定,反应为

$$SO_2 + I_2 + 2H_2O \longrightarrow SO_4^{2-} + 4H^+ + 2I^-$$

在 5.00 mA 恒定电流下,需要 124.3 s,才能使电位计读数回到原始值。试计算燃料中硫的含量。

第十四章　定量分析过程

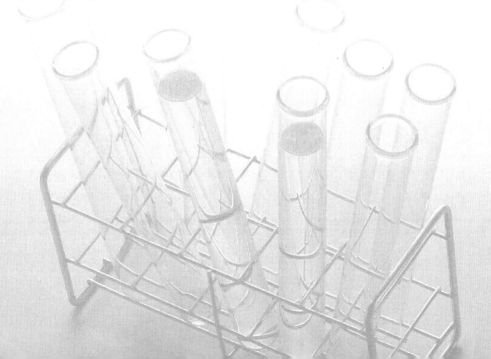

学习目标

知识目标

- 了解分析试样的采取与制备方法。
- 了解定量分析中常用溶(熔)剂的性质和溶(熔)解对象,无机试样和有机试样的分解方法。
- 了解干扰产生的原因,消除干扰的要求和常用方法。
- 了解沉淀分离法、溶剂萃取分离法的原理。
- 理解离子交换分离法的原理,了解离子交换分离技术和应用。
- 理解柱色谱、纸色谱、薄层色谱的原理,了解色谱分离条件和方法。
- 了解固相萃取、液膜分离等新技术。

能力目标

- 能正确采取并制备分析试样。
- 能选择合适分离方法,消除试样中共存组分干扰。
- 能正确选择分析方法。

知识结构框图

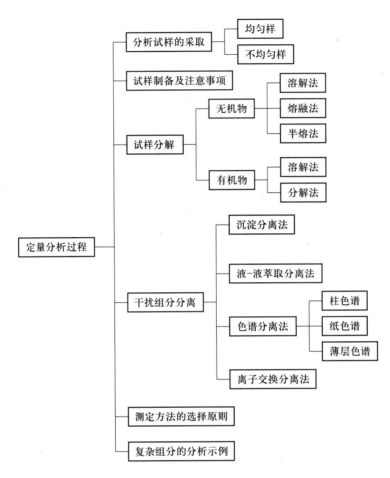

定量分析主要包括以下几个步骤：

(1) 分析试样的采取与制备；

(2) 试样的分解；

(3) 干扰组分的分离；

(4) 测定方法的选择与实施；

(5) 分析结果的计算及数据处理等。

本书前面各章中已讨论了主要的测定方法。在实际分析工作中，试样是多种多样的，对试样的预处理、干扰组分的分离和测定方法的选择也各不相同，因此需要对分析过程有比较全面的了解，综合运用已学习的分析方法，才能胜任分析检测任务，为生产提供及时而准确的数据。

第一节 分析试样的采取与制备

进行物质定量分析，首先要保证所取试样具有代表性。忽略了试样的代表性，则无论分析做得如何认真、仔细也是毫无意义的。因此，认真地审查试样的来源，用正确的方法采取具有代表性的试样，其重要意义不低于进行准确分析时所要注意的其他环节。

通常遇到的分析试样多种多样，如矿物原料、煤炭、金属材料、化工产品、石油、天然气、工业废水等，但按各组分在试样中分布的情况来分，不外乎组成分布比较均匀和不均匀两类。显然，对不同的分析对象，分析测定前试样的采取与制备方法各不相同，在这里仅讨论有关试样采取与制备的基本原则，具体的分析试样的采样、制样步骤，可参阅有关产品的标准。

一、组成分布比较均匀的试样采取

对金属试样、水样、液态与气态试样，以及一些组成较为均匀的化工产品等，取样比较简单，任意取一部分或稍加搅匀后取一部分即成为具有代表性的试样，但即使如此，还应根据试样的性质，力求避免可能产生不均匀性的一些因素。例如，金属的组成分布通常是均匀的，对钢片试样剪取一部分即可，但对钢锭和铸铁来讲，由于表面和内部的凝固时间不一样，它们的成分可能也不完全一致，往往需要在不同部位、不同深度，多孔取样，然后混合均匀作为分析试样。

二、组成分布不均匀的试样采取

矿石、煤炭、土壤等是一些颗粒大小不一，成分混杂不齐，组成不均匀的试样，选取具有代表性的均匀试样是一项较为复杂的操作。为了使采取的试样具有代表性，必须按一定的程序，自物料的各个不同部位，取出一定数量大小不同的颗粒，取出的份数越多，则试样的组成与所分析物料的平均组成越趋于接近。根据经验，平均试样采取量与试样的均匀度、粒度、易破碎度有关，可用**采样公式**表示：

$$m = Kd^a \qquad (14-1)$$

式中：m 为采取平均试样的最低质量（kg）；d 为试样中最大颗粒的直径（mm）；K,a 为经验常数,根据物料的均匀程度和易破碎程度等而定。K 值通常为 $0.05 \sim 1.0$,a 值通常为 $1.8 \sim 2.5$,地质部门将 a 值规定为 2。例如,在采取铁矿的平均试样时,若此矿石最大颗粒的直径为 20 mm,矿石的 K 值为 0.06,则根据式(14-1)计算得

$$m = (0.06 \times 20^2)\ \text{kg} = 24\ \text{kg}$$

也就是说采取的最低质量为 24 kg,这样取得的试样,组成很不均匀,数量又太多,不适于供分析上直接使用。从采样公式可知,试样的最大颗粒越小,最低质量也越小。如果将上述试样最大颗粒破碎至 4 mm,则

$$m = (0.06 \times 4^2)\ \text{kg} = 0.96\ \text{kg} \approx 1\ \text{kg}$$

此时试样的最低质量可减至 1 kg。因此采样后必须通过多次破碎、混合,减缩试样量而制备成适宜于做分析用的试样。采集原始平均试样时的最小质量列于表 14-1。

表 14-1 采集原始平均试样时的最小质量

筛号 (网目)	筛孔直径 mm	m(最小质量)/kg				
		$K=0.1$	$K=0.2$	$K=0.3$	$K=0.5$	$K=1.0$
3	6.72	4.52	9.03	13.55	22.6	45.2
6	3.36	1.13	2.26	3.39	5.65	11.3
10	2.00	0.40	0.80	1.20	2.00	4.00
20	0.83	0.069	0.14	0.21	0.35	0.69
40	0.42	0.018	0.035	0.053	0.088	0.176
60	0.25	0.006	0.013	0.019	0.031	0.063
80	0.177	0.003	0.006	0.009	0.016	0.031
100	0.149					
120	0.125					
140	0.105					
200	0.074					

三、分析试样的制备

采取的原始平均试样的量一般很大(数千克至数十千克),要将它处理成 $200 \sim 500$ g 的分析试样,一般可经过破碎、过筛、混匀和缩分等步骤,下面简要介绍破碎和缩分步骤。

1. 破碎

用机械或人工的方法把试样逐步破碎,一般分为粗碎、中碎和细碎等阶段。

粗碎:用颚式破碎机把取来的平均试样粉碎至通过 $4 \sim 6$ 目筛。

中碎:用盘式破碎机把粗碎后的试样磨碎至能通过约 20 目筛。

细碎:用盘式破碎机进一步磨碎,必要时再用研钵研磨,直至试样全部通过所要的筛孔为止(通常为 $100 \sim 200$ 目筛)。

2. 缩分

试样每经过一次破碎后,使用机械或人工的方法取出一部分有代表性的试样,再进行下一步处理,这样就可以将试样量逐渐缩小,这个过程称为缩分。

常用的缩分法是四分法,如图 14-1 所示。这种方法是将已破碎的试样充分混匀,堆成圆锥形,然后将它压成圆饼,再通过中心将其切为四等份,弃去任意对角的两份。

缩分后再过筛,将大于筛号者再研磨,直到全部过筛。缩分的次数不是随意的,每次缩分时,试样的粒度与保留的试样量之间,都应符合取样量公式。否则应进一步破碎后才能缩分。分样筛一般用铜合金丝制成,有一定的孔径,用筛号(又称网目)表示。各种筛号规格见表 14-1。

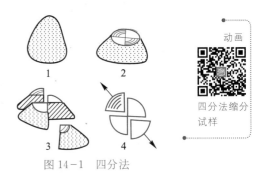

图 14-1 四分法

四、采取与制备试样应注意的事项

(1) 采取与制备试样的现场和工具、设备必须干燥清洁,无油污和其他杂物,以确保试样不受污染。

(2) 在过筛时,凡未通过筛孔的颗粒,绝不能丢弃,必须反复破碎或研磨,直至全部过筛,不留筛余物,以保证所制得的试样能真实地反映待测物料的平均组成。

(3) 制备好的试样应立即装袋或置于试样瓶中,按要求编号,于干燥、避光处保存。

第二节　试样的分解

在一般分析工作中,除干法分析(如光谱分析、差热分析等)外,通常都是湿法分析,即先将试样分解制成溶液再进行分析,因此试样的分解是分析工作的重要步骤之一。

一、无机物的分解方法

1. 溶解法

溶解法简单、快速,分解试样时尽可能采用此法。试样不能溶解或溶解不完全时,才用熔融法分解。溶解试样首选用水作为溶剂,水能溶解绝大部分的碱金属化合物、大多数氯化物、硝酸盐和硫酸盐(除钙、锶、钡、铅的硫酸盐外)。不溶于水的试样,可采用酸、碱或混合酸作溶剂。

(1) 盐酸　它是用来分解试样的重要强酸之一,能分解许多比氢更活泼的金属,如铁、钴、镍、铝、锡、铍、镁、锗、锌、钛、锰等。它与上述金属作用放出氢,并生成可溶性氯化物。盐酸还能分解铁、锰、钙、镁、锌等的氧化物及碳酸盐矿物,磷酸盐、硫化物、氟化物一般都可溶于盐酸。

盐酸中加入 H_2O_2 或 Br_2 后,溶剂便具有氧化性,可溶解铜合金和硫化物矿石等,并可同时破坏试样中的有机物,过量的 H_2O_2 或 Br_2 可以加热除去。

盐酸中的 Cl^- 还可与很多金属离子形成稳定的配合物。

(2) 硝酸　它既是强酸又具有强氧化性,所以硝酸溶解时兼有酸的作用及氧化作用,溶解能力强,而且溶解速度快。除铂、金和某些稀有金属外,浓硝酸几乎能分解所有的金属试样,但铁、铝、铬等在硝酸中由于生成氧化膜而钝化,锑、锡、钨则生成不溶性的酸,这些金属不宜用硝酸溶解,几乎所有硫化物及其矿石皆可溶于硝酸。

如果试样中的有机物质干扰分析,可加入浓硝酸并加热使之氧化除去。如在钢铁分析中,常在试样溶解后,加入硝酸以破坏碳化物。

3份体积HCl和1份体积HNO₃相混成为**王水**,它具有强酸性、氧化性及配位性,可以溶解铂、金等贵金属和HgS等难溶硫化物。

 小贴士

在用HNO₃溶解试样时,溶液中往往含有HNO₂和氮的低价氧化物,常能破坏某些有机试剂而影响测定,因此应加热煮沸将它们除去。

(3) **硫酸** 稀硫酸氧化性较弱,而浓硫酸是一种相当强的氧化剂,硫酸的沸点高(338 ℃),可在高温下分散矿石,加热蒸发到冒出三氧化硫白烟时,可除去试样中低沸点的盐酸、硝酸、氢氟酸、水及氮氧化物,并可破坏试样中的有机物。

(4) **高氯酸** 除K⁺,NH₄⁺等少数离子的高氯酸盐外,一般的高氯酸盐都不易溶于水。浓、热的高氯酸是一种强氧化剂,可使多种铁合金(包括不锈钢)溶解。由于它具有强氧化性,在分解试样的同时,可将组分氧化成高价状态。例如,它可将铬氧化成$Cr_2O_7^{2-}$,钒氧化成VO_3^-,硫氧化成SO_4^{2-}等。高氯酸的沸点较高(203 ℃),加热蒸发冒烟时也可除去低沸点酸,这时所得残渣加水后很易溶解,而硫酸蒸发后所得残渣常较难溶解。

 小贴士

在使用高氯酸时应注意安全。浓、热的高氯酸与有机物质或某些无机还原剂(如次磷酸、三价锑等)一起加热时都会发生剧烈的爆炸。对含有机物质的试样必须预先在500 ℃灼烧以破坏有机物,然后再用高氯酸分解;或用硝酸和高氯酸的混合酸直接分解有机物,在氧化过程中也应注意随时补加硝酸,待试样全部分解后,才能停止加硝酸。一般说来,使用高氯酸必须有硝酸存在,这样才安全。

(5) **磷酸** 热的浓磷酸具有较强的分解矿物的能力。许多难溶的矿物如铬铁矿石、铬尖晶石等均可用磷酸完全分解。单独使用磷酸分解试样时其操作要领不易掌握,若温度过高,时间过长,磷酸则会脱水,并且形成难溶的焦磷酸盐沉淀,使实验失败。因此磷酸与硫酸等同时使用,既可提高反应的温度,又可防止焦磷酸盐沉淀析出。在钢铁分析中常用磷酸来分解某些合金钢试样,在硅酸盐分析中,常用磷酸来分解水泥生料。

(6) **氢氟酸** 主要用于分解硅酸盐,分解时生成挥发性SiF₄:

$$SiO_2 + 4HF \longrightarrow SiF_4 \uparrow + 2H_2O$$

在分解硅酸盐及含硅化合物时,氢氟酸常与硫酸混合应用。再加热至冒白烟除去多余的氟离子,以防止氟离子对测定的干扰。氢氟酸也与硝酸同时使用,以溶解钛、钨、锆(包括碳化物、氮化物、硼化物)及有关的合金钢,这时生成了相应的氟配合物。

用氢氟酸分解试样,应该采用铂皿或聚四氟乙烯器皿,并且要注意避免氢氟酸与皮肤接触,以免灼伤溃烂。

(7) **氢氧化钠溶液**(20%～30%) 可用来分解铝、铝合金及某些酸性氧化物(如 Al_2O_3)等。分解应在银及聚四氟乙烯器皿中进行。

2. 熔融法

熔融法是在熔剂熔融的高温条件下分解试样,通过反应使待测组分转化为能溶于水或酸的形式,再用水或酸浸取,使其定量地转入溶液。熔融法一般是用来分解那些难以溶解的试样。为了保证分解能进行完全,往往要用研钵将试样研细到能通过 200 目筛,熔剂的用量为试样的 6～12 倍,并且要于坩埚中先与试样充分混匀。熔融在高温炉中进行,坩埚材料的选择一般以不引入干扰物质为原则。例如,碳酸钠不腐蚀铂坩埚,所以在用碳酸钠熔样时,使用铂坩埚最合适,可以反复使用而基本上没有损耗。过氧化钠对各种坩埚都有腐蚀,在 550 ℃以上对锆坩埚的腐蚀最小,但锆坩埚价格昂贵,通常采用比较便宜的铁坩埚或镍坩埚,在用水浸取时,铁和镍都呈氢氧化物留在沉淀中,不会干扰测定。

熔融法根据所用熔剂的性质分为酸熔融法和碱熔融法两种。

(1) **酸熔融法** 碱性或近中性试样常用酸熔融法分解。常用的酸性熔剂有焦硫酸钾($K_2S_2O_7$)或硫酸氢钾($KHSO_4$)。硫酸氢钾加热后脱水,亦生成焦硫酸钾:

$$2KHSO_4 \xrightarrow{\text{加热}} K_2S_2O_7 + H_2O \uparrow$$

所以两者是同一作用物,这种熔剂在 300 ℃以上可与碱性或中性氧化物作用生成可溶性硫酸盐。例如,分解金红石(TiO_2)的反应为

$$TiO_2 + 2K_2S_2O_7 \xrightarrow{\text{加热}} Ti(SO_4)_2 + 2K_2SO_4$$

其他如 Al_2O_3,Cr_2O_3,Fe_3O_4,ZrO_2 和钛铁矿、中性耐火材料(如铝砂、高铝砖)及碱性耐火材料(如镁砂、镁砖)等都可用此熔剂分解。

(2) **碱熔融法** 常用的碱性熔剂有碳酸钠、碳酸钾、氢氧化钠、氢氧化钾、过氧化钠或它们的混合熔剂等。酸性试样如酸性氧化物(硅酸盐、黏土)、酸性炉渣(CaO/SiO_2 小于1)、酸不溶性残渣等,均可用碱熔融法分解。例如,钠长石和重晶石的分解反应分别为

$$NaAlSi_3O_8 + 3Na_2CO_3 =\!=\!= NaAlO_2 + 3Na_2SiO_3 + 3CO_2 \uparrow$$
$$BaSO_4 + Na_2CO_3 =\!=\!= BaCO_3 + Na_2SO_4$$

经高温熔融后均转化为可溶于水和酸的化合物。

为了降低熔融温度,可用混合熔剂,如 Na_2CO_3 和 K_2CO_3(1:1)混合熔剂的熔点约700 ℃,Na_2CO_3 和 $Na_2B_4O_7$ 混合熔剂的熔点约 750 ℃。Na_2CO_3 和少量氧化剂(如KNO_3 或 $KClO_3$)的混合熔剂,常用于分解含 S,As,Cr 等的试样,使它们分解并分别氧化为 SO_4^{2-},AsO_4^{3-},CrO_4^{2-}。Na_2CO_3 加入硫常用于分解含 As,Sn 等的氧化物、硫化物和合金试样,使它们转变为可溶性硫代酸盐。例如,锡石的分解:

$$2SnO_2 + 2Na_2CO_3 + 9S =\!=\!= 2Na_2SnS_3 + 3SO_2 \uparrow + 2CO_2 \uparrow$$

NaOH 和 KOH 是低熔点的强碱性熔剂,常用于分解硅酸盐、铝土矿、黏土等试样,在分解难熔物质时,可加入少量 Na_2O_2 或 KNO_3。

Na_2O_2 是强氧化性熔剂,又是强碱性熔剂,常用于分解难溶解的硫化物(如辉钼矿), Fe,Ni,Cr,Mo,W 的合金和 Cr,Sn,Zr 的矿石等。

3. 半熔法

半熔法也称为烧结法。将试样同熔剂在尚未熔融的高温条件下进行烧结,因在低于熔点的温度下进行反应,可减弱熔融物对器皿的侵蚀作用。但烧结分解能否达到预期的目的,常取决于烧结的条件(熔剂及其用量、烧结温度及时间等)和试样的性质。

例如,水泥生料的分解常采用烧结法:熔剂 Na_2CO_3 量一般与试样量相等或略低,要求试样与熔剂均要磨细且充分混合,在高温炉中烧结 3~5 min。半熔法不仅比一般的熔融方法快,而且所得半熔物很容易从坩埚中脱出,并可避免铂坩埚的损耗。又如用 $CaCO_3$ 和 NH_4Cl 混合熔剂烧结法分解长石,其反应式可表示如下:

$$2KAlSi_3O_8 + 6CaCO_3 + 2NH_4Cl \Longrightarrow 6CaSiO_3 + Al_2O_3$$
$$+2KCl + 6CO_2 \uparrow + 2NH_3 \uparrow + H_2O$$

烧结温度为 750~800 ℃,反应产物仍为粉末状,但 K^+ 已转变为氯化物,可用水浸取之。

二、有机物的分解方法

1. 溶解法

水是许多有机物的溶剂。如低级醇、多元酸、糖类、氨基酸、有机酸的碱金属盐、表面活性剂等,均可用水溶解。

不溶于水的有机物可用有机溶剂溶解。根据相似相溶的原理,极性有机物易溶于甲醇、乙醇等极性有机溶剂,非极性有机物易溶于 $CHCl_3$,CCl_4,苯,甲苯等非极性有机溶剂。有关有机溶剂的选择,可参考有关资料,此处不详述。

2. 分解法

欲测定有机物中的无机元素,需将试样分解。分解试样的方法分为湿法和干法两种。

(1) 湿法　常用硫酸、硝酸或混合酸,在克氏烧瓶中加热,试样中的有机物即被氧化成 CO_2 和 H_2O,金属元素则转变为硫酸盐或硝酸盐,非金属元素转变为相应的阴离子。此法适合测定有机物中的金属、硫、卤素等元素。

(2) 干法　主要有两种分解方式。

一种分解方式是**氧瓶燃烧**。在充满 O_2 的密闭瓶内,用电火花引燃有机试样,瓶内盛适当的吸收剂用以吸收燃烧产物,然后用适当方法测定。有机物中卤素、硫、磷、硼等非金属元素和 Hg,Zn,Mg,Co,Ni 等金属元素的测定,均可用此法分解试样。

另一种分解方式是**定温灰化**。将试样置于敞口皿或坩埚内,在空气中,于 500~550 ℃温度范围内,加热分解、灰化,所得残渣用适当溶剂溶解后进行测定。如灰化前加入 CaO,MgO,Na_2CO_3 等添加剂,灰化效果更佳。测定有机物和生物试样中的无机元素如 Sb,Cr,Fe,Mo,Sr,Zn 等,均可用此法分解试样。近来使用的低温灰化操作及装置,如用高频电激发的氧气通过生物试样,仅 150 ℃ 的温度便可分解试样,适于其中 As,Se,Hg 等易挥发元素的测定。

三、试样分解方法的选择

对于湿法分析,将试样完全分解制成溶液是准确测量的基本保障。一般根据试样的化学组成、结构及性质,从以下三方面综合考虑:

1. 从低到高的原则选择溶剂或熔融方法

从低到高的原则即按水—非氧化性酸—氧化性酸—混合酸的顺序,能用水溶解就不用酸,能用非氧化性酸完全溶解就不用氧化性酸。两性物质既可用酸也可以用碱溶解,难以分解的试样则需要用适当的熔剂高温熔融,如天然的 Al_2O_3(刚玉),用碱性熔剂高温熔融才能分解。

2. 回避原则

回避原则即选择的溶剂不能含有与待测组分相同的元素。例如,测定钢铁中磷时,不能选用磷酸溶样,也不能使用非氧化性的酸溶样,因为它会使一部分磷生成 PH_3 而挥发损失,所以必须使用氧化性的酸如硝酸来溶解,将磷氧化成 H_3PO_4 后进行测定。

3. 不干扰原则

不干扰原则即溶样不能引入干扰测量的离子。例如,测定某物料中的 Mn,需将 Mn 氧化为 MnO_4^- 进行测定,用 Ag^+ 作催化剂,因此分解这类试样不能使用盐酸,以避免生成 AgCl 沉淀干扰测定。

第三节　干扰组分的分离方法

试样经分解后制备成试液,各组分以离子状态存在于溶液中,要测定其中某一组分时,共存的其他组分如果发生干扰,则必须选择适当的方法予以消除。在配位滴定一章中,已讨论过用掩蔽剂来消除干扰,这是一种比较简单有效的方法,但当用掩蔽方法不能解决问题时,就需要将干扰组分分离。在分析化学中,常用的分离方法有沉淀分离法、液−液萃取分离法、色谱分离法和离子交换分离法等。

一、沉淀分离法

沉淀分离法是根据溶度积原理,利用某种沉淀剂有选择性地沉淀一些离子,而另外一些离子不形成沉淀留在溶液中,达到分离的目的。沉淀分离法中所用的沉淀剂有无机沉淀剂、有机沉淀剂。痕量组分的分离富集可以采用共沉淀分离法。

二、液−液萃取分离法

液−液萃取分离法是利用待分离组分在两种互不相溶的溶剂中溶解度的不同,把待分离组分从一种液相(如水相)转移到另一种液相(如有机相)以达到分离的方法。该法所用仪器设备简单,操作比较方便,分离效果好,既能用于主要组分的分离,更适合于微量组分的分离和富集。如果被萃取的是有色化合物,还可以直接在有机相中比色测定。因此,溶剂萃取在微量分析中具有重要意义。

用有机溶剂从水溶液中萃取溶质 A,A 在两相之间有一定的分配关系。如果溶质在水相和有机相中的存在形式相同,都为 A,达到平衡后:

$$A_{水} \Longleftrightarrow A_{有}$$

$$K_D = \frac{[A]_有}{[A]_水} \tag{14-2}$$

分配平衡中的平衡常数 K_D 称为**分配系数**。在萃取分离中,实际上采用的是两相中溶质总浓度之比,称**分配比** D:

$$D = \frac{c_有}{c_水} \tag{14-3}$$

对于分配比 D 较大的物质,用该种有机溶剂萃取时,溶质的绝大部分将进入有机相中,这时萃取效率就高。根据分配比可以计算萃取效率。对于分配比 D 较小的溶质,常常采取分几次加入溶剂,连续几次萃取的方法,以提高萃取效率。

现代**微波萃取分离**是利用微波能强化溶剂萃取,使固体或半固体试样中的某些有机成分与基体有效地分离,并能保持分析对象的原本化合物状态的分离、富集方法。微波萃取分离法包括试样粉碎、与溶剂混合、微波辐射及分离萃取等步骤,萃取过程一般在特定的密闭容器中进行。由于微波能是通过物质内部均匀加热,热效率高,可实现时间、温度、压力的控制,故能使萃取分离过程中有机物不会分解,有利于萃取热不稳定的物质。近年来,微波萃取分离法已广泛用于土壤中多环芳烃、杀虫剂、除草剂等污染物分离,食物中的有机成分分离,植物中的某些生物活性物质分离,天然产物如中草药中有效成分提取等。

相关知识　　　　固 相 萃 取

固相萃取(solid-phase extraction,SPE)是 20 世纪 80 年代中期发展起来一种试样预处理技术,由液-固萃取和液相色谱技术相结合发展而来,主要用于试样的分离、纯化和浓缩,与传统的液-液萃取法相比较,不但试样预处理过程得到简化,而且分析物的回收率提高,能更有效地将分析物与干扰组分分离,降低试样基质干扰,提高检测灵敏度。

例如,水体中的农药残留限量要求严格,欧盟规定地表水农药残留量为 1.0 $\mu g \cdot L^{-1}$,饮用水为 0.1 $\mu g \cdot L^{-1}$,我国规定生活饮用水中滴滴涕、六六六的限量分别为 1 $\mu g \cdot L^{-1}$ 和 5 $\mu g \cdot L^{-1}$。自然水体中的农药残留质量浓度通常很低,若没有可靠的分离富集手段很难检测到,采用固相萃取技术可以使提取、富集和净化一步完成。测定水体中的农药残留一般采用如 C_{18},C_8 等非极性吸附剂,以甲醇为洗脱剂。将大体积试样通过固相萃取柱进行预浓缩,用小体积洗脱剂洗脱,再浓缩定容进行检测,大大降低了检测方法的检出限。

再如,对牛奶中非法添加的地塞米松等 9 种皮质类固醇用固相萃取法进行提取,用液相色谱-质谱联用仪(LC-MS)进行测定,测定水平为 20～100 $ng \cdot g^{-1}$。对过高温度烧烤肉食中的致癌物质——杂环胺进行提取,并用气相色谱-质谱(GC-MS)联用仪对提取物进行测定,其检测含量可达 10^{-9} 水平。

三、色谱分离法

色谱分离法(又称为层析分离法)是由一种流动相带着试样经过固定相,试样中的组分在两相之间进行反复分配,由于各种组分在两相之间的分配系数不同,它们的移动速度也不一样,从而达到互相分离的目的。色谱分离法按操作的形式不同,可分为以下几种。

1. 柱色谱

把吸附剂如氧化铝或硅胶等,装在一支玻璃柱中,做成色谱柱(如图 14-2 所示),然后将试液加在色谱柱上。若试液中含有 A,B 两种组分,则 A 和 B 便被吸附剂(固定相)吸附在色谱柱的上端,如图14-2(a)所示。再用一种洗脱剂(亦称展开剂)进行洗脱,这时色谱柱内就连续不断地发生溶解、吸附、再溶解、再吸附的过程。如果展开剂与吸附剂对于二者溶解能力和吸附能力不同,设 A 的分配系数比 B 小,在洗脱剂的洗脱作用下,A,B 组分向下流动的速度也不相同,这时 A 和 B 在色谱柱中分别形成两个色带,如图 14-2(b)所示,再继续冲洗,A 和 B 两

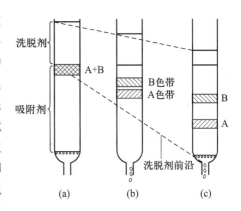

图 14-2　试样 A 和 B 两种组分
在色谱柱上分离示意图

个色带距离越来越大,由于 A 的吸附能力较弱,最后 A 先被洗脱下来,如图 14-2(c)所示,这样便可将 A,B 两种组分分离。

2. 纸色谱

纸色谱是用纸作载体的一种色谱方法。这种方法设备简单,便于操作,是一种微量分离方法。

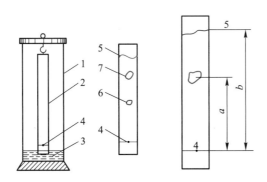

1—色谱筒;2—滤纸;3—展开剂;4—原点;5—溶剂前沿;6,7—斑点
图 14-3　纸色谱分离示意图

纸色谱法是先将滤纸放在含饱和水蒸气的空气中,滤纸吸收水分(一般吸收 20% 左右)作为固定相,将试液点在滤纸条的原点处,如图14-3所示。然后使展开剂从有试液斑点的一端靠滤纸的毛细管作用向另一端扩散,当展开剂通过斑点时,试液中的各组分

便随着展开剂向上移动,并在水与展开剂两相间进行分配,由于各种组分的分配比不同,移动速度不同,因而可以彼此分离开来。

3. 薄层色谱

动画

薄层色谱用层析板展开过程

薄层色谱是在纸色谱的基础上发展起来的。它是在一平滑的玻璃板上,铺一层厚约0.25 mm 的吸附剂(氧化铝、硅胶、纤维素粉等),代替滤纸作为固定相,其原理、操作与纸色谱基本相同(如图14-4所示)。

此法的优点是展开所需时间短,比柱色谱和纸色谱分离速度快、效率高,斑点不易扩散,因而检出灵敏度可比纸色谱高 10～100 倍。

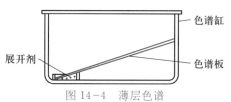

图 14-4　薄层色谱

薄层色谱板负荷试样量大,为试剂纯化分离提供了方便,另外还可以使用腐蚀性的显色剂。由于薄层色谱法具有上述优点,所以近年来发展较快,应用日益广泛。

四、离子交换分离法

利用离子交换剂与溶液中的离子发生交换作用而使离子分离的方法,称为**离子交换分离法**。

离子交换树脂是具有网状结构的复杂的有机高分子聚合物,是分析中最常用的离子交换剂。其网状结构的骨架部分很稳定,不溶于酸、碱和一般溶剂。在网状结构的骨架上有许多可被交换的活性基团,根据活性基团的不同,离子交换树脂可分为**阳离子交换树脂**和**阴离子交换树脂**两大类。

离子交换分离一般在交换柱中进行。经过处理的树脂在玻璃管中充满水的情况下装入,做成交换柱装置,如图14-5(a),(b)所示。图14-5(a)的装置可使树脂层一直浸泡在液面下,树脂中不会混入空气泡,以免影响液体的流动,影响交换和洗脱,但其进出口液面高度差小,流速慢;图14-5(b)的装置简单,使用时要注意勿使树脂层干涸而混入空气泡。

动画

离子交换分离原理

动画

柱色谱分离装置与过程

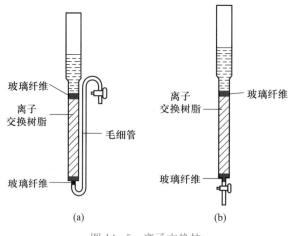

图 14-5　离子交换柱

离子交换分离法可用于水的净化、干扰离子的分离、微量元素的富集等。例如，欲分离 Li^+，Na^+，K^+ 三种离子，将试液通过阳离子树脂交换柱，则三种离子均被交换在树脂上，然后用稀盐酸洗脱，交换能力最小的 Li^+ 先流出柱外，其次是 Na^+，而交换能力最大的 K^+ 最后流出来，若分别接取各段流出液，即可用于测定各种元素的含量。

除了上述常用分离方法外，液相色谱法、膜分离法等也是目前行之有效的应用广泛的分离方法。混合物中各组分的分离是分析化学永远都要面对的课题。

相关知识　　　液膜分离技术

液膜分离技术（liquid membrane permeation，LMP）是受生物膜选择透过性运输功能和固膜技术的启发，将膜分离与溶媒萃取相结合，使选择性渗透、膜相萃取和膜内相反萃取三个传质环节同时完成。一般认为膜两侧相界面上传质分离过程存在简单扩散、化学反应、选择性渗透、萃取和反萃取及吸附等。液膜的分离效率，关键在于其稳定性和选择性载体的选择。液膜分离涉及三种液体：通常将含有待分离组分的料液作连续相，称为外相；接受待分离组分的液体，称为内相；成膜的液体处于两者之间，称为膜相。在液膜分离过程中，待分离组分从外相进入膜相，再转入内相，富集浓缩于内相。如果工艺过程有特殊要求，也可将料液作为内相，接受液作为外相。这时待分离组分的传递方向，则从内相进入外相，经过相间传质，达到分离、纯化目的，这是一种有效的工业化分离技术。

液膜模拟生物膜的结构，通常由膜溶剂、表面活性剂和流动载体组成。它利用选择性透过原理，以膜两侧的溶质化学浓度差为传质动力，使料液中待分离溶质在膜内相富集浓缩。按构型和操作方式的不同，液膜主要分为乳化液膜（emulsion liquid membrane，ELM）和支撑液膜（supported liquid membrane，SLM）。

膜分离技术受到世界各技术先进国家的高度重视，近 30 年来，美国、加拿大、日本和欧洲技术先进国家，一直把膜分离技术定位为高新技术，投入大量资金和人力，促进膜分离技术迅速发展，使用范围日益扩大。膜分离技术的发展和应用，为许多行业，如纯水生产、海水淡化、苦咸水淡化、电子工业、制药和生物工程、环境保护、食品、化工、纺织等，高质量地解决了分离、浓缩和纯化的问题，为循环经济、清洁生产提供依托技术。

第四节　　测定方法的选择原则

一种组分可用多种方法测定，如铁的测定，就有氧化还原滴定法、配位滴定法、重量分析法、电位滴定法及吸光光度法等。而吸光光度法又有硫氰酸盐法、磺基水杨酸法和邻二氮菲法等，因此，必须根据不同的情况考虑选用何种分析方法进行测定。一般结合待测组分的含量、待测组分的性质、共存组分的影响等综合考虑。现以工业氢氧化钾各成分测量方法为例说明(表 14-2)。

表 14-2　工业氢氧化钾固体技术要求

项　目		指　标		
		LM		
		Ⅰ型	Ⅱ型	Ⅲ型
氢氧化钾(KOH)w/%	≥	95.0	90.0	75.0
碳酸钾(K_2CO_3)w/%	≤	1.0	1.0	1.0
氯化物(以 Cl 计)w/%	≤	0.01	0.02	0.01
硫酸盐(以 SO_4^{2-} 计)w/%	≤	0.02	0.02	0.01
硝酸盐及亚硝酸盐(以 N 计)w/%	≤	0.001	0.001	0.001
铁(Fe)w/%	≤	0.001 0	0.001 5	0.001 0
钠(Na)w/%	≤	1.0	1.0	1.0

注:用户对硫酸盐和钠两项指标无要求时可不控制

离子膜法工艺生产的工业氢氧化钾为 LM 类。产品出厂前,必须检验是否达到国家标准(GB/T 1919—2014)规定的要求。

1. 氢氧化钾含量的测定

氢氧化钾是主成分,含量高,用准确度较高的四苯硼钠重量法(仲裁法)测定。在弱酸性条件下,钾离子与四苯硼钠生成四苯硼钾沉淀,过滤、烘干、称量。

2. 碳酸钾含量的测定

碳酸钾含量低,但仍然属于常量组分,用酸碱滴定法测定。称取一定试样溶解定容后,取一份试液,以甲基橙为指示剂,用盐酸标准溶液滴定。另取一份试液,加入氯化钡与试液中的碳酸钾生成碳酸钡沉淀。以酚酞为指示剂,用盐酸标准溶液滴定。由两次滴定结果之差求得碳酸钾含量。

其余成分均为微量组分,根据它们的性质,分别选择比浊法、光度法、发射光谱法进行测定。

3. 氯化物含量的测定

氯化物为微量组分,用目视比浊法测定。在硝酸介质中,氯离子与银离子生成难溶的氯化银。当氯离子含量较低时,在一定时间内氯化银呈悬浮体,使溶液浑浊,一定浓度范围内浊度与浓度成正比。

4. 硫酸盐含量的测定

盐酸介质中,硫酸根与钡离子生成白色细微的硫酸钡沉淀,悬浮在溶液中,与标准比浊溶液比对。

5. 硝酸盐和亚硝酸盐含量的测定

在碱性条件下,试液中的硝酸盐和亚硝酸盐与定氮合金反应,生成的氨经蒸馏用硫酸吸收。加入纳氏试剂生成红色配合物,与标准比色溶液进行比对。

6. 铁含量的测定

在弱酸性介质中,用邻二氮菲为显色剂以分光光度法测定。

7. 钠含量的测定——火焰光度法

在酸性条件下,用火焰光度计于波长 589.0 nm 处,测定辐射强度,采用工作曲线法测定试样中钠含量。

各种原料、燃料、产品等的分析检验项目和方法都逐步规范为国家标准或行业标准。在实际分析工作中,只要合理选择和正确执行相应的标准,就能圆满完成分析任务或满足规定的要求。

第五节 复杂物质分析示例——硅酸盐的分析

硅酸盐分析通常主要测定项目有 SiO_2,Fe_2O_3,Al_2O_3,TiO_2,CaO 和 MgO。这些分析项目可在同一分析试样溶液中进行,称之为硅酸盐系统分析。图 14-6 列出了目前常用的一种分析方案,方法要点介绍如下。

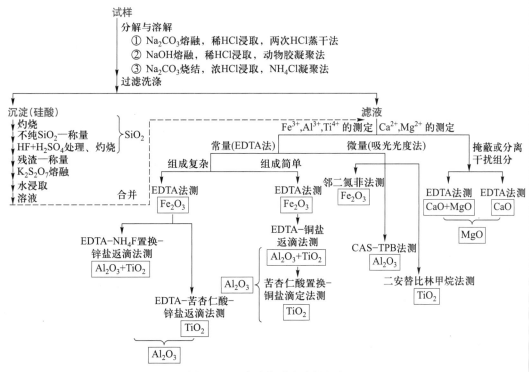

图 14-6 硅酸盐系统分析方案

一、硅酸盐试样的分解

根据硅酸盐中 SiO_2 与碱性氧化物比值大小,分别采用酸熔法、碱熔法或烧结法来分解试样。系统分析中常以 HCl 分解试样。若硅酸盐试样中 SiO_2 含量较高,不能用酸直接分解,需采用熔融法或烧结法。在熔融法中,若用碱熔两次 HCl 蒸干法脱水测定 SiO_2,则选用 Na_2CO_3 或 K_2CO_3 作熔剂;若用动物胶凝聚法测定 SiO_2,则选用 NaOH 或 KOH 作熔剂。在硅含量不太高的试样如水泥、石灰石等测定中,采用 Na_2CO_3 烧结法分解试样，NH_4Cl 脱水法测定 SiO_2 的含量，滤液作其他成分的测定。

二、SiO_2 的测定

测定 SiO_2 的方法有滴定分析法、沉淀重量法和汽化法三种。滴定分析法是依据硅酸在含有过量的氟离子和钾离子的强酸性溶液中，生成氟硅酸钾沉淀，该沉淀在热水中水解并相应生成氢氟酸，再用 NaOH 标准溶液滴定，借以求得试样中 SiO_2 的含量。该法分析速度快，但准确度稍差。汽化法是用 $HF + H_2SO_4$ 处理试样，SiO_2 以 SiF_4 形式逸出，试样的减量即为 SiO_2 的含量，该法需在铂皿中进行，费时较长，适用于 SiO_2 含量高的试样，如石英砂的分析。硅酸盐系统分析中 SiO_2 的测定，通常采用碱熔融后硅酸脱水重量法测定，滤液供其他组分的测定。为了使硅酸沉淀完全并脱水，可采用两次 HCl 蒸干法、动物胶凝聚法和 NH_4Cl 凝聚重量法。这三种方法分述如下。

1. 两次 HCl 蒸干法

该法是将经熔融分解后的试样转化为试液，加入 HCl 后在沸水浴上蒸发至近干，使无定形的硅酸脱水，硅酸经一次脱水处埋后，仍有部分以水溶胶形式存在，为此进行第二次 HCl 脱水、蒸干，然后加热水溶解可溶性盐类，过滤、洗涤，将两次沉淀合并，并且灼烧至恒重，计算 SiO_2 的含量。

2. 动物胶凝聚法

动物胶是一种富有氨基酸的蛋白质，在水溶液中具有很强的亲水作用，并且是一种可逆性胶体。它在碱性或中性溶液中为典型的保护胶体，而在酸性溶液中 (pH < 4.7)，吸附 H^+ 而带有正电荷，能凝聚许多带有负电荷的胶体。因此，在一定的酸度和温度下，加入适量的动物胶，即可中和 H_2SiO_3 溶胶所带的负电荷，因而使硅酸凝聚下沉。

3. NH_4Cl 凝聚重量法

NH_4Cl 凝聚重量法是在试样经分解后制得的试液中加入浓 HCl，加热蒸发至近干，加入足量的 NH_4Cl，由于 NH_4Cl 的水解，夺取了 H_2SiO_3 颗粒中的水分，加速了脱水过程。同时，在酸性溶液中 H_2SiO_3 的质点带负电荷，在加热蒸发的条件下，被大量带正电荷的 NH_4^+ 所中和，从而加速了 H_2SiO_3 凝聚。蒸发完毕后，溶解可溶性盐类，再经过滤、洗涤，将沉淀灼烧至恒重。

三、Fe_2O_3，Al_2O_3 和 TiO_2 的测定

试液中的 Fe_2O_3，Al_2O_3 和 TiO_2 的含量在常量范围内时，可用配位滴定法测定。在微量范围内时，可用吸光光度法测定。

1. Fe_2O_3 的测定

通常采用配位滴定法和吸光光度法。

(1) 配位滴定法 以重量分析法测定 SiO_2 后所得的滤液，吸取部分溶液，调整溶液的 pH 为 $2 \sim 2.5$，以磺基水杨酸钠作指示剂，于 $50 \sim 60\ ^\circ\!C$ 时用 EDTA 标准溶液直接滴定 Fe^{3+}。

(2) 吸光光度法 将试液中 Fe^{3+} 用盐酸羟胺或抗坏血酸还原为 Fe^{2+}，在 pH $= 2 \sim 9$ 范围内与邻二氮菲生成稳定的橙红色配合物。常加入 NaOAc 调节溶液的 pH ≈ 5 时，用显色

剂显色,于 510 nm 波长处用适当厚度的比色皿测定吸光度。从预先绘制好的工作曲线上查得铁含量。

2. Al_2O_3 和 TiO_2 的测定

(1) 配位滴定法 将滴定 Fe^{3+} 后的试液用氨水调节 pH 为 4 左右,加入过量的 EDTA 标准溶液,加热煮沸,使 Al^{3+},Ti^{4+} 与 EDTA 定量反应完全,然后加入 HOAc—NaOAc 缓冲溶液,调节溶液的 pH 为 5～6,以二甲酚橙为指示剂,用锌盐标准溶液返滴定,除去过量的 EDTA。再在返滴定后的溶液中加入 NH_4F,煮沸,此时 Al—EDTA 和 Ti—EDTA 转化为 AlF_6^{3-} 和 TiF_6^{2-},相应地释放出等物质的量的 EDTA。然后再以锌盐标准溶液滴定释放出来的 EDTA,从而可得 Al_2O_3＋TiO_2 所消耗的 EDTA 标准溶液的体积。另取一份滴定 Fe^{3+} 后的试液,同样按上述步骤进行,将返滴定的溶液的酸度调为 pH≈4.2,以苦杏仁酸代替 NH_4F 进行置换滴定,此时只有 Ti—EDTA 被置换,释放出与 Ti 等物质的量的 EDTA,再用锌盐标准溶液滴定,可直接测得 TiO_2 的含量。由滴定 Al_2O_3＋TiO_2 总消耗的锌盐标准溶液体积减去 TiO_2 消耗的体积,就可以算出 Al_2O_3 的含量。

(2) 吸光光度法测定 Al_2O_3 在 pH＝5 的溶液中,Al^{3+} 与铬天青 S-溴化十四烷基吡啶(简写为 CAS—TPB)生成紫红色的三元配合物,借此进行吸光光度法测定。

方法:试液先用氨水和 HCl 调 pH≈2 后,加入 CAS—TPB 混合液,再加 pH＝5.3 的 HOAc—NaOAc 缓冲溶液,显色,于 610 nm 波长处测定吸光度。从预先绘制好的工作曲线上查得含量。Fe^{3+} 的干扰可用抗坏血酸还原消除,Ti^{4+} 的干扰可加苦杏仁酸掩蔽,F^- 存在对 Al_2O_3 测定有干扰,故必须事先除去。

(3) 吸光光度法测定 TiO_2 在 0.5～1.0 mol·L^{-1} 的 HCl 介质中,Ti^{4+} 与二安替比林甲烷形成 1∶3 的黄色配合物,在波长 420 nm 处,用分光光度计测定吸光度。Fe^{3+} 的干扰可加抗坏血酸消除。

四、CaO 和 MgO 的测定

试液中共存组分 Fe^{3+},Al^{3+},Ti^{4+},Mn^{2+} 的存在对 Ca^{2+},Mg^{2+} 的测定均有干扰,这些组分含量较少时,可加入掩蔽剂如三乙醇胺、酒石酸钾钠消除干扰;当含量较高时,一般采用沉淀分离法除去干扰组分。分离 Fe^{3+},Al^{3+},Ti^{4+} 的滤液即可用来滴定 CaO 和 MgO 的含量,Ca^{2+},Mg^{2+} 通常采用配位滴定法。在 pH＝10 时,用铬黑 T 或酸性铬蓝 K-萘酚绿 B 作指示剂,用 EDTA 标准溶液滴定 CaO＋MgO 总量,干扰离子用三乙醇胺掩蔽。另取一份试液,加入酒石酸钾钠、三乙醇胺掩蔽干扰离子,用强碱调节 pH＞12,Mg^{2+} 生成 $Mg(OH)_2$ 沉淀,用钙指示剂或甲基百里酚蓝作指示剂,以 EDTA 标准溶液滴定 CaO,从 CaO＋MgO 总量中减去 CaO 量,就可计算出 MgO 的含量。

硅酸盐系统分析是分析中一个经典的、颇具代表性的案例,通过学习,希望读者深入了解物质定量分析的全过程,认真考虑物质定量分析过程中的问题。例如,试样如何分解制成溶液? 分析对象在试样中的含量是主体元素还是微量成分? 应该采取什么分析方法来分析它们? 分析条件可能有哪些? 干扰应该如何消除? 等等。把握住这些基本问题,在分析实践中举一反三,逐步提高。

本章主要知识点

一、分析试样的采取与制备

(1) 采取的试样是少量的,必须能够代表全部物料的平均组成。

(2) 采取组成分布比较均匀的试样:合理布点。

(3) 采取组成分布不均匀试样需要考虑的问题:布点、粒度、易破碎程度、取样量、缩分、过筛等。

二、试样的分解

1. 溶解法

结合试样的组成选择适当的溶剂,如水、非氧化性酸、氧化性酸、碱等。

2. 熔融法

不能直接溶解时采取熔融法分解试样。结合试样的组成选择适当的酸性或碱性熔剂。

三、干扰组分的分离方法

1. 沉淀分离法

依据溶度积原理,利用沉淀剂选择性地沉淀一些离子,以达到分离的目的。

2. 液-液萃取分离法

利用待测组分在两种互不相溶的溶剂中溶解度的不同,将其从一种液相转移到另一种液相的分离方法。

3. 色谱分离法

按分离操作形式不同,可分为柱色谱、纸色谱和薄层色谱。

4. 离子交换分离法

利用离子交换树脂的活性基团对不同的离子有不同的交换能力实现离子混合物的分离。

四、测定方法的选择原则

根据待测组分的性质、待测组分的含量、共存组分的干扰情况、测量的要求等综合考虑。

思考与练习

一、思考题

1. 用重量分析法测定硅酸盐中的 SiO_2 含量时,为什么所得沉淀常常不纯? 如何校正测定结果?

2. 当试样中 Fe^{3+},Al^{3+} 含量较高时,怎样用配位滴定法测定其中的 CaO 和 MgO 含量?

3. 欲对天然水作系统分析,应该考虑哪些问题? 如何进行具体的实验分析工作?

二、单项选择题

1. 通过 10 号标准筛(孔径 2.0 mm)的铁矿(缩分经验系数 K 为 0.2)试样,应缩取试样的最可靠质量(经验公式为 $m = Kd^2$)是( )。

    A. 0.8 g   B. 8 g   C. 0.4 kg   D. 0.8 kg

2. 分解硅酸盐及含硅化合物时,溶剂是( )溶液。

    A. HCl   B. H_2SO_4 C. HF   D. $HCl + H_2SO_4$

3. 金红石(TiO_2)可用熔剂焦硫酸钾分解,说明 TiO_2 是( )。

    A. 酸性氧化物   B. 碱性氧化物   C. 两性氧化物   D. 难溶盐

4. 在 SO_4^{2-}, Fe^{3+}, Al^{3+} 的混合液中,以 $BaSO_4$ 重量分析法测定 SO_4^{2-} 含量。可选用( )消除 Fe^{3+}, Al^{3+} 的干扰。

    A. 控制溶液的酸度法   B. 配位掩蔽法

    C. 离子交换法   D. 沉淀分离法

5. 测定 $FeCl_3$ 中铁的含量,下列说法错误的是( )。

    A. 可用 $K_2Cr_2O_7$ 法和碘量法   B. 可用铈量法和重量分析法

    C. 可用重量分析法和银量法   D. 可用重量分析法和 EDTA 滴定法

6. 大量的 Al_2O_3 合适的分析方法是( )。

    A. 重量分析法   B. EDTA 滴定法   C. 吸光光度法   D. 原子吸收光度法

7. 欲测定饮水中的微量氟,采用下列方法中( )最为合适。

    A. 发射光谱法   B. 离子选择电极法   C. 火焰光度法   D. 重量分析法

8. 欲测定矿物中的痕量金属元素,宜采用( )。

    A. 红外光谱法   B. 原子吸收光度法   C. 核磁共振法   D. 气相色谱法

9. 欲分析血浆中的钾含量,用下列方法中( )最为合适。

    A. 火焰光度法   B. 极谱法   C. 红外光谱法   D. 容量法

三、多项选择题

1. $0.01 \sim 0.001$ mol·L^{-1} 的 HCl 介质中,以沉淀状态存在的有( )。

    A. Cu^{2+} B. Zn^{2+} C. Fe^{3+} D. Sn^{4+}

2. HOAc-NaOAc 缓冲溶液中,以离子状态存在的有( )。

    A. Mn^{2+} B. Ni^{2+} C. Al^{3+} D. Cr^{3+}

3. 欲控制溶液的 pH 为 $5 \sim 6$,可选择的缓冲体系是( )。

    A. $CH_2ClCOOH-CH_2ClCOONa$ B. HOAc-NaOAc

    C. $(CH_2)_6N_4-HCl$ D. $NH_3 \cdot H_2O-NH_4Cl$

4. 铝合金试样可用( )试剂溶解。

    A. HCl   B. H_2SO_4 C. NaOH   D. Na_2CO_3

5. 用 $20\% \sim 30\%$ 的 NaOH 分解铝合金等试样,应在( )器皿中进行。

    A. 烧杯   B. 聚四氟乙烯塑料烧杯

    C. 镍坩埚   D. 银坩埚

6. 合金钢试样可用( )溶剂分解。

    A. H_3PO_4 B. $HClO_4$ C. H_2O_2 D. $HCl + H_2O_2$

7. Na_2CO_3 和 $KClO_3$ 混合熔剂常用于分解含 S, As, Cr 等的试样,混合熔剂的作用是( )。

    A. 酸性熔剂   B. 碱性熔剂   C. 氧化剂   D. 还原剂

8. 可用于测定微量水分的方法有( )。

    A. 碘量法   B. 法扬斯法

    C. 气相色谱法   D. 原子吸收光度法

四、计算题

1. 含有痕量氯仿的饮用水,实验表明,100 mL 水用 1 mL 戊烷萃取时,萃取效率为 53%。计算当 10 mL 水用 1 mL 戊烷萃取时的萃取效率为多少?

2. 有一试样含有 $NaNO_3$ 和不解离的有机物,称取试样 2.000 g 溶于水配制成 100.0 mL,取 10.00 mL 通过 H^+ 型阳离子交换树脂,流出液以 0.111 0 mol·L^{-1} NaOH 溶液滴定,用去 15.00 mL,计算试样中 $NaNO_3$ 的质量分数。

3. 将 25 mL 天然水样稀释成 100 mL,经过 H^+ 型阳离子交换树脂,然后用 45 mL 水分三次淋洗,全部流出液用 0.021 3 mol·L^{-1} NaOH 溶液滴定,至终点时用去 16.1 mL,求水样中以 $CaCO_3$ 表示的阳离子含量(mg·L^{-1})。

附　录
appendices

附录一　弱酸和弱碱的解离常数

酸

名　称	温度/℃	解离常数 K_a	pK_a
砷酸　H_3AsO_4	18	$K_{a1}=5.6\times10^{-3}$	2.25
		$K_{a2}=1.7\times10^{-7}$	6.77
		$K_{a3}=3.0\times10^{-12}$	11.50
硼酸　H_3BO_3	20	$K_a=5.7\times10^{-10}$	9.24
氢氰酸　HCN	25	$K_a=6.2\times10^{-10}$	9.21
碳酸　H_2CO_3	25	$K_{a1}=4.2\times10^{-7}$	6.38
		$K_{a2}=5.6\times10^{-11}$	10.25
铬酸　H_2CrO_4	25	$K_{a1}=1.8\times10^{-1}$	0.74
		$K_{a2}=3.2\times10^{-7}$	6.49
氢氟酸　HF	25	$K_a=3.5\times10^{-4}$	3.46
亚硝酸　HNO_2	25	$K_a=4.6\times10^{-4}$	3.34
磷酸　H_3PO_4	25	$K_{a1}=7.6\times10^{-3}$	2.12
		$K_{a2}=6.3\times10^{-8}$	7.20
		$K_{a3}=4.4\times10^{-13}$	12.36
氢硫酸　H_2S	25	$K_{a1}=1.3\times10^{-7}$	6.89
		$K_{a2}=7.1\times10^{-13}$	12.15
亚硫酸　H_2SO_3	18	$K_{a1}=1.3\times10^{-2}$	1.90
		$K_{a2}=6.3\times10^{-8}$	7.20
硫酸　H_2SO_4	25	$K_{a2}=1.0\times10^{-2}$	1.99
甲酸　HCOOH	20	$K_a=1.8\times10^{-4}$	3.74
醋酸　$CH_3COOH(HOAc)$	20	$K_a=1.8\times10^{-5}$	4.74
一氯乙酸　$CH_2ClCOOH$	25	$K_a=1.4\times10^{-3}$	2.85

名　　称	温度/℃	解离常数 K_a	pK_a
二氯乙酸　$CHCl_2COOH$	25	$K_a = 5.0 \times 10^{-2}$	1.30
三氯乙酸　CCl_3COOH	25	$K_a = 0.23$	0.64
草酸　$H_2C_2O_4$	25	$K_{a1} = 5.9 \times 10^{-2}$	1.23
		$K_{a2} = 6.4 \times 10^{-5}$	4.19
琥珀酸　$(CH_2COOH)_2$	25	$K_{a1} = 6.4 \times 10^{-5}$	4.19
		$K_{a2} = 2.7 \times 10^{-6}$	5.57
酒石酸　CH(OH)COOH 　　　　 | 　　　　CH(OH)COOH	25	$K_{a1} = 9.1 \times 10^{-4}$ $K_{a2} = 4.3 \times 10^{-5}$	3.04 4.37
柠檬酸　CH_2COOH 　　　　 | 　　　　C(OH)COOH 　　　　 | 　　　　CH_2COOH	18	$K_{a1} = 7.4 \times 10^{-4}$ $K_{a2} = 1.7 \times 10^{-5}$ $K_{a3} = 4.0 \times 10^{-7}$	3.13 4.77 6.40
苯酚　C_6H_5OH	20	$K_a = 1.1 \times 10^{-10}$	9.96
苯甲酸　C_6H_5COOH	25	$K_a = 6.2 \times 10^{-5}$	4.21
水杨酸　$C_6H_4(OH)COOH$	18	$K_{a1} = 1.07 \times 10^{-3}$	2.97
		$K_{a2} = 4 \times 10^{-14}$	13.40
邻苯二甲酸　$C_6H_4(COOH)_2$	25	$K_{a1} = 1.1 \times 10^{-3}$	2.96
		$K_{a2} = 2.9 \times 10^{-6}$	5.54

碱

名　　称	温度/℃	解离常数 K_b	pK_b
氨水　$NH_3 \cdot H_2O$	25	$K_b = 1.8 \times 10^{-5}$	4.74
羟胺　NH_2OH	20	$K_b = 9.1 \times 10^{-9}$	8.04
苯胺　$C_6H_5NH_2$	25	$K_b = 4.6 \times 10^{-10}$	9.34
乙二胺　$H_2NCH_2CH_2NH_2$	25	$K_{b1} = 8.5 \times 10^{-5}$	4.07
		$K_{b2} = 7.1 \times 10^{-8}$	7.15
六亚甲基四胺　$(CH_2)_6N_4$	25	$K_b = 1.4 \times 10^{-9}$	8.85
吡啶　<chem>pyridine ring with N</chem>	25	$K_b = 1.7 \times 10^{-9}$	8.77

附录二　常用酸碱溶液的相对密度、质量分数与物质的量浓度

酸

相对密度 (15 ℃)	HCl		HNO₃		H₂SO₄	
	$w/\%$	$c/(\text{mol} \cdot \text{L}^{-1})$	$w/\%$	$c/(\text{mol} \cdot \text{L}^{-1})$	$w/\%$	$c/(\text{mol} \cdot \text{L}^{-1})$
1.02	4.13	1.15	3.70	0.6	3.1	0.3
1.04	8.16	2.3	7.26	1.2	6.1	0.6
1.05	10.2	2.9	9.0	1.5	7.4	0.8
1.06	12.2	3.5	10.7	1.8	8.8	0.9
1.08	16.2	4.8	13.9	2.4	11.6	1.3
1.10	20.0	6.0	17.1	3.0	14.4	1.6
1.12	23.8	7.3	20.2	3.6	17.0	2.0
1.14	27.7	8.7	23.3	4.2	19.9	2.3
1.15	29.6	9.3	24.8	4.5	20.9	2.5
1.19	37.2	12.2	30.9	5.8	26.0	3.2
1.20			32.3	6.2	27.3	3.4
1.25			39.8	7.9	33.4	4.3
1.30			47.5	9.8	39.2	5.2
1.35			55.8	12.0	44.8	6.2
1.40			65.3	14.5	50.1	7.2
1.42			69.8	15.7	52.2	7.6
1.45					55.0	8.2
1.50					59.8	9.2
1.55					64.3	10.2
1.60					68.7	11.2
1.65					73.0	12.3
1.70					77.2	13.4
1.84					95.6	18.0

碱

相对密度 (15 ℃)	NH₃·H₂O		NaOH		KOH	
	$w/\%$	$c/(\text{mol} \cdot \text{L}^{-1})$	$w/\%$	$c/(\text{mol} \cdot \text{L}^{-1})$	$w/\%$	$c/(\text{mol} \cdot \text{L}^{-1})$
0.88	35.0	18.0				
0.90	28.3	15				
0.91	25.0	13.4				
0.92	21.8	11.8				
0.94	15.6	8.6				
0.96	9.9	5.6				
0.98	4.8	2.8				

相对密度 (15 ℃)	NH₃ · H₂O		NaOH		KOH	
	$w/\%$	$c/(\text{mol} \cdot \text{L}^{-1})$	$w/\%$	$c/(\text{mol} \cdot \text{L}^{-1})$	$w/\%$	$c/(\text{mol} \cdot \text{L}^{-1})$
1.05			4.5	1.25	5.5	1.0
1.10			9.0	2.5	10.9	2.1
1.15			13.5	3.9	16.1	3.3
1.20			18.0	5.4	21.2	4.5
1.25			22.5	7.0	26.1	5.8
1.30			27.0	8.8	30.9	7.2
1.35			31.8	10.7	35.5	8.5

342

附录三　常用的缓冲溶液

几种常用缓冲溶液的配制

pH	配 制 方 法
0	1 mol · L⁻¹ HCl*
1	0.1 mol · L⁻¹ HCl
2	0.01 mol · L⁻¹ HCl
3.6	NaOAc · 3H₂O 8 g,溶于适量水中,加 6 mol · L⁻¹ HOAc 134 mL,稀释至 500 mL
4.0	NaOAc · 3H₂O 20 g,溶于适量水中,加 6 mol · L⁻¹ HOAc 134 mL,稀释至 500 mL
4.5	NaOAc · 3H₂O 32 g,溶于适量水中,加 6 mol · L⁻¹ HOAc 68 mL,稀释至 500 mL
5.0	NaOAc · 3H₂O 50 g,溶于适量水中,加 6 mol · L⁻¹ HOAc 34 mL,稀释至 500 mL
5.7	NaOAc · 3H₂O 100 g,溶于适量水中,加 6 mol · L⁻¹ HOAc 13 mL,稀释至 500 mL
7	NH₄OAc 77 g,用水溶解后,稀释至 500 mL
7.5	NH₄Cl 60 g,溶于适量水中,加 15 mol · L⁻¹ 氨水 1.4 mL,稀释至 500 mL
8.0	NH₄Cl 50 g,溶于适量水中,加 15 mol · L⁻¹ 氨水 3.5 mL,稀释至 500 mL
8.5	NH₄Cl 40 g,溶于适量水中,加 15 mol · L⁻¹ 氨水 8.8 mL,稀释至 500 mL
9.0	NH₄Cl 35 g,溶于适量水中,加 15 mol · L⁻¹ 氨水 24 mL,稀释至 500 mL
9.5	NH₄Cl 30 g,溶于适量水中,加 15 mol · L⁻¹ 氨水 65 mL,稀释至 500 mL
10.0	NH₄Cl 27 g,溶于适量水中,加 15 mol · L⁻¹ 氨水 97 mL,稀释至 500 mL
10.5	NH₄Cl 9 g,溶于适量水中,加 15 mol · L⁻¹ 氨水 175 mL,稀释至 500 mL
11	NH₄Cl 3 g,溶于适量水中,加 15 mol · L⁻¹ 氨水 207 mL,稀释至 500 mL
12	0.01 mol · L⁻¹ NaOH**
13	0.1 mol · L⁻¹ NaOH

*　Cl⁻ 对测定有妨碍时,可用 HNO₃。

**　Na⁺ 对测定有妨碍时,可用 KOH。

附录四　标准电极电位(18～25 ℃)

半　反　应	$\varphi^{\ominus}/V$
$F_2(g)+2H^++2e^-\Longrightarrow 2HF$	3.06
$O_3+2H^++2e^-\Longrightarrow O_2+H_2O$	2.07
$S_2O_8^{2-}+2e^-\Longrightarrow 2SO_4^{2-}$	2.01
$H_2O_2+2H^++2e^-\Longrightarrow 2H_2O$	1.77
$MnO_4^-+4H^++3e^-\Longrightarrow MnO_2(s)+2H_2O$	1.695
$PbO_2(s)+SO_4^{2-}+4H^++2e^-\Longrightarrow PbSO_4(s)+2H_2O$	1.685
$HClO_2+2H^++2e^-\Longrightarrow HClO+H_2O$	1.64
$HClO+H^++e^-\Longrightarrow \frac{1}{2}Cl_2+H_2O$	1.63
$Ce^{4+}+e^-\Longrightarrow Ce^{3+}$	1.61
$H_5IO_6+H^++2e^-\Longrightarrow IO_3^-+3H_2O$	1.60
$HBrO+H^++e^-\Longrightarrow \frac{1}{2}Br_2+H_2O$	1.59
$BrO_3^-+6H^++5e^-\Longrightarrow \frac{1}{2}Br_2+3H_2O$	1.52
$MnO_4^-+8H^++5e^-\Longrightarrow Mn^{2+}+4H_2O$	1.51
$Au(III)+3e^-\Longrightarrow Au$	1.50
$HClO+H^++2e^-\Longrightarrow Cl^-+H_2O$	1.49
$ClO_3^-+6H^++5e^-\Longrightarrow \frac{1}{2}Cl_2+3H_2O$	1.47
$PbO_2(s)+4H^++2e^-\Longrightarrow Pb^{2+}+2H_2O$	1.455
$HIO+H^++e^-\Longrightarrow \frac{1}{2}I_2+H_2O$	1.45
$ClO_3^-+6H^++6e^-\Longrightarrow Cl^-+3H_2O$	1.45
$BrO_3^-+6H^++6e^-\Longrightarrow Br^-+3H_2O$	1.44
$Au(III)+2e^-\Longrightarrow Au(I)$	1.41
$Cl_2(g)+2e^-\Longrightarrow 2Cl^-$	1.3595
$ClO_4^-+8H^++7e^-\Longrightarrow \frac{1}{2}Cl_2+4H_2O$	1.34
$Cr_2O_7^{2-}+14H^++6e^-\Longrightarrow 2Cr^{3+}+7H_2O$	1.33
$MnO_2(s)+4H^++2e^-\Longrightarrow Mn^{2+}+2H_2O$	1.23
$O_2(g)+4H^++4e^-\Longrightarrow 2H_2O$	1.229
$IO_3^-+6H^++5e^-\Longrightarrow \frac{1}{2}I_2+3H_2O$	1.20
$ClO_4^-+2H^++2e^-\Longrightarrow ClO_3^-+H_2O$	1.19
$Br_2(水)+2e^-\Longrightarrow 2Br^-$	1.087
$NO_2+H^++e^-\Longrightarrow HNO_2$	1.07
$Br_3^-+2e^-\Longrightarrow 3Br^-$	1.05

半 反 应	$\varphi^{\ominus}/V$
$HNO_2 + H^+ + e^- = NO(g) + H_2O$	1.00
$VO_2^+ + 2H^+ + e^- = VO^{2+} + H_2O$	1.00
$HIO + H^+ + 2e^- = I^- + H_2O$	0.99
$NO_3^- + 3H^+ + 2e^- = HNO_2 + H_2O$	0.94
$ClO^- + H_2O + 2e^- = Cl^- + 2OH^-$	0.89
$H_2O_2 + 2e^- = 2OH^-$	0.88
$Cu^{2+} + I^- + e^- = CuI(s)$	0.86
$Hg^{2+} + 2e^- = Hg$	0.845
$NO_3^- + 2H^+ + e^- = NO_2 + H_2O$	0.80
$Ag^+ + e^- = Ag$	0.799 5
$Hg_2^{2+} + 2e^- = 2Hg$	0.793
$Fe^{3+} + e^- = Fe^{2+}$	0.771
$BrO^- + H_2O + 2e^- = Br^- + 2OH^-$	0.76
$O_2(g) + 2H^+ + 2e^- = H_2O_2$	0.682
$AsO_2^- + 2H_2O + 3e^- = As + 4OH^-$	0.68
$2HgCl_2 + 2e^- = Hg_2Cl_2(s) + 2Cl^-$	0.63
$Hg_2SO_4(s) + 2e^- = 2Hg + SO_4^{2-}$	0.615 1
$MnO_4^- + 2H_2O + 3e^- = MnO_2(s) + 4OH^-$	0.588
$MnO_4^- + e^- = MnO_4^{2-}$	0.564
$H_3AsO_4 + 2H^+ + 2e^- = HAsO_2 + 2H_2O$	0.559
$I_3^- + 2e^- = 3I^-$	0.545
$I_2(s) + 2e^- = 2I^-$	0.534 5
$Mo(VI) + e^- = Mo(V)$	0.53
$Cu^+ + e^- = Cu$	0.52
$4SO_2(水) + 4H^+ + 6e^- = S_4O_6^{2-} + 2H_2O$	0.51
$HgCl_4^{2-} + 2e^- = Hg + 4Cl^-$	0.48
$2SO_2(水) + 2H^+ + 4e^- = S_2O_3^{2-} + H_2O$	0.40
$Fe(CN)_6^{2-} + 2e^- = Fe(CN)_6^{4-}$	0.36
$Cu^{2+} + 2e^- = Cu$	0.337
$VO^{2+} + 2H^+ + e^- = V^{3+} + H_2O$	0.337
$BiO^+ + 2H^+ + 3e^- = Bi + H_2O$	0.32

半 反 应	$\varphi^{\ominus}/V$
$Hg_2Cl_2(s)+2e^- \rightleftharpoons 2Hg+2Cl^-$	0.267 6
$HAsO_2+3H^++3e^- \rightleftharpoons As+2H_2O$	0.248
$AgCl(s)+e^- \rightleftharpoons Ag+Cl^-$	0.222 3
$SbO^++2H^++3e^- \rightleftharpoons Sb+H_2O$	0.212
$SO_4^{2-}+4H^++2e^- \rightleftharpoons SO_2(水)+2H_2O$	0.17
$Cu^{2+}+e^- \rightleftharpoons Cu^+$	0.159
$Sn^{4+}+2e^- \rightleftharpoons Sn^{2+}$	0.154
$S+2H^++2e^- \rightleftharpoons H_2S(g)$	0.141
$Hg_2Br_2+2e^- \rightleftharpoons 2Hg+2Br^-$	0.139 5
$TiO^{2+}+2H^++e^- \rightleftharpoons Ti^{3+}+H_2O$	0.10
$S_4O_6^{2-}+2e^- \rightleftharpoons 2S_2O_3^{2-}$	0.08
$AgBr(s)+e^- \rightleftharpoons Ag+Br^-$	0.071
$2H^++2e^- \rightleftharpoons H_2$	0.000
$O_2+H_2O+2e^- \rightleftharpoons HO_2^-+OH^-$	-0.067
$TiOCl^++2H^++3Cl^-+e^- \rightleftharpoons TiCl_4^-+H_2O$	-0.09
$Pb^{2+}+2e^- \rightleftharpoons Pb$	-0.126
$Sn^{2+}+2e^- \rightleftharpoons Sn$	-0.136
$AgI(s)+e^- \rightleftharpoons Ag+I^-$	-0.152
$Ni^{2+}+2e^- \rightleftharpoons Ni$	-0.246
$H_3PO_4+2H^++2e^- \rightleftharpoons H_3PO_3+H_2O$	-0.276
$Co^{2+}+2e^- \rightleftharpoons Co$	-0.277
$Tl^++e^- \rightleftharpoons Tl$	$-0.336\,0$
$In^{3+}+3e^- \rightleftharpoons In$	-0.345
$PbSO_4(s)+2e^- \rightleftharpoons Pb+SO_4^{2-}$	$-0.355\,3$
$SeO_3^{2-}+3H_2O+4e^- \rightleftharpoons Se+6OH^-$	-0.366
$As+3H^++3e^- \rightleftharpoons AsH_3$	-0.38
$Se+2H^++2e^- \rightleftharpoons H_2Se$	-0.40
$Cd^{2+}+2e^- \rightleftharpoons Cd$	-0.403
$Cr^{3+}+e^- \rightleftharpoons Cr^{2+}$	-0.41
$Fe^{2+}+2e^- \rightleftharpoons Fe$	-0.440
$S+2e^- \rightleftharpoons S^{2-}$	-0.48

半 反 应	$\varphi^{\ominus}/V$
$2CO_2 + 2H^+ + 2e^- \Longrightarrow H_2C_2O_4$	-0.49
$H_3PO_3 + 2H^+ + 2e^- \Longrightarrow H_3PO_2 + H_2O$	-0.50
$Sb + 3H^+ + 3e^- \Longrightarrow SbH_3$	-0.51
$HPbO_2^- + H_2O + 2e^- \Longrightarrow Pb + 3OH^-$	-0.54
$Ga^{3+} + 3e^- \Longrightarrow Ga$	-0.56
$TeO_3^{2-} + 3H_2O + 4e^- \Longrightarrow Te + 6OH^-$	-0.57
$2SO_3^{2-} + 3H_2O + 4e^- \Longrightarrow S_2O_3^{2-} + 6OH^-$	-0.58
$SO_3^{2-} + 3H_2O + 4e^- \Longrightarrow S + 6OH^-$	-0.66
$AsO_4^{3-} + 2H_2O + 2e^- \Longrightarrow AsO_2^- + 4OH^-$	-0.67
$Ag_2S(s) + 2e^- \Longrightarrow 2Ag + S^{2-}$	-0.69
$Zn^{2+} + 2e^- \Longrightarrow Zn$	-0.763
$2H_2O + 2e^- \Longrightarrow H_2 + 2OH^-$	-0.828
$Cr^{2+} + 2e^- \Longrightarrow Cr$	-0.91
$HSnO_2^- + H_2O + 2e^- \Longrightarrow Sn + 3OH^-$	-0.91
$Se + 2e^- \Longrightarrow Se^{2-}$	-0.92
$Sn(OH)_6^{2-} + 2e^- \Longrightarrow HSnO_2^- + H_2O + 3OH^-$	-0.93
$CNO^- + H_2O + 2e^- \Longrightarrow CN^- + 2OH^-$	-0.97
$Mn^{2+} + 2e^- \Longrightarrow Mn$	-1.182
$ZnO_2^{2-} + 2H_2O + 2e^- \Longrightarrow Zn + 4OH^-$	-1.216
$Al^{3+} + 3e^- \Longrightarrow Al$	-1.66
$H_2AlO_3^- + H_2O + 3e^- \Longrightarrow Al + 4OH^-$	-2.35
$Mg^{2+} + 2e^- \Longrightarrow Mg$	-2.37
$Na^+ + e^- \Longrightarrow Na$	-2.714
$Ca^{2+} + 2e^- \Longrightarrow Ca$	-2.87
$Sr^{2+} + 2e^- \Longrightarrow Sr$	-2.89
$Ba^{2+} + 2e^- \Longrightarrow Ba$	-2.90
$K^+ + e^- \Longrightarrow K$	-2.925
$Li^+ + e^- \Longrightarrow Li$	-3.042

附录五　一些氧化还原电对的条件电极电位

半 反 应	$\varphi^{\ominus\prime}/V$	介 质
$Ag(II) + e^- \Longrightarrow Ag^+$	1.927	$4\ mol \cdot L^{-1}\ HNO_3$
$Ce(IV) + e^- \Longrightarrow Ce(III)$	1.74	$1\ mol \cdot L^{-1}\ HClO_4$
	1.44	$0.5\ mol \cdot L^{-1}\ H_2SO_4$
	1.28	$1\ mol \cdot L^{-1}\ HCl$

半　反　应	$\varphi^{\ominus\prime}/V$	介　质
$Co^{3+}+e^-\mathrel{=\!=}Co^{2+}$	1.84	$3\ mol\cdot L^{-1}HNO_3$
$Co(en)_3^{3+}+e^-\mathrel{=\!=}Co(en)_3^{2+}$	-0.2	$0.1\ mol\cdot L^{-1}KNO_3$
		$+0.1\ mol\cdot L^{-1}en(乙二胺)$
$Cr(Ⅲ)+e^-\mathrel{=\!=}Cr(Ⅱ)$	-0.40	$5\ mol\cdot L^{-1}HCl$
$Cr_2O_7^{2-}+14H^++6e^-\mathrel{=\!=}2Cr^{3+}+7H_2O$	1.08	$3\ mol\cdot L^{-1}HCl$
	1.15	$4\ mol\cdot L^{-1}H_2SO_4$
	1.025	$1\ mol\cdot L^{-1}HClO_4$
$CrO_4^{2-}+2H_2O+3e^-\mathrel{=\!=}CrO_2^-+4OH^-$	-0.12	$1\ mol\cdot L^{-1}NaOH$
$Fe(Ⅲ)+e^-\mathrel{=\!=}Fe^{2+}$	0.767	$1\ mol\cdot L^{-1}HClO_4$
	0.71	$0.5\ mol\cdot L^{-1}HCl$
	0.68	$1\ mol\cdot L^{-1}H_2SO_4$
	0.68	$1\ mol\cdot L^{-1}HCl$
	0.46	$2\ mol\cdot L^{-1}H_3PO_4$
	0.51	$1\ mol\cdot L^{-1}HCl$
		$+0.25\ mol\cdot L^{-1}H_3PO_4$
$Fe(edta)^-+e^-\mathrel{=\!=}Fe(edta)^{2-}$	0.12	$0.1\ mol\cdot L^{-1}EDTA$
		$pH=4\sim6$
$Fe(CN)_6^{3-}+e^-\mathrel{=\!=}Fe(CN)_6^{4-}$	0.56	$0.1\ mol\cdot L^{-1}HCl$
$FeO_4^{2-}+2H_2O+3e^-\mathrel{=\!=}FeO_2^-+4OH^-$	0.55	$10\ mol\cdot L^{-1}NaOH$
$I_3^-+2e^-\mathrel{=\!=}3I^-$	0.5446	$0.5\ mol\cdot L^{-1}H_2SO_4$
$I_2(水)+2e^-\mathrel{=\!=}2I^-$	0.6276	$0.5\ mol\cdot L^{-1}H_2SO_4$
$MnO_4^-+8H^++5e^-\mathrel{=\!=}Mn^{2+}+4H_2O$	1.45	$1\ mol\cdot L^{-1}HClO_4$
$SnCl_6^{2-}+2e^-\mathrel{=\!=}SnCl_4^{2-}+2Cl^-$	0.14	$1\ mol\cdot L^{-1}HCl$
$Sb(Ⅴ)+2e^-\mathrel{=\!=}Sb(Ⅲ)$	0.75	$3.5\ mol\cdot L^{-1}HCl$
$Sb(OH)_6^-+2e^-\mathrel{=\!=}SbO_2^-+2OH^-+2H_2O$	-0.428	$3\ mol\cdot L^{-1}NaOH$
$SbO_2^-+2H_2O+3e^-\mathrel{=\!=}Sb+4OH^-$	-0.675	$10\ mol\cdot L^{-1}KOH$
$Ti(Ⅳ)+e^-\mathrel{=\!=}Ti(Ⅲ)$	-0.01	$0.2\ mol\cdot L^{-1}H_2SO_4$
	0.12	$2\ mol\cdot L^{-1}H_2SO_4$
	0.10	$3\ mol\cdot L^{-1}HCl$
	-0.04	$1\ mol\cdot L^{-1}HCl$
	-0.05	$1\ mol\cdot L^{-1}H_3PO_4$
$Pb(Ⅱ)+2e^-\mathrel{=\!=}Pb$	-0.32	$1\ mol\cdot L^{-1}NaOAc$

附录六　难溶化合物的溶度积常数(18 ℃)

难溶化合物	化　学　式	K_{sp}	
氢氧化铝	$Al(OH)_3$	2×10^{-32}	
溴酸银	$AgBrO_3$	5.77×10^{-5}	25 ℃
溴化银	$AgBr$	4.1×10^{-13}	
碳酸银	Ag_2CO_3	6.15×10^{-12}	25 ℃
氯化银	$AgCl$	1.56×10^{-10}	25 ℃
铬酸银	Ag_2CrO_4	9.0×10^{-12}	25 ℃
氢氧化银	$AgOH$	1.52×10^{-8}	20 ℃
碘化银	AgI	1.5×10^{-10}	25 ℃
硫化银	Ag_2S	1.6×10^{-49}	
硫氰酸银	$AgSCN$	4.9×10^{-13}	
碳酸钡	$BaCO_3$	8.1×10^{-9}	25 ℃
铬酸钡	$BaCrO_4$	1.6×10^{-10}	
草酸钡	$BaC_2O_4 \cdot 3\frac{1}{2}H_2O$	1.62×10^{-7}	
硫酸钡	$BaSO_4$	8.7×10^{-11}	
氢氧化铋	$Bi(OH)_3$	4.0×10^{-31}	
氢氧化铬	$Cr(OH)_3$	5.4×10^{-31}	
硫化镉	CdS	3.6×10^{-29}	
碳酸钙	$CaCO_3$	8.7×10^{-9}	25 ℃
氟化钙	CaF_2	3.4×10^{-11}	
草酸钙	$CaC_2O_4 \cdot H_2O$	1.78×10^{-9}	
硫酸钙	$CaSO_4$	2.45×10^{-5}	25 ℃
硫化钴	$CoS(\alpha)$	4×10^{-21}	
	$CoS(\beta)$	2×10^{-25}	
碘酸铜	$CuIO_3$	1.4×10^{-7}	25 ℃
草酸铜	CuC_2O_4	2.87×10^{-8}	25 ℃
硫化铜	CuS	8.5×10^{-45}	
溴化亚铜	$CuBr$	4.15×10^{-9}	(18～20 ℃)
氯化亚铜	$CuCl$	1.02×10^{-6}	(18～20 ℃)
碘化亚铜	CuI	1.1×10^{-12}	(18～20 ℃)
硫化亚铜	Cu_2S	2×10^{-47}	(16～18 ℃)
硫氰酸亚铜	$CuSCN$	4.8×10^{-15}	
氢氧化铁	$Fe(OH)_3$	3.5×10^{-38}	

难溶化合物	化　学　式	K_{sp}	
氢氧化亚铁	$Fe(OH)_2$	1.0×10^{-15}	
草酸亚铁	FeC_2O_4	2.1×10^{-7}	25 ℃
硫化亚铁	FeS	3.7×10^{-19}	
硫化汞	HgS	$4\times10^{-53}\sim2\times10^{-49}$	
溴化亚汞	Hg_2Br_2	5.8×10^{-23}	
氯化亚汞	Hg_2Cl_2	1.3×10^{-18}	
碘化亚汞	Hg_2I_2	4.5×10^{-29}	
磷酸铵镁	$MgNH_4PO_4$	2.5×10^{-13}	25 ℃
碳酸镁	$MgCO_3$	2.6×10^{-5}	12 ℃
氟化镁	MgF_2	7.1×10^{-9}	
氢氧化镁	$Mg(OH)_2$	1.8×10^{-11}	
草酸镁	MgC_2O_4	8.57×10^{-5}	
氢氧化锰	$Mn(OH)_2$	4.5×10^{-13}	
硫化锰	MnS	1.4×10^{-15}	
氢氧化镍	$Ni(OH)_2$	6.5×10^{-18}	
碳酸铅	$PbCO_3$	3.3×10^{-14}	
铬酸铅	$PbCrO_4$	1.77×10^{-14}	
氟化铅	PbF_2	3.2×10^{-8}	
草酸铅	PbC_2O_4	2.74×10^{-11}	
氢氧化铅	$Pb(OH)_2$	1.2×10^{-15}	
硫酸铅	$PbSO_4$	1.06×10^{-8}	
硫化铅	PbS	3.4×10^{-28}	
碳酸锶	$SrCO_3$	1.6×10^{-9}	25 ℃
氟化锶	SrF_2	2.8×10^{-9}	
草酸锶	SrC_2O_4	5.61×10^{-8}	
硫酸锶	$SrSO_4$	3.81×10^{-7}	17.4 ℃
氢氧化锡	$Sn(OH)_4$	1×10^{-57}	
氢氧化亚锡	$Sn(OH)_2$	3×10^{-27}	
氢氧化钛	$TiO(OH)_2$	1×10^{-29}	
氢氧化锌	$Zn(OH)_2$	1.2×10^{-17}	18~20 ℃
草酸锌	ZnC_2O_4	1.35×10^{-9}	
硫化锌	ZnS	1.2×10^{-23}	

附录六　难溶化合物的溶度积常数（18 ℃）

附录七　国际相对原子质量表

元素符号	名称	相对原子质量	元素符号	名称	相对原子质量	元素符号	名称	相对原子质量	元素符号	名称	相对原子质量
Ac	锕	[227]	Er	铒	167.26	Mn	锰	54.938 05	Ru	钌	101.07
Ag	银	107.868 2	Es	锿	[254]	Mo	钼	95.94	S	硫	32.066
Al	铝	26.981 539	Eu	铕	151.964	N	氮	14.006 747	Sb	锑	121.760
Am	镅	[243]	F	氟	18.998 403	Na	钠	22.989 768	Sc	钪	44.955 91
Ar	氩	39.948	Fe	铁	55.845	Nb	铌	92.906 384	Se	硒	78.96
As	砷	74.921 60	Fm	镄	[257]	Nd	钕	144.24	Si	硅	28.085 5
At	砹	[210]	Fr	钫	[223]	Ne	氖	20.179 7	Sm	钐	150.36
Au	金	196.966 55	Ga	镓	69.723	Ni	镍	58.693 4	Sn	锡	118.710
B	硼	10.811	Gd	钆	157.25	No	锘	[254]	Sr	锶	87.62
Ba	钡	137.327	Ge	锗	72.61	Np	镎	237.048 2	Ta	钽	180.947 9
Be	铍	9.012 182	H	氢	1.007 94	O	氧	15.999 4	Tb	铽	158.925 34
Bi	铋	208.980 38	He	氦	4.002 602	Os	锇	190.23	Tc	锝	98.906 2
Bk	锫	[247]	Hf	铪	178.49	P	磷	30.973 762	Te	碲	127.60
Br	溴	79.904	Hg	汞	200.59	Pa	镤	231.035 88	Th	钍	232.038 1
C	碳	12.010 7	Ho	钬	164.930 32	Pb	铅	207.2	Ti	钛	47.867
Ca	钙	40.078	I	碘	126.904 47	Pd	钯	106.42	Tl	铊	204.383 3
Cd	镉	112.411	In	铟	114.818	Pm	钷	[145]	Tm	铥	168.934 21
Ce	铈	140.116	Ir	铱	192.217	Po	钋	[~210]	U	铀	238.028 9
Cf	锎	[251]	K	钾	39.098 3	Pr	镨	140.907 65	V	钒	50.941 5
Cl	氯	35.452 7	Kr	氪	83.80	Pt	铂	195.078	W	钨	183.84
Cm	锔	[247]	La	镧	138.905 5	Pu	钚	[244]	Xe	氙	131.29
Co	钴	58.933 20	Li	锂	6.941	Ra	镭	226.025 4	Y	钇	88.905 85
Cr	铬	51.996 1	Lr	铹	[257]	Rb	铷	85.467 8	Yb	镱	173.04
Cs	铯	132.905 45	Lu	镥	174.967	Re	铼	186.207	Zn	锌	65.39
Cu	铜	63.546	Md	钔	[256]	Rh	铑	102.905 50	Zr	锆	91.224
Dy	镝	162.50	Mg	镁	24.305 0	Rn	氡	[222]			

附录八 一些化合物的相对分子质量

化 合 物	相对分子质量	化 合 物	相对分子质量
$AgBr$	187.78	Cu_2O	143.09
$AgCl$	143.32	$CuSO_4$	159.61
AgI	234.77	$CuSO_4 \cdot 5H_2O$	249.69
$AgNO_3$	169.87		
Al_2O_3	101.96	$FeCl_3$	162.21
$Al_2(SO_4)_3$	342.15	$FeCl_3 \cdot 6H_2O$	270.30
As_2O_3	197.84	FeO	71.85
As_2O_5	229.84	Fe_2O_3	159.69
		Fe_3O_4	231.54
$BaCO_3$	197.34	$FeSO_4 \cdot H_2O$	169.93
BaC_2O_4	225.35	$FeSO_4 \cdot 7H_2O$	278.02
$BaCl_2$	208.24	$Fe_2(SO_4)_3$	399.89
$BaCl_2 \cdot 2H_2O$	244.27	$FeSO_4 \cdot (NH_4)_2SO_4 \cdot 6H_2O$	392.14
$BaCrO_4$	253.32		
$BaSO_4$	233.39	H_3BO_3	61.83
		HBr	80.91
$CaCO_3$	100.09	H_2CO_3	62.03
CaC_2O_4	128.10	$H_2C_2O_4$	90.04
$CaCl_2$	110.99	$H_2C_2O_4 \cdot 2H_2O$	126.07
$CaCl_2 \cdot H_2O$	129.00	$HCOOH$	46.03
CaO	56.08	HCl	36.46
$Ca(OH)_2$	74.09	$HClO_4$	100.46
$CaSO_4$	136.14	HF	20.01
$Ca_3(PO_4)_2$	310.18	HI	127.91
$Ce(SO_4)_2 \cdot 2(NH_4)_2SO_4 \cdot 2H_2O$	632.54	HNO_2	47.01
CH_3COOH	60.05	HNO_3	63.01
CH_3OH	32.04	H_2O	18.02
CH_3COCH_3	58.08	H_2O_2	34.02
C_6H_5COOH	122.12	H_3PO_4	98.00
$C_6H_4COOHCOOK$(苯二甲酸氢钾)	204.23	H_2S	34.08
CH_3COONa	82.03	H_2SO_3	82.08
C_6H_5OH	94.11	H_2SO_4	98.08
$(C_9H_7N)_3H_3(PO_4 \cdot 12MoO_3)$（磷钼酸喹啉）	2 212.74	$HgCl_2$	271.50
		Hg_2Cl_2	472.09
CCl_4	153.81		
CO_2	44.01	$KAl(SO_4)_2 \cdot 12H_2O$	474.39
CuO	79.54	$KB(C_6H_5)_4$	358.33

化 合 物	相对分子质量	化 合 物	相对分子质量
KBr	119.01	$NaOH$	40.01
$KBrO_3$	167.01	Na_3PO_4	163.94
K_2CO_3	138.21	Na_2S	78.05
KCl	74.56	$Na_2S \cdot 9H_2O$	240.18
$KClO_3$	122.55	Na_2SO_3	126.04
$KClO_4$	138.55	Na_2SO_4	142.04
K_2CrO_4	194.20	$Na_2SO_4 \cdot 10H_2O$	322.20
$K_2Cr_2O_7$	294.19	$Na_2S_2O_3$	158.11
$KHC_2O_4 \cdot H_2C_2O_4 \cdot 2H_2O$	254.19	$Na_2S_2O_3 \cdot 5H_2O$	248.19
KI	166.01	$NH_2OH \cdot HCl$	69.49
KIO_3	214.00	NH_3	17.03
$KIO_3 \cdot HIO_3$	389.92	NH_4Cl	53.49
$KMnO_4$	158.04	$(NH_4)_2C_2O_4 \cdot II_2O$	142.11
KNO_2	85.10	$NH_3 \cdot H_2O$	35.05
KOH	56.11	$NH_4Fe(SO_4)_2 \cdot 12H_2O$	482.20
$KSCN$	97.18	$(NH_4)_2HPO_4$	132.05
K_2SO_4	174.26	$(NH_4)_3PO_4 \cdot 12MoO_3$	1876.35
		NH_4SCN	76.12
		$(NH_4)_2SO_4$	132.14
		$NiC_8H_{14}O_4N_4$(丁二酮肟镍)	288.91
$MgCO_3$	84.32		
$MgCl_2$	95.21	P_2O_5	141.95
$MgNH_4PO_4$	137.33	$PbCrO_4$	323.19
MgO	40.31	PbO	223.19
$Mg_2P_2O_7$	222.60	PbO_2	239.19
MnO_2	86.94	Pb_3O_4	685.57
		$PbSO_4$	303.26
$Na_2B_4O_7 \cdot 10H_2O$	381.37		
$NaBiO_3$	279.97	SO_2	64.06
$NaBr$	102.90	SO_3	80.06
Na_2CO_3	105.99	Sb_2O_3	291.52
$Na_2C_2O_4$	134.00	Sb_2S_3	339.72
$NaCl$	58.44	SiF_4	104.08
NaF	41.99	SiO_2	60.08
$NaHCO_3$	84.01	$SnCl_2$	189.62
NaH_2PO_4	119.98		
Na_2HPO_4	141.96	TiO_2	79.88
$Na_2H_2Y \cdot 2H_2O$	372.26		
（EDTA 二钠盐）		$ZnCl_2$	136.30
NaI	149.89	ZnO	81.39
$NaNO_2$	69.00	$ZnSO_4$	161.45
Na_2O	61.98		

参考书目
references

1. 高职高专化学教材编写组.分析化学.5 版.北京:高等教育出版社,2019.

2. 武汉大学.分析化学(上,下册).6 版.北京:高等教育出版社,2018.

3. 彭崇慧,冯建章,张锡瑜.分析化学(定量化学分析简明教程).4 版.李娜,张新祥修订.北京:北京大学出版社,2020.

4. 胡坪,王燕,王氢,等.简明定量化学分析.上海:华东理工大学出版社,2010.

5. 华东理工大学,四川大学.分析化学.7 版.北京:高等教育出版社,2018.

6. 陈恒武.分析化学简明教程.北京:高等教育出版社,2010.

7. 张英.分析化学.北京:高等教育出版社,2009.

8. 黄一石,黄一波,乔子荣.定量化学分析.4 版.北京:化学工业出版社,2020.

9. 黄一石,吴朝华.仪器分析.4 版.北京:化学工业出版社,2020.

10. 周心如,杨俊佼,何以侃.化验员读本.5 版.北京:化学工业出版社,2017.

11. 魏培海,曹国庆.仪器分析.3 版.北京:高等教育出版社,2014.

12. 曹国庆.仪器分析技术.2 版.北京:化学工业出版社,2018.

13. 董慧茹.仪器分析.3 版.北京:化学工业出版社,2016.

14. 王英健.仪器分析.北京:科学出版社,2010.

15. 曾祥燕,丁佐宏.分析技术与操作(Ⅲ)——电化学分析与光谱分析及操作.北京:化学工业出版社,2007.